La Symétrie

ou les maths
au clair de lune

Du même auteur

Aux Éditions Héloïse d'Ormesson

La Symphonie des nombres premiers, 2005. Points, 2007.

Marcus du Sautoy

La Symétrie

ou les maths au clair de lune

Essai *traduit de l'anglais par Raymond Clarinard*

Éditions Héloïse d'Ormesson

Titre original :
Finding Moonshine

Éditeur original :
Fourth Estate, 2008

www.editions-heloisedormesson.com

ISBN 978-2-35087-184-4

Pour Tomer, Magaly, Ina et mes enfants mathématiques

Sommaire

1

AOÛT : FINS ET DÉBUTS

L'univers est construit sur un plan dont la symétrie profonde est, en quelque sorte, présente dans l'intime structure de notre esprit. Paul Valéry

MIDI, 26 AOÛT, DÉSERT DU SINAÏ

C'EST MON QUARANTIÈME anniversaire, et il fait 40°. Je suis enduit de crème solaire d'indice 40, dissimulé à l'ombre d'une cabane en roseau sur l'une des rives de la mer Rouge. L'Arabie saoudite scintille de l'autre côté des eaux bleues. Au large, les vagues se brisent là où la falaise de corail descend vers le fond. Derrière moi se dressent les hauteurs du Sinaï.

En règle générale, je me moque plutôt des anniversaires, mais pour un mathématicien, 40 est un chiffre lourd de sens – non par quelque mystère fantastique de la numérologie, mais parce que, dans notre corps de métier, on considère généralement qu'à cet âge, on a déjà donné tout ce que l'on avait de meilleur. Les mathématiques, dit-on, sont un sport de jeune. Maintenant que j'ai passé quarante ans à parcourir les jardins des mathématiques, le Sinaï n'est-il pas un lieu chargé de menace, désert écrasé de soleil où un peuple en exil erra pendant quarante ans? La médaille Fields, la plus belle récompense pour un mathématicien, n'est décernée qu'à des lauréats de moins de quarante ans, et ce, tous les quatre ans. À la même date l'an prochain, on annoncera la dernière promotion à Madrid, et je suis désormais trop vieux pour être sur la liste.

Enfant, je ne pensais pas du tout me tourner vers les mathématiques. Très tôt, j'avais décrété que j'étudierais les langues à l'université. C'était là, m'étais-je dit, le secret qui me permettrait de réaliser mon rêve le plus cher : devenir espion. Ma mère avait travaillé au Foreign Office avant de se marier. Dans les années soixante, le corps diplomatique considérait que la maternité était incompatible avec la fonction de diplomate, aussi quitta-t-elle son poste. Mais à l'en croire, ils lui auraient laissé le petit pistolet noir que chaque membre du Foreign Office était tenu de porter. « On ne sait jamais quand on peut être rappelé pour une mission secrète à l'étranger », disait-elle, énigmatique. Le pistolet, affirmait-elle, était caché quelque part dans la maison.

Cette arme, je l'ai cherchée partout, mais manifestement, ses instructeurs n'avaient pas chômé quand ils avaient enseigné à maman l'art de la dissimulation. Donc, si je voulais avoir mon propre pistolet, je n'avais qu'une solution : rejoindre à mon tour le Foreign Office, et devenir espion. Et si je voulais avoir l'air utile, mieux valait que je sois capable de parler russe.

À l'école, je m'inscrivis dans toutes les langues que je pus trouver : le français, l'allemand et le latin. La BBC lança des cours de russe à la télévision. M. Brown, mon professeur de français, fit de son mieux pour m'aider. Mais jamais je ne parvenais à articuler « bonjour » – *zdravstvouytié* –, et même au bout de huit semaines passées à suivre ce cours, je n'arrivais toujours pas à le prononcer. Je commençais à désespérer. Je commençais aussi à être exaspéré par le fait qu'il n'y avait aucune logique dans le comportement de certains verbes étrangers, et pourquoi certains substantifs étaient masculins tandis que d'autres étaient féminins. J'avais encore quelque espoir avec le latin, dont la grammaire stricte répondait à mon désir naissant de choses qui obéiraient à une logique consistante plutôt qu'à des associations apparemment aléatoires. Ou peut-être était-ce parce que le professeur se servait toujours de mon prénom pour les noms de la deuxième déclinaison : Marcus, Marce, Marcum…

Un jour, j'avais douze ans, mon professeur de mathématiques m'a désigné du doigt pendant un cours et a dit : « Du Sautoy, vous passerez me voir à la fin du cours. » Je me suis dit que j'allais avoir des problèmes. Je l'ai suivi dehors et, quand il est arrivé derrière le bâtiment du département de maths, il a sorti un cigare de sa poche. Il m'a expliqué que c'était là qu'il avait coutume de venir fumer aux interclasses. Les autres enseignants n'aimaient pas qu'il fume dans la salle des professeurs. Il a lentement allumé son cigare, puis il m'a déclaré : « Je pense que vous devriez découvrir ce que sont vraiment les mathématiques. »

Encore aujourd'hui, je ne suis pas certain de savoir pourquoi il a choisi de me faire cette révélation, parmi tous les autres élèves de la classe. J'étais loin d'être un prodige en maths, et beaucoup de mes camarades étaient apparemment aussi doués que moi sur le sujet. Mais manifestement, quelque chose dut pousser M. Bailson à penser que j'avais peut-être envie d'en savoir plus sur ce qui se dissimulait derrière l'arithmétique scolaire.

Il m'a conseillé de lire le billet de Martin Gardner dans le *Scientific American.* Il m'a donné les titres de quelques livres susceptibles de me plaire, estimait-il, dont *The Language of Mathematics*, de Frank Land. Le simple fait qu'un professeur se soit intéressé personnellement à moi a suffi : j'ai eu envie de comprendre en quoi la question était si intrigante à ses yeux.

Le week-end suivant, mon père et moi nous sommes rendus à Oxford, ville universitaire la plus proche de chez nous. Sur le Broad se trouvait une échoppe du nom de Blackwell's. Elle n'avait rien de particulièrement engageant, mais quelqu'un avait dit à mon père que c'était la Mecque des librairies universitaires. Ce qui se comprenait aisément quand on y entrait. Comme le Tardis du Docteur Who, la boutique paraissait immense une fois franchie la minuscule porte de devant. Les ouvrages de mathématiques, nous précisa-t-on, se trouvaient en bas, dans la salle Norrington, comme la cave avait été baptisée.

Quand nous descendîmes, nous nous retrouvâmes dans une vaste crypte pleine à craquer de ce qui, selon moi, devait être tous les volumes scientifiques jamais publiés. C'était la caverne d'Ali Baba des livres de science. Nous trouvâmes les rayons consacrés aux mathématiques. Tandis que mon père cherchait les titres que mon professeur m'avait recommandés, j'ai commencé à en retirer certains des étagères pour les consulter. Pour une raison quelconque, beaucoup, apparemment, étaient de couleur jaune. Mais c'est ce que je découvris derrière ces couvertures jaunes qui me captiva. Le contenu avait l'air extraordinaire. Je reconnus des enchaînements de caractères grecs, du temps, fort bref, où j'avais suivi des cours de grec. Il y avait aussi des nuées de tout petits nombres et lettres ornant des x et des y. Et à chaque page jaillissaient des mots en gras comme **Lemme** et **Preuve**.

Tout cela n'avait absolument aucun sens pour moi. Parmi les rayons, quelques étudiants, appuyés contre les étagères, donnaient l'impression de lire ces livres comme s'il s'était agi de romans. Il était clair qu'ils comprenaient cette langue. Ce devait être simplement un code. Dès lors, je décidai que j'apprendrais à décoder ces hiéroglyphes mathématiques. Alors que nous étions à la caisse, j'ai avisé une table couverte de revues jaunes. « Ce sont des journaux mathématiques, a expliqué le vendeur. Les éditeurs en proposent des exemplaires gratuits pour que les universitaires s'abonnent. »

J'ai pris un exemplaire d'une chose intitulée *Inventiones Mathematica* et l'ai glissé dans le sac avec les livres que nous venions d'acheter. Voilà le défi que je m'étais lancé. Serais-je capable de décoder les inventions mathématiques que recelait cette brochure jaune ? Certains des articles étaient en allemand, un en français, et le reste en anglais. Mais c'était la langue des mathématiques que j'avais l'intention de déchiffrer. Que voulait dire « espace d'Hilbert » et « problème d'isomorphisme » ? Quel message se cachait derrière ces lignes de sigmas, de deltas et de symboles dont je ne connaissais même pas le nom ?

Rentré chez moi, je me suis attelé à la lecture de ce que nous avions trouvé. *The Language of Mathematics* m'intriguait particulièrement. Avant notre expédition à Oxford, jamais je n'avais envisagé les mathématiques comme un langage. À l'école, elles avaient l'air de n'être que des nombres que l'on pouvait multiplier ou diviser, additionner ou soustraire, à des degrés divers de difficultés. Mais en me plongeant dans ce livre, j'ai compris pourquoi mon professeur m'avait parlé de « découvrir ce que sont vraiment les mathématiques ».

Il n'y avait là aucune division à un nombre improbable de décimales, ni rien de ce genre. En revanche, on y trouvait d'importantes successions de chiffres, comme les nombres de Fibonacci. Apparemment, disait le livre, ces derniers expliquent comment poussent les fleurs et comment se développent les coquillages. On obtient un nombre, n'importe lequel, dans la suite en additionnant les deux précédents. La série commence par 1, 1, 2, 3, 5, 8, 13, 21... L'ouvrage décrivait comment ces nombres sont comme un code qui dit à un coquillage ce qu'il faut faire au fil de sa croissance. Un petit escargot démarre avec une maisonnette de 1 × 1. Puis, chaque fois qu'il devient trop grand pour sa coquille, il ajoute une nouvelle pièce à sa maison. Mais comme il ne dispose pas de beaucoup de matériel, il se contente d'ajouter une pièce dont les dimensions sont la somme des dimensions des deux pièces précédentes. Il en résulte une croissance en spirale (Figure 1). C'était aussi beau que simple. Ces nombres jouent un rôle fondamental, poursuivait le livre, dans la façon qu'à la nature de faire grandir les choses.

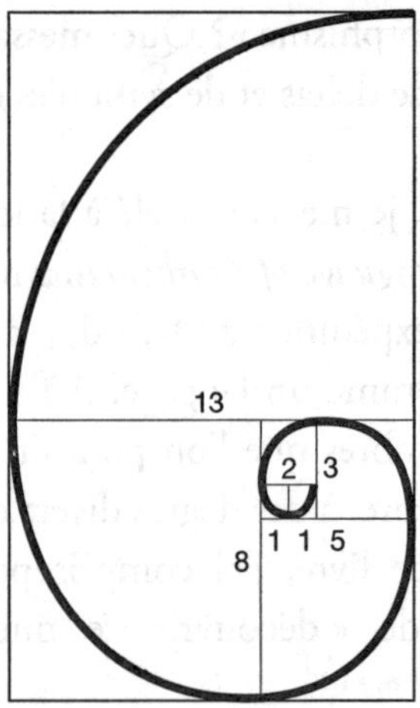

Fig. 1. Comment l'escargot se sert des nombres de Fibonacci pour faire pousser sa coquille.

D'autres pages dépeignaient d'intéressants objets en trois dimensions que je n'avais jamais vus auparavant, composés de pentagones et de triangles. L'un d'entre eux s'appelait un icosaèdre, et avait vingt faces triangulaires (Figure 2). Apparemment, si l'on prenait un de ces objets (des polyèdres, d'après le livre), que l'on comptait les faces et les angles (les sommets, toujours d'après le livre), puis que l'on soustrayait le nombre d'arêtes, on obtenait toujours 2. Par exemple, un cube a six faces, huit sommets et douze arêtes : 6 + 8 – 12 = 2. Le livre affirmait que ce truc fonctionnait avec n'importe quel polyèdre. Un vrai tour de magie. Je l'essayai sur celui qui se composait de vingt triangles.

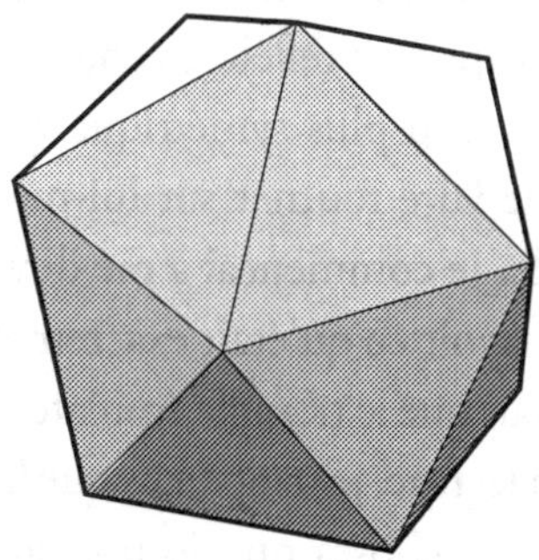

Fig. 2. L'icosaèdre et ses 20 faces triangulaires.

L'ennui, c'était qu'il était très difficile d'envisager assez clairement l'ensemble de l'objet pour pouvoir tout compter. Même si j'en fabriquais un avec du carton, il me paraissait presque impossible de me souvenir de toutes ces arêtes. C'est alors que mon père me montra un raccourci. « Combien y a-t-il de triangles ? » me demanda-t-il. Eh bien, le livre dit qu'il y en a vingt. « Donc, ça fait 60 arêtes sur 20 triangles, mais chaque arête est commune à deux triangles. Ce qui fait 30 arêtes. » Alors là, ça, c'était de la magie. Sans un coup d'œil à l'icosaèdre, on pouvait calculer combien il avait d'arêtes. Et le même truc marchait avec les sommets. Là encore, 20 triangles avaient 60 sommets. Mais cette fois, grâce au schéma, je voyais bien que chaque sommet était commun à cinq triangles. Donc, l'icosaèdre avait 20 faces, 12 sommets et 30 arêtes. Or, ça ne ratait pas : 20 + 12 – 30 = 2. Mais pourquoi cette formule fonctionnait-elle toujours quel que soit le polyèdre ?

Dans un autre livre, un chapitre entier était consacré à la symétrie des objets, comme ces polyèdres composés de triangles. J'avais une vague idée du sens du mot « symétrie ». Je savais que j'étais symétrique, du moins extérieurement. Tout ce qui se trouvait du côté gauche de mon corps était reflété du côté droit. Mais un triangle, semblait-il, était beaucoup plus symétrique que ce simple effet de miroir. On pouvait le faire tourner sur lui-même, et il n'en restait pas moins un triangle. Je commençai à me dire qu'en fait, je n'étais pas vraiment sûr de savoir ce qu'était exactement la symétrie.

L'ouvrage précisait que le triangle équilatéral comptait six symétries. Poursuivant ma lecture, je m'aperçus que la symétrie du triangle était démontrée par les choses que je pouvais lui faire sans qu'il change de forme. À l'aide d'un bout de carton triangulaire, je traçai le contour d'un triangle, puis je dénombrai les façons dont je pouvais déplacer le triangle afin qu'il corresponde exactement à son tracé sur le papier. Chacun de ces déplacements, expliquait le livre, était « une symétrie » d'un triangle. Ainsi, la symétrie était quelque chose d'actif, plutôt que passif. Le livre me poussait à considérer la symétrie comme une action plutôt que quelque propriété innée du triangle. J'entrepris d'énumérer les symétries du triangle, les envisageant comme les diverses choses que je pouvais lui faire. Je pouvais le renverser de trois façons. Chaque fois, deux sommets échangeaient leur place. Je pouvais également le faire tourner du tiers d'une rotation complète, soit dans le sens des aiguilles d'une montre, soit dans le sens contraire. Ce qui donnait cinq symétries. Mais où était la sixième ?

Je me lançai éperdument à sa recherche. Je tentai de combiner des actions, pour voir si je pouvais en obtenir une nouvelle. Après tout, accomplir deux de ces gestes l'un après l'autre revenait effectivement à n'en faire qu'un seul. Si une symétrie était un geste qui ramenait le triangle à l'intérieur de son contour, alors peut-être pourrais-je obtenir une nouvelle action ou une nouvelle symétrie. Et si je renversais le triangle, puis le faisais tourner ? Non, c'était simplement comme si je le retournais. Et en le retournant, en le faisant pivoter, et en le retournant de nouveau ? Non, je ne faisais que revenir dans l'autre sens, que j'avais déjà compté. J'en avais bien trouvé cinq, mais quelle que soit la combinaison de ces actions, je n'en obtenais pas de nouvelle. Je me suis replongé dans le livre.

C'est là que je me suis aperçu qu'ils comptaient comme une symétrie le simple fait de laisser le triangle à sa place. Curieux... Mais je ne tardai pas à comprendre que la symétrie voulait dire tout ce que l'on pouvait faire au triangle sans en modifier le contour, alors le fait de ne pas le toucher du tout – ou, de même, de le soulever puis de le reposer exactement à la même place – était aussi une action, qu'il fallait donc compter.

Cette idée de la symétrie me plut. Les symétries d'un objet étaient un peu comme un tour de magie. Le mathématicien vous montre le triangle, puis vous dit de ne pas regarder. Pendant que vous vous détournez, il fait quelque chose au triangle. Mais quand vous vous retournez, il n'a absolument pas changé. Vous pourriez considérer la symétrie totale d'un objet comme l'ensemble des gestes que pourrait accomplir le mathématicien pour vous faire croire qu'il ne l'a pas touché du tout.

J'ai testé cette nouvelle magie sur d'autres formes. Il y en avait une en particulier qui me paraissait intéressante, et qui ressemblait à une étoile de mer à six branches (Figure 3). Celle-là, je ne pouvais pas la retourner sans qu'elle ait l'air différente : c'était comme si elle tournait dans un sens, ce qui annulait l'effet miroir de la symétrie. Mais je pouvais malgré tout la faire pivoter. Avec ses six tentacules, je disposais de cinq rotations, auxquelles s'ajoutait la possibilité de la laisser simplement en place. Six symétries. Le même nombre que pour le triangle.

Fig. 3. Une étoile de mer à six branches sans effet miroir.

Chaque objet avait le même nombre de symétries. Mais le livre parlait d'un langage capable d'exprimer et de donner du sens à la phrase : « Ces deux objets présentent des symétries différentes. » Il révélerait pourquoi ces objets incarnaient deux espèces différentes du monde de la symétrie. Cette langue permettrait aussi de montrer, promettait le livre, quand deux objets qui semblaient physiquement différents avaient en fait les mêmes symétries. Tel était le voyage dans lequel je m'apprêtais à m'embarquer : la découverte de ce qu'était véritablement la symétrie.

Au fil de ma lecture, les formes et les images ont cédé la place à des symboles. C'était là le langage auquel le titre de l'ouvrage faisait référence. Apparemment, il y avait un moyen de traduire les images en langage. Je suis tombé sur quelques-uns des symboles que j'avais vus dans la revue jaune que j'avais prise. Tout cela commençait à être assez abstrait, mais j'avais l'impression que le langage en question tentait de décrire la découverte à laquelle j'avais abouti en jouant avec les six symétries du triangle. Quand on prenait deux symétries, ou gestes de tour de magie, et qu'on les accomplissait l'une après l'autre, par exemple, une réflexion suivie d'une rotation, on obtenait une troisième symétrie. Le langage décrivant ces interactions avait un nom : la théorie des groupes.

Ce langage permettait de comprendre pourquoi les six symétries de l'étoile de mer à six branches étaient différentes des six symétries du triangle. Sachant qu'une symétrie était un de ces gestes de tour de passe-passe, je pouvais donc effectuer deux symétries d'un objet l'une après l'autre pour en obtenir une troisième. L'interaction du groupe de symétries de l'étoile de mer est très différente de celle du groupe de symétries du triangle. C'étaient les interactions au sein du groupe de symétries d'un objet qui distinguaient le groupe de symétries du triangle de celui de l'étoile à six branches.

Chez cette dernière, par exemple, une rotation suivie d'une autre me donnait une troisième rotation. Mais peu importait dans quel ordre j'accomplissais les deux rotations. Ainsi, en faisant pivoter l'étoile de mer à 180° dans le sens des aiguilles d'une montre, puis à 60° dans le sens contraire, l'étoile se retrouvait dans la même position que si je commençais par la rotation à 60°, puis effectuais celle à 180°. En revanche, si je prenais deux symétries du triangle et que je combinais les deux tours de passe-passe qui leur correspondaient, l'ordre dans lequel je les faisais avait son importance. Une réflexion suivie d'une rotation ne donnait pas la même chose qu'une rotation suivie d'une réflexion. La langue utilisée dans mon livre avait traduit les images par la phrase $M{\cdot}R \neq R{\cdot}M$, M étant la réflexion et R la rotation (Figure 4). Le monde physique de la symétrie pouvait être traduit dans un langage algébrique abstrait.

Au fil de ma scolarité, j'ai fini par comprendre ce qu'avait fait mon professeur de mathématiques. L'arithmétique est un peu comme les gammes et les arpèges pour un musicien. Mon professeur avait joué pour moi quelques extraits de cette musique fascinante qui m'attendait si je parvenais à maîtriser la partie technique du sujet. Je ne comprenais certes pas tout ce que je lisais, mais une chose était sûre : je voulais désormais en savoir plus.

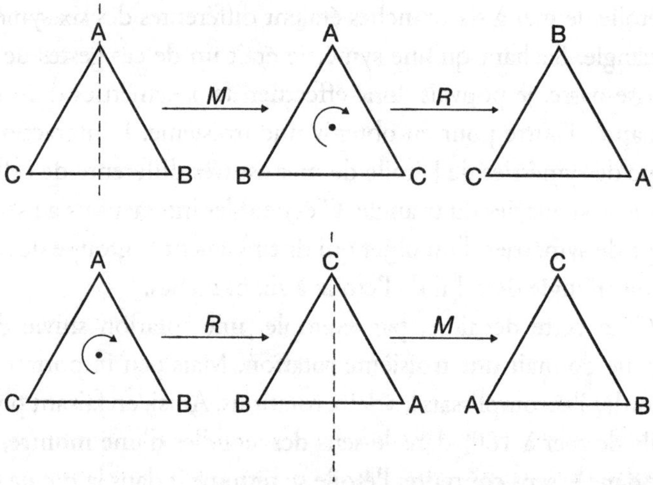

Fig. 4. Une réflexion suivie d'une rotation est différente d'une rotation suivie d'une réflexion.

La plupart des apprentis musiciens abandonneraient leurs instruments si tout ce qu'ils étaient autorisés à jouer n'était que gammes et arpèges. Un enfant qui débute n'a aucune idée de comment Bach a composé les *Variations Goldberg* ou comment improviser un chorus de blues, ce qui ne l'empêche pas d'apprécier quand d'autres le font. Avec des livres comme *The Language of Mathematics*, j'ai compris qu'il en allait de même des maths. Je n'avais aucune idée de ce qu'était en réalité « un groupe », mais je sentais que cela faisait partie d'un langage secret qui pouvait servir à déchiffrer la science de la symétrie.

Ce serait ce langage que je tenterais d'apprendre. Il ne me permettrait sans doute pas d'entrer au Foreign Office, et il faudrait probablement que je tire un trait sur mon rêve de devenir espion, mais j'étais là face à un code qui me semblait aussi intrigant que tout ce que le monde de l'espionnage pouvait inventer. Et contrairement au russe ou à l'allemand, ce langage des mathématiques me paraissait idéal, parfait, une langue où tout avait un sens et où il n'y avait ni verbes irréguliers ni exceptions absurdes.

De toutes les choses que j'avais vues dans ces livres, c'était la théorie des groupes – le langage de la symétrie – qui me fascinait le plus. C'était comme si elle prenait un monde plein d'images et le transformait en mots. Cette nouvelle grammaire avait le pouvoir de clarifier les dangereuses ambiguïtés qui infestent le monde visuel, avec ses hordes d'illusions d'optique et de mirages.

Je suis assis sur la plage, à l'ombre de notre cabine, et je lis un de ces livres jaunes que j'avais vus chez Blackwell's. Pour moi, ils racontent des histoires aussi passionnantes que le meilleur roman de l'été. Celui-ci est écrit dans le langage de la symétrie et parle de certains des curieux objets symétriques que ce langage a contribué à révéler. Mais il contient aussi nombre de récits inachevés. Et mon quarantième anniversaire n'est qu'une étape dans ma quête de réponses aux questions qui m'ont obsédé dès que j'ai commencé à pénétrer plus avant dans ce monde de la symétrie.

Du haut de mes quarante ans, assis là sur cette plage du Sinaï, je contemple tout le chemin que j'ai parcouru depuis que j'ai commencé à lire le langage de la symétrie. Mes étapes le long de cette route ne constituent qu'une infime partie d'une aventure plus grandiose dans laquelle se sont lancés les mathématiciens dès qu'ils ont compris que la symétrie détenait la clé pour comprendre bien des secrets intimes de la nature.

Le langage de la nature

Le soleil se couche au-delà des montagnes du Sinaï et la marée reflue sur le socle corallien qui longe le littoral. Pour les hommes blancs et les crustacés, c'est l'heure de sortir de l'ombre. Un peu d'exercice m'aidera peut-être à remettre de l'ordre dans ma tête. Devant moi, deux types, des Israéliens. Ils séjournent dans le camp bédouin. Pour eux, le Sinaï est l'occasion d'échapper à leur mission de surveillance à Gaza. Ils ont le dos pelé d'avoir trop plongé avec un tuba sous le soleil local. Agités, ils montrent l'eau du doigt, intrigués par quelque chose qu'ils ont trouvé à la surface du corail. Quand je baisse les yeux, je m'aperçois soudain que sur le corail est posé un des animaux les plus remarquablement symétriques de la nature.

Là, sous l'eau, se trouve une véritable étoile de mer, comme l'image avec laquelle j'avais joué étant enfant. Je ne suis même pas sûr d'avoir jamais vu une étoile de mer vivante. Celle-ci est dotée des cinq tentacules classiques, conforme à l'idée que les gens se font de ces animaux, mais elle n'est pas aussi rigide que les crustacés de dessin animé auxquels je suis habitué. Apparemment, certaines étoiles de mer, ne se contentant pas du pentacle à cinq pointes de base, ont opté pour des démonstrations d'une symétrie encore plus époustouflante. L'étoile de mer tournesol commence dans la vie avec cinq branches, mais au fil de son existence, qui dure environ huit ans, elle peut développer jusqu'à vingt-quatre branches. Réussir à adopter une forme qui est exactement la même dans vingt-quatre directions différentes, c'est un véritable exploit dans le domaine de l'ingénierie biologique.

Mais pourquoi la symétrie est-elle aussi omniprésente dans la nature ? Ce n'est pas qu'une question d'esthétique. Tout comme pour les mathématiques et pour moi, la symétrie, dans la nature, est affaire de langage. Elle permet aux animaux et aux végétaux de transmettre une multitude de messages, de la supériorité génétique à l'information nutritionnelle. La symétrie a souvent un sens, et peut donc être interprétée comme une forme très rudimentaire, presque primitive, de communication. Pour un insecte comme l'abeille, la symétrie est une question fondamentale de survie.

La vision de l'abeille est extrêmement limitée. Tandis qu'elle vole çà et là dans le monde, son cerveau reçoit des images déformées, comme si nous contemplions notre environnement à travers une épaisse paroi de verre. L'abeille est incapable d'estimer les distances, et passe donc son temps à percuter des obstacles. Elle est affligée d'une forme de daltonisme. L'arrière-plan verdoyant du jardin lui paraît gris ; le rouge se détache mieux, comme une sorte de noirceur sur le gris. Mais même à travers ses redoutables culs-de-bouteille, l'œil de l'abeille repère immanquablement une chose : la symétrie.

L'abeille aime la symétrie pentagonale du chèvrefeuille, la forme hexagonale de la clématite, et la symétrie tout à fait radiale de la marguerite ou du tournesol. Le bourdon, lui, préfère la symétrie miroir, comme celle de l'orchidée, du pois ou de la digitale. La vue des abeilles a suffisamment évolué pour qu'elles puissent identifier ces formes essentielles. Car qui dit symétrie dit pitance. Les abeilles qui sont attirées par des formes logiques ne risquent pas de mourir de faim. Chez elles, la survie du plus adapté, c'est la survie de l'experte en symétrie. Une abeille incapable de déchiffrer les signes et les signaux alimentaires est condamnée à bourdonner sans but dans le jardin, dépassée par ses concurrentes supérieures, à même, elles, de repérer ces indications.

Les végétaux, dépendant tout autant de l'attraction des insectes vers leurs fleurs pour la pollinisation et la perpétuation de leur patrimoine génétique, ont joué eux aussi leur rôle dans ce dialogue naturel. La fleur capable d'atteindre une symétrie parfaite attirera plus d'abeilles et survivra plus longtemps dans la bataille de l'évolution. La symétrie est le langage qu'utilisent fleur et abeille pour communiquer. Pour la fleur, l'hexagone ou le pentagone sont comme une affiche qui hurlerait : « Viens me voir ! » Pour l'abeille, la forme symétrique contient le message suivant : « Ici, il y a de quoi manger ! » La symétrie indique quelque chose de spécial, quelque chose qui a un sens. Dans le bruit blanc statique qui représente la majeure partie du monde visuel de l'abeille, les six pétales parfaits de la clématite se détachent comme une phrase musicale riche en harmonie.

Quand le jardin de la nature a évolué, les diverses formes et couleurs exploitées par le monde végétal ont fait de même. Après des millions d'années au cours desquelles le printemps n'a cessé de suivre l'hiver pour produire d'année en année une évolution géométrique, le jardin vibre aujourd'hui d'une foison logique qui est comme autant d'invitations et de promesses de bonne provende.

Mais il est difficile de parvenir à la symétrie. Il faut beaucoup de travail à une plante, et cela demande des ressources importantes, pour atteindre l'équilibre et la beauté de l'orchidée ou du tournesol. Se parer d'une forme somptueuse est hors de prix. C'est pour cela que seules les plantes individuelles les plus vigoureuses et les plus saines disposent d'assez d'énergie pour créer une forme équilibrée. La supériorité de la fleur symétrique s'accompagne d'une plus grande production de nectar, et ce nectar est plus riche en sucre. La symétrie est savoureuse.

La fleur ou l'animal symétrique émettent un message qui affiche très clairement leur supériorité génétique sur leurs voisins. C'est pourquoi le monde animal est peuplé de formes qui tendent vers un équilibre parfait. Humains et animaux sont génétiquement programmés pour trouver ces formes belles – nous sommes attirés par les animaux dont la composition génétique est si supérieure qu'ils peuvent utiliser leur énergie pour fabriquer de la symétrie.

Humains et animaux choisiront un visage qui présente une symétrie gauche-droite parfaite plutôt qu'un visage asymétrique. Dans la nature, la plupart des animaux favorisent ce genre de symétrie bilatérale. Une ligne verticale passant par le milieu sépare la forme en deux moitiés différentes. Mais bien que différentes, il y a une correspondance parfaite de l'une à l'autre. Du moins extérieurement. L'asymétrie de nos organes internes reste un mystère et ne fait que renforcer le caractère merveilleux de notre symétrie externe.

Des études montrent que les plus symétriques d'entre nous ont plus de chances d'avoir des relations sexuelles plus tôt. Même l'odeur que les hommes émettent semblent séduire davantage les femmes quand le mâle est plus symétrique. Dans une étude, des tee-shirts portés par des hommes en sueur ont été présentés à des femmes, et celles qui étaient en période d'ovulation étaient attirées par les tee-shirts portés par les hommes aux corps les plus symétriques. Il semble en revanche que les hommes ne soient pas programmés pour repérer l'odeur d'une femme symétrique.

Les défenseurs des droits des animaux se servent de la symétrie comme preuve des cruautés infligées aux animaux. Les œufs d'élevage en batterie ont moins de chances d'être symétriques que ceux de poules élevées en liberté : les poules de batterie subissent des traumatismes et gaspillent de l'énergie qui aurait pu servir à atteindre la perfection. Contrairement à l'artiste torturé qui a besoin de l'adversité pour prospérer et produire de grandes œuvres, la poule, elle, a besoin de confort et de luxe pour produire des œufs d'une symétrie parfaite.

Les animaux ont également été attirés par la symétrie du fait des capacités motrices supérieures qu'elle accorde. La symétrie est souvent associée à l'idée d'une forme en équilibre parfait – une moitié avec l'autre. Presque toutes les capacités motrices dépendent de la symétrie pour fonctionner avec le plus d'efficacité. Ce sont les membres les plus symétriques d'une espèce, dotés de deux ou quatre pattes, qui peuvent se déplacer le plus rapidement. La nourriture va à l'animal le plus symétrique parce qu'il sera le premier à table. De même, la proie qui court le plus vite a les meilleures chances d'éviter de terminer en repas. Donc la sélection naturelle favorise la forme qui crée l'animal le plus rapide – et l'équilibre en mouvement est intimement lié à la symétrie de la forme. Un animal ayant une patte beaucoup plus longue que les autres va courir en cercles et ne survivra pas au rythme impitoyable de la sélection naturelle.

Mais la symétrie n'est pas qu'un langage génétique pour attirer des partenaires potentiels en affichant la qualité de son ADN. De retour dans la ruche, loin de la quête des fleurs symétriques et du nectar, la symétrie est partout dans la vie domestique de l'abeille. Quand les jeunes abeilles se gorgent du miel qui a été collecté, elles sécrètent de petites quantités de cire. La température de la ruche est maintenue à 35 °C par la concentration des abeilles, ce qui fait que la cire est assez malléable pour être façonnée par les ouvrières, lesquelles récupèrent ces sécrétions et construisent les cellules où sera stocké le miel. Le treillis hexagonal qu'utilisent les abeilles pour entreposer leur miel exploite une autre facette de la symétrie. Non seulement la symétrie est symbole de sens et de langage, mais elle est aussi le moyen qu'a trouvé la nature pour être efficace et économique. Pour l'abeille, le réseau d'hexagones permet à la colonie d'entasser le plus de miel possible dans le plus grand espace sans gaspiller trop de cire pour la construction de ses parois.

Si les abeilles savent depuis des millénaires que les hexagones sont la forme la plus efficace pour édifier un entrepôt à miel, ce n'est que depuis peu que les mathématiciens ont complètement expliqué la conjecture du nid d'abeille : parmi la multiplicité de structures différentes que les abeilles auraient pu bâtir, ce sont les hexagones qui nécessitent le moins de cire pour créer le plus de cellules.

Si, génétiquement, la symétrie est difficile à obtenir, beaucoup de phénomènes naturels s'approchent de la symétrie, condition la plus stable et la plus efficace. Le monde inanimé ne manque pas d'exemples de cette tendance à la symétrie. Quand une bulle de savon se crée, elle tente d'adopter la forme d'une sphère parfaite, la plus symétrique possible. Vous pouvez faire pivoter ou réfléchir une sphère autant que vous le voulez, elle sera toujours une sphère. Mais pour la pellicule de savon, l'intérêt réside dans l'efficacité de la forme. L'énergie de la pellicule de savon est directement proportionnelle à la superficie de la bulle. La sphère est la forme à la plus petite superficie capable de contenir un volume d'air donné, et est donc celle qui nécessite le moins d'énergie. Comme une pierre qui dégringole d'une montagne en roulant vers le point où l'énergie est la plus faible dans la vallée en contrebas, la sphère symétrique représente la forme optimale pour la pellicule de savon.

Quand elle tombe du ciel, la goutte d'eau ne prend pas du tout cette forme de larme que les artistes dépeignent souvent – ce n'est là qu'une convention artistique visant à donner l'illusion de la pluie en mouvement. Une goutte d'eau qui tombe du ciel prend en réalité la forme d'une sphère parfaite. Les fabricants de chevrotine exploitent ce fait depuis le XVIIIe siècle : on fait tomber du plomb fondu d'une grande hauteur dans des seaux d'eau froide pour créer des billes parfaitement sphériques.

Les scientifiques ont découvert de mystérieuses symétries dissimulées au cœur de bien des composantes du monde naturel – la physique, la biologie et la chimie fondamentales dépendent toutes d'un éventail complexe d'objets symétriques. Le flocon de neige et le virus mortel du VIH exploitent l'un comme l'autre la symétrie. Dans le monde chimique, un diamant tire sa force de l'arrangement extrêmement symétrique de ses atomes de carbone. En physique, les scientifiques ont établi le lien entre l'électricité et le magnétisme en découvrant comment ces éléments ne sont que deux facettes différentes d'un phénomène symétrique commun. Il a été possible de prédire de nouvelles particules fondamentales en explorant les symétries de formes étranges. Ces symétries différentes laissent entrevoir l'existence de nouvelles particules qui sont la réflexion de particules que nous comprenons déjà.

Depuis que l'être humain a commencé à communiquer, la symétrie est une idée maîtresse de son lexique. La répétition de la logique occupe une place essentielle dans l'apprentissage du langage dès la petite enfance. La symétrie joue toujours un rôle clé dans la façon que nous avons de façonner les mots dans les chansons et les poèmes. Des plus anciennes peintures rupestres à l'art moderne, des battements de tambour primitifs à la musique contemporaine, les artistes ont sans cesse repoussé les limites de la symétrie. Comme dans le cas de l'humble abeille, la symétrie a offert aux fabricants des moyens efficaces de créer et de construire, des tapissiers arabes aux ingénieurs qui ont réussi à enregistrer toujours plus de données dans des appareils électroniques toujours plus petits. La symétrie est présente à chaque étape de notre développement évolutif.

Le mot « symétrie » évoque des objets bien équilibrés, aux proportions parfaites. Des objets qui, pour nous, sont synonymes de beauté. L'esprit humain est systématiquement attiré par tout ce qui comporte un certain aspect de symétrie. Notre cerveau semble programmé pour remarquer et rechercher l'ordre et la structure. L'art, l'architecture et la musique, de l'Antiquité à nos jours, jouent sur l'idée de choses qui se reflètent les unes les autres de façon intéressante. La symétrie est une affaire de connexions entre les différentes parties d'un même objet. Elle établit un dialogue naturel à l'intérieur de la forme.

En enjambant l'étoile de mer, je ne peux m'empêcher de faire tourner dans ma tête le pentacle qu'elle représente. Pas plus que je ne peux ignorer le dessin étrange qui orne mon maillot de bain. Même des empreintes dans le sable me font penser à un problème que je me dois d'explorer une fois qu'il m'est venu à l'esprit, c'est plus fort que moi. De combien de façons différentes puis-je tracer des formes dans le sable en longeant la plage ? Mes simples empreintes composent ce que l'on appelle une réflexion glissée – on obtient chaque pas en réfléchissant le précédent et en le faisant ensuite glisser sur le sable. Puis je me mets à sautiller sur la plage comme un kangourou, et mes deux pieds engendrent un motif avec une réflexion simple. Si je tourne sur moi-même en sautant et que j'atterris dos à la direction que j'avais empruntée, j'obtiens un motif de deux lignes de symétrie par réflexion. En tout, je réussis à tracer sept symétries différentes dans le sable, sous le regard amusé des Bédouins qui, occupés à pêcher notre dîner, s'esclaffent tandis que je saute et bondis au fil de mon exploration de la symétrie.

Les chasseurs de symétrie

On dit parfois des mathématiques qu'elles sont une quête de logique. En sautant dans le sable, je me suis aperçu que je pouvais créer sept motifs différents avec mes empreintes. Mais est-il possible de classifier tous les motifs que l'on peut rencontrer dans la nature ? Y a-t-il une limite à leur nombre ? Serait-il même envisageable de dresser la liste de toutes ces symétries potentielles ? Pour le mathématicien, ce chercheur de logique, comprendre la symétrie constitue un des grands thèmes de la quête d'une cartographie du monde mathématique.

Pendant des millénaires, les mathématiciens ont progressivement accumulé des formes symétriques au fil de leurs explorations toujours plus poussées. Mais la symétrie est un concept difficile à saisir. Qu'est-ce que la symétrie en réalité ? Quand deux objets présentent-ils les mêmes symétries, et quand sont-elles différentes ? Il a fallu attendre le XIXe siècle et la ferveur révolutionnaire qui régnait alors à Paris pour qu'ait lieu une formidable percée et que naisse un nouveau langage à même de traduire le véritable sens de ce mot. Comme je l'avais appris dans le livre que mon professeur m'avait recommandé, cela s'appelait la théorie des groupes. Ce nouveau langage allait être le ferment d'une révolution mathématique qui aurait autant d'implications que les bouleversements politiques dont les rues de Paris étaient le théâtre. Subitement, les mathématiques disposaient des outils pour construire les vaisseaux prêts à faire voile jusqu'aux frontières mêmes du monde de la symétrie.

Une des découvertes les plus importantes réalisées grâce à ce nouveau langage de la théorie des groupes fut que la symétrie reposait sur le concept de briques premières. Les Grecs de l'Antiquité savaient que chaque nombre peut être divisé en nombres premiers – des nombres indivisibles – et que ces nombres étaient les briques permettant de bâtir tous les autres nombres. Le langage développé au XIXe siècle pour expliquer la symétrie dévoila un fait beaucoup plus subtil, à savoir que, comme la division des nombres, chaque objet symétrique pouvait être divisé en certains objets plus petits dont la collection de symétries était, elle, indivisible. Par exemple, les rotations d'une figure à quinze côtés pouvaient être obtenues à partir des rotations d'un pentagone et celles d'un triangle. Mais le groupe de rotations de ces figures ayant un nombre premier de côtés ne pouvait pas être subdivisé en plus petites séries de symétries. Le groupe de symétries du pentagone était indivisible. Ce qu'il y avait de crucial, chez ces groupes de symétries indivisibles, c'est qu'ils étaient les briques constitutives à partir desquelles il était possible de construire tous les objets symétriques. Tout comme le nombre premier 5 est une brique constitutive de nombres plus importants, le pentagone était une des briques essentielles dans le monde de la symétrie.

Il fallut du temps aux mathématiciens pour saisir pleinement l'idée de ce qui rendait un objet symétrique indivisible. Mais quand ils y parvinrent, ils entrevirent la possibilité de mettre au point une « table périodique » de la symétrie, comprenant tous les objets symétriques indivisibles possibles, de la même façon que le tableau des éléments périodiques rassemble les éléments chimiques indivisibles dont sont faites toutes les autres substances. Un tel tableau établirait la liste de toutes les briques à partir desquelles construire tous les objets symétriques possibles. Les nombres premiers sont la clé des premiers objets à inclure dans la table périodique de la symétrie : les symétries par rotation d'un polygone ayant un nombre premier de côtés ou d'une pièce. Mais le monde de la symétrie recelait d'autres objets plus étranges dont les symétries étaient indivisibles. Parmi les premières de ces briques plus exotiques de la symétrie se trouvait l'icosaèdre, avec ses vingt faces triangulaires. Les mathématiciens du XIXe siècle découvrirent que l'icosaèdre était un objet dont les symétries ne pouvaient être réduites à des objets plus petits.

Depuis le jour où, il y a des milliers d'années, les Grecs découvrirent l'icosaèdre, le monde de la symétrie n'a cessé de susciter l'émerveillement des mathématiciens qui l'explorent. Mais grâce aux nouvelles possibilités liées à la théorie des groupes, on pouvait envisager de comprendre et de classifier ce monde. Qui maîtrisait les briques de la symétrie pouvait espérer en devenir l'architecte. Les mathématiciens du XIXe et du XXe siècle découvrirent et ajoutèrent de plus en plus d'objets symétriques indivisibles à cette table périodique des éléments mathématiques. Mais la liste continuait de s'allonger, et ils commencèrent à se demander s'il serait jamais possible d'établir une nomenclature complète de tous les objets symétriques indivisibles.

Puis, dans les années soixante-dix, une bande d'explorateurs se mit en route, animée d'une détermination et d'une persévérance à la hauteur du défi que représentait la navigation jusqu'aux limites de cet univers complexe. Ils étaient divisés en deux équipes distinctes. L'une d'elles se spécialisa dans la recherche de plus en plus d'objets mathématiques aux symétries indivisibles. Comme des pirates en quête de trésors, c'était l'équipe idéale, lancée à la poursuite des nouvelles briques constitutives de la symétrie. Mais les enjeux étaient énormes. Si quelques-uns gravèrent leurs noms dans les annales de la symétrie, beaucoup fouillèrent en vain et en revinrent bredouilles. La chance comptait tout autant que le jugement dans la découverte d'un trésor à l'autre bout de l'arc-en-ciel.

La deuxième équipe constituait une force plus disciplinée, à la différence des aventuriers de la première. Cette troupe parfaitement organisée aborda le problème par l'autre bout, et exploita les limites de la symétrie. Ils analysèrent sobrement chaque tour et détour, expliquant pourquoi, quand on se hasardait dans certaines directions, on ne pouvait pas déboucher sur de nouvelles symétries indivisibles.

La première équipe se composait d'un assemblage hétéroclite de sabreurs des mathématiques. Un des plus pittoresques avait pour nom John Horton Conway, qui enseigne aujourd'hui à l'université de Princeton. Son charisme tant mathématique que personnel en a presque fait un personnage culte. Les présentations de Conway, quand il étale le butin capturé lors de ses raids mathématiques, ont quelque chose de magique. Au début on pourrait croire qu'il dépeint des curiosités ou des tours de passe-passe, mais à la fin de ses conférences, il fournit des réponses à certaines des questions les plus fondamentales des mathématiques. Chaque révélation s'accompagne de ses éclats de rire caractéristiques, comme s'il était le premier surpris par le chemin qu'il a parcouru. Et dans le même temps, il a transformé une assemblée de doctes universitaires en enfants joueurs. À la fin de sa présentation, ils se bousculent pour tripoter les jouets mathématiques qu'il extirpe d'une valise de gadgets qu'il trimballe bien souvent avec lui.

Daniel Gorenstein se trouvait à la barre de la deuxième équipe. Dans les années soixante, des centaines de mathématiciens du monde entier ont tenté de comprendre les limites du monde de la symétrie. Leurs efforts tendirent avant tout à démontrer ce qui était impossible. En 1972, Gorenstein décida qu'il était nécessaire de lancer une offensive coordonnée en associant les talents individuels de tous. Sans son encadrement, peut-être les mathématiciens continueraient-ils à errer de par le globe, inconscients de leurs accomplissements réciproques. La progression fut parfois pénible et traîtresse, alors qu'ils se frayaient un chemin au fil de longues démonstrations complexes, certaines représentant jusqu'à des milliers de pages d'argumentation logique. Gorenstein décrivit souvent cette époque d'exploration comme la guerre de Trente Ans.

Tandis que la première équipe pillait de nouveaux territoires, la seconde analysait systématiquement ce qui était ou non possible. Parviendrait-elle un jour à montrer à la première qu'il n'y avait plus de nouveaux espaces à explorer ? Ou le monde de la symétrie s'avérerait-il être non un domaine clos mais une étendue infinie où ces deux équipes voyageraient éternellement, condamnées à ne jamais boucler la boucle ? Trouverait-on encore et toujours de nouveaux territoires inconnus ? Dans la première équipe, beaucoup espéraient que le voyage durerait toujours et qu'ils découvriraient sans cesse de nouvelles symétries exotiques. Alors que la deuxième équipe, elle, rêvait de fin et de connaissance aboutie.

Vers la fin des années soixante-dix, les mathématiciens comprirent que les deux équipes se rapprochaient l'une de l'autre. Une taxinomie complète de la symétrie était en vue – une table périodique contenant toutes les briques constitutive de la symétrie se faisait jour. La plupart des mathématiciens étaient enthousiastes à l'idée que les chasseurs de symétrie allaient prouver qu'ils avaient trouvé toutes ces briques. Mais cette joie n'était pas partagée par tous. On demanda à John Conway, le capitaine pirate, s'il était optimiste ou pessimiste face à une telle perspective. Il eut cette réponse sibylline : « Pessimiste, mais je garde espoir… J'ai été ravi de voir que la réponse avait été mal interprétée exactement comme je l'avais méchamment souhaité ! » Pour un chasseur de trésors comme Conway, ces objets symétriques étaient « des choses magnifiques, et j'aimerais en voir plus, mais je commence à contrecœur à me faire à l'idée que nous n'allons peut-être plus en trouver ».

En revanche, Gorenstein et son bataillon étaient heureux de savoir que les explorations étaient terminées et que la guerre de Trente Ans était finie. Au début des années quatre-vingt, ils ajoutèrent deux nouvelles briques constitutives de la symétrie, mais à ce stade, ils apercevaient déjà l'autre équipe à l'horizon. Alors que les deux groupes se rapprochaient l'un de l'autre, les gens commencèrent à comprendre : ça y est. Il n'y a plus de surprise en réserve. On avait fait le tour du monde de la symétrie. En 1980, la rumeur se répandit que la quête avait atteint son but, que la classification était terminée. Mais c'était une fin étrange pour une telle épopée. Il n'y eut pas d'apothéose, pas de moment où le mathématicien repose sa craie tandis que l'assemblée se lève pour applaudir ce fabuleux exploit. Il n'y eut pas de conférence de presse pour annoncer que la démonstration était arrivée à son terme. Personne ne sait d'ailleurs vraiment qui en est venu à bout, et quelques-uns se demandent encore si elle est vraiment parvenue à sa conclusion.

En dehors de la communauté des mathématiques, l'affaire ne fit pas grand bruit. À l'époque, j'étais en terminale. Les murs de ma chambre étaient couverts non de posters de groupes ou de stars du football, mais de coupures de journaux sur les maths. J'avais coutume d'éplucher les journaux à la recherche d'informations passionnantes à coller sur mon mur. Je venais justement de passer en revue les nombreux articles que j'avais découpés, et aucun ne faisait mention de cette percée phénoménale. Curieusement, je découvris qu'une des coupures, près de mon lit, était une lettre adressée au *Guardian* au sujet d'une fausse démonstration du dernier théorème de Fermat que le quotidien avait publiée une semaine plus tôt. Cette lettre avait été écrite par le mathématicien qui, plus tard, deviendrait mon directeur de thèse.

Dans le monde des mathématiques, la nouvelle fit cependant l'effet d'une bombe. C'était un exploit hors du commun. Des siècles durant, personne n'avait cru qu'il était possible de répertorier les objets symétriques fondamentaux qui permettraient de construire tous les objets symétriques possibles. Les mathématiciens prenant peu à peu conscience de ce qu'était en réalité la symétrie, ce fut comme s'ils avaient contemplé un univers infini rempli d'une horde d'objets symétriques chaotiques dont la diversité était apparemment sans fin. C'était pour cette raison que la communauté avait la sensation grisante qu'une étape majeure avait été franchie.

C'était une démonstration sans pareille. Les mathématiciens sont habitués à ce que des noms soient liés à la démonstration de théorèmes : Andrew Wiles à la démonstration du dernier théorème de Fermat, par exemple, ou Grigori Perelman à celle de la conjecture de Poincaré. Un mathématicien est capable de s'isoler pendant des années pour travailler, bien décidé à ce que son nom soit associé à un théorème. Mais pour la première fois, une démonstration était le fruit d'un effort si collectif qu'il était impossible et inutile de vouloir n'y accoler qu'un seul nom.

Toutefois, les mathématiciens qui, en cours de route, avaient découvert de nouvelles îles de la symétrie, n'avaient pas hésité à y planter un drapeau et à inscrire leur nom sur la carte : le premier, deuxième, troisième et quatrième groupe de Janko, le groupe de Harada-Norton, de Conway 1, 2 et 3. La paternité de la découverte de certains groupes de symétries faisait parfois l'objet de vifs débats. Mais quiconque souhaitait désigner la démonstration de la classification aurait sans doute à y associer au moins une centaine de noms.

Contrairement à toutes les autres démonstrations, celle-ci était si vaste que l'on voyait mal qui pouvait prétendre avoir lu chacune des dix mille pages qu'elle représentait, éparpillées dans plus de cinq cents publications différentes. Pour beaucoup, une telle démonstration allait à l'encontre de l'éthique de la simplicité que professent les mathématiques, comme l'exprima le mathématicien de Cambridge G.H. Hardy en 1940 : « Une démonstration mathématique devrait ressembler à une constellation simple et nette, pas à un amas épars comme la Voie lactée. »

Si cette démonstration ne se limitait pas à une unique ligne élégante, elle était aussi riche et variée que les merveilles que recèle la Voie lactée. Chacune des nouvelles découvertes des chasseurs de symétrie était saluée par les mathématiciens avec autant d'enthousiasme que la découverte de nouvelles lunes et planètes. Tout comme la Voie lactée est une caverne d'Ali Baba exotique pleine de superbes étoiles et de nébuleuses, la démonstration, quoique gigantesque et complexe, regorge de joyaux qui auraient satisfait le sens de l'esthétique d'Hardy. Mais l'histoire de la symétrie ne ressemble pas aux découvertes de l'astronomie. Avec une logique limpide, la nouvelle démonstration expliquait la présence de toutes ces symétries et pourquoi nous n'en trouverions pas d'autres. Cet agencement ne devait en effet rien au hasard, et aucune autre configuration ne pouvait fonctionner.

Conway, le Long John Silver des mathématiques, décida qu'il était temps de publier le récit de l'exploration des territoires qu'ils avaient découverts au fil de leur voyage. Basé à Cambridge, il fut aidé par Rob Curtis, Simon Norton, Richard Parker et Rob Wilson. Ensemble, ils réalisèrent ce que l'on appelle aujourd'hui « l'Atlas » : des tableaux mathématiques qui documentent la topographie de chaque nouveau groupe de symétries rencontré. Il ne faut pas y voir une sorte de joyeuse chasse aux papillons, car les sciences dépendent en grande partie de la symétrie. De vastes portions des mathématiques, de la physique et de la chimie peuvent être expliquées par la symétrie sous-jacente des structures étudiées. L'Atlas de la symétrie devint par conséquent la pierre de Rosette de nombreux scientifiques. Quiconque était confronté à une question qui revenait à comprendre la symétrie disposait désormais de ce catalogue. Beaucoup de mathématiciens s'aperçurent qu'ils pouvaient dorénavant démontrer leurs théorèmes simplement en vérifiant que le résultat était vrai pour toutes les briques symétriques indivisibles de l'Atlas Conway & Cie. À Harvard, un célèbre théoricien des nombres déclara que si la bibliothèque brûlait et qu'il ne devait sauver qu'un seul ouvrage, ce serait l'Atlas de la symétrie.

L'Atlas contient des tableaux aussi fondamentaux pour les mathématiques que la table périodique des éléments pour les chimistes. Pendant des milliers d'années, les scientifiques se sont efforcés de comprendre les composants essentiels de la matière elle-même. Les Grecs de l'Antiquité pensaient que ces briques constitutives étaient la terre, l'air, le feu et l'eau. La chimie du XXe siècle s'est appuyée sur la table périodique des éléments conçue par le scientifique russe Dmitri Mendeleïev qui, sous sa forme actuelle, dresse la liste de plus d'une centaine d'éléments chimiques, commençant par l'hydrogène, l'hélium et le lithium. À partir des atomes des éléments de ce tableau, il est possible de construire toutes les molécules de l'univers connu.

De nos jours, deux mille ans après que les Grecs se sont lancés dans l'exploration des formes symétriques, les mathématiques disposent de leur propre table périodique. Elle comporte tous les éléments de la science de la symétrie, les atomes à partir desquels on peut construire toutes les symétries possibles. Mais « atlas » est un mot qui convient mieux que « tableau » pour cet imposant livre rouge que l'on retrouve sur les étagères de bien des mathématiciens. Et il contient les courbes de niveau, les villes et villages qui constituent la base de tout territoire symétrique.

En réalité, Conway avait commencé à composer son atlas des années avant que l'on se doute qu'il se terminerait un jour. Quand ils surent que le voyage était fini, les Cinq de Cambridge apportèrent leur atlas chez leur éditeur pour le partager avec la communauté scientifique. En 1985, ce document extraordinaire fut mis sous presse. La même année, j'entrais à Oxford, étudiant boutonneux de vingt ans qui espérait entamer son propre périple personnel dans le monde de la symétrie.

Larguer les amarres

Après des années de formation au lycée puis à l'université, années passées à pratiquer mes gammes arithmétiques et mes contrepoints mathématiques, j'étais prêt à attaquer mon travail personnel. Mais il me fallait un mentor capable de me guider dans la bonne direction. À Oxford, mon tuteur étudia la liste des théoriciens des groupes de Cambridge et m'en indiqua un. « Écrivez à Simon Norton », me dit-il. Nous convînmes d'un rendez-vous au foyer du département des maths de Cambridge.

Ne sachant pas à quoi ressemblait Norton, j'étais un peu intimidé, dans une pièce remplie de mathématiciens. Comme eux tous, je suis d'un naturel plutôt réservé. Je ne suis pas du genre à tendre la main et me présenter aux gens. Je déteste les fêtes et le téléphone me tétanise. Les mathématiques étaient pour moi comme un havre peuplé de choses qui ne se comportaient pas de façon inattendue (ou du moins, si c'était le cas, il était sûr que leur comportement bizarre avait une explication parfaitement logique). Ce que j'aimais dans les mathématiques, c'était qu'une démonstration parlait d'elle-même : elle n'avait pas besoin que vous présentiez ses diplômes ou que vous convainquiez autrui de sa validité. Tout était là, bien visible.

Apparemment, personne ne m'attendait. Tout le monde avait l'air plongé dans quelque chose. Certains griffonnaient fébrilement sur des blocs-notes, mais la plupart étaient surtout concentrés sur leurs parties de backgammon ou de go. J'interrompis un des groupes pour leur demander où se trouvait le Dr Norton.

Du doigt, un étudiant m'indiqua le fond du foyer : « Il est assis là-bas. » Je distinguai ce que je pris pour un clochard, la tête surmontée d'une crinière désordonnée de cheveux noirs, avec un pantalon aux revers élimés et une chemise pleine de trous. Il était environné de sacs en plastique dont on aurait cru qu'ils contenaient tous ses biens. On aurait dit un épouvantail : « Ouais, c'est Simon. »

Je me suis approché de lui et me suis présenté. D'une voix étrangement nasillarde où pointait comme un rire nerveux, il m'a salué, mais refusa de me serrer la main avec un geste de recul, comme s'il craignait que je l'agresse. La conversation fut difficile. J'avais déjà croisé quelques phénomènes au fil de mes études, mais rien de tel. Il manifesta un intérêt particulier pour le trajet que j'avais emprunté d'Oxford à Cambridge. Il commença à sortir de ses sacs des horaires de bus et de trains. Apparemment, il y avait un itinéraire intéressant que j'aurais pu prendre et qui passait par Bletchley. Du reste, il n'avait pas besoin des horaires : il avait l'air de les connaître tous par cœur. Et il avait déjà préparé mon trajet de retour.

J'étais assis là à tenter désespérément d'envisager à quoi pouvait ressembler l'avenir de la théorie des groupes, et n'avais droit en retour qu'à une description des lignes de bus du pays, quand un grand type nous bondit dessus et vint s'asseoir à côté de Simon Norton. Je n'avais aucune idée de son identité, même s'il semblait convaincu que je savais qui il était. Lui aussi avait les cheveux en bataille, d'un brun-roux cette fois, et il me souriait avec un éclat d'une inquiétante sauvagerie dans le regard. On était au cœur de l'hiver, mais il portait des sandales et un tee-shirt orné de l'expansion décimale de pi faisant tout le tour de sa corpulence. Comme j'étais sur le point de l'apprendre, il s'agissait de John Conway, capitaine du vaisseau pirate de Cambridge.

Je lui dis que je souhaitais venir à Cambridge pour mon doctorat sur la théorie des groupes.

« C'est quoi, votre nom … avec les initiales ?

– Euh … Marcus du Sautoy, Marcus P.F. du Sautoy.

– Laissez tomber le F et le du, remplacez le S de Sautoy par un Z, et vous êtes des nôtres. »

Je ne comprenais rien de ce qu'il disait, et c'était visible. Était-ce quelque rite initiatique, et avais-je échoué ? Ou une énigme bizarre que je devais résoudre ? Les mathématiciens peuvent se montrer très cruels quand ils savent faire quelque chose, et ils adorent vous voir vous débattre pour les rattraper. Je ne voyais pas où il voulait en venir.

Il jeta un énorme livre rouge juste sous mon nez. Il atterrit avec un bruit impressionnant sur la table blanche et carrée qui nous séparait. Sur la couverture était inscrit *Atlas des groupes finis*, avec, en dessous, cinq noms :

J. H. Conway
R. T. Curtis
S. P. Norton
R. A. Parker
R. A. Wilson

« C'est un atlas de symétrie. En haut, c'est moi. Ensuite, dans l'ordre, ceux qui ont rejoint le groupe. » Et là, je compris. Chacun avec deux initiales, chacun avec un nom de famille de six lettres commençant par une lettre de l'alphabet qui indiquait l'ordre dans lequel ils étaient entrés dans le groupe. Je ne ferais partie de l'aventure que si je m'appelais M.P. Zautoy. Quand on l'ouvre, on voit qu'un sixième mathématicien est remercié pour son aide dans les calculs lors de la préparation de l'ouvrage. Mais avec un nom comme J.G. Thackray, il n'avait aucune chance de se retrouver en couverture.

« La première fois qu'il est sorti de l'imprimerie, les typographes n'avaient pas respecté la symétrie de nos noms. Ils n'étaient pas du tout alignés. J'ai insisté pour qu'on le renvoie aux imprimeurs et qu'ils recommencent tout. » Jamais l'Atlas de la symétrie n'aurait existé sans des gens comme Conway, obsédés par la symétrie au point d'insister sur de tels détails.

« J'aime les choses symétriques. J'ai toujours aimé les gemmes, les cristaux et les polyèdres. » Son bureau, d'où il avait jailli, en était la preuve. Il était bourré à craquer de modèles symétriques de toutes les formes, de toutes les tailles et de toutes les couleurs, dont beaucoup étaient suspendus au plafond. On aurait dit une série de candélabres en étoile dans une église byzantine. Le bureau de Conway était un autel dédié à la symétrie.

« J'ai un livre avec des gravures d'Escher sur mon piano, dit-il. J'essaie de me limiter à un tableau d'Escher par jour. Souvent, je ne peux pas m'empêcher de tricher, et je tourne la page, mais au moins, je tiens à sortir de la pièce avant de revenir contempler la page suivante. Un de mes préférés, c'est une photographie d'une boîte conçue par Escher pour un chocolatier hollandais (Figure 5). C'est un icosaèdre composé de vingt triangles couvert d'étoiles de mer et de coquillages. Escher était très malin. Toutes les étoiles de mer sont orientées de façon à ce qu'on ait l'impression qu'elles tournent dans le sens contraire des aiguilles d'une montre. Ce qui veut dire que leur forme n'a pas de réflexion symétrique. Ses seules symétries sont les différentes rotations de la forme. Ses symétries sont les premières briques du livre. »

Il ouvrit l'Atlas à la première « carte ». En haut de la page se trouvait son nom, *A5*, suivi d'un petit tableau de chiffres qui fournissaient les détails sur les moyens de naviguer parmi les symétries de cette « île ».

« Quand quelque chose m'intéresse, j'aime bien lui donner un nom, l'inscrire sur une liste, puis écrire un livre dessus. Mais si vous voulez vous faire un nom, alors, c'est l'avant-dernier article de l'Atlas que vous devrez vraiment chercher à comprendre. »

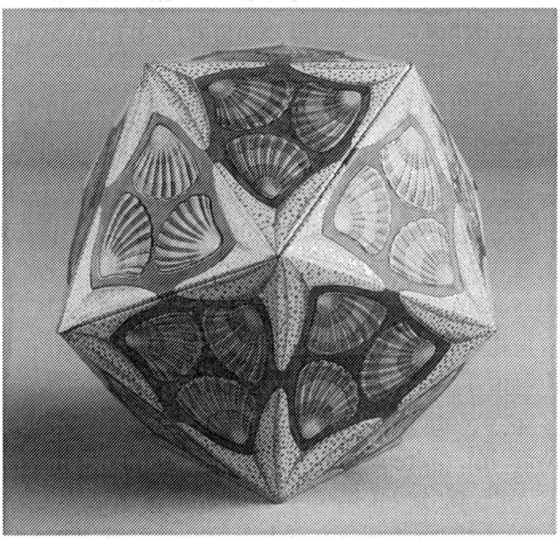

Fig. 5. La boîte de chocolats icosaédrique d'Escher.

Conway tourna les pages jusqu'à un article simplement intitulé *M*. Ça ressemblait au nom d'un espion, mais il m'expliqua que *M* signifiait Monstre, nom qu'il avait trouvé après la découverte de l'objet. J'avais entendu parler de ce gigantesque objet symétrique en dernière année de licence. Il n'était évidemment pas au programme – il avait été construit pour la première fois en 1980. Mais j'avais commencé à suivre quelques séminaires de recherche cette année-là simplement pour me faire une idée de ce qui se dissimulait derrière les exercices hebdomadaires que nous assénaient nos professeurs. J'avais été choqué de m'apercevoir que, malgré mes trois ans passés à apprendre le langage des mathématiques à l'université, je m'étais noyé dans les séminaires comme dans un océan de mots et de symboles dont le sens m'échappait. Il était clair qu'il me restait encore beaucoup de chemin à parcourir. Le Monstre avait été cité dans plusieurs séminaires, mais en dehors de ce nom exotique, je n'avais aucune idée de ce qu'il était en réalité.

« Il a 808 017 424 794 512 875 886 459 904 961 710 757 005 754 368 000 000 000 de symétries. C'est pour ça qu'on l'appelle le Monstre. » Je le fixai, éberlué, non parce que l'objet comptait plus de symétries que le soleil n'a d'atomes, mais parce que, sans sourciller, il était capable d'en exprimer toute la dimension. Il vit que j'étais impressionné. « C'est rien. Je pourrais aussi vous dire tous les chiffres sur le dos de mon tee-shirt. » Je regardai son tee-shirt, frappé d'un « π = » suivi d'un énorme enchaînement de chiffres. Je pouvais lui dire les six premiers, 3,14159, mais j'étais incapable d'aller plus loin. Conway, lui, prétendait pouvoir se souvenir du développement de π à des milliers de décimales. À première vue, ces nombres ne répondent à aucun schéma qui lui permettrait de les déduire – contrairement aux nombres de Fibonacci, et leur règle qui consiste à additionner deux nombres successifs pour obtenir le suivant dans la série. Mais Conway dispose d'un esprit capable de repérer le moindre fragment de structure afin de pouvoir se souvenir de quelque chose d'aussi massif et d'aussi complexe. Et ce n'est pas un esprit autiste, il est simplement à même d'absorber des informations aléatoires. Conway avait appris par lui-même à maîtriser ces talents ; il est doué d'un esprit analytique qui trouve des solutions pour accomplir des exploits de ce genre.

« Laissez tomber pi. Ce sont ces nombres-là qui sont vraiment intéressants, fit-il en me montrant le début des énormes tableaux qui représentaient les travaux de cartographie de cette vaste terre inhospitalière baptisée le Monstre. 196 883. C'est le plus petit espace dimensionnel où vous pouvez représenter cet objet. Le Monstre est comme une sorte de flocon de neige symétrique titanesque que l'on ne peut voir qu'en entrant dans un espace en 196 883 dimensions. »

La boîte de chocolats d'Escher était un objet symétrique qui existait dans notre monde en trois dimensions. C'était un objet que l'on pouvait voir, toucher, avec lequel on pouvait jouer. Présenté dans les premières pages de l'Atlas, il n'avait que 60 symétries différentes. Alors que, couvrant des pages et des pages, se trouvait ce Léviathan que vous ne pourriez « voir » qu'en pénétrant dans un espace en 196 883 dimensions. Bien sûr, vous ne le verriez jamais au sens visuel du terme.

Les années précédentes, j'avais compris comment le langage des mathématiques offrait d'autres façons de « voir » le monde, ce qui avait été une de mes plus belles découvertes. Les paradoxes visuels d'Escher montrent à quel point nous peinons parfois à percevoir la réalité. En traduisant l'espace physique dans la langue des mathématiques, il est facile de dévoiler ces paradoxes. Les équations nous permettent de voir l'avenir en prédisant le parcours d'une planète ou l'évolution de l'économie. C'était une langue qui, à mes yeux, avait beaucoup plus de pouvoir que le français et le russe, avec lesquels je m'étais démené à l'école. Mais c'était la capacité de ce langage à évoquer, dans notre esprit, ce que nos yeux ne pourraient jamais discerner que je trouvais particulièrement passionnante. Le langage mathématique ouvre une fenêtre virtuelle sur des espaces au-delà de notre monde physique en trois dimensions.

Nous sommes en fait tous habitués à l'idée de traduire l'espace en chiffres. Quand nous cherchons l'emplacement d'une ville dans un atlas, nous la trouvons identifiée par des coordonnées. Par exemple, le département des maths où je m'étais rendu à Cambridge se trouve à la latitude 52.2°N et à la longitude 0.1°E. Le même principe est appliqué dans les mathématiques pour transformer la géométrie en nombres. Ainsi, les quatre coins d'un carré peuvent être décrits par leurs coordonnées : (0, 0), (1, 0), (0, 1) et (1, 1). De même en trois dimensions : il suffit d'ajouter une coordonnée. Par exemple, les huit coins d'un cube peuvent être définis par huit groupes de trois chiffres : (0, 0, 0), (1, 0, 0), (0, 1, 0), et ainsi de suite jusqu'à (1, 1, 1) (Figure 6). La coordonnée (1, 0, 1) correspond à l'emplacement que l'on atteint, dans le cube en trois dimensions, en se déplaçant d'un pas vers l'est et d'un pas vers le haut.

La beauté des mathématiques réside dans le fait que, maintenant que je dispose de cette traduction des images dans un nouveau langage des nombres, je peux dépeindre la géométrie d'un cube en quatre dimensions sans avoir à me soucier de le visualiser. Cette figure en quatre dimensions, connue sous le nom d'hypercube ou de tesseract, compte 16 sommets, chacun décrit par quatre coordonnées, en commençant par (0, 0, 0, 0), puis (1, 0, 0, 0) et (0, 1, 0, 0), pour atteindre son point le plus éloigné à (1, 1, 1, 1). Les nombres deviennent un code pour décrire la forme. Bien que ne pouvant pas « voir » l'hypercube, le langage mathématique me permet de le manipuler et d'en explorer les symétries. Les nombres me donnent, si vous voulez, un sixième sens – le sentiment que je peux vraiment voir en quatre dimensions.

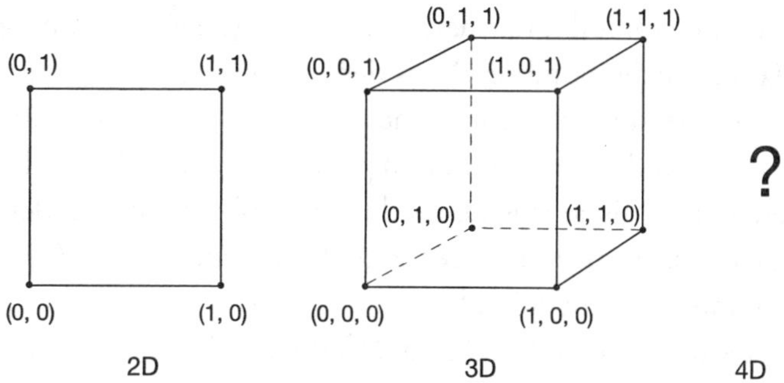

Fig. 6. Transformation de la géométrie en nombres : une forme peut être décrite par des coordonnées.

En dépit de ma toute nouvelle capacité à « voir » des formes n-dimensionnelles, l'idée que Conway et Norton pouvaient, eux, envisager un flocon de neige symétrique dans un espace en 196 883 dimensions était une expérience tout à fait époustouflante. Ce n'était pas le genre d'objet sur lequel on pouvait tomber par hasard. Pour le construire, on ne pouvait que passer par le langage mathématique. Il existait dans un monde où les objets physiques sont remplacés par les chiffres qui les traduisent. Tout comme l'hypercube peut être décrit par des suites quadruples composées de 0 et de 1, Conway et Norton pouvaient capturer le Monstre à l'aide de suites de 196 883 chiffres. Et, d'après Conway, 196 883 ne devait rien au hasard.

« Le plus étonnant, me déclara-t-il, c'est que 1 + 196 883 = 196884. »

Je le dévisageai d'un œil rond. Pour ce qui était des grandes découvertes des mathématiques, on pouvait faire mieux, me semblait-il. « Ahhh, mais 196 884, c'est le premier coefficient du développement de Fourier de la fonction modulaire. » Là, j'avais une vague idée de quoi il retournait. C'était quelque chose d'important dans la théorie des nombres. Mais rien qui, apparemment, ait été lié à la symétrie d'un flocon de neige géant. « Justement, riposta Conway. Quand quelqu'un m'en a parlé, ça m'a paru être de la pure numérologie. Puis je suis descendu à la bibliothèque du département, ici, pour trouver un livre sur ces formes modulaires. OK, quel est le nombre suivant sur la liste ? »

Je regardai le tableau. C'était 21 296 876, la taille de la dimension suivante où il était possible de contempler ce flocon. « Eh bien, quand je suis allé voir quel était le deuxième coefficient de la fonction modulaire dans ce bouquin à la bibliothèque, c'était 21 493 760. » De nouveau, je lui adressai un regard vide. « L'essentiel, c'est que 21 493 760 = 1 + 196 883 + 21 296 876. Simon et moi avons trouvé un moyen d'utiliser tous les nombres venant du tableau pour le Monstre, pour obtenir tous les termes du développement de Fourier de la fonction modulaire. »

En fait, cette chose étrange appelée fonction modulaire peut en gros être décrite par une suite de nombres qui commencent par 196 884, 21 493 760, 864 299 970... De même, les contours de ce flocon de neige monstrueux étaient définis par une autre suite de nombres : 196 883, 21 296 876, 842 609 326... Conway et Norton avaient trouvé un tour de magie mathématique qui, manifestement, permettait de transformer une suite de nombres en une autre.

Pour quelqu'un d'insensible aux mathématiques, ça n'a l'air de rien, mais j'en savais alors assez pour comprendre que c'était bizarre. C'était comme si un archéologue fouillant sur le site d'une pyramide maya dans les jungles du Guatemala avait retrouvé de curieux symboles que l'on n'aurait jusqu'alors rencontrés qu'en Égypte : on ne pourrait qu'en déduire que les deux cultures étaient liées. Les fouilles de Conway avaient mis au jour un lien comparable entre deux bas-reliefs mathématiques : la fonction modulaire de la théorie des nombres et cette symétrie monstrueuse. Les deux choses n'avaient apparemment rien en commun. Pourtant, le secret de l'espace dimensionnel où vivait cette créature monstrueuse semblait programmé dans la fonction modulaire.

« Ç'a été l'expérience la plus passionnante de ma vie mathématique », lança Conway. Mais quel en est le sens ? « Tout est là : nous ne le comprenons pas. Pourquoi y a-t-il un lien ? » « Un clair de lune monstrueux », intervint Simon Norton. « C'est comme ça qu'on l'a appelée, cette numérologie étrange, expliqua Conway, le clair de lune monstrueux. »

Un nom mystérieux, qui attirait immédiatement l'attention. Mais à quel sens du mot « lune » faisaient-ils référence ? Ils pouvaient légitimement penser qu'ils avaient décroché la lune, en effet. Ou alors, peut-être avaient-ils le sentiment d'être tombés de la lune en question, tant ce qu'ils disaient paraissait absurde. Mais on avait affaire là à autre chose qu'un coup de folie numérologique. Il serait normal de ne voir qu'une coïncidence dans le fait que 196 883, la première dimension où le Monstre est visible, soit si proche de 196 884, le premier coefficient de la fonction modulaire. Mais le fait que *tous* les nombres identifiés par Conway et son équipe dans l'Atlas pour aider à parcourir les symétries du Monstre soient si directement liés à ceux venant de cet objet de la théorie des nombres ne pouvait pas être qu'une absurdité numérologique. « Ces liens sont simplement trop étonnants pour être accidentels. »

Avec leur image du « clair de lune », ils laissaient plutôt entendre qu'il devait y avoir quelque part un soleil mathématique dont les rayons éclairaient les nombres dans le Monstre et dans la fonction modulaire de la théorie des nombres. Nous pouvions voir sa réverbération sur la lune, mais personne ne pouvait apercevoir le soleil qui était la source du lien entre ces nombres. La source de ce clair de lune était, affirma Conway, l'un des plus grands mystères de notre discipline. Je comprenais tout ce que le problème avait de fascinant. L'étrange nature interconnectée des mathématiques était un des aspects qui m'intriguait de plus en plus. Et la recherche du tunnel entre ces deux sujets, le Monstre et la fonction modulaire, était un projet fascinant. Car qui pouvait résister au tisserand mathématique qui, tel Nick Bottom dans *Le Songe d'une nuit d'été,* appelait à « chercher le clair de lune » ?

Puis, comme si je n'avais pas été là, tous deux se mirent à échanger des nombres de plus en plus grands, des coordonnées qu'ils avaient répertoriées dans leur Atlas alors qu'ils s'aventuraient toujours plus loin sous ce clair de lune dont ils découvraient sans cesse de nouvelles implications. Cet objet leur était si familier qu'ils n'avaient même pas besoin de consulter le tableau étalé sous mes yeux. Ils vivaient avec le Monstre. Pour eux, c'était un ami, quelqu'un qu'ils connaissaient intimement. Mais la créature gardait encore jalousement certains de ses secrets, malgré les questions insistantes dont la bombardaient Conway et Norton. Sans quitter mon siège, je restai là, impressionné par leurs compétences et leur maîtrise d'une chose si complexe qu'elle semblait dépasser les capacités d'un esprit normal. Or, tout comme Conway avait trouvé dans le développement décimal de π des indices lui permettant de se souvenir d'autant de chiffres, le Monstre, malgré sa taille et sa complexité, avait révélé assez des secrets de son fonctionnement pour que Conway et Norton puissent les pénétrer.

Au bout d'un moment, tandis qu'ils continuaient à s'affronter à coups de nombres dans un duel mathématique, je pris discrètement congé. Et, pour rentrer de Cambridge à Oxford, je suivis les instructions que Norton avait extirpées de ses sacs en plastique.

Minuit, 26 août, désert du Sinaï

Enfin, la température est redescendue à un niveau supportable. Je suis étendu sur le sable, et le ciel nocturne flamboie au-dessus de moi. Il me suffit toujours de contempler l'espace pour éprouver un puissant frisson tout en me demandant ce qui s'y cache. Quelle est sa forme ? Que veut-on dire par l'univers est « infini mais fini » ?

Je dois avouer qu'en fait, je suis un peu défoncé, grâce au cadeau d'anniversaire de notre hôte bédouin. L'herbe que font pousser les Bédouins sur l'autre flanc de la montagne est une des meilleures du Moyen-Orient. C'est peut-être un peu lamentable de ma part de prétendre que je suis aussi branché que les deux jeunes avec qui nous partageons la plage. Peut-être est-ce ma façon de gérer la crise de la quarantaine. À l'université, je faisais pudiquement passer les joints, convaincu que, si bons qu'ils aient pu être pour l'inspiration poétique, ils l'étaient nettement moins pour l'esprit mathématique – même si, plus tard, j'ai croisé plusieurs mathématiciens qui donnaient le meilleur d'eux-mêmes quand ils étaient sous influence.

La lune s'est levée au-dessus des hauteurs d'Arabie saoudite. Pourquoi a-t-elle l'air plus grande ici qu'elle le sera jamais à Londres ? L'atmosphère a-t-elle ici un curieux effet de lentille qui agrandit notre satellite ? La lune est dans son dernier quartier. Pour les Bédouins, les phases de la lune contrôlent les cycles de l'année, la nouvelle lune marquant le début d'un nouveau mois. Selon mes hôtes, mon anniversaire, cette année, tombe au mois de Rajab. L'année prochaine, mon anniversaire se sera faufilé jusqu'à un autre mois du calendrier musulman. C'est la force des mathématiques, qui nous font passer d'une date à l'autre, même si, au bout du compte, ce sont les autorités de l'autre côté de la mer, en Arabie saoudite, qui ont le dernier mot au sujet du calendrier de l'islam.

Les vagues viennent lécher doucement le récif corallien. Le clair de lune scintille à la surface de la mer. Ces photons ont accompli un voyage extraordinaire. Lancés depuis le soleil qui se couche derrière moi, ils ont rebondi sur la lune et touché la surface de la mer avant d'atterrir enfin dans mon œil. Mais que leur arrive-t-il ensuite ? Par quelle étrange association entre la physique et la biologie ai-je la sensation de voir ce scintillement sur les vagues ?

La lune a tiré et repoussé la mer tout au long de la journée. La marée montante a recouvert le corail où, l'après-midi, j'avais vu l'étoile de mer symétrique. Pourquoi y a-t-il deux marées hautes par jour, plutôt qu'une seule ? La réponse à cette question est des plus subtiles, j'en prends conscience en m'efforçant de la trouver, alors que je dessine dans le sable des schémas de lunes en orbite autour de la Terre. La science avance grâce aux questions auxquelles nous ne sommes pas en mesure de répondre. Sans problèmes à résoudre, les mathématiques s'éteindraient. Je finis par abandonner mes croquis dans le sable. Luisant sous les étoiles, le mystérieux clair de lune illumine mon chemin jusqu'à ma cabine.

2

SEPTEMBRE : LE PROCHAIN LANCER DE DÉS

Surprenez un joueur sans ses dés, et un docteur sans ses livres, vous crierez miracle. William Shakespeare, *Les Joyeuses Commères de Windsor*

1er SEPTEMBRE, STOKE NEWINGTON, LONDRES

POUR MOI, SEPTEMBRE a toujours été le mois des commencements. On s'y trouve à l'orée d'une année universitaire, avec toutes ses promesses de nouvelles choses à apprendre et découvrir. Je viens d'emmener Tomer, mon fils de neuf ans, à l'école. C'est le jour de la rentrée, après les vacances d'été. J'ai profité de l'occasion pour lui faire répéter ses tables de multiplication, qu'il redoute. Tomer tente de trouver des trucs pour se souvenir de chacune d'entre elles, à l'aide de quelques calculs simples afin de développer un fonds plus vaste où il pourra puiser les réponses.

À l'école, on attend de lui qu'il les apprenne par cœur, qu'il perfectionne ses automatismes avant de pouvoir passer à autre chose. Tout en marchant, je m'efforce d'allumer en lui la flamme des mathématiques. Je lui pose des questions, sans me contenter de lui faire réciter ses tables de multiplication. Je lui demande 4×4, puis 3×5 ; 5×5, puis 4×6 ; 6×6 suivi de 5×7. Il finit par en comprendre la logique : la deuxième réponse équivaut toujours à la première moins un. J'espère susciter son enthousiasme quand je lui explique que cela sera vrai quels que soient les nombres que je choisis. « OK, on est arrivé. Tu peux te taire, maintenant ? » dit-il, mortifié à l'idée d'être surpris en train de parler mathématiques avec son père.

Sur le chemin du retour, mon cerveau est déjà occupé à analyser le problème sur lequel je travaille en ce moment. J'aime travailler chez moi. Je me sens oppressé dans un bureau, dont l'espace ne cesse de me rappeler que je ne suis pas en train d'accoucher d'idées géniales. Je hais cette façon accusatrice qu'a le tableau blanc de me fixer, impatient que je le noircisse de profondes équations. Mon support préféré, ce sont les blocs-notes jaunes. Le jaune, à mes yeux, constitue un arrière-plan adapté aux mathématiques – peut-être que d'avoir vu tous ces livres jaunes chez Blackwell, quand j'étais gosse, m'a fait associer cette couleur aux maths. La reliure du bloc-notes garantit un semblant d'ordre face au cheminement chaotique de mes pensées.

C'est en Israël que j'ai découvert ces blocs-notes. J'en ai maintenant des cartons entiers dans ma cave. L'hébreu s'écrivant de droite à gauche, les marges sont à droite, mais il est utile de rappeler que les équations mathématiques, que la langue s'écrive de droite à gauche, de gauche à droite ou de haut en bas, commencent toujours par la gauche. Pour l'heure, je ne dispose que de la partie gauche de mon équation. Il me reste la partie droite à remplir.

La plupart du temps, je suis assis à ne rien faire, sans avancer. Chez moi, mon bureau est un lieu où je peux facilement errer d'une idée à l'autre sans éprouver de sentiment de culpabilité. C'est un endroit particulièrement désordonné, ce qui ne manque jamais de me déprimer, bien que cela reflète parfaitement mon processus de réflexion. Par exemple, je vais commencer par chercher un livre enfoui quelque part sous les pyramides de papier qui trônent sur mon bureau. Puis, pendant ces recherches, il m'arrive souvent de tomber sur autre chose, qui dévie alors mes pensées dans une direction inattendue. En préservant le capharnaüm de mon bureau, j'augmente la probabilité de ces connexions aléatoires. Chaque fois que je range, je remise également le potentiel d'accoucher d'idées dues au hasard.

Je travaille en musique. Cela m'aide à me débarrasser de l'angoisse que je ressens quand je ne progresse pas, parce que mon esprit se retrouve happé par la musique. Parfois, je marque une pause et je m'en vais tapoter du piano. Je suis vraiment très mauvais. En ce moment, je déchiffre les *Variations Goldberg* de Bach, mais à un dixième du tempo prévu – c'est le temps qu'il faut à mes doigts pour atteindre les notes suivantes. J'aime me dire que la musique contribue en fait à stimuler la partie de mon cerveau dont j'ai besoin pour les mathématiques. Peut-être mes efforts servent-ils d'exercices mentaux à mes neurones, afin qu'ils soient en forme pour ma prochaine offensive mathématique.

Chez moi, j'use (ou abuse) également d'un autre stimulant que la musique, qui me vient de ma machine à expressos. Le rituel du café est pour moi une ossature essentielle sur laquelle j'articule ma journée de travail. Paul Erdös, un des grands noms de ma discipline, a dit un jour qu'un mathématicien était une machine qui transforme le café en théorèmes. Il y a quelques années, dans le cadre de mes bonnes résolutions pour la nouvelle année, j'avais décidé d'arrêter – et tout au long de l'année qui a suivi, je n'ai rien démontré d'important. Par conséquent, peut-être la plaisanterie d'Erdös contient-elle un fond de vérité. Sherlock Holmes avait coutume de mesurer la difficulté d'une énigme au nombre de pipes qu'il avait fumées pour la résoudre. Moi, ce sont les tasses de café qui me servent d'unités de mesure. Toutefois, je sens qu'il va me falloir sans doute engloutir la production annuelle d'un petit État d'Amérique latine pour démontrer le théorème dont je m'efforce de percer les secrets.

L'Atlas de Conway dresse peut-être la liste de toutes les briques constitutives de la symétrie, mais on comprend encore mal ce qu'il est possible de construire à partir de ces atomes. Une partie de mes recherches consiste à étudier quels objets symétriques peuvent être concoctés à l'aide de ces symétries irréductibles. Comme si des chimistes prenaient, par exemple, des atomes de sodium et de chlore et se demandaient quels types de composés ils pourraient synthétiser à partir de ces éléments.

J'ai pris une des briques les plus simples : les symétries rotationnelles de formes régulières en deux dimensions comme un triangle ou un pentagone. Je ne me préoccupe pas de la réflexion. Si besoin était, je pourrais utiliser le même tour de passe-passe qu'Escher quand il avait annulé la réflexion symétrique de la boîte de chocolats qu'aimait tant Conway : en peignant dessus une étoile de mer aux branches légèrement orientées dans le sens contraire des aiguilles d'une montre.

Un pentagone compte cinq symétries rotationnelles. On peut lui faire effectuer 1/5e d'une rotation complète, ou 2/5e, 3/5e ou 4/5e, ou encore le laisser tel quel. De même, le triangle équilatéral présente trois symétries rotationnelles. En fait, tout polygone régulier en deux dimensions a autant de symétries rotationnelles que de côtés.

Donc, un polygone régulier à 15 côtés a 15 symétries rotationnelles. Mais c'est là qu'il se passe quelque chose d'intéressant. Les symétries de la figure à 15 côtés se composent en fait de symétries de deux formes plus petites : le pentagone et le triangle. Si je dessine un pentagone et un triangle à l'intérieur de la figure à 15 côtés, je peux obtenir chaque rotation de cette dernière en combinant des rotations des formes plus petites.

Par exemple, dans la figure 7, comment puis-je faire pivoter la figure à 15 côtés de 1/15e de tour afin qu'A passe en B, en combinant les rotations du triangle et du pentagone ? Si je fais pivoter le pentagone de 1/5e de tour, A passe en C. Si je répète ce geste et fais tourner de nouveau le pentagone de 1/5e de tour, C passe en D. Pour la dernière étape, il faut faire pivoter le triangle à l'intérieur de la figure à 15 côtés de 1/3 de tour dans le sens contraire des aiguilles d'une montre, pour faire passer D en B. En combinant deux rotations du pentagone et une rotation du triangle dans l'autre sens, on obtient un tour de 1/15e de la grande forme. Cette manipulation fonctionne parce que 1/15 = 2/5 – 1/3.

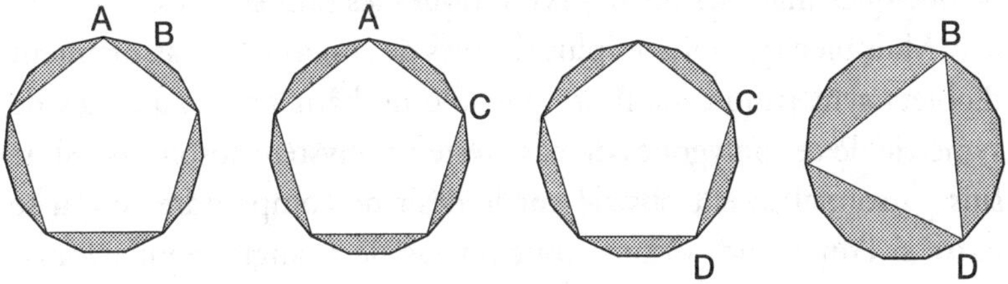

Fig. 7. Comment pivoter de 1/15e de tour en utilisant les symétries d'un triangle et d'un pentagone.

Il est impossible de décomposer le pentagone ou le triangle en rotations de formes plus petites, comme c'est le cas de la forme à 15 côtés. Cela tient au fait que 5 et 3 sont des nombres premiers. Les nombres premiers ne peuvent être décomposés en multiplication de deux nombres inférieurs (à l'exception de 1, qui n'est pas considéré comme un nombre premier). Ce sont donc là les deux premières briques, et les plus simples, de la table périodique de la symétrie. Si l'on prend un polygone régulier en deux dimensions avec un nombre premier de côtés, alors les symétries rotationnelles de cet objet ne peuvent être constituées à partir de ceux d'objets symétriques plus petits.

Mieux encore, ces figures sont les briques qui permettent de construire les symétries de tous les autres polygones réguliers en deux dimensions. Par exemple, les symétries d'une figure à 105 côtés proviennent des symétries d'un triangle, d'un pentagone et d'un heptagone qu'elle englobe. C'est la façon qu'a la géométrie de dire que chaque nombre est obtenu en multipliant des nombres premiers entre eux. C'est pourquoi les nombres premiers sont si importants, parce qu'ils sont les briques constitutives de tous les nombres. Quand on s'intéresse aux mathématiques de la symétrie, on s'aperçoit que les nombres premiers sont là encore les briques essentielles de quelques-unes des formes symétriques les plus simples.

Mais bien qu'étant les plus simples de ces briques, l'assortiment d'objets symétriques qu'il est possible de bâtir grâce aux axes de symétrie de ces polygones de base reste un mystère absolu. Ainsi, je suis personnellement obsédé par le désir de comprendre ce qui se passe si l'on prend, disons, tout un tas de triangles équilatéraux. Quels sont les différents objets mathématiques qui présentent des symétries de $3 \times 3 \times 3 \times 3 \times 3$? Les symétries d'un tel objet s'obtiennent en assemblant les symétries de cinq triangles. Mais qu'adviendrait-il si je passais des triangles aux pentagones ? Et aux heptagones ? Il y a un nombre infini de nombres premiers, et donc de briques de construction de base. Quelle est la nature de toutes les formes différentes que je peux bâtir à l'aide de copies d'une forme ayant un nombre premier de côtés ? En particulier, si p représente n'importe quel nombre premier, combien y a-t-il d'objets différents avec des symétries de $p \times p \times p \times p \times p$? Comment les objets symétriques changent-ils en fonction du nombre premier que j'utilise ? Ce changement est-il conséquent ? Ou y a-t-il des liens entre les objets ayant des symétries de 41 × 41 × 41 × 41 × 41 et ceux de 73 × 73 × 73 × 73 × 73 ? Et que se passe-t-il quand j'augmente le nombre de formes ayant un nombre premier de côtés ?

Peut-être ne serait-il pas inutile d'émettre un petit avertissement à ce stade. Les « objets » auxquels je m'intéresse ne sont pas forcément composés physiquement de triangles. Si j'ai commencé par une forme bidimensionnelle simple, la plupart des objets que je construis ne peuvent être matérialisés dans un espace en deux, voire en trois dimensions. Ce sont des objets en quatre, cinq ou plus de dimensions, et j'ai besoin du langage des mathématiques pour les construire et les manipuler. Ce qui importe est que le nombre total de symétries de l'objet est une puissance de 3. Ces symétries auront donc été édifiées à partir de rotations de triangles.

Un deuxième avertissement. Même si quelque chose est vraiment construit physiquement à partir de triangles, cela ne veut pas dire que ses symétries ne proviennent que des rotations des triangles en question. Par exemple, comme je l'ai appris dans le livre que m'avait donné mon professeur, il existe un objet composé de 20 triangles, ou icosaèdre (Figure 8). C'est la forme utilisée par Escher pour la boîte de chocolats décrite par Conway. Puisqu'il est possible de réaliser un icosaèdre en assemblant des triangles, on peut légitimement supposer que ses symétries aussi sont bâties à partir de triangles. Or, dans cet objet, certaines symétries proviennent d'un pentagone. Ainsi, chaque sommet représente le point de rencontre entre cinq triangles. Faites pivoter l'icosaèdre de 1/5e de tour autour d'un sommet, et il ne changera absolument pas.

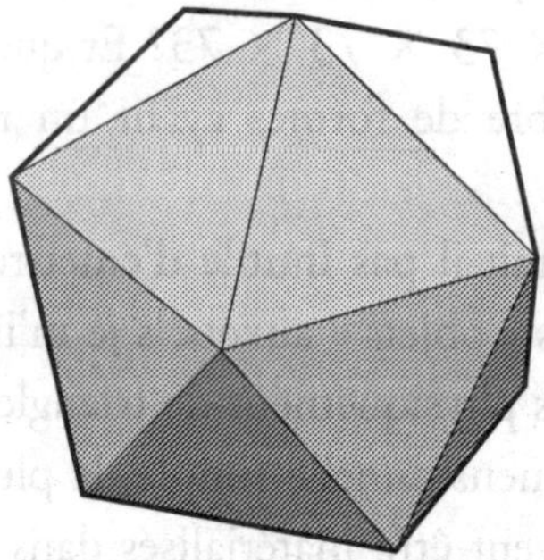

Fig. 8. L'icosaèdre est composé de triangles, mais son groupe de symétries comprend les rotations d'un pentagone.

On pourrait comparer mes recherches à celles d'un chimiste qui prendrait des atomes d'un seul élément de la table périodique, le carbone, par exemple, et qui se demanderait quelles molécules produire à partir de lui. Pour les chimistes, ces différents produits chimiques sont des allotropes du carbone (Figure 9). En fait, la symétrie est essentielle pour expliquer les différentes façons d'agencer le carbone. Ainsi, on peut prendre un atome de carbone et en placer quatre autres autour de lui dans ce que l'on appelle une disposition tétraédrique. Ce qui donne le diamant. La symétrie de cet agencement en fait une des molécules les plus solides de la nature. On peut également organiser les atomes en une résille d'hexagones, semblable à un nid d'abeilles. Ce qui fait du graphite une des molécules les plus fragiles. Les plaques hexagonales bidimensionnelles sont assez stables, mais les couches en rayon de miel glissent simplement les unes sur les autres.

Une des découvertes les plus passionnantes de la chimie a été réalisée en 1965, quand on s'est aperçu qu'il était possible de regrouper 60 atomes de carbone pour constituer une seule molécule. Le secret de la fabrication de cette molécule, dite C_{60}, se trouve dans les symétries d'un ballon de football. Un ballon de foot moderne est composé d'un assemblage de pentagones et d'hexagones. Cette forme compte 60 sommets. Harry Kroto, alors membre de l'université du Sussex, et Richard Smalley et Robert Curl, de l'université Rice du Texas, comprirent que l'on pouvait agencer 60 atomes de carbone, un à chaque sommet, et les assembler pour former une nouvelle molécule de carbone sphérique. Ils découvrirent même des exemples de ces molécules lors d'expériences conçues pour recréer les atmosphères d'astres dont les couches supérieures sont riches en carbone.

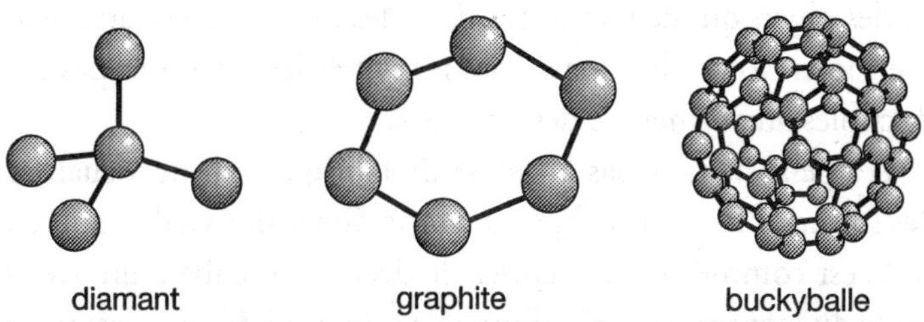

Fig. 9. (a) Diamant, (b) graphite et (c) buckminsterfullerène : différentes façons d'assembler les atomes de carbone.

Cette forme rappela à l'équipe qui l'avait découverte les dômes géodésiques de l'architecte Buckminster Fuller, aussi baptisèrent-ils la molécule « buckminsterfullerène » en son honneur. À cause de sa ressemblance avec un ballon de football, on la surnomme souvent la « buckyballe ». Dès lors, il devint possible de trouver toutes sortes de façons d'agencer des atomes de carbone afin de créer des molécules plus grandes. Là encore, la symétrie joua un rôle essentiel dans la compréhension de l'existence possible de molécules aussi étranges. Les mathématiciens ayant montré ce qui était faisable, ce n'était plus qu'une question de temps avant que les chimistes découvrent dans la nature des composés de carbone qui exploitaient ces différentes formes symétriques.

Mes recherches tentent de répondre aux mêmes questions dans le monde de la symétrie mathématique. Au lieu du carbone, mes briques sont les symétries d'une forme ayant un nombre premier de côtés, comme le triangle équilatéral et le pentagone. Quelles formes puis-je créer dont les symétries sont constituées d'un certain nombre de copies d'une unique forme ayant un nombre premier de côtés? Une fois de plus, un avertissement : gardez à l'esprit le fait que ce que j'étudie, ce ne sont pas que des formes tridimensionnelles – ce sont des objets qui ne vivent que dans des mondes en quatre ou cinq dimensions, voire plus, mais dont les symétries n'en sont pas moins réductibles aux symétries des triangles.

Les gens n'étant pas à même de fabriquer ou de visualiser de telles formes, l'idée d'un objet en quatre dimensions a de quoi rendre fou. C'est comme si vous tentiez de décrire un cube à un aveugle : à l'aide du langage, on peut donner la sensation de ce qu'est un cube en décrivant combien il a de faces, d'arêtes et de sommets.

Comme je l'avais découvert durant mes années d'études, la transformation de l'espace en nombres est le langage le plus puissant quand il est nécessaire de dépeindre des objets n-dimensionnels. Prenons l'hypercube, ce cube en quatre dimensions. Il compte 16 sommets. Un de ces points est situé à un endroit que l'on peut identifier comme (0, 0, 0, 0) dans un système de coordonnées. De ce point partent quatre arêtes, qui relient ce coin à quatre autres points, que nous pouvons identifier par les séries (1, 0, 0, 0), (0, 1, 0, 0), (0, 0, 1, 0) et (0, 0, 0, 1). Je peux même faire pivoter cet hypercube sur un axe qui relie les deux points les plus opposés, (0, 0, 0, 0) et (1, 1, 1, 1). La symétrie permet de faire le tour des quatre arêtes partant de (0, 0, 0, 0). Vous n'auriez probablement aucun mal à suivre cette logique si les coordonnées se rapportaient à un cube en trois dimensions. Pour m'aider à « voir » ce qu'il en est, j'ai souvent tendance à dessiner une « ombre » en deux dimensions, qui me donnera une vague idée de ce qui se passe là-bas, dans les quatre dimensions (Figure 10).

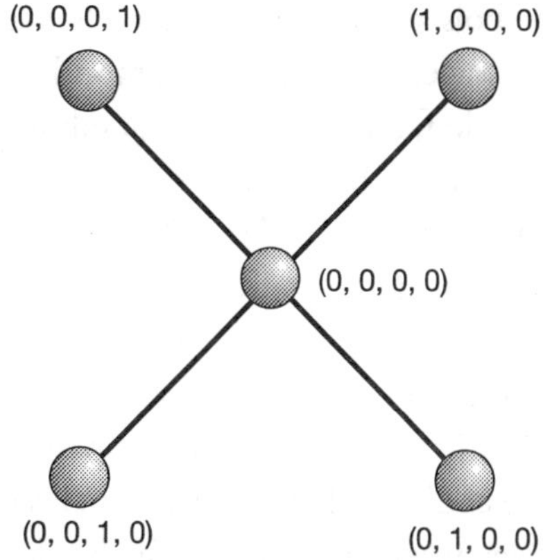

Fig. 10. Projection en deux dimensions du coin d'un cube en quatre dimensions.

Le langage des nombres m'offre le moyen de jouer avec la géométrie d'un objet que je ne pourrais pas construire dans la réalité. Peut-être est-ce un petit peu plus difficile parce que je ne dispose d'aucune image conventionnelle de lui, en trois dimensions, mais la tâche n'en est pas impossible pour autant. Par exemple, je peux « voir » que si je fais de nouveau pivoter l'hypercube comme je l'ai décrit plus haut, au bout de quatre rotations, il sera revenu dans sa position de départ.

Cette rotation est en fait semblable à celle d'un carré. Donc, je sais que les symétries de cet hypercube ne sont pas constituées des symétries de triangles – il ne s'agit pas de l'un des objets qui sont le but de ma quête aujourd'hui.

Quand j'explore ces formes, j'ai souvent le sentiment que mon bureau est un portail menant à un pays enchanté, comme l'armoire magique de C.S. Lewis, dont les portes ouvrent sur un autre monde, au-delà des manteaux qui y sont suspendus. Parfois, je peux passer une journée entière à arpenter l'armoire, sans jamais réussir à franchir le panneau de bois au fond. Mais quand la magie fonctionne et que je trouve un passage, alors, au lieu du monde de Narnia, peuplé de lions parlants et de faunes armés de parapluies, je pénètre dans un univers qui contient des hypercubes qui tournent sur eux-mêmes et des Monstres rôdant au clair de lune. Tout comme les enfants des récits de Lewis ont du mal à quitter Narnia et à revenir dans le Londres du Blitz, il m'arrive parfois de me retrouver coincé dans ce monde mathématique, coupé de ce qui se passe autour de moi.

Il est 15 h 45, et je n'ai pas vu le temps passer. Il est l'heure de passer par l'armoire et d'aller chercher Tomer à l'école. J'ai le cerveau qui crépite après ce curieux exercice de méditation mathématique, aussi suis-je tout à fait heureux de me diriger vers le parc, avec sous le bras une balle composée de pentagones et d'hexagones, et de pouvoir décompresser en tapant dans le ballon avec Tomer.

10 septembre, British Museum

C'est le week-end. J'ai conclu un marché avec Tomer : une matinée à traquer la symétrie au British Museum, suivie d'un après-midi sur l'aire de skateboard. Mes grands-parents vivaient à quelques pas du musée. J'ai toujours adoré passer la nuit dans leur appartement et me réveiller le matin en entendant la rumeur des rues de Londres : les voitures de police, les bus et les taxis étaient tous synonymes d'un formidable exotisme pour un garçon comme moi, habitué au paisible trafic d'une ville de la vallée de la Tamise. Enfant, j'ai passé plus d'un samedi matin à musarder dans les galeries grecques et romaines du musée, à contempler les marbres d'Elgin en compagnie d'un guide audio.

Depuis quelques jours, je suis à la recherche d'« objets » dont les symétries sont constituées de celles de triangles ou de pentagones. Je rejoins en cela une quête qui a débuté presque à l'instant où l'homme a commencé à façonner son environnement à ses propres fins. Les armes de chasse, les récipients pour la cuisine exploitaient la diversité des formes géométriques qu'il était possible de fabriquer à partir d'argile, de pierre ou d'os. Quelques-unes de nos premières percées dans le monde de la symétrie tridimensionnelle furent la conséquence de notre obsession pour les jeux. Tomer et moi sommes en route pour voir si nous pourrions dénicher des jeux antiques susceptibles de m'aider à retracer l'histoire de la découverte de telle ou telle forme.

En Grande-Bretagne, les premiers hommes avaient construit nombre de formes symétriques très complexes. Il y a cinq mille ans, les populations du Néolithique érigeaient Stonehenge et d'autres grandioses monuments de pierres dans le paysage britannique. La position des pierres prouve qu'ils étaient fascinés par la symétrie. Les cercles de pierre dessinent sur le sol des formes qui ont parfois jusqu'à cent côtés. Quelques-unes des pierres de ces cercles sont très largement espacées – à Avebury, dans le Wiltshire, par exemple, le cercle extérieur des pierres couvre plus d'un kilomètre. La construction de tels cercles a dû nécessiter un sens développé des mathématiques, ou au moins une sensibilité aiguë à la création de figures symétriques.

Fig. 11. Un des groupes de spirales du tumulus de Newgrange, dans le comté de Meath.

L'art primitif que l'on retrouve sur les poteries et les parois révèle cette sensibilité progressive à la symétrie. En Irlande, sur les murs de tombeaux qui remontent à la même époque que Stonehenge, des spirales sont souvent gravées dans la pierre. Quand on pénètre dans une des tombes les plus célèbres découvertes en Europe, le tumulus de Newgrange, dans le comté de Meath, on est accueilli par deux groupes de trois spirales. Les trois spirales sont agencées en triangle (Figure 11). Les spirales de chaque groupe tournent de façon différente – un groupe est l'image miroir de l'autre. Sur les parois de ces tombes, les symboles symétriques abondent : carrés ou cercles concentriques, une rangée de losanges, des étoiles aux branches symétriques. Des cercles dotés de rayons représentent manifestement le soleil. Une des gravures les plus impressionnantes se trouve sur la pierre des sept soleils, à Dowth, en Irlande. Semblables à une série de roues composées d'un cercle extérieur et d'un cercle intérieur reliés par des lignes radiales, ces sept soleils illustrent peut-être à quel point l'homme du Néolithique maîtrisait l'astronomie il y a cinq mille ans.

Tout comme les notations des nombres se sont développées afin de consigner les dates des calendriers, le formidable catalogue de symboles symétriques utilisés dans ces sépultures constituait apparemment un autre moyen d'enregistrer le passage du temps. Il est peut-être significatif que ces gens aient choisi des symboles de la symétrie pour représenter les cycles naturels des saisons, et les mouvements du soleil, de la lune et des étoiles. Le langage visuel qu'ils créaient reflète les schémas temporels qu'ils avaient identifiés. Ainsi, les archéologues ont suggéré que le losange divisé en quatre quartiers (Figure 12) symbolisait le passage des saisons.

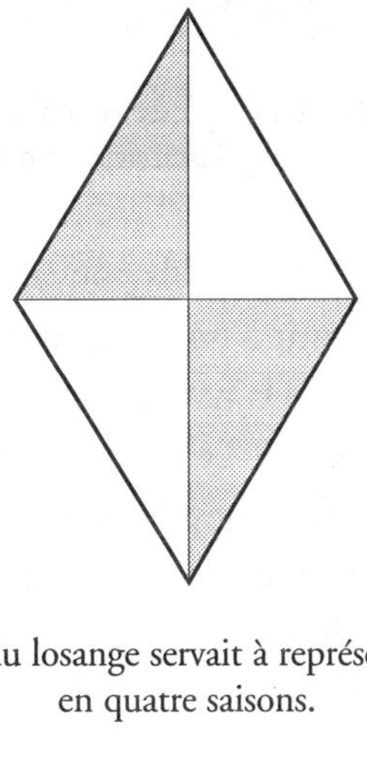

Fig. 12. La forme du losange servait à représenter l'année divisée en quatre saisons.

À peu près à cette époque, outre ces cercles de pierres dressées dans le paysage et les formes symétriques gravées sur les parois, les populations du Néolithique commencèrent à tracer plusieurs formes intéressantes en trois dimensions, bourrées de symétrie (Figure 13). Des centaines de boules taillées dans du basalte ou du grès ont été découvertes dans le nord-est de l'Écosse, datant de 2500 av. J.-C. Sur les flancs de ces sphères, on décèle des dessins géométriques. Les sculpteurs se sont amusés à graver divers agencements de protubérances symétriques, d'une façon qui n'est pas sans rappeler un ballon de foot moderne. Bien que la boule soit ronde, le sculpteur a tiré parti de la symétrie du cube en organisant les six éléments qui la composent.

Fig. 13. Des boules de pierre néolithiques, preuves de notre très ancienne fascination pour la symétrie.

Ils s'étaient également aperçus qu'ils pouvaient graver quatre cercles dans une boule pour aboutir à un dessin d'une agréable symétrie, la même disposition qu'utilise la nature pour créer le diamant à partir de quatre atomes de carbone. Le Musée de l'Écosse, à Édimbourg, en recèle un exemplaire d'une grande beauté. Il y a quelques années, à l'occasion d'une conférence à laquelle j'assistais à Édimbourg, j'ai séché les présentations de l'après-midi pour aller contempler cette boule dans le musée. Elle était plus grosse que je ne m'y attendais, environ de la taille d'un poing. Les quatre cercles sont eux-mêmes décorés d'une succession complexe de spirales et de cercles concentriques (Figure 14). Pendant que mes collègues mathématiciens décrivaient leurs explorations de la symétrie au XXIe siècle, je m'émerveillais face à la beauté de cet objet, qui remontait au début de notre voyage. Les sculpteurs avaient aussi gravé toutes sortes d'autres agencements, comprenant jusqu'à 12 ou 14 protubérances. Une boule de pierre en comptait même 160. Ils ne pouvaient avoir manqué de remarquer qu'il était plus facile de disposer 12 protubérances que 10 ou 14 (même s'il faudrait encore trois millénaires avant que l'on puisse expliquer pourquoi). Peut-être avaient-ils également décoré leurs créations de couleurs différentes, qui auraient mis l'accent sur certaines des symétries de chaque gravure.

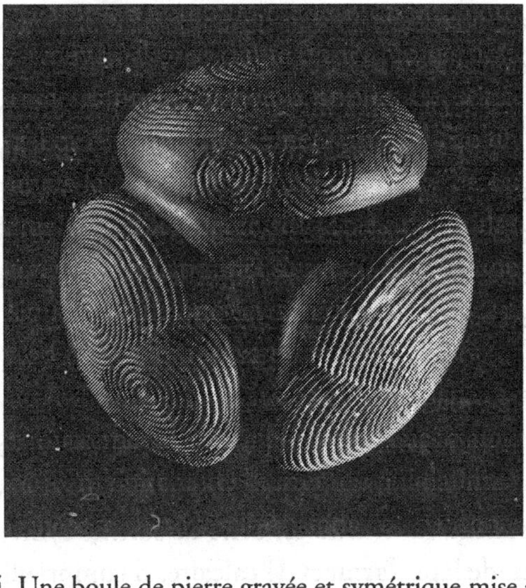

Fig. 14. Une boule de pierre gravée et symétrique mise au jour à Towie, en Écosse.

On ne sait pas vraiment quel rôle jouaient ces pierres dans la culture de l'Écosse néolithique. D'aucuns ont avancé qu'elles servaient de symboles d'autorité pour les chefs de clans. On n'en a jamais retrouvé dans des tombes, aussi ont-elles pu avoir un rôle plus important pour l'ensemble de la tribu que pour un individu en particulier. Certains des tracés géométriques sur ces boules ont également été identifiés sur des objets comme des masses d'armes. Peut-être la classe dirigeante s'était-elle approprié la symétrie en tant que symbole d'autorité.

Au premier millénaire avant notre ère, l'avènement des jeux d'argent et de dés dans de nombreuses cultures de par le monde a poussé diverses civilisations à explorer les formes les mieux adaptées à la fabrication de dés. Quand on souhaite obtenir un objet qui a autant de chances d'atterrir sur l'une ou l'autre de ses faces, la symétrie est essentielle. Les premiers dés n'étaient pas à six, mais à quatre faces, et étaient en os. Les os de la cheville du mouton sont d'une forme telle qu'ils retombent naturellement sur l'une ou l'autre de leurs quatre faces. On a retrouvé ces dés primitifs sur bien des sites préhistoriques. Mais on ne dut pas tarder à s'apercevoir que ces os avaient tendance à toujours retomber du même côté. Très vite, les cultures antiques se sont mises à chercher des moyens de sculpter les os afin que les dés ne soient plus pipés.

Au British Museum, Tomer et moi n'avons pas pu voir ces dés néolithiques. Mais nous avons été plus heureux dans notre quête de la symétrie dans la galerie mésopotamienne. Là, nous sommes tombés sur un curieux plateau accompagné d'une série de dés pyramidaux. Le plateau lui-même est orné de formes symétriques faites de coquillages, de lapis-lazuli et de calcaire. Il comprend deux zones, une de douze carrés, l'autre de six, reliées par un pont fait de deux carrés. Chaque case est dotée de son propre symbole symétrique qui indique le sens de son emplacement. Il y a des rosaces rouges et bleues à huit branches, des losanges et des carrés.

Ce jeu remonte à 2500 av. J.-C. et a été mis au jour lors de fouilles dans l'antique cité d'Ur, dans le sud de l'Irak. Une tablette en caractères cunéiformes datée de 177 avant notre ère fournit une description partielle des règles. Il semble que les cases comportant l'image la plus symétrique de la rosace fussent considérées comme synonymes de chance, et c'étaient elles que les joueurs devaient chercher à atteindre.

Mais ce sont les quatre dés qui nous ont le plus intrigués (Figure 15). Chacun était une pyramide tétraédrique à quatre faces triangulaires et équilatérales. Or, contrairement au dé que Tomer et moi utilisons pour jouer au Monopoly à la maison, dont chaque face est porteuse d'une valeur, ces dés fonctionnaient un peu différemment. En les observant dans leur vitrine, je me suis aperçu, sans en être vraiment sûr, que sur chaque dé, un sommet, ou pointe, était marqué d'un point. Quand on les lançait, le résultat devait correspondre au nombre de points qui apparaissait au sommet de chaque dé. On pouvait donc obtenir des résultats allant de 0 à 4.

Quelles étaient les chances d'obtenir chacun des résultats possibles ? C'est le genre de question que je ne peux m'empêcher de me poser dès que je croise une énigme de ce genre. Tomer aussi a deviné ce qui se préparait. « Quel est le résultat le plus probable ? » Mon fils a levé les yeux au ciel. Chaque dé a 1 chance sur 4 d'atterrir de façon à ce que le sommet marqué pointe vers le haut. Il n'y aura donc que 1 chance sur $4^4 = 256$ d'obtenir un 4. Par ailleurs, il y a $3^4 = 81$ chances sur 256 d'obtenir un zéro et de passer son tour.

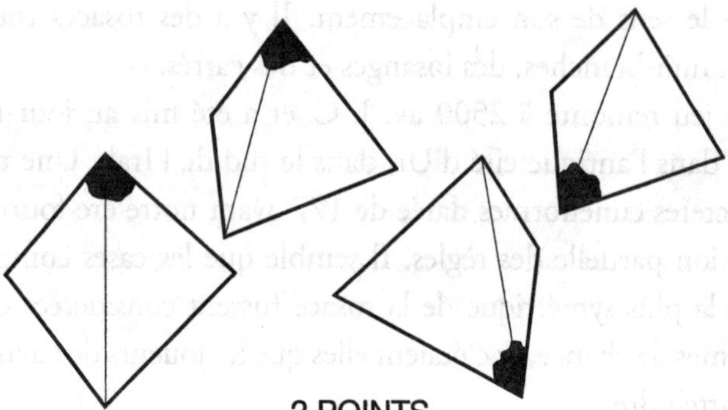

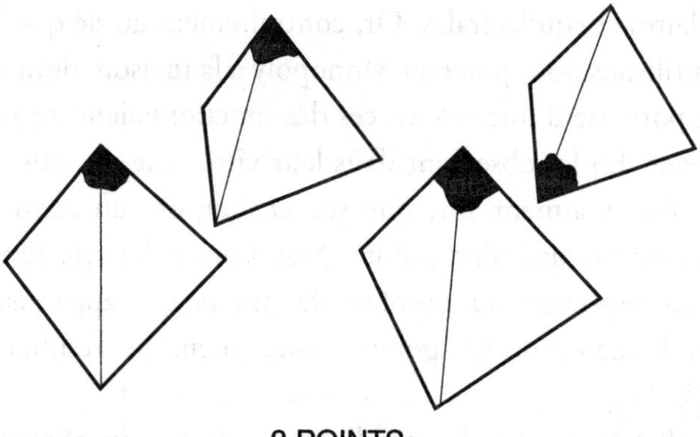

Fig. 15. Dans le jeu d'Ur, le résultat obtenu avec les dés tétraédriques correspond au nombre de sommets marqués d'un point après un lancer.

Mais c'est quand on se concentre sur les multiples façons d'obtenir 1, 2 ou 3 que les choses commencent vraiment à devenir intéressantes, car cela est inextricablement lié au nombre de symétries de ces formes. Pour évaluer les possibilités d'obtenir un 1, il me faut compter le nombre de façons qu'il y a de prendre les dés et de les reposer afin qu'il n'y ait qu'un seul sommet marqué pointant vers le haut. Comme je ne m'attache qu'à ce dernier, je peux ignorer les axes de symétrie de la face triangulaire. Par conséquent, les symétries qui déterminent les lancers de ces dés peuvent être réduites aux symétries de quatre carrés fixés sur une tige, comme une serrure à combinaison. Un point est marqué sur un côté de chaque carré (Figure 16).

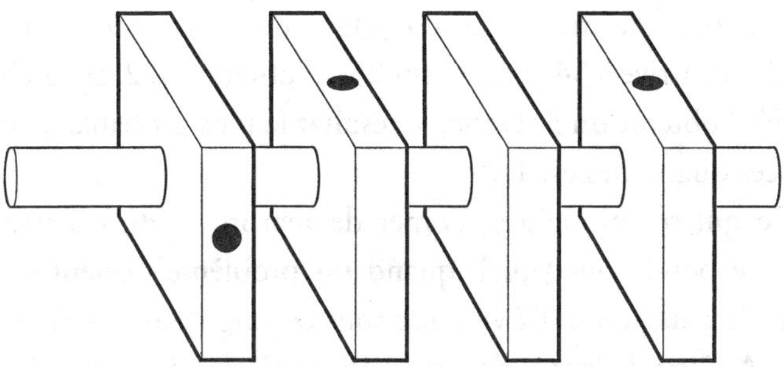

Fig. 16. Les symétries d'une serrure à quatre carrés peuvent permettre d'analyser les dés du jeu d'Ur.

Les symétries de la serrure sont un sous-ensemble des symétries des quatre tétraèdres. Puisque le nombre de combinaisons différentes est $256 = 2^8$, une puissance du nombre premier 2, le groupe de symétries de cette serrure est en fait l'un des objets que je m'efforce de comprendre depuis mon bureau de Stoke Newington. Pour calculer les chances d'obtenir un 1 avec ces quatre dés, je dois calculer combien de symétries de la serrure aboutissent à un point orienté vers le haut.

Je commence par choisir le point affiché sur le premier rouage. C'est comme si je disais que le premier dé est retombé avec le sommet marqué vers le haut. Combien y a-t-il de façons pour les trois autres dés de retomber sans que leur sommet marqué soit pointé vers le haut ? On peut faire tourner chacun des trois autres rouages dans trois positions différentes pour obtenir une face vide. Soit un total de 3 × 3 × 3 configurations. Mais j'aurais aussi pu choisir le deuxième, le troisième ou le quatrième rouage. Là encore, on peut faire tourner les autres rouages de 3 × 3 × 3 façons pour obtenir des faces vides. Ce qui fait un total de 4 × (3 × 3 × 3) = 108 sur 256 symétries qui me donnent 1. Quand on calcule les autres possibilités, on arrive à 54 chances sur 256 d'obtenir un 2, et 12 chances sur 256 d'obtenir un 3. Donc, le résultat le plus probable quand on lance ces quatre dés est 1.

Ce qui semble laisser Tomer de marbre. Moi, en revanche, j'aime ce bond conceptuel, quand un problème devient soudain abordable parce qu'on le visualise sous un angle complètement différent. Au lieu de lancer des tétraèdres, j'ai modifié le problème en faisant tourner des verrous.

« C'est comme ce problème qu'on a fait au Guatemala, quand tu as transformé le fait d'aller au supermarché en problème avec des colliers », déclare Tomer.

Deux ans plus tôt, nous avons passé sept mois au Guatemala. Nous vivions à Antigua, une des premières villes bâties sur un plan d'*avenidas* et de *calles* : sept rues parallèles qui croisent sept avenues parallèles (Figure 17). Notre maison se trouvait dans le coin supérieur droit de la grille. Le supermarché se trouvait dans le coin inférieur gauche. Nous avons passé un moment à essayer de trouver combien nous avions d'itinéraires possibles pour aller de chez nous au supermarché.

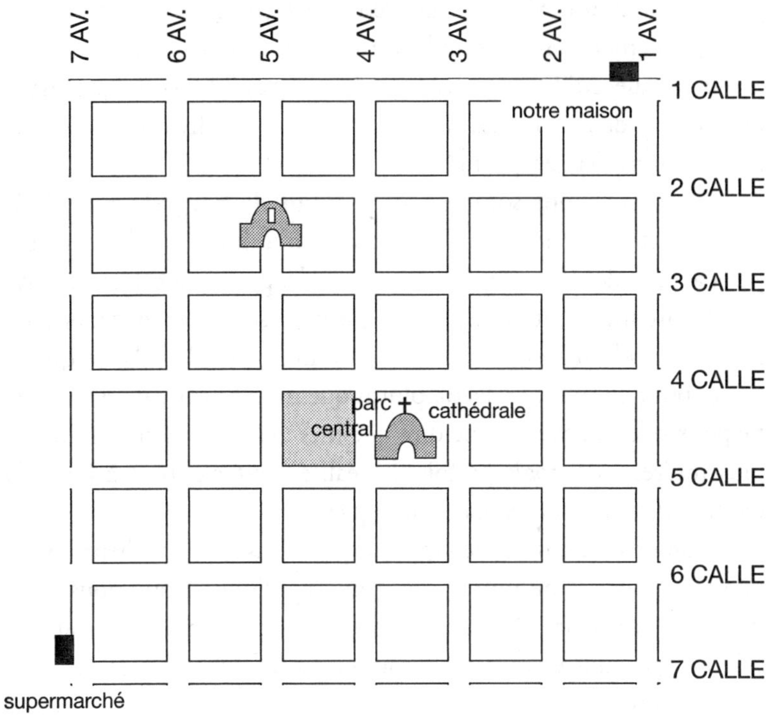

Fig. 17. Combien y a-t-il d'itinéraires pour aller de chez nous au supermarché ?

Tomer était arrivé à la conclusion que si le problème ne concernait que trois avenues et trois rues, il existait six trajets possibles. Mais ce n'était pas en traçant des itinéraires sur le plan de la ville que nous résoudrions le problème à plus grande échelle. En transformant le problème afin de calculer combien de colliers différents on pouvait fabriquer avec six perles rouges et six perles jaunes, j'avais réussi à y répondre. Chaque collier correspondait à un parcours dans la ville – une perle rouge équivalait à une progression vers l'ouest, une jaune, vers le sud. Mais il était bien plus facile de compter des colliers. Finalement, en utilisant la formule que j'avais développée, nous avons calculé qu'il y avait 924 itinéraires possibles – de quoi nous occuper pendant quelques années avant de reprendre un chemin que nous aurions déjà emprunté.

Alors que nous sommes sur le point de nous éloigner de la vitrine qui abrite le jeu d'Ur, Tomer m'indique soudain un dé. « Papa, regarde ! Il y a deux points sur le dé, pas un. » Effectivement, en y regardant de plus près, je vois que deux sommets sont marqués. Donc, quand on lance ces dés, c'est comme quand on lance quatre pièces pour compter les faces, plutôt que mon histoire de serrure. Je ne peux m'empêcher de me dire que mes dés hypothétiques étaient plus intéressants, mais parfois, la réalité n'est pas tout à fait à la hauteur de mes espoirs mathématiques.

Tomer a tôt fait de me rappeler qu'il nous reste une heure avant que l'autre partie de notre accord ne s'applique et que nous nous dirigions vers l'aire de skateboard. Aussitôt, je m'oriente vers les galeries grecques et romaines, toujours à la recherche de dés plus symétriques.

Pythagore et la sphère des 12 pentagones

Sophocle affirme que les dés furent inventés par Palamède pour distraire les troupes achéennes pendant le siège de Troie. Entretemps, le cube était devenu la forme la plus populaire pour les dés, et on en trouve des exemplaires à Rome qui remontent à 900 ans avant notre ère. Ces dés étrusques sont très proches de ceux avec lesquels nous jouons aujourd'hui, marqués de points indiquant des chiffres de 1 à 6, et agencés de façon à ce que le total de deux faces opposées soit 7. « Pourquoi ils ont organisé les points comme ça ? » me demande Tomer d'un air innocent. Je n'en suis pas sûr. « Peut-être que ça compense les défauts liés au fait que les dés ne pouvaient pas être des cubes parfaits ? » avancé-je, hésitant.

Les soldats romains étaient tellement obsédés par les jeux de dés qu'ils transportaient de lourds plateaux de jeu avec le reste de leur équipement militaire. Vers 500 av. J.-C., une nouvelle forme fit son apparition. Ce nouveau dé avait 12 faces, au lieu des 6 du cube. Ces faces étaient en forme de pentagone, plutôt que les carrés du cube ou les triangles du dé pyramidal sumérien. Les Romains s'étaient aperçus qu'il était possible de tailler ces 12 pentagones dans une pierre ronde de façon à ce qu'aucune face n'ait l'avantage sur les autres. La symétrie en faisait un candidat idéal pour un nouveau dé. Des exemplaires de ces dés ont été retrouvés près de Bologne, avec des chiffres étrusco-romains sur leurs 12 faces.

Il s'agit d'une forme très complexe. À première vue, rien ne dit qu'il soit possible d'assembler aussi symétriquement 12 pentagones. Les Romains ont peut-être découvert ces formes symétriques à 12 faces parce qu'ils connaissaient bien l'or des fous, ou pyrite, un composé qui se présente comme un cristal séduisant. On le trouve souvent près de cuivre, et les mineurs le croisaient d'ordinaire sous sa forme cubique, et en grands amas de cristaux avec des faces pentagonales. Ces cristaux ne sont pas complètement symétriques et ne conviendraient pas à la fabrication de dés. Mais peut-être ont-ils inspiré les sculpteurs romains, qui s'aperçurent qu'il était possible d'égaliser les côtés d'un cristal de pyrite pour que chaque face devienne un pentagone parfait.

En 500 av. J.-C., les mathématiques n'étaient pas encore une discipline indépendante. Aussi bien les pierres néolithiques gravées au troisième millénaire avant notre ère que les dés romains étaient des expériences dans le domaine de la symétrie, plutôt que les produits de théories abouties. Ces cultures se contentaient simplement de récupérer et de jouer avec l'éventail de formes intéressantes qu'elles trouvaient autour d'elles. C'est avec l'arrivée d'un mathématicien grec dans l'Italie du Sud que l'on commença à aborder différemment le monde qui nous entoure.

Pythagore naquit sur l'île de Samos vers 570 av. J.-C. Jeune homme, il fut encouragé par ses aînés à séjourner en Égypte afin d'y étudier. Alors qu'il s'y trouvait, les Perses envahirent le pays. Fait prisonnier, Pythagore fut emmené à Babylone. Ses voyages eurent une grande influence sur le développement de sa vision mathématique du monde. Les Égyptiens lui inculquèrent un sens profond de la géométrie, et il acquit auprès des Babyloniens leurs remarquables compétences arithmétiques. Ces deux cultures lui léguèrent également un profond mysticisme, que l'on retrouve dans l'essentiel de ses travaux ultérieurs.

Pythagore finit par rentrer à Samos, où il tenta de fonder une école qui s'appuierait sur la vision symbolique et géométrique du monde qu'il avait découverte au fil de ses voyages. Il pensait que la réalité qui l'entourait devait sa cohésion à des idées mathématiques. Il était aussi convaincu de l'importante signification spirituelle de certains symboles comme le pentagone et le triangle. Ses idées étant boudées par ses compatriotes samiens, il s'installa alors à Crotone, à la pointe sud de l'Italie. C'est là qu'il rencontra les formes symétriques utilisées par les Romains dans leur passion pour les dés. Le dé à 12 faces pentagonales suscita en lui une véritable fascination. Déjà obnubilé par la signification mystique du pentagramme, il dut être enthousiasmé quand il découvrit qu'il était possible d'agencer parfaitement 12 pentagones pour obtenir un objet riche en symétrie. Aucun des 12 pentagones n'a l'avantage sur les autres.

L'année était naturellement divisée en 12 mois selon le déplacement de la Lune dans le ciel. La découverte de cet objet à 12 faces dut donc attiser le mysticisme mathématique de Pythagore. D'ailleurs, les 12 signes du zodiaque sont parfois gravés sur certains artefacts de cette forme retrouvés par les archéologues. La « sphère de 12 pentagones », premier nom qui lui fut donné, prit une importance spirituelle pour la secte pythagoricienne qui se rassembla autour de ce mystique grec. Des textes médiévaux et de la Renaissance font mention du recours à des dés à 12 faces pour la divination dans l'Antiquité.

Outre la sphère des 12 pentagones, les pythagoriciens identifièrent deux autres objets qui y étaient liés. Le cube, composé de six carrés, était clairement un objet de symétrie qui méritait une place aux côtés de la sphère de 12 pentagones. De même que la pyramide triangulaire à 4 faces, forme des dés du jeu d'Ur. Les pythagoriciens la baptisèrent le tétraèdre, *tetra* signifiant « quatre ». Si l'on ne peut affirmer que Pythagore découvrit de nouveaux objets symétriques, c'est sa sensibilité à la symétrie de ces trois polyèdres qui le poussa à les regrouper comme autant d'individus d'une espèce commune. À ses yeux, ils étaient des manifestations d'une idée mathématique plus profonde. Cette première percée hésitante vers l'abstrait allait contribuer à faire des mathématiques une nouvelle discipline, distincte de la philosophie, de la religion ou de la science.

Pythagore voyait bien que le lien abstrait entre ces trois formes ne pouvait être établi avec une autre forme qu'il connaissait depuis son séjour en Égypte. Les pyramides de Gizeh avaient été bâties au moment où, en Bretagne, les peuples du Néolithique érigeaient leurs grandioses cercles de pierre. Se dressant dans le désert, les pyramides devaient sembler aussi symétriques que le tétraèdre pythagoricien (Figure 18). Mais dès que l'on commence à en analyser la forme, il devient évident qu'elles ne présentent pas le même niveau de symétrie que les autres. Les pyramides égyptiennes sont composées de quatre triangles et d'un carré. La pyramide mathématique qui en résulte est une forme dont la symétrie est limitée à celle du carré qui lui sert de base.

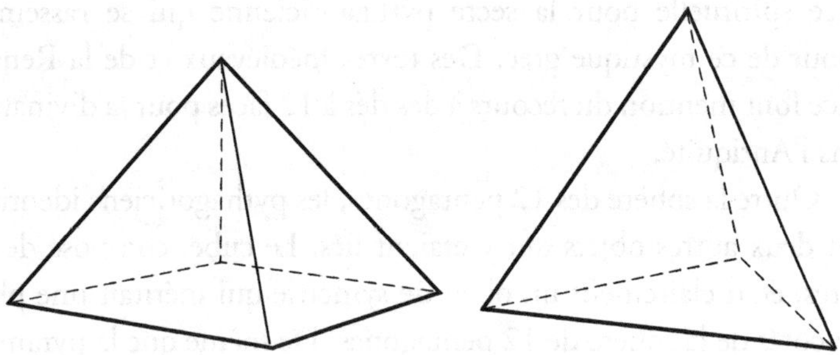

Fig. 18. Une pyramide à base carrée a moins de symétries qu'une pyramide à base triangulaire.

Il suffit de jouer avec les deux pyramides, l'égyptienne à base carrée et le tétraèdre à base triangulaire, pour comprendre rapidement pourquoi ce dernier présente davantage de symétries. Je peux le lancer sur n'importe laquelle de ses trois autres faces, puis le reposer dans le désert, et il n'aura pas l'air différent. Alors que la pyramide à base carrée doit justement être replacée sur sa base si l'on veut qu'elle reste inchangée. Il y a quatre façons différentes de la replacer, mais en dehors de cela, l'axe de symétrie de la forme est assez limitée. L'axe de symétrie du tétraèdre, en revanche, me donne 12 façons différentes de le reposer sur une base triangulaire. De même, le tétraèdre a davantage de symétrie par réflexion que la pyramide à base carrée.

Si les pythagoriciens reconnurent l'existence d'un lien théorique commun entre le cube, le tétraèdre et la sphère des 12 pentagones, il est curieux qu'ils ne soient pas parvenus à identifier un autre polyèdre symétrique important, qui mérite sa place auprès des trois autres. En fait, cet objet manquant peut être obtenu à partir des pyramides égyptiennes à base carrée.

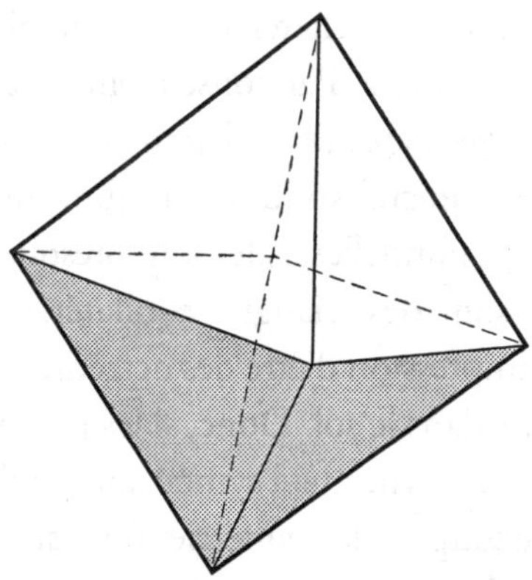

Fig. 19. L'octaèdre, composé de huit triangles équilatéraux.

Si, en termes de symétries, une seule pyramide égyptienne n'a rien de très passionnant, elle prend toute sa valeur quand on l'associe à une autre et qu'on les rattache par leur base. Si les faces triangulaires des pyramides sont toutes des triangles équilatéraux, on obtient alors un objet tout à fait remarquable (Figure 19). Considéré sous différents angles, il donnera toujours l'impression d'être le même. Si on le fait pivoter, il devient impossible de dire sur quel plan les deux pyramides d'origine ont été assemblées. Il se compose de huit triangles. À chacun de ses sommets, quatre triangles se rencontrent, tandis que, chez le tétraèdre, ils sont trois à se joindre à chaque sommet. C'était une nouvelle forme, constituée à partir des mêmes triangles que le tétraèdre, utilisés pour créer une figure à huit côtés, l'octaèdre.

Si l'on ne se sert pas de triangles équilatéraux pour construire un octaèdre, il sera moins symétrique, puisqu'il sera un peu plus large, ou un peu plus allongé dans une direction, selon le choix du triangle. Par exemple, les pyramides à base carrée que Tomer et moi avons visitées au Guatemala étaient bâties selon des impératifs de hauteur. Après tout, ce que cherchaient les architectes, c'était à se hisser au-dessus de la jungle. Par conséquent, deux pyramides guatémaltèques assemblées perdraient clairement en symétrie.

C'est une des caractéristiques qui font que les pyramides d'Égypte sont si exceptionnelles. Elles sont presque toujours conçues avec des faces qui sont des triangles équilatéraux parfaits, si bien qu'elles donnent l'impression d'être des octaèdres réguliers dont une moitié serait enfouie dans le sol. Donc, si les pyramides de Gizeh ne semblent pas à première vue aussi symétriques qu'un tétraèdre, leur majesté doit beaucoup à la symétrie que suggère leur forme. D'ailleurs, dans la chaleur écrasante du désert, un mirage pourrait fort bien avoir donné l'illusion qu'elles étaient des octaèdres flottant dans l'air. Les géomètres égyptiens devaient être conscients de la beauté et de la signification mathématique de leur conception.

Il est curieux que les pythagoriciens n'aient pas su accorder à l'octaèdre régulier le statut qu'ils avaient attribué à la pyramide à base triangulaire, au cube et à la sphère des 12 pentagones. Ils devaient avoir connaissance de ce polyèdre. C'est une forme que l'on retrouve chez beaucoup de cristaux : ainsi, le diamant que l'on extrait du sol est octaédrique, comme un cristal rouge, le spinelle, souvent confondu avec le rubis. Si les pythagoriciens avaient été les premiers à approcher l'abstraction en reconnaissant dans leurs trois formes des exemples d'une espèce commune, ils n'avaient sans doute pas encore franchi le pas conceptuel vers la compréhension du trait commun qui les sous-tendait.

Ils estimaient que leur vision du monde mystique des mathématiques était si sacrée que les membres de la secte étaient tenus au secret. Iamblichos, philosophe syrien qui écrivait en 300 de notre ère, affirma que le pythagoricien Hippasus de Métaponte avait été noyé en mer après avoir dévoilé des secrets à propos de la sphère des 12 pentagones. D'autres commentateurs considèrent cependant qu'il fut tué parce qu'il avait éventé la découverte que la racine carrée de 2 ne pouvait s'écrire sous forme de fraction. Ce mysticisme et cette obsession du secret expliquent peut-être pourquoi il fallut attendre un siècle de plus avant que l'on comprenne que deux autres formes riches en symétrie, l'octaèdre et l'icosaèdre à 20 faces, méritaient de trôner aux côtés du cube, du tétraèdre et de la sphère à 12 pentagones.

Toutefois, l'incapacité des pythagoriciens à tirer parti de leurs premiers succès s'explique par une autre raison. Quand la secte commença à mélanger mathématiques, mysticisme et politique, elle se retrouva dans l'œil du cyclone. En 460 av. J.-C., la fraternité pythagoricienne fut brutalement réprimée : ses lieux de réunions furent saccagés et incendiés, et nombre de ses membres furent exécutés.

Platon – de la réalité à l'abstraction

Le flambeau des pythagoriciens fut repris par le philosophe grec Platon. Un siècle après la mort de Pythagore, Platon, dans *La République*, son chef-d'œuvre, regrette que l'étude des formes pythagoriciennes soit désormais négligée. *La République* se présente comme une série de dialogues entre Socrate, Platon et d'autres personnages. On y aborde des sujets jugés essentiels pour ceux qui seront appelés à diriger l'État. L'arithmétique et la géométrie plane sont considérées comme des compétences vitales, non seulement pour leur utilité pendant la guerre, mais aussi parce que le caractère éternel de ces concepts « élève [l'esprit] jusqu'à la vraie lumière de l'être, par la route que nous appellerons pour cela la véritable philosophie ».

L'astronomie est sur le point d'être citée quand Socrate intervient : « […] en voulant trop me hâter, je recule au lieu d'avancer. Je devais, après la géométrie, parler des solides : mais voyant l'état pitoyable de cette étude, je l'ai laissée de côté […]. Mettons par conséquent l'astronomie à la quatrième place, en supposant réalisée cette science qui manque aujourd'hui, du moment qu'un État s'en occuperait. » Le mot « géométrie », qui, littéralement, signifie « mesurer la terre », avait été réservé aux mathématiques de la navigation et de la cartographie, mais pour Socrate, la géométrie allait au-delà du simple acte de prendre des mesures. Au cours de ces débats, on voit se développer une tension intéressante entre les raisons pratiques pour l'étude de la géométrie et l'arithmétique et la quête pure de la vérité – une tension qui existe encore dans les mathématiques aujourd'hui.

Platon releva le défi lancé par Socrate et entreprit une étude systématique de formes tridimensionnelles solides qui, par leurs symétries, se distinguent comme des objets éternels qui attirent l'esprit vers des vérités plus profondes, comme l'avait espéré Socrate. Mais le désordre des affaires humaines sert de toile de fond à ces découvertes immortelles, et la déception de Platon face à la politique, surtout après l'exécution de son mentor Socrate, le poussa à quitter la Grèce pendant un temps.

Comme Pythagore avant lui, il se rendit en Égypte, et l'influence des idées qu'il y trouva l'aida à formuler sa vision puissamment géométrique du monde. En 387 av. J.-C., il revint à Athènes, où il fonda une institution consacrée à la recherche et à l'enseignement de la science et de la philosophie. Il espérait mettre en pratique ses dialogues avec Socrate sur les moyens de former convenablement la future génération de dirigeants politiques grecs.

L'institution de Platon fut créée sur une parcelle de terrain qui avait autrefois appartenu à un héros mythique du nom d'Académos, et en son honneur, elle fut baptisée l'Académie. C'est au cours de discussions à l'Académie que Théétète, ami de Platon, commença à comprendre le principe qui sous-tend les solides chers au cœur des pythagoriciens : le cube, la pyramide et la sphère des 12 pentagones. Platon dit de son ami qu'il avait un nez camus et des yeux à fleur de tête, mais un esprit d'une grande beauté. Et il resterait célèbre pour avoir appréhendé les mathématiques abstraites de la symétrie.

Théétète voyait bien que, pour obtenir une forme tridimensionnelle riche en symétrie, il était important de la construire à partir de polygones bidimensionnels symétriques. Et si toutes les faces étaient de la même forme, cela augmentait potentiellement la symétrie du solide qui en résultait. Mais il savait aussi qu'il y avait des limites au type de polygones que l'on pouvait utiliser. Comme l'avait découvert l'abeille, on ne peut assembler des hexagones que pour composer une surface plane. Il est impossible de fabriquer un dé hexagonal. Des formes présentant plus de côtés que l'hexagone ne correspondent absolument pas. Assemblez-en deux, et il n'y a tout simplement plus de place pour glisser le troisième côté de la même forme

(Figure 20). Par conséquent, les faces ne pouvaient être constituées que de formes comprenant moins de six côtés.

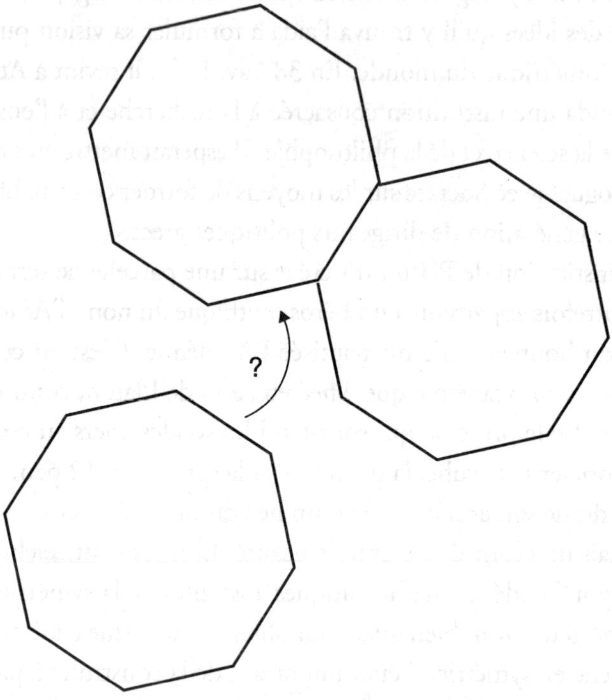

Fig. 20. Il est impossible d'assembler des polygones ayant plus de six côtés pour couvrir complètement une surface.

Mais quelles formes peut-on composer à partir de triangles, de carrés ou de pentagones ? Pour obtenir autant de symétries que possible, se dit Théétète, il fallait que les faces planes se rencontrent toujours dans la même configuration. Aucun sommet ni aucune arête ne devait être différent des autres, sous peine de rompre la perfection de la construction.

Le cube satisfait parfaitement à ces critères : six faces carrées, trois carrés se rencontrant à chaque sommet. La sphère de 12 pentagones était composée de 12 pentagones réguliers, là encore se rencontrant trois par trois à chaque sommet. Quant aux triangles équilatéraux, la pyramide pythagoricienne à base triangulaire était constituée de quatre triangles qui se rencontraient trois par trois à chaque sommet. Or, avec ses critères abstraits de sélection des formes, Théétète voyait maintenant que des triangles équilatéraux pouvaient être configurés d'une autre façon pour créer un autre objet symétrique digne des polyèdres pythagoriciens : deux pyramides à base carrée, fusionnées à la base, donnaient une figure composée de huit triangles. Cette fois, c'étaient quatre triangles qui se rencontraient à chaque sommet. S'appuyant sur son analyse théorique, Théétète avait construit l'octaèdre qui avait échappé aux pythagoriciens.

Était-il possible de créer d'autres formes à partir de triangles ? On pourrait envisager de prendre deux pyramides à base pentagonale, constituées de cinq triangles. Mais en les assemblant, on ne respecte pas le critère de Théétète, qui veut que l'on retrouve le même nombre de triangles à chaque sommet. Cinq triangles se rencontrent effectivement aux sommets supérieur et inférieur, mais ils ne sont que quatre à se joindre aux sommets médians, ce qui limite la symétrie de l'objet.

C'est à peu près à ce moment dans l'histoire des mathématiques qu'aurait eu lieu la découverte d'une autre forme symétrique étonnante. Partant de cinq triangles équilatéraux agencés en pyramide, au lieu de coller une réplique de cette pyramide à la base, Théétète s'aperçut qu'il était possible de poursuivre la construction de façon à ce que cinq triangles se rencontrent à chaque sommet de cette forme au fur et à mesure de son évolution.

Ce dut être un instant merveilleux pour lui, quand il commença à assembler des triangles, cinq par cinq à chaque sommet, composant progressivement une forme qui finit par devenir un polyèdre régulier et parfait, à 20 faces triangulaires (Figure 21). À première vue, l'existence de cet objet n'avait rien d'évident – ce n'est pas une forme que l'on aurait pu croiser dans la nature. On ne peut pas non plus assembler 19 ou 18 triangles pour donner une forme où tous les triangles se rencontrent de façon aussi symétrique. Il avait fallu un acte de création mathématique pour accoucher de cette figure à 20 côtés. On finirait par s'apercevoir que cette forme existe bel et bien dans la nature, mais il faudrait attendre l'avènement du microscope pour avoir du monde une vision plus intime.

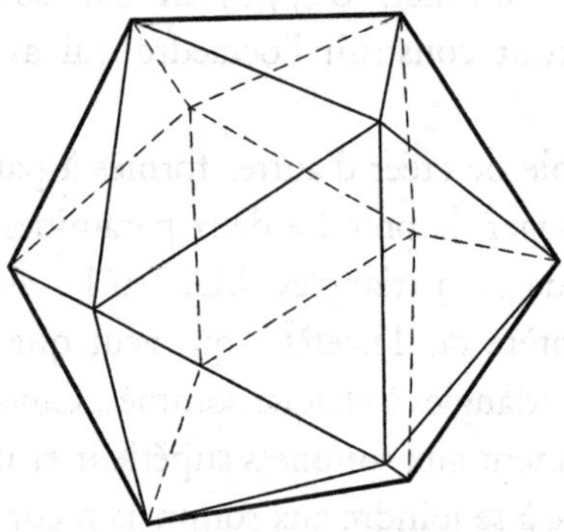

Fig. 21. Vingt triangles équilatéraux peuvent être assemblés pour constituer un icosaèdre.

Les Grecs baptisèrent cette forme l'icosaèdre, ou « 20 faces ». Peut-être l'ont-ils également découverte grâce au lien étroit entre l'icosaèdre et la sphère des 12 pentagones. Le polyèdre à 12 faces compte 20 sommets. Si on positionne un triangle équilatéral à chacun de ces sommets et que tous les 20 triangles sont convenablement orientés, ils s'adaptent parfaitement pour donner l'icosaèdre. Quand on compte les sommets de cette nouvelle forme composée de triangles, on s'aperçoit qu'il y en a 12. Placez un pentagone sur chacun de ces sommets, et vous retrouverez la sphère des 12 pentagones (Figure 22). Les mathématiciens appellent cette relation étroite entre les deux formes la dualité. On peut obtenir le même tour de passe-passe avec le carré et l'octaèdre, mais si vous essayez avec le tétraèdre, vous n'aboutirez qu'à un nouveau tétraèdre.

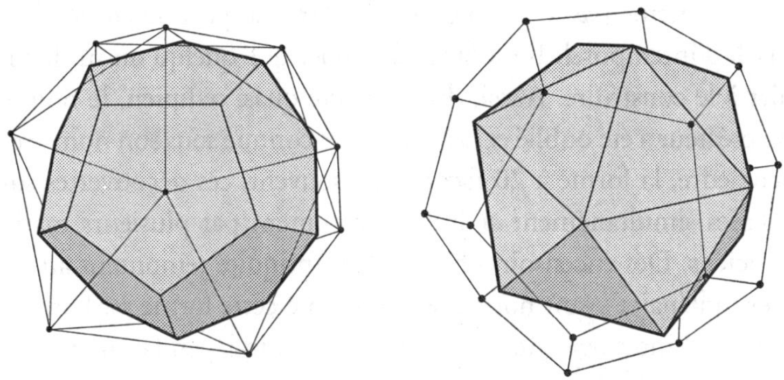

Fig. 22. L'icosaèdre et la sphère des 12 pentagones.
La dualité ouvre un passage d'une forme symétrique à l'autre.

Cette dualité est importante, parce qu'elle explique en fait pourquoi les formes duales, bien que physiquement différentes, présentent les mêmes symétries. Les symétries de la sphère des 12 pentagones sont les tours de prestidigitation, ces choses que l'on peut faire à la forme pour donner l'illusion qu'elle reste inchangée. En construisant un icosaèdre autour de la sphère de 12 pentagones, avec un triangle à chaque sommet, on s'aperçoit que les mouvements qui préservent la sphère de 12 pentagones font également tourner le « boîtier » icosaédrique, qui reste lui aussi inchangé. L'identification du cube et de l'octaèdre révèle également que les symétries des deux objets sont les mêmes. Ce n'est que deux mille ans plus tard que les mathématiciens comprendront cette idée subtile des symétries sous-jacentes. Les Grecs venaient à peine de se lancer dans le voyage vers l'abstrait afin d'expliquer le lien symétrique commun entre toutes ces formes.

Si Théétète n'avait pas construit l'icosaèdre, quelqu'un d'autre n'aurait sans doute pas tardé à aboutir à cette découverte. Peut-être ne fut-il même pas le premier. Cette forme a quelque chose d'universel, d'intemporel. Il est facile d'oublier que quelqu'un fut le premier à le construire. Aussi, dans un acte quasi œdipien, le nom de son créateur a été oublié et la forme reste connue sous son nom grec : l'icosaèdre, la forme à 20 faces. Bien souvent, ces découvertes sont réalisées simultanément et indépendamment par plusieurs mathématiciens. Des encensoirs chinois de l'Antiquité remontant au premier millénaire avant notre ère ont adopté cette forme parfaite. Les artisans chinois avaient inventé ces formes indépendamment, sans contact avec les Grecs.

Démonstration mathématique

Théétète avait désormais cinq dés dans sa collection, mais existait-il encore d'autres dés intéressants que l'esprit mathématique pouvait fabriquer ? Dans ce qui est un des premiers exemples d'une démonstration mathématique, Théétète expliqua pourquoi nous ne trouverions jamais une sixième façon d'assembler des faces régulières pour obtenir une nouvelle sorte de dé. On peut exploiter les limites de la géométrie et de la symétrie pour montrer qu'en trois dimensions, ces cinq formes sont les seuls dés que l'on peut produire. C'est cette nouvelle capacité à démontrer des faits se rapportant au monde qui nous entoure avec une certitude à 100 % qui, à cette époque de l'histoire, distingue les mathématiques comme une discipline authentiquement différente des autres sciences. Il n'est plus question de simple observation et de collection de papillons. Le mathématicien peut voir l'avenir et déclarer catégoriquement que ces cinq formes sont tout ce que nous pourrons jamais construire à partir de copies d'une simple face régulière et symétrique.

La première description officielle des cinq formes se trouve dans le *Timée* de Platon, où il introduit son mythe de la création. Pour lui, les cinq formes symétriques étaient si fondamentales qu'elles représentent les briques constitutives de la matière elle-même. La pyramide à base triangulaire, ou tétraèdre, la plus pointue et la plus simple de toutes, représentait selon lui l'élément du feu. L'icosaèdre est la plus ronde de toutes avec ses 20 triangles. Elle représente l'élément de l'eau dans la classification de Platon, étant la plus lisse. L'autre figure composée de triangles est l'octaèdre. Platon estima que cette forme intermédiaire entre les deux premières représentait l'air. Le cube, avec ses six faces carrées, représentait la terre, étant une des formes les plus stables.

Ce qui laissait la sphère des 12 pentagones. Platon la rebaptisa le dodécaèdre pour signaler qu'elle comptait douze (*dodeka* en grec) faces. Platon pensait que « Dieu s'en servit pour tracer le plan de l'univers ». Le Dieu de Platon est assurément un mathématicien, et cette vision a joué un rôle fondateur dans la pensée occidentale, dans la connexion qu'elle établit entre les mathématiques et les théories du cosmos. La description des cinq polyèdres réguliers nous a donné le nom sous lequel on les connaît aujourd'hui : les solides de Platon.

C'est la langue grecque qui a attribué un nom à la caractéristique commune entre les cinq objets de Platon : *symmetros.* Au Ier siècle de notre ère, l'auteur romain Pline l'Ancien regrettait que le latin n'ait pas eu de mot pour la symétrie. Dans *symmetros*, on retrouve les mots grecs *syn*, « même », et *metros*, « mesure ». Ensemble, ils décrivent quelque chose « de même mesure ». Pour les Grecs, la symétrie était réservée à la description d'un objet dont certaines des dimensions physiques internes étaient les mêmes dans toute la forme. Chez les solides symétriques, les arêtes étaient toutes de même longueur, les faces avaient toutes la même superficie, et les angles entre les faces adjacentes étaient tous égaux. La symétrie est une affaire de mesure et de géométrie. Il faudrait du temps pour que la symétrie soit reconnue comme une propriété mathématique dépassant le cadre des simples mesures, bien que les philosophes grecs aient commencé à explorer l'idée de la symétrie en tant qu'image d'une grande force allant au-delà de la représentation physique.

Dans *Le Banquet*, Platon nous dit que la symétrie non seulement détient le secret de la structure de la matière, mais aussi qu'elle explique l'origine de l'amour. Il présente un débat entre certains des grands penseurs de la Grèce antique sur la nature de l'amour. Ayant prévu de passer la nuit à boire, mais s'étant déjà livrés à des excès la veille, ils décident de reporter leur fête et se lancent alors dans un concours pour savoir qui peut développer la meilleure explication sur les origines de l'amour. Aristophane est le quatrième à prendre la parole, et il avance la théorie que l'amour vient de notre désir de symétrie.

Selon Aristophane, les humains étaient autrefois des êtres sphériques à quatre jambes et deux visages, un de chaque côté de la tête. Mais Zeus, exaspéré par l'arrogance de l'animal humain, conçut un plan pour les ramener à plus d'humilité. « Je crois avoir trouvé, dit-il, un moyen de conserver les hommes […] : je les séparerai en deux ;

par là ils deviendront faibles ; et nous aurons encore un autre avantage, qui sera d'augmenter le nombre de ceux qui nous servent [...]. » Et il tranche donc les hommes en deux. Ce qui, à en croire Aristophane, est à l'origine de l'amour – notre désir d'être de nouveau réuni pour former un être complet, une forme sphérique parfaite.

Curieusement, la théorie darwinienne de l'évolution appuie l'idée d'Aristophane qui veut que la symétrie soit la force dominante dans le choix de nos partenaires sexuels. Même la vision du cosmos de Platon, fondée sur les solides symétriques, a quelques notions en commun avec les modèles scientifiques modernes. Bien que la chimie platonicienne, avec ses éléments de la terre, de l'eau, de l'air et du feu, soit erronée, les quatre formes que Platon leur associait se retrouvent effectivement partout dans le monde microscopique. Mais ce monde ne nous serait accessible que quand l'homme aurait développé des outils pour voir des choses au-delà des formes qu'empruntent les divers artefacts dans les vitrines du British Museum. Même l'association platonicienne entre le dodécaèdre et la configuration de l'Univers trouve aujourd'hui un écho dans les théories actuelles sur la forme globale de l'Univers.

Tomer et moi sommes arrivés au bout de notre visite de ce samedi matin. Alors que nous passons par le grand atrium du British Museum, sur le chemin de la sortie, la symétrie ne cesse de nous harceler. Le nouveau toit est un réseau de triangles assemblés comme un gigantesque dé aux multiples faces.

Je suis impatient de retrouver les outils mathématiques que j'ai développés pour déterminer quelles formes symétriques je peux concocter au-delà du monde en trois dimensions qu'exploraient Grecs et Romains. Mais Tomer est là pour me rappeler notre accord. Aussi, il faut d'abord que je fasse un détour par l'aire de skateboard, pour le voir effectuer des *grinds* et des *ollies*.

3

Octobre : le palais de la symétrie

Et je voudrais la Composition de la Ligne de la Chaussée pleine de Proportions Musicales et géométriques ; afin que, de quelque Sens que l'on oriente nos regards, nous soyons certains de trouver de quoi nous occuper l'Esprit.
Leon Battista Alberti, *L'Art d'édifier* (1485)

17 octobre, en route pour Grenade

Lors d'une conférence à Édimbourg il y a quelques années, John Conway m'a dit qu'il lui arrivait parfois de passer des heures à fixer des murs de briques. Était-ce une forme de méditation pour se libérer l'esprit des pressions du quotidien et s'évader dans le royaume abstrait des mathématiques ? lui ai-je demandé. Pas du tout, m'a-t-il répondu. Alors que nous déambulions sur le campus de l'université, il m'a montré du doigt divers agencements de briques, m'expliquant comment chacun illustrait un type différent de symétrie. Des murs de briques, il faut en regarder beaucoup pour y repérer une certaine logique, mais au bout d'un moment, les secrets de la symétrie vont commencer à vous apparaître.

Si vous souhaitez vous plonger plus avant dans la diversité, mais aussi dans les limites de la symétrie, ce sont les murs, les sols et les plafonds des palais médiévaux des Maures qu'il vous faut contempler. Les Grecs et les Romains avaient entrepris d'explorer la symétrie des formes pour fabriquer de bons dés, et avaient découvert que l'on ne pouvait construire que cinq polyèdres parfaitement symétriques. Mais les artistes arabes qui décoraient les palais des califes et des sultans du monde musulman repoussèrent le concept de la symétrie au-delà de l'idée grecque des mesures égales. Sur les murs des citadelles médiévales, ils commencèrent à jouer à une nouvelle sorte de jeu symétrique, entrant en compétition pour produire des tracés toujours plus sophistiqués qui se répétaient de façon intéressante. Démarrant avec de simples dalles carrées et le réseau hexagonal de la ruche, ils inventèrent une succession de dessins étranges.

En observant les différentes formes dont ils ont accouché, on peut se demander s'ils pensaient que le catalogue des symétries était sans fin. Mais tout comme les Grecs l'avaient découvert, les jeux symétriques auxquels se livraient les Maures avaient leurs limites. Comparée aux cinq contes des solides de Platon, l'histoire de la symétrie dissimulée dans ces palais est une saga écrite en 17 chapitres. Chaque carrelage exotique est en fait un exemple de l'une des 17 symétries différentes. Si les Grecs avaient développé les outils analytiques pour démontrer que leur liste ne comportait pas de sixième polyèdre régulier, les Maures n'étaient pas à même de s'adonner à l'analyse abstraite pour expliquer cette nouvelle histoire. Il faudrait attendre les mathématiques complexes du XIXe siècle pour pouvoir comprendre pleinement les symétries de ces 17 dessins différents.

De même que trois oranges et trois pommes sont autant de manifestations différentes de l'idée abstraite du nombre 3, les mathématiciens révéleraient un jour comment deux murs apparemment différents pouvaient être l'expression d'un même groupe de symétries. Si les Maures ne purent prouver l'impossibilité d'une

18e symétrie, ils parvinrent en revanche à produire des exemples de chacune des 17 symétries possibles.

Un palais en particulier, édifié vers 1300, a toujours été la Mecque des aficionados de ce tome de l'histoire mathématique de la symétrie : l'Alhambra de Grenade. Perchée dans les contreforts des montagnes de la Sierra Nevada, dans le sud de l'Espagne, la ville de Grenade donne l'impression de jaillir des plaines fertiles d'Andalousie. Environné de bois luxuriants, le palais mauresque se dresse au sommet d'une hauteur qui domine la cité, telle « une perle sur un lit d'émeraudes », ainsi que l'a décrit un poète.

Aujourd'hui, c'est presque un lieu de pèlerinage pour les mathématiciens, qui viennent visiter l'Alhambra et, comme s'ils prenaient part à une chasse au trésor, tentent de trouver des exemples de chacune des 17 symétries sur les murs du palais, sur ses sols et ses plafonds.

Profitant des vacances de printemps, j'ai décidé d'accomplir mon propre pèlerinage dans le sud de l'Espagne. Ma famille, habituée à se plier aux obsessions de son mathématicien, fait donc ses bagages pour l'Andalousie.

Chasse au trésor

C'est aussi au mois d'octobre que le célèbre dessinateur M.C. Escher visita l'Alhambra pour la première fois. À l'occasion de cette première rencontre, il fut fasciné par la formidable diversité des motifs sur les murs du palais. Dès le plus jeune âge, Escher avec été obsédé par la mosaïque, qui consiste à recouvrir une surface plane de formes qui ne se recoupent pas. Il n'avait pas fait ses premières expériences avec des murs ou des sols, mais avec de la nourriture. Les Hollandais mangeaient alors souvent deux repas froids par jour, consommant des *boterhammen*, des tranches de pain accompagnées de fromage ou de viande froide. Enfant, Escher essayait d'utiliser des morceaux de fromage pour recouvrir complètement son pain, sans laisser d'espace vide. Plus tard, le fromage fut remplacé par des anges et des démons, des lézards et des poissons.

Depuis le jour où les civilisations se sont mises à construire des maisons ou des routes, elles ont cherché, comme Escher, des moyens d'assembler briques, pierres ou ardoises pour couvrir des surfaces en deux dimensions et des espaces en trois dimensions. Les murs de pierre sèche de la Bretagne antique étaient des puzzles de pierres aux formes irrégulières. L'empilement qui en résultait était complètement aléatoire, mais les ouvrages étaient assez robustes pour empêcher le bétail de s'enfuir et pour tenir les pillards à l'écart. Le recours à des éléments irréguliers évitait au maçon de devoir tailler des pierres. L'absence de logique est cependant synonyme d'un manque d'efficacité dans la construction même, puisque, à chaque nouvelle pierre, le maçon doit réfléchir à la façon de l'intégrer dans l'ensemble.

Notre passion naturelle pour les motifs et les images reconnaissables a rapidement amené les bâtisseurs à créer de la beauté dans les espaces qu'ils comblaient. Les Romains utilisaient de petits morceaux de carreaux colorés pour couvrir leurs sols de mosaïques ornées de dauphins et de sénateurs. Mais les musulmans, n'ayant pas le droit de dépeindre des créatures vivantes, durent s'orienter dans une autre direction. « Ce qu'il y a de curieux, dans ces décorations mauresques, c'est l'absence de toute forme humaine ou animale. C'est peut-être à la fois une force et une faiblesse », écrivit Escher dans son journal de voyage pendant sa première visite à l'Alhambra.

Si le Coran lui-même n'interdit pas explicitement les représentations de la forme humaine ou animale, plusieurs autres textes sacrés musulmans proscrivent la description visuelle d'êtres ayant une âme. L'un d'eux affirme que « celui qui fait des images subira le châtiment le plus sévère le jour du Jugement dernier… les anges de miséricorde n'entrent pas dans les demeures où se trouvent de telles images ». Privés des images sensuelles qu'utilisaient d'autres cultures au début du deuxième millénaire de notre ère, les musulmans durent trouver davantage de façons géométriques d'exprimer leurs pulsions artistiques. Pour eux, la géométrie et la symétrie étaient les attributs d'un Dieu parfait, des moyens appropriés pour représenter sa perfection dans l'art. Ils se sentaient très proches de l'idée de Platon, à savoir que « Dieu fait toujours de la géométrie ». D'ailleurs, les livres de géométrie d'Euclide comptèrent parmi les premiers textes grecs antiques à être traduits en arabe. Armés d'une puissante intuition mathématique, les artistes maures commencèrent à couvrir leurs palais de carreaux de différentes formes et couleurs géométriques.

Le monde naturel, au fil d'années d'évolution, a découvert que seuls ceux qui bénéficient d'un ADN supérieur parviennent à la symétrie parfaite. Pour l'artisan aussi, la symétrie était l'épreuve par excellence. À une époque antérieure à la production industrielle massive de copies parfaites, le talent nécessaire à la reproduction d'un motif sans défaut était le signe d'une véritable maîtrise. Mais c'est dans le développement de façons toujours plus inventives de combiner ces carreaux que se manifeste la prouesse mathématique de l'artisan. Le sultan offrait de somptueuses récompenses à l'artiste qui inventait un nouveau motif afin de décorer ses murs et de réjouir les hôtes du palais.

Alors que nous nous dirigeons vers le bus pour l'Alhambra, nous foulons divers dallages. L'agencement de ces pavés offre aux urbanistes la possibilité de jouer aux mêmes jeux de symétrie que les artistes mauresques, des siècles plus tôt. J'entreprends d'analyser quels sont ceux qui présentent les mêmes symétries, et lesquels sont différents. Certains ne dessinent que de simples carrés répétés de gauche à droite, vers l'arrière et vers l'avant, comme sur un échiquier. Parfois, ils s'inversent quand ils rencontrent une nouvelle couche. Parfois, leur éparpillement est symétrique, mais souvent, il y a un déséquilibre en faveur d'un côté (Figure 23). Puis on constate la même chose avec des rectangles. Un des agencements les plus étonnants fait zigzaguer des rectangles le long de la rue. Je le signale à Tomer, mais il refroidit mon enthousiasme d'un long regard exaspéré avant de se retourner et de grimper dans le bus.

Le temps que je le rattrape, il a déjà sorti sa Nintendo DSX et s'est lancé dans Super Mario, dont il ne sort que quand nous atteignons l'Alhambra. Il ne me reste qu'à réfléchir aux petites notes que j'ai prises au sujet de ces différents groupes de symétries. Chacun est accompagné d'une indication : p4, cm, p4gm, et ainsi de suite. Ces appellations ont été choisies en fonction des caractéristiques de chaque groupe. J'ai recopié les appellations conventionnelles des 17 symétries dans un carnet que j'emporte toujours avec moi. C'est dans ce carnet que je couche par écrit la moindre inspiration, la moindre idée sur un problème – les idées me viennent parfois dans les endroits les plus incongrus. J'ai dessiné des croquis de tous les dallages que nous avons vus en cours de route, et je m'efforce de classer leurs symétries à l'aide de ces appellations. Soit je suis vraiment un imbécile, soit ces appellations ne valent rien, parce que je n'arrive pas à trouver quel nom correspond à quel dallage. L'exercice ne devrait pas être difficile pour moi, or, il est en réalité très subtil.

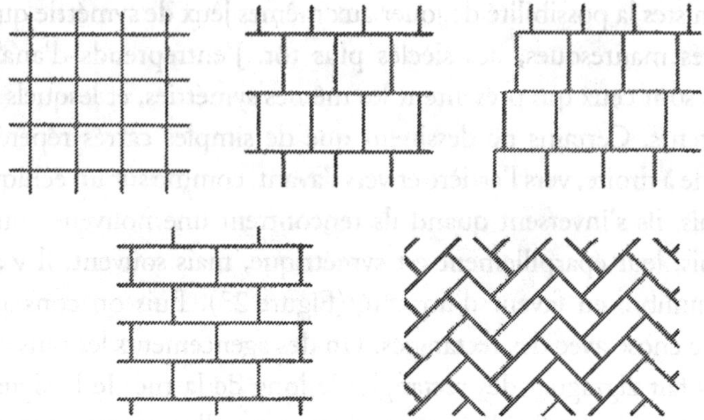

Fig. 23. La symétrie des dallages.

Le langage, la nomenclature et l'appellation sont tous essentiels quand il s'agit de retranscrire l'essence d'une structure mathématique. La nomenclature que j'ai recopiée a été créée au début du xxe siècle par des cristallographes plutôt que par des mathématiciens. Les symétries que l'on trouve dans les sols et les murs sont également importantes pour le chimiste, puisqu'elles sont liées à la compréhension des structures des cristaux. Mais le langage qu'ils ont mis au point pour identifier ces symétries est un rien abscons. J'ai aussi sur moi une deuxième nomenclature, récemment conçue par John Conway. Elle a davantage de sens sur le plan mathématique, et dès que je m'en sers, les symétries des dallages deviennent tout à fait évidentes.

À notre entrée dans l'Alhambra, je suis frappé par la puissance réfléchissante de l'eau. C'est comme si le palais était bâti sur elle. De minuscules rigoles coulent d'une fontaine à l'autre. L'architecture fait déjà la démonstration d'une symétrie verticale : la partie gauche de la façade est réfléchie parfaitement par la droite. Quand on se tient à une extrémité du bassin de la cour des Myrtilles, on voit une autre copie exacte de l'édifice se réfléchir horizontalement à la surface de l'eau. Cette vaste étendue d'eau atteint le pied même des colonnes de la façade, et le palais et son reflet s'associent pour donner l'illusion d'un cristal suspendu dans le ciel.

Des jeunes filles plongent leurs mains dans le bassin pour tenter de toucher les poissons qui y nagent, et la symétrie est brisée. Il en faut peu pour troubler la surface calme de l'eau et fragmenter le reflet du palais. Voilà ce que me dit le bassin : la symétrie parfaite est difficile à obtenir. Ce que la nature sait bien. Les architectes maures aimaient le symbolisme de la fragilité de la symétrie dans l'eau. La tension entre la nature éternelle de Dieu et le caractère éphémère de notre fragile planète s'incarne dans ce dialogue entre la symétrie solide du palais et son reflet insaisissable dans l'eau.

Le palais est décoré de multiples images riches en axes de symétrie. Les Maures, comme les fleurs et les étoiles de mer avant eux, avaient découvert le pouvoir de la symétrie des étoiles à plusieurs branches et avaient couvert les plafonds, les murs, les sols et les jardins de l'Alhambra d'étoiles de plus en plus complexes. Pour les graver, ils ont eu recours à une ruse qu'utilisent également les fleurs. La fleur à cinq pétales du magnolia ne dispose pas de symétrie par réflexion. Au lieu de cela, les pétales sont agencés de façon à ce qu'ils soient les uns sur les autres, ce qui annule la réflexion, mais donne un effet de spirale, soit dans le sens des aiguilles d'une montre, soit dans le sens contraire.

Escher a fait de même quand il a conféré une orientation à l'étoile de mer qui orne sa boîte de chocolats qu'aime tant Conway. L'effet de spirale se retrouve aussi sur de nombreuses étoiles de l'Alhambra. Elles sont souvent conçues en entremêlant plusieurs carrés pour aboutir aux 8, 12 ou 16 branches d'une étoile, ce qui illustre comment les symétries de ces formes à multiples côtés peuvent se décomposer en symétries de formes plus petites (Figure 24). Même Tomer peut voir qu'en dépit des nombreuses décorations complexes et colorées, les symétries de la magnifique étoile à huit branches sont les mêmes que les huit axes de symétrie d'un simple octogone. Ce sont juste des manifestations différentes du même type de symétrie.

Fig. 24. Une étoile à huit branches faite de deux carrés entremêlés.

Les murs du palais sont couverts de carreaux de différentes couleurs organisées pour reproduire des motifs. Si les carreaux s'interrompent là où un mur s'arrête, la symétrie donne l'impression qu'au-delà de ce mur, le motif continue de se répéter. La symétrie engendre un rythme qui fait presque vibrer le mur, offrant l'illusion d'une image mouvante qui laisse entrevoir l'infinité de l'espace. C'est une autre raison qui explique pourquoi les artistes musulmans ont été attirés par la symétrie : en tant qu'expression artistique de la sagesse et de la majesté infinies de Dieu. Chaque nouveau mur donne à l'artiste la possibilité de créer des motifs originaux. Mais cet art peut-il déboucher sur des considérations scientifiques ? Les mathématiques sont-elles capables de dévoiler des motifs toujours plus complexes ou de montrer les limites de ce qui est possible ?

L'essence d'un motif tient au fait qu'il se répète dans deux directions. La figure 25 montre les carreaux sur le premier mur qui accueille les visiteurs quand ils entrent dans l'Alhambra. Impatients, les touristes me dépassent de part et d'autre, incapables de remarquer les images gravées sur les murs qui encadrent l'entrée et qui semblent dire : « Bienvenue au palais de la symétrie. » Je suis abasourdi par le carreau d'une forme extraordinaire que l'artiste a trouvé et qui semble si parfaitement s'adapter autour de l'étoile à huit branches au point qu'aucun espace libre ne subsiste.

Ce qui fait des images à l'entrée de l'Alhambra des motifs réguliers, et non une mosaïque ou un sandwich au fromage d'Escher, c'est que l'on peut en prélever chaque élément, le faire glisser (soit vers le haut, soit vers le bas, sur la gauche ou sur la droite), et qu'il finira par se poser sur une copie exacte de lui-même. Mais il y a là plus de régularité que dans le simple mouvement individuel de chaque élément. Je peux prendre une copie de l'ensemble du motif, la faire glisser horizontalement ou verticalement, et la reposer afin qu'elle corresponde exactement à l'image d'origine. C'est ce qui lui confère cette sensation d'infini. La symétrie du mur recèle un message – un programme, si vous voulez – qui dit avec exactitude comment les carreaux s'agenceront si le mur s'étend, même jusqu'aux confins de l'univers.

Fig. 25. Le mur à l'entrée de l'Alhambra.

Toutefois, la symétrie de ce mur va au-delà de la simple répétition. Comment la dépeindre ? Comment exprimer le fait qu'un mur présente davantage de symétrie qu'un autre ? Est-il seulement possible d'identifier précisément ce que nous voulons dire quand nous affirmons que deux murs ont la même symétrie ?

Si la symétrie de ce mur va plus loin que la simple répétition, c'est parce que j'ai d'autres façons de prélever cette image et de la placer sur des ombres d'elle-même. Au lieu de la faire simplement glisser vers la gauche ou vers la droite, vers le haut ou vers le bas, je peux la retourner avant de la reposer. Par exemple, si je maintiens le centre de l'une des étoiles à huit branches fixe et que je fais pivoter une copie de l'image de 90° autour de ce point, les formes s'alignent parfaitement au sommet de l'image d'origine.

Je suis curieux de voir ce qu'en pense Tomer. Il me déclare tout d'abord qu'elle ne contient aucune symétrie. Il cherche des lignes le long desquelles il pourrait plier l'image afin que les deux parties se correspondent, comme les taches d'encre du psychologue Rorschach. Il comprend aussitôt qu'ici, c'est impossible. Bizarrement, le motif qui orne l'entrée du palais ne présente pas la symétrie que connaissent le mieux la plupart des gens : la réflexion.

Bien que l'étoile à huit branches dispose d'une symétrie miroir, la forme allongée en T qui l'entoure est orientée dans le sens des aiguilles d'une montre qui serait inversée par réflexion. Comme notre main gauche, une réflexion du T donne une forme entièrement nouvelle. Si je prélève cet élément du mur et que je le retourne, j'obtiens cette réflexion, une réflexion qu'il est alors impossible de replacer dans l'espace que je viens de créer. Bien sûr, je pourrais prendre tous les éléments, les retourner, et les replacer autour de l'étoile à huit branches. L'image ainsi obtenue sera différente (quoique liée) et donnera l'impression de tourner dans le sens contraire des aiguilles d'une montre.

Le secret, pour exprimer la symétrie contenue dans ce sens, consiste à imaginer toutes les façons possibles de soulever l'image et de la reposer. On peut imaginer une forme spectrale de l'objet, qui resterait en place, tandis que l'objet lui-même serait déplacé, puis reposé. Marchant sur les traces d'une longue lignée d'artistes venus à l'Alhambra, dont Escher, Tomer et moi avons apporté des carnets de croquis où nous dessinons les murs. Je peine franchement à reproduire le patron sophistiqué utilisé par l'artiste maure, et commence à éprouver une réelle admiration pour la façon qu'il a de couvrir parfaitement le mur.

Je lève les yeux et m'aperçois que Tomer n'a pas tardé à laisser tomber son carnet de croquis pour ressortir sa Nintendo. Mais quand je lui reproche de se réfugier dans Super Mario Karts au lieu d'apprécier la beauté qui l'entoure, il me montre son écran. En fait, il est en train de s'en servir pour reproduire les motifs. De plus, sa console est équipée d'une fonction qui lui permet de faire tourner ce qui s'affiche. Il me montre que si l'on immobilise un point qui se trouve là où les formes allongées en T se rejoignent pour créer une sorte de swastika, on peut alors faire pivoter l'image de 90° autour de ce point. Et, sur l'écran, il lance l'animation : les carreaux tournent autour de ce point et s'alignent de nouveau, comme s'ils n'avaient pas bougé.

Grâce à la Nintendo, il est possible de comprendre ce que mes dessins ne peuvent me suffire à entrevoir – le fait que la symétrie des carreaux est une affaire de mouvement, elle tient à la multiplicité de ce que je peux faire avec cette image. Si elle finit par avoir l'air inchangée, l'essence de chaque nouvelle symétrie est liée au mouvement intermédiaire avant le retour au motif d'origine – ce que la Nintendo de Tomer peut faire, mais que je ne peux qu'ébaucher avec mon croquis statique.

Le dessin de mon fils sur sa console portable a identifié une autre symétrie, distincte de celle qui fait pivoter l'image autour du centre de l'étoile à huit branches. Si l'une et l'autre sont des rotations à 90°, il y a une authentique différence entre les deux du fait de leur effet sur l'image. Tout fier de lui, Tomer se balade dans le palais.

Humilié, je lui emboîte le pas et me retrouve dans une salle couverte de carreaux différents de ceux de l'entrée. Un guide pontifie sur les merveilles des mathématiciens arabes : « Il est facile de créer un carré, mais sans l'aide de l'ordinateur, les mathématiciens arabes ont créé ici non seulement des étoiles à huit branches, mais jusqu'à seize branches sur une étoile. » Certes, ils étaient doués pour les maths, mais de là à dire qu'il faudrait un ordinateur pour créer des étoiles de ce genre. Quand le guide se met ensuite à prétendre que les Arabes ont également inventé le zéro, je me retiens de ne pas prendre la parole pour rappeler que ce sont les Indiens qui l'ont inventé. Les Arabes n'ont été que d'efficaces messagers, qui ont transmis l'idée de l'Orient vers l'Occident le long de la route de la Soie.

Le plafond est décoré dans un autre style dont raffolaient les artisans de l'Alhambra (Figure 26). Ils gravaient souvent le bois, ou plaçaient les carreaux afin de créer des lignes qui donnent l'impression de s'entrecroiser comme un nœud. Les murs et les plafonds ressemblent à de la vannerie de bois ou de stuc. C'est un trompe-l'œil habile, qui offre une nouvelle dimension à la contemplation d'un mur en deux dimensions, et annule une fois encore toute possibilité d'une simple réflexion. Dans toute image réfléchie du motif, le sens dans lequel les lignes s'entrecroisent sera inversé. Je suis curieux de voir si Tomer va les considérer comme un motif différent du mur qui nous a accueillis à l'entrée. Ou s'agit-il des mêmes symétries?

Fig. 26. Le plafond de la première salle de l'Alhambra.

« Mais ce sont des images complètement différentes », me dit-il. Shani, ma compagne, nous rejoint. Elle est peintre. Que perçoit-elle dans ces images avec sa sensibilité artistique plus affinée ? Elle approuve Tomer : « Pas la même chose. » En y regardant de plus près, on s'aperçoit que, comme à l'entrée de l'Alhambra, on peut immobiliser un point au centre de l'octogone et le faire tourner à 90°, sans que le motif au plafond donne l'impression d'avoir changé.

« Tiens, il y a un autre point où on peut le faire tourner. » Du doigt, j'indique le centre du minuscule carré au cœur de chaque groupe de quatre octogones. Le carré est formé par les deux brins blancs qui s'entrecroisent. Le motif tracé par les brins signifie qu'il faut faire pivoter l'image de 180° avant qu'elle n'épouse de nouveau parfaitement ses contours. « Ça commence à me faire fumer le cerveau », plaisante Tomer en faisant semblant de s'évanouir. À première vue, le motif du plafond semble très différent des carreaux à l'entrée du palais. Même de mon point de vue plus avancé, je ne suis pas certain qu'il s'agisse effectivement des mêmes symétries.

Je ressors pour vérifier, et je vois qu'il y a également un point à l'entrée autour duquel il est possible de faire pivoter l'image d'un demi-tour. Il se trouve à mi-chemin entre une étoile à huit branches et sa voisine la plus proche. Comme dans le cas du motif du plafond, il faut faire pivoter les tuiles sur 180° avant que les images ne soient de nouveau alignées. Tout cela est très embarrassant – la symétrie est ma spécialité, or, je suis passé à côté de celle-ci la première fois.

Il est encore plus ardu de comprendre si ces deux motifs différents présentent ou non le même type de symétrie. C'est une chose de dénombrer les symétries de chaque motif, mais comment aborder leur totalité ? A-t-elle un sens en tant que concept à part entière ? Au XIXe siècle, les mathématiciens finiraient par mettre au point un langage pour exprimer le fait que ces deux motifs, celui de l'entrée de l'Alhambra et celui du plafond, ont en fait le même groupe de symétries, et que les axes de symétrie ont le même effet sur les objets qu'ils font tourner. Même sans ce langage, nous pouvons illustrer le lien entre les symétries des motifs en les superposant. Si l'on fait tourner le motif du plafond de 45° et qu'on le place sur celui de l'entrée de façon à ce que la moitié des octogones repose sur les étoiles à huit branches et que l'autre moitié se trouve avec le centre là où se trouvent les swastikas, on voit comment elles s'adaptent (Figure 27).

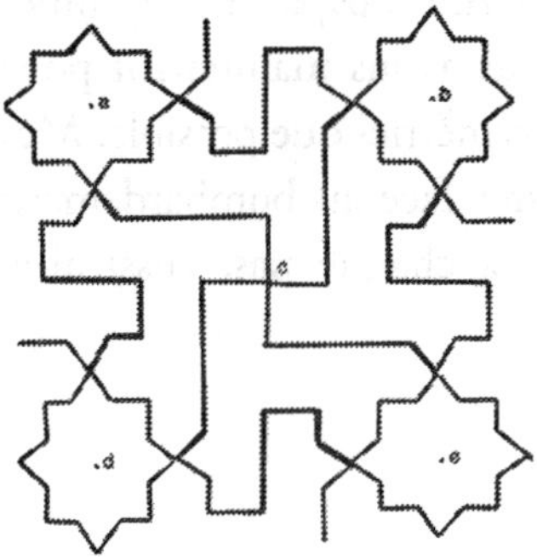

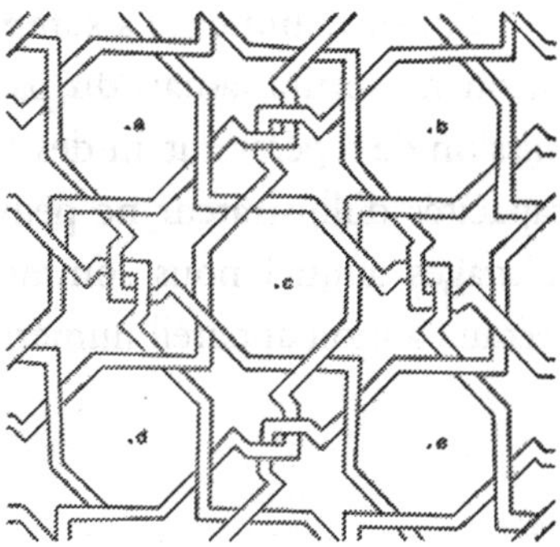

Fig. 27. En alignant deux motifs, on voit qu'ils ont les mêmes symétries.

Une fois ces images alignées, n'importe quelle symétrie de l'une se traduit par une symétrie de l'autre. C'est un peu comme quand on place un dodécaèdre à l'intérieur d'un icosaèdre (ou vice versa, voir la figure 22) et que l'on voit que leurs symétries correspondent. Mais dès qu'ils se sont dotés d'un langage pour la symétrie, les mathématiciens se sont aperçus qu'ils pouvaient décrire de tels alignements sans avoir à chercher de ressemblances physiques.

Grâce à ce nouveau langage, les mathématiciens étaient désormais en mesure de démontrer qu'il n'existe pas plus de 17 types différents de symétrie de motifs. Tout motif qui se répète à la fois horizontalement et verticalement doit appartenir à l'une ou l'autre de ces 17 catégories. Pour l'instant, sur les murs de l'Alhambra, Tomer et moi n'en avons identifié qu'une seule, dite 442 dans la nomenclature de Conway (et qui n'a aucun rapport avec le football, soit dit en passant). Les deux 4 indiquent que, dans cette symétrie, on trouve deux sortes de rotations à 90° – ce qui n'est pas si évident quand on contemple le plafond. Quant au 2, il se rapporte au demi-tour que j'ai raté à l'entrée.

Tomer commence à s'impatienter. « Allez, papa. À ce rythme-là, on ne sortira jamais du palais. » Nous avons maintenant pour mission de repérer autant des 16 autres symétries que possible. Mes capacités d'illustrateur ne peuvent résister face au bombardement d'images auquel nous sommes soumis à chaque pas, aussi ai-je recours à mon appareil numérique.

Triangles et hexagones, girations et miracles

Le groupe de symétries que nous avons trouvé à l'entrée de l'Alhambra est en fait un sous-groupe des symétries toutes simples que créent les carreaux sans ornementation dans la plupart de nos salles de bains. En insérant des motifs plus élaborés, l'artiste a éliminé les réflexions du dallage carré. Outre ce dernier, on recense deux autres motifs très simples sur le mur, qui sont riches en symétrie, et dont on peut voir des variantes quand on pénètre au cœur de l'Alhambra : la résille hexagonale de la ruche, et un mur couvert de triangles.

Tomer aperçoit un réseau intéressant de flèches à trois pointes entrelacées (Figure 28). Là, on trouve une symétrie par réflexion ainsi qu'un axe de symétrie évident autour du point noté A au centre de la flèche. Mais l'agencement de ces flèches dissimule un autre axe de symétrie, moins évident. Le point B, où trois pointes de flèches se rejoignent, est un autre point où l'on peut faire pivoter l'image d'un tiers de tour. La rotation sur B n'est pas la même que celle autour de A parce que le point B n'est pas situé sur une ligne de réflexion. Conway définit ce genre de symétrie par le terme de giration. Il a identifié ce groupe complet sous l'appellation 3*3. Il se sert de l'astérisque pour indiquer une certaine symétrie par réflexion. Les girations dans la symétrie sont indiquées par les chiffres avant l'astérisque, un par giration.

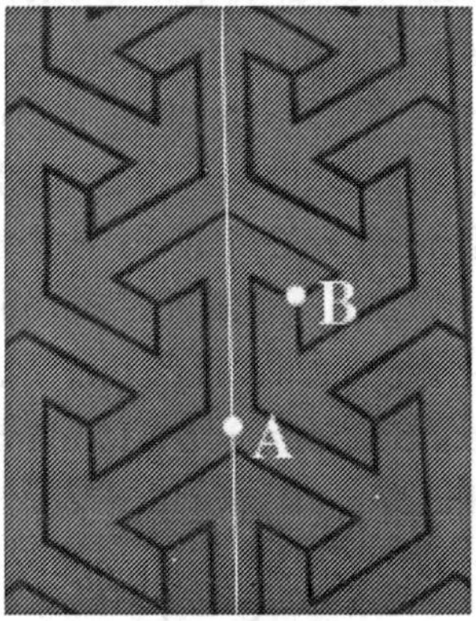

Fig. 28. Des flèches à trois pointes entremêlées. A et B sont deux points autour desquels il est possible de faire pivoter l'image d'un tiers de tour. Le point B ne se situe pas sur une ligne de réflexion. La rotation sur ce type de point est une giration.

J'ai déjà retrouvé 9 des 17 différents types de symétrie. Sur une colonne, je repère un motif de carreaux en forme de feuille qui repousse l'idée que l'on se fait de la symétrie au-delà des réflexions et des axes conventionnels (Figure 29). On peut y procéder à des réflexions et des translations simples. Par exemple, en ignorant deux couleurs, je peux prendre le motif et le faire glisser en diagonale pour que le point A finisse en C et le point B en D. La feuille blanche se retrouve alors au-dessus de sa voisine noire. Mais je peux aussi effectuer un autre mouvement symétrique : je prends l'image, je la réfléchis, puis je la fais glisser vers le haut. Alors, A finit en D et B en C. Ce genre de symétrie est souvent beaucoup plus difficile à identifier. On ne peut y parvenir en se contentant d'imaginer une ligne de réflexion qui traverserait l'image. C'est ce que certains appellent une symétrie glissée, mais Conway préfère parler de « miracle » ou de « croisement miraculeux ». Pour lui, cette étrange symétrie produit un reflet du motif sans la présence d'un miroir. Sa notion de « miracle » tient autant à l'absence de miroir qu'au sentiment d'émerveillement face à la découverte d'une telle étrangeté.

Je la montre à Tomer, mais j'ai du mal à le convaincre qu'il s'agit vraiment d'une symétrie différente par rapport à un déplacement de l'image vers le haut et vers la gauche. Car toutes ces symétries, en fin de compte, ne modifient pas fondamentalement l'image, aussi est-il parfois difficile de reconnaître ce qui est véritablement une symétrie différente. L'attribution de points identifiés dans l'image nous aide à le visualiser. Avec la symétrie miracle, les points A et B se transforment en D et C, tandis que la symétrie par simple déplacement transforme A et B en C et D sans aucune inversion. Cette identification représente les prémices d'un langage qui permettra de saisir la symétrie sous-jacente des images que nous contemplons. Peu à peu, les images cèdent la place à des lettres et au langage.

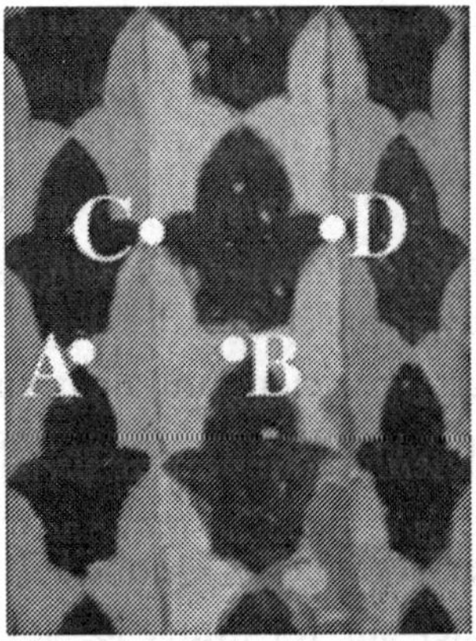

Fig. 29. Ce motif illustre une nouvelle sorte de symétrie, la translation ou miracle. Dans cette symétrie, les carreaux sont réfléchis, puis glissent, si bien que A se trouve en D et B en C.

En ne cherchant pas à faire correspondre les couleurs sur les carreaux, je réussis à dénicher une dixième symétrie sur ma liste. On l'appelle * ×, l'astérisque se rapportant à la simple réflexion par rapport au centre de n'importe quelle tuile. Le × représente la symétrie miracle ou translation, où j'effectue une réflexion, puis un glissement. Cependant, si je prends effectivement les couleurs en compte et veille à ce que les carreaux blancs aillent sur du blanc, et les noirs sur du noir, alors j'obtiens un autre groupe de symétries. Ma symétrie miracle ou ma translation ne fonctionne plus parce qu'elle transforme les carreaux blancs en carreaux noirs. Les seules symétries sont des réflexions sur une ligne qui passe par les carreaux blancs, ou par les carreaux noirs. Cette symétrie est dite **, pour indiquer deux types de réflexion.

Donc je récolte deux groupes de symétries pour le prix d'un. Ce qui m'en fait 11 sur 17. Chaque fois, je me dis que j'ai trouvé un motif contenant un nouveau groupe de symétries, tout cela pour m'apercevoir qu'il ne s'agit que de 442, le groupe par lequel nous avons démarré notre chasse au trésor. On le trouve même sur le sol (Figure 30). Il a l'air plus simple que les deux que j'ai dénichés à l'entrée du palais, mais là encore, je peux aligner les images l'une sur l'autre pour prouver que ce sont des exemples du même groupe de symétries. Les mathématiciens finiraient un jour par développer un langage plus abstrait pour expliquer pourquoi deux groupes de symétries sont les mêmes, et qui prolongerait le tour de passe-passe qui consiste à aligner des images. Quoi qu'il en soit, il m'en reste encore six à identifier sur les murs, les sols et les plafonds de l'Alhambra.

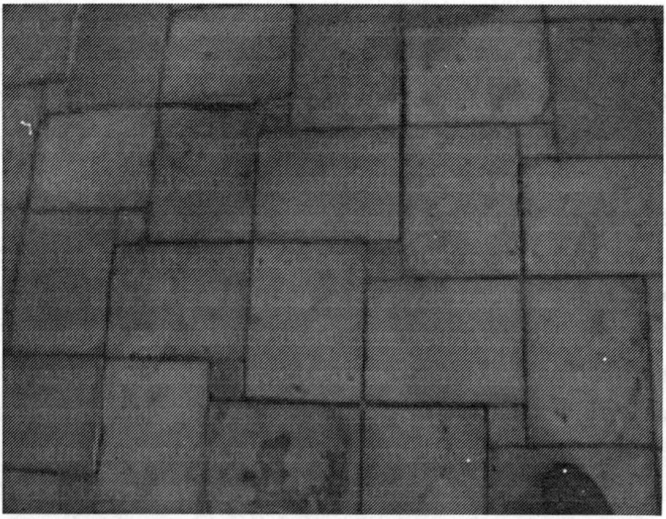

Fig. 30. Un des sols de l'Alhambra, autre exemple du groupe de symétries 442.

J'étais étudiant quand je suis venu ici pour la première fois, il y a une vingtaine d'années. J'avais passé l'été avec un ami à parcourir l'Europe en train; nous nous nourrissions de thon en boîte et nous dormions dans les gares. C'est peut-être parce que j'étais tout simplement épuisé, mais quand j'avais atteint l'Alhambra, je n'y avais jamais joué à la chasse à la symétrie. Ou peut-être que je ne tenais pas à passer pour un cinglé de matheux aux yeux de mon compagnon de voyage.

Certains de mes collègues collectionnent maladivement des exemples des 17 symétries partout où ils se rendent. Soudain, la chemise d'un proche peut susciter la plus grande ferveur : « Ooh, il y a deux miracles sur ta chemise. Attends, je vais chercher mon appareil photo! » Ou, à l'Alhambra : « Là, une giration. Ouah, c'est un superbe *632! » En fait, pour les dingues de la symétrie, l'Alhambra a toujours représenté un défi : beaucoup se demandent si l'on peut en effet retrouver chacune des 17 symétries dans l'enceinte du palais.

Escher dut s'y rendre une deuxième fois pour que les motifs mauresques influencent durablement son œuvre caractéristique. Il avait visité Grenade pour la première fois en 1922, mais à l'époque, sa production consistait essentiellement en visions tout à fait tridimensionnelles de l'Italie, où il avait rencontré son épouse et où il s'était établi. Un de ses sujets préférés était le littoral près d'Amalfi, avec ses ports et ses villages suspendus aux falaises. Ces travaux contrastent nettement avec ce qu'il se mit à produire après son deuxième passage à Grenade. Il y revint en mai 1936, dans l'atmosphère instable de la politique européenne de l'entre-deux-guerres. La famille Escher avait quitté Rome durant l'été 1935, inquiète de l'ambiance de plus en plus menaçante qui régnait en Italie. Après un hiver en Suisse, ils manquaient de soleil. Escher fit donc une proposition à une compagnie italienne de navigation, Adria, basée à Fiume :

> Je leur suggérai de me prendre comme passager à titre gracieux. En échange, je leur fournirais quatre exemplaires de chacune des douze gravures [que je réaliserais] ; ils pourraient alors s'en servir pour de la réclame touristique. À ma grande surprise, ils acceptèrent.

Escher et son épouse embarquèrent à bord du *Rossini*, en route pour le sud de l'Espagne, d'où ils rejoignirent le lieu de sa première visite de 1922. Aucun mot ne saurait décrire l'impression que l'Alhambra fit sur Escher mieux que l'une de ses plus célèbres gravures, *Métamorphose*, réalisée un an après cette deuxième visite (Figure 31). Sur la gauche, il dépeint la ville côtière d'Atrani. Mais au fil de l'évolution du tableau, les édifices en trois dimensions de la ville se transforment d'abord en cubes, puis en un dallage hexagonal de petits Chinois en deux dimensions.

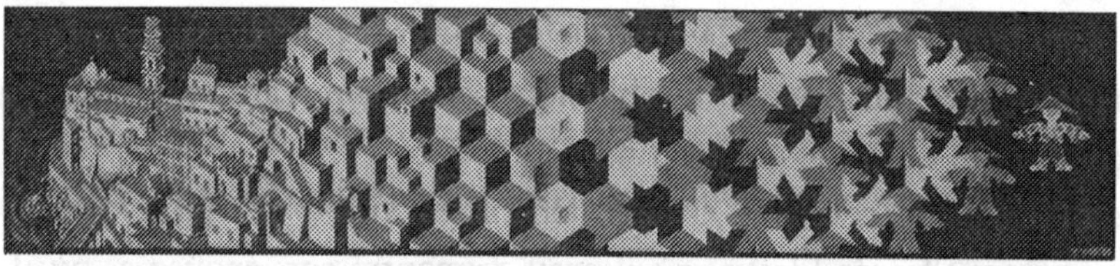

Fig. 31. *Métamorphose,* de M.C. Escher.

Cet espace en deux dimensions commença à conquérir le monde d'Escher. Il remplit ses carnets de tous les motifs bidimensionnels qu'il croisa dans le palais et, quand il revint dans sa Hollande natale, sa production artistique connut elle aussi une métamorphose :

> En Suisse, en Belgique et en Hollande, je trouvai l'aspect extérieur du paysage et de l'architecture moins frappant que ce que l'on peut voir en particulier dans le sud de l'Italie. Aussi me suis-je senti poussé à m'éloigner de la représentation de mon environnement plus ou moins directe et fidèle à la nature. Il ne fait aucun doute que cette circonstance est grandement responsable de la concrétisation de mes visions intérieures.

Mais ce n'était pas seulement parce qu'il se sentait environné par le paysage en deux dimensions des plaines. La lame de fond du fascisme le perturbait profondément, et ce nouveau monde intérieur lui permettait de s'évader : « Le fait qu'à partir de 1938, je me suis concentré sur l'interprétation d'idées personnelles est avant tout la conséquence de mon départ d'Italie. » Dans le journal de voyage qu'il tint lors de sa virée à Grenade, il commenta : « Il n'y a presque pas d'étrangers. On nous dévisage comme des créatures d'une autre planète. » La situation est bien différente aujourd'hui. Le nombre de visiteurs quotidiens du palais est désormais limité. J'ai été dépassé par des légions de touristes à qui l'on fait visiter les lieux au pas de course sans leur laisser la chance de photographier ne serait-ce que le reflet de la tour Comares dans les bassins de la cour des Myrtilles.

Soudain, je ne vois plus Tomer. Il a été emporté par la marée des touristes jusque dans la cour des Lions. Je finis par le retrouver dans la salle des Abencerrajes, tout près de la cour. Bien qu'elle ne contienne aucune des symétries manquantes que je cherche, la salle est dotée d'un plafond à couper le souffle, passionnant sur le plan géométrique. Une magnifique étoile à huit branches s'étale au-dessus de la salle, et des milliers de petites alcôves sont creusées dans le plafond, ce qui donne l'illusion qu'il est couvert de stalactites. Typique de l'architecture musulmane, il rappelle la vision qu'eut

Mahomet de l'archange Gabriel dans la célèbre grotte d'Hira. Pour créer cet agencement des 5 416 éléments qui composent l'étoile à huit branches, il a fallu disposer d'une maîtrise époustouflante des mathématiques.

Un des guides est occupé à raconter l'origine sanglante du nom de la salle, d'après les 36 membres de la famille des Abencerrajes, qui y furent hachés en morceaux sur ordre du sultan. Le guide indique une trace rouge sur le sol de marbre. « Le sang de la famille Abencerrajes souille encore le sol. » Je ne peux me résoudre à dissiper cette illusion, et n'ose pas dire à Tomer qu'en réalité, il doit plutôt s'agir de l'oxydation des canalisations qui alimentent la fontaine située au centre de la salle. Parfois, les mythes sont plus divertissants que la science.

Je ne peux cependant m'empêcher de lui parler d'une autre remarquable réussite des Maures, qui se trouve dans la cour des Lions. Les fenêtres et les colonnes dans tout le palais ont été délibérément construites afin de faire de l'Alhambra un gigantesque calendrier solaire. Quand la lumière du soleil filtre par les fenêtres, l'alignement dans la cour est tel que les ombres des colonnes bougent au fil de la journée comme les aiguilles d'une horloge. Grâce à la position des fenêtres, il y a même plus de lumière en hiver, quand le soleil est bas, comme aujourd'hui, réchauffant l'air frais d'Andalousie. En été, quand le soleil est plus haut dans le ciel, la disposition des fenêtres laisse passer moins de lumière dans la cour, qui reste ainsi aussi fraîche que possible pour le sultan et son harem.

Je parviens à repérer une nouvelle symétrie à l'aide d'un motif magnifique qui entoure le chapiteau de l'une des colonnes de la cour des Lions, et me voici à 14 sur 17. Mais Tomer n'en peut littéralement plus. « C'est bon, on peut y aller ? Je crois que j'ai compris. » Sauf que je suis un rien obsessionnel, et je ne serai satisfait que quand j'aurai mené ma quête à son terme. J'ai exploré tout le palais, et pourtant, il me manque encore trois groupes de symétries. « Allez, papa ! On peut aller à la boutique, maintenant ? » « D'accord, d'accord. » Je ne dis rien, mais je pense déjà à revenir le lendemain.

Sur le chemin de l'hôtel, nous foulons les pavés que nous avons vus le matin. Mes yeux et mon cerveau sont désormais hypersensibles à toute leur symétrie. Je me sens comme une abeille voletant dans un jardin, capable de n'identifier que les contours d'hexagones et de fleurs à cinq branches. Soudain, je comprends qu'une des symétries manquantes est là, juste sous mon nez, sur la chaussée de la Grenade moderne (Figure 32). Or, cette dernière abrite, dissimulée dans son motif, deux étranges translations – un double miracle.

Fig. 32. Les pavés de Grenade contiennent un double miracle.

De retour à l'hôtel, je passe en revue les images que j'ai rassemblées sur mon appareil numérique pour voir si j'ai effectivement récupéré 14 groupes de symétries différents. Bien que disposant des techniques mathématiques nécessaires, il est particulièrement difficile de déterminer si une des symétries qui m'ont échappé se trouve en fait parmi mes photos. La batterie de l'appareil finit par me lâcher et je n'ai d'autre choix que d'aller me coucher. Demain, nous sommes censés nous rendre sous des latitudes moins mathématiques, mais avant de partir, je tiens à vérifier si je peux identifier les trois dernières symétries de l'Alhambra. Puisque j'ai trouvé cette double symétrie miracle sur la chaussée, je dois sûrement pouvoir la dénicher quelque part dans le palais.

Quand, adolescent, j'étais à la recherche de tout ce qui était mathématique, une émission de télévision a eu sur moi un impact considérable. Il s'agissait de *L'Ascension de l'Homme*, de Jacob Bronowski. Tout en sombrant dans le sommeil dans ma chambre d'hôtel, il me revient en mémoire une scène où Bronowski, assis dans l'Alhambra, parle de symétrie. Je le revois dans le harem, expliquant comment les murs sont recouverts d'une symétrie érotique plutôt que d'images érotiques de femmes. C'était un véritable trésor de la symétrie, où le moindre espace regorge de motifs. Et je conserve cette image forte d'une des plus belles symétries, faite simplement de triangles, mais des triangles subtilement orientés afin de neutraliser la réflexion. Ce qui me donnerait une de mes trois symétries manquantes. Or je ne me souviens pas d'avoir vu quoi que ce soit d'approchant aujourd'hui. Aurais-je raté une salle parce que Tomer m'a entraîné vers la boutique de souvenirs ? Je passe une nuit terrible. Chacun de mes rêves se fragmente en résilles hexagonales ou en rectangles zigzagants. Debout de bonne heure, je laisse ma famille dormir et je repars vers le palais.

Symétries cachées

Chaque fois que je démontre un nouveau théorème, c'est un peu comme si je construisais une nouvelle aile dans le palais des mathématiques. Mais une fois la démonstration achevée, j'étudie avec inquiétude ce que j'ai fait dans les moindres détails, afin de garantir que la structure mathématique ne va pas s'effondrer. Hier, j'ai baguenaudé dans l'Alhambra en brandissant joyeusement mon filet à papillon çà et là, récoltant toutes les symétries qui se présentaient. Aujourd'hui, je me fais plus critique, j'ausculte tout ce que je croise dans l'espoir de retrouver mes trois symétries manquantes.

Observant les murs, je remarque beaucoup de choses que je n'ai pas vues hier. Il est extraordinaire de constater comment le cerveau ne peut engranger qu'une certaine quantité d'informations à la fois. Mais je n'arrive toujours pas à extirper les motifs qu'il me faut pour compléter ma collection de 17 symétries. Me revoici dans la cour des Lions, avec sa douzaine de lions qui soutiennent la fontaine. Et là, sur le sol, se trouve un des motifs qu'il me faut (Figure 33). C'est la même symétrie que celle que j'ai repérée hier sur la chaussée : un double miracle. Mais contrairement à hier, où la forme étrange des pavés annulait en partie leur axe de symétrie, ici, les couleurs travaillent en ma faveur. C'est un zigzag de rectangles verts et blancs. Sans les couleurs, on obtient un axe de symétrie qui plaque une rangée de carreaux diagonaux sur la rangée inférieure. Mais cet axe est perturbé par les couleurs, ce qui laisse un double miracle.

Fig. 33. Un double miracle sur le sol de l'Alhambra.

Il ne m'en reste plus que deux. À l'autre bout de la cour des Lions, j'ai de nouveau de la chance (enfin, presque). Aujourd'hui, je suis plus réceptif à l'effet des couleurs. Sur le mur de l'autre côté de la cour, j'identifie quelque chose que j'ai raté hier. Il s'agit en gros de six triangles formant un hexagone, les couleurs des triangles alternant entre rouge et jaune autour de l'hexagone (Figure 34). En introduisant les couleurs, l'artisan a modifié l'axe de symétrie d'un sixième de tour à un tiers de tour, car pour ramener le motif dans la même configuration, je suis obligé de positionner un triangle jaune sur un autre triangle jaune. Le seul problème étant que, si l'artiste a habilement varié les couleurs des triangles, il a également placé quelques carreaux bleus contrariants, et qui devraient être noirs. En prétendant qu'ils sont noirs, je peux ajouter *333 à ma collection, bien que ce soit un peu tiré par les cheveux. L'artiste avait eu une bonne idée, mais il était passé à côté de la perfection – de mon point de vue mathématique.

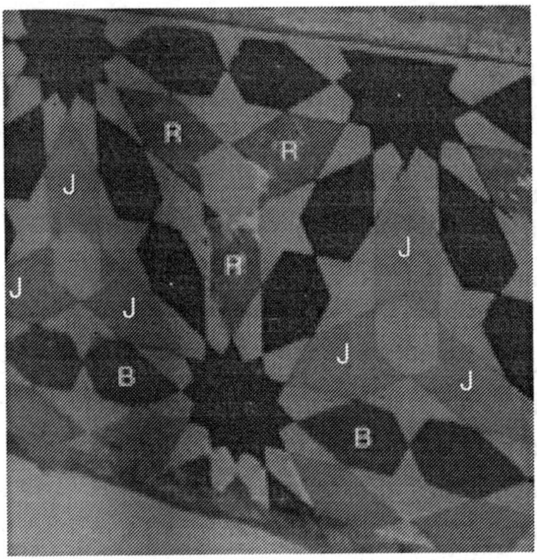

Fig. 34. Un mur de l'Alhambra dont le groupe de symétries est presque *333. J, R et B correspondent à des tuiles jaunes, rouges et bleues.

Escher avait lui aussi été particulièrement sensible à l'emploi des couleurs dans les motifs mauresques. De plus en plus attiré par l'étude des mathématiques à l'origine de ces motifs, sa plus grande sensibilité à l'importance de la couleur l'a poussé à introduire une nouvelle structure dans les mathématiques de la symétrie qui avait échappé aux scientifiques. Outre les 17 groupes de symétries, il existe une gamme supplémentaire de symétries qui dépendent de la possibilité de déplacer des éléments et d'échanger les couleurs. Il a été démontré que si l'on inclut les permutations de deux couleurs, on recense alors 46 autres groupes de symétries. C'est à Escher que nous devons cette nouvelle perspective mathématique sur les murs de l'Alhambra.

Il m'en reste encore une à dénicher. Je me lance sur la piste des étoiles à trois branches courbes qui, j'en suis sûr, se cachent quelque part dans le palais et qui me donneraient 632, le groupe de symétries qui me manque. Mais je suis presque arrivé à la sortie. Je ne comprends pas. Bronowski aurait-il été filmé ailleurs ? On trouve aussi de magnifiques motifs dans l'Alcazar de Séville, mais je suis convaincu que le documentaire a été tourné à l'Alhambra.

Puis, soudain, je la vois. Une barrière empêche les visiteurs de se glisser par une petite entrée. Au-delà, j'aperçois une galerie qui surplombe quelque chose dans les niveaux inférieurs du palais. Je jette un rapide coup d'œil aux alentours. Il n'y a personne. Je saute par-dessus la barrière. Rien à voir avec Indiana Jones, mais j'ai le cœur qui bat un peu plus vite à l'idée d'être entré en territoire interdit. Je suis plutôt du genre à respecter les règles – la plupart du temps. C'est mon éducation mathématique qui veut ça. Les mathématiques ont tôt fait de s'effondrer dès que l'on s'écarte des frontières logiques qu'autorise le sujet.

Le seul jeu vidéo auquel j'aie jamais été accro était *Prince of Persia.* Quand j'étais post-doctorant en Israël, j'y ai joué pendant des heures avec la secrétaire du département. Elle était géniale pour les combats (après tout, elle avait servi dans l'armée israélienne), et je m'occupais des énigmes logiques. Alors que je me faufile dans la pénombre du saint des saints du harem de l'Alhambra, j'ai un peu l'impression de revivre un de ces moments où nous réussissions à accéder au niveau suivant du jeu.

Je regarde du haut du balcon, et le voilà, l'arrière-plan de *L'Ascension de l'Homme* de Bronowski, débordant de symétrie. Et avec lui le motif que j'avais en tête durant la nuit (Figure 35). Il fait partie de ceux qui ont inspiré Escher. Les triangles scintillent sous le soleil andalou. Leurs courbes créent un décor sensuel dans cette pièce qui était le cœur émotionnel et sexuel du palais. C'était du balcon où je me trouve maintenant que le sultan contemplait les femmes du harem, allongées nues après leur bain, et qu'il désignait sa compagne pour la nuit, lui faisant porter une pomme pour lui signifier qu'elle avait été choisie. Les triangles sensuels sur les murs contrastent avec les carrés sobres de l'entrée officielle, où les éléments entrecroisés sont comme une frise de barbelés protégeant l'édifice des visiteurs indésirables. Quand on observe les lieux du haut du balcon, c'est comme si on regardait non dans un puits rempli d'eau, mais dans un vaste bassin de symétrie. Ici, les artistes ont couvert les moindres espaces d'autant de jeux symétriques qu'ils pouvaient en imaginer.

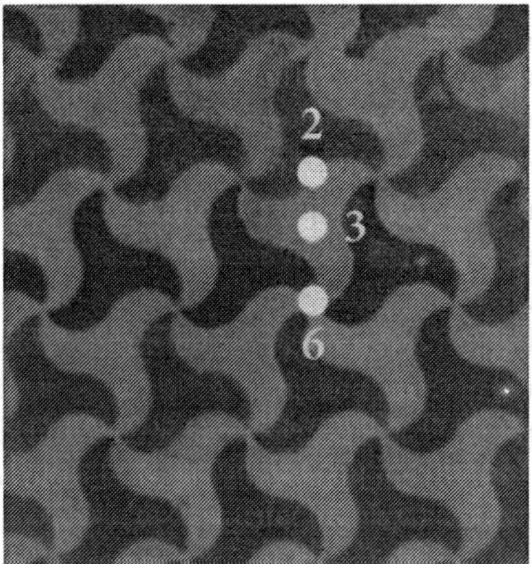

Fig. 35. Un mur du harem avec le groupe de symétries 632.
Chaque point signale un endroit autour duquel on peut faire pivoter l'image. Les chiffres indiquent le nombre de rotations nécessaires pour que les carreaux reviennent à leur position d'origine.

Ce qu'il y a de spécial dans cette configuration, c'est qu'en conférant une courbure aux triangles, l'artiste a éliminé toute réflexion. C'est ce qui a inspiré Escher quand il a donné une orientation aux étoiles de mer sur sa boîte de chocolats. Mais l'image est pleine d'axes de symétrie différents. Si l'on ignore les couleurs, on peut la faire pivoter d'un tiers de tour autour du centre de chaque carreau (le point 3 dans la figure 35). On peut aussi la faire pivoter d'un sixième de tour (le point 6), là les extrémités des carreaux se rejoignent – n'oubliez pas que nous ne nous soucions pas des couleurs. Et enfin, une rotation légèrement plus subtile, d'un demi-tour, est encore possible. Si l'on maintient un point (indiqué par un 2) à mi-chemin d'une bordure, on peut effectivement procéder à un demi-tour, qui replace les carreaux précisément sur leur pourtour.

Tout ému d'avoir réussi à trouver ma symétrie manquante, je reviens discrètement le long d'un couloir jusqu'à la barrière que j'avais franchie. Quand je sors, je me heurte à un groupe de touristes néerlandais, visiblement offusqués par mon absence de respect pour les règles. Je m'en vais à grands pas, souhaitant jeter un dernier coup d'œil à la cour des Lions. C'est alors que mon regard est attiré par une autre chose qui m'avait aussi échappé – deux fois, donc – lors de ma visite du palais. À demi masqué par un écran de bois se trouve un autre motif que je n'ai pas vu jusque-là (Figure 36). Il ne contient pas de lignes de réflexion. Mais si on l'observe plus en détail, on distingue des ponts autour desquels il est possible d'effectuer un sixième de tour, un tiers de tour, et un demi-tour. Étonnamment, il présente la même symétrie que les étoiles à trois branches que je viens de découvrir dans le harem. Les autorités auraient-elles décrété que cette symétrie est trop raffinée pour des yeux profanes, et chercheraient-elles à la tenir loin du regard public ?

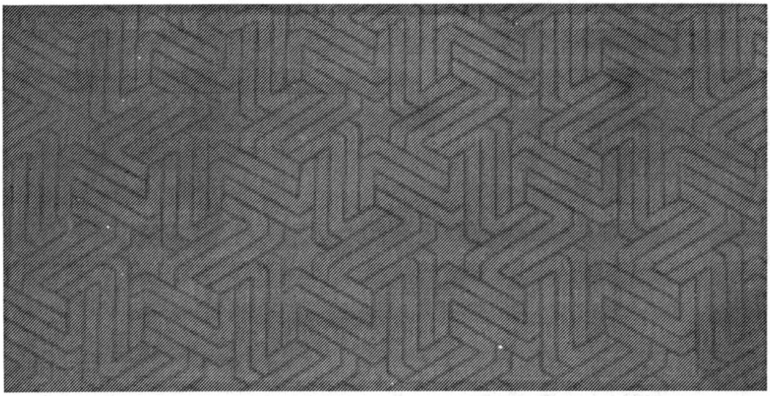

Fig. 36. Un autre mur de l'Alhambra orné du groupe de symétries 632.

À l'aide d'un peu de créativité, j'ai réussi à retrouver chacun des 17 groupes de symétries. Mais comment être sûr qu'il n'y en a pas un 18e qui n'attend que d'être découvert ? On peut en tout cas jouer à beaucoup de jeux avec les formes qui servent de décorations. Les chauves-souris, les anges, les lézards, les poissons, les oiseaux, les papillons, les scarabées, les crabes, les abeilles, les grenouilles, les griffons et les hippocampes d'Escher illustrent l'infinie diversité des formes que l'on peut utiliser. Mais chaque motif mural recèle une des 17 variétés différentes de symétrie possible sur une surface en deux dimensions.

Il faudrait attendre encore cinq siècles avant que des mathématiciens démontrent que les artistes maures n'auraient jamais pu loger une 18e symétrie dans leurs œuvres. Comme nous allons le voir plus loin, c'est une démonstration qui dépend de la maîtrise de la théorie des groupes, ce langage du XIXe siècle qui permet d'appréhender les subtilités de la symétrie. C'est grâce au pouvoir unique des mathématiques que nous pouvons déclarer catégoriquement qu'il ne pourra jamais y avoir de 18e motif, en dépit d'efforts extrêmement créatifs pour prouver le contraire.

Escher raconte que ce n'est que quand son frère, un géologue, lui a conseillé de lire une série d'articles universitaires sur les mathématiques de la symétrie qu'il a pleinement compris ce qu'il voyait autour de lui. Il décrit comment il a vécu cette première déferlante d'idées :

> Je me suis trouvé face à un grand mur, et j'ai eu la prémonition d'une énigme, d'une chose qui se dissimulait derrière le mur, que j'escaladai avec difficulté. Toutefois, de l'autre côté, je me suis retrouvé dans des terres sauvages où je dus me frayer un chemin au prix de durs efforts pour parvenir à la porte ouverte, la porte ouverte des mathématiques.

Cette expérience est partagée par tout mathématicien qui pénètre dans ce monde magique. Escher poursuit :

> De là, des chemins soigneusement balisés partent dans toutes les directions, et depuis, j'y ai souvent passé du temps. Parfois, je pense avoir exploré toute la région, je me dis que j'ai emprunté tous les sentiers et admiré tous les panoramas, et soudain, je découvre un nouveau chemin et je connais de nouvelles joies.

À l'école, Escher ne s'était pas particulièrement intéressé aux mathématiques. « J'étais très mauvais en arithmétique et en algèbre, dit-il, parce que j'éprouvais de grandes difficultés avec les abstractions des chiffres et des lettres. Mais notre chemin dans la vie peut prendre des tours étranges. » En fin de compte, en quête d'un moyen de saisir les images qui ornent l'Alhambra, les mathématiciens comprirent qu'il leur faudrait les traduire dans le langage de l'algèbre et des lettres et entrer dans le monde abstrait de l'esprit.

La genèse de ce langage que les mathématiciens ont développé pour naviguer dans le monde de la symétrie remonte à un problème complètement différent. Tandis que les Maures ornaient de symétrie les murs de l'Alhambra, à Bagdad, des mathématiciens arabes avaient progressé dans un domaine apparemment sans rapport, portant sur les moyens de résoudre des équations. Ni les uns ni les autres n'auraient pu prévoir que, au fil de siècles d'évolution mathématique, ces deux grands thèmes dans l'œuvre mathématique s'entremêleraient jusqu'à devenir inextricables. Ce nouveau langage allait permettre aux mathématiciens d'aller au-delà des murs de l'Alhambra et de comprendre les limites de la symétrie dans l'ensemble du palais mathématique, dans un espace tri-, quadri-, et même multidimensionnel.

On rapporte qu'en 1492, quand le dernier sultan fuit Grenade alors que les chrétiens s'emparaient de la ville, il se retourna pour jeter un dernier regard à l'Alhambra et pleura. Sa mère eut pour lui ces mots impitoyables : « Ne pleure pas comme une femme sur ce que tu n'as su défendre comme un homme. » Mais je peux comprendre sa détresse à l'idée d'avoir dû abandonner tant de beauté.

4

Novembre : rassemblement tribal

Tout bon chrétien doit donc se défier des astrologues, des devins, surtout quand ils disent vrai, de peur qu'ils ne séduisent l'âme et ne l'enveloppent dans le pacte impie que fait contracter tout commerce avec les démons. Saint-Augustin, *La Genèse au sens littéral*

1er novembre, Okinawa

La science est affaire de découverte, mais aussi de communication. On ne peut pas vraiment dire qu'une idée existe tant que l'on n'évoque pas cette idée auprès de quelqu'un d'autre. Voilà pourquoi les conférences sont essentielles quand on veut donner vie à une idée. C'est un des moments les plus passionnants de notre travail, parce que l'on a alors l'occasion de démontrer les mathématiques devant un public que cela intéresse. Une démonstration est comme une pièce de théâtre ou une œuvre musicale, avec des instants dramatiques qui entraînent le public vers de nouveaux domaines. Je suis en route pour participer à une conférence au Japon afin d'y partager ma vision du monde de la symétrie.

J'adore les voyages. Il y a quelque chose dans le mouvement qui m'aide à penser. Les trains sont mon mode de transport favori pour l'inspiration. Quand je regarde le paysage par la vitre, que je laisse les images submerger ma vision à 200 kilomètres à l'heure, ma création mathématique s'en trouve idéalement stimulée. Ma thèse de doctorat a ainsi été le résultat d'un éclair d'inspiration, un après-midi, à bord du train de Reading à Oxford (bien loin de filer à 200 kilomètres à l'heure, je le reconnais).

Quand je m'assieds dans l'avion, mon voisin commence à me sourire bêtement. Mauvais signe. Le vol dure treize heures, et d'ordinaire, j'évite de lier conversation jusqu'aux cinq dernières minutes, au moment de l'atterrissage. Donc, je me réfugie derrière mon bloc-notes jaune et je commence à griffonner.

« Et vous faites quoi, alors ? » demande-t-il. J'espère l'effrayer en lui révélant que je suis mathématicien. En général, à cette affirmation, les visages des gens se figent. Puis ils marmonnent à quel point ils étaient nuls en maths à l'école, et éprouvent toujours le besoin de me dire quelle note ils ont eue au bac. « J'aime bien les maths », me déclare-t-il avec un accent américain. Visiblement, il ne compte pas se taire pendant le reste du voyage. D'ailleurs, il insiste : « Vous faites quoi, comme genre de truc ? »

En 1900, lors de sa célèbre conférence devant le Congrès international des mathématiciens, le grand mathématicien allemand David Hilbert avait lancé qu'une « théorie mathématique ne peut être considérée comme complète tant que l'on ne l'a clarifiée au point de pouvoir l'expliquer au premier homme que l'on croise dans la rue ». Je ne peux donc résister à l'envie d'appliquer la maxime d'Hilbert à mon voisin. « Vous préférez la version en une minute, en cinq minutes ou en treize heures ? »

Fous et innombrables

Pour moi, la communication ne se limite pas à raconter des histoires à ceux qui parlent aussi ce langage secret des mathématiques. Quand j'étudiais à Oxford, je passais beaucoup de temps à expliquer aux gens qui travaillaient sur d'autres sujets pourquoi les mathématiques me passionnaient tellement. Je m'étais acoquiné avec une bande très éclectique : certains apprenaient le persan et l'arabe, d'autres suivaient des cours de philosophie, de politique, d'économie ou de théorie de la littérature. De plus en plus souvent, je me suis retrouvé, pendant des fêtes ou des veillées dans la chambre de l'un ou de l'autre, à devoir expliquer pourquoi, selon moi, il était aussi passionnant de faire des maths que de déconstruire Henry James.

Les gens comprennent vaguement ce qu'implique le travail d'un écologiste qui étudie l'Amazonie, un physiologiste qui se penche sur la médecine dans l'espace ou un biologiste marin qui explore le fond des océans avec son sous-marin. Mais la plupart n'ont absolument aucune idée de ce que peut bien fabriquer un mathématicien. Je tentais donc de leur laisser entrevoir ce qu'était mon monde et de leur montrer pourquoi il est pour moi aussi magique que l'Amazonie, l'espace ou les fonds marins.

Un jour, à la bibliothèque, j'ai compris que j'avais marqué des points. Nicki, qui étudiait l'anglais, est venue me voir et elle a posé un livre sur ma pile de volumes mathématiques. « Ça ressemble un peu à ce que tu passes ton temps à dire sur les maths », a-t-elle dit. Elle me montrait une citation de Jorge Luis Borges. Dans une de ses nombreuses nouvelles, Borges avait inventé une encyclopédie chinoise où les animaux étaient classés comme suit :

(a) appartenant à l'Empereur;
(b) embaumés;
(c) apprivoisés;
(d) cochons de lait;
(e) sirènes;
(f) fabuleux;
(g) chiens en liberté;
(h) inclus dans la présente classification;
(i) qui s'agitent comme des fous;
(j) innombrables;
(k) dessinés avec un pinceau très fin en poils de chameau;
(l) et cætera;
(m) qui viennent de casser la cruche;
(n) qui de loin semblent des mouches.

Cette citation traduit parfaitement la quête de la symétrie qui se poursuit depuis des siècles. À chaque nouvelle étape du voyage, le mathématicien ajoute sur sa liste des catégories toujours plus délirantes d'animaux symétriques. Les Grecs ont découvert les cinq premiers solides de Platon, dont les symétries font des objets idéaux pour des dés. Les artistes qui ont décoré l'Alhambra ont recouvert les murs du palais de 17 différents types de symétrie. Au XXe siècle, l'Atlas de Conway dépeint un bestiaire encore plus sauvage et éclectique, composé d'objets symétriques dont le point culminant est le Monstre, dont la description paraît aussi bizarre que les animaux de Borges « qui de loin semblent des mouches ». Au fil de mes propres explorations, alors que je m'efforce de classer les hybrides symétriques qu'il est possible de créer à partir des animaux de l'Atlas de Conway, j'ai trouvé cette citation de plus en plus appropriée, au point que j'ai choisi de commencer ma thèse de doctorat par elle.

Et je suis tombé amoureux de Borges. C'est un écrivain mathématique. Ses nouvelles sont comme des démonstrations, délicatement agencées, où les idées s'entrecroisent avec aisance. Chaque étape est franchie avec une précision et une logique à toute épreuve, ce qui n'empêche pas le récit d'être riche en rebondissements.

Une partie de l'encyclopédie de Borges est particulièrement adaptée au projet sur lequel je suis en train de travailler. J'ai pris l'animal le plus simple de l'Atlas, les axes de symétrie d'une forme ayant un nombre premier de côtés, et je tente de classer les formes symétriques qu'il est possible d'édifier à partir de cette brique de base. Il est cependant extrêmement complexe d'établir l'éventail de ces possibilités, et la plupart des mathématiciens ont relégué ces objets symétriques dans les catégories (i) qui s'agitent comme des fous et (j) innombrables de la classification de Borges. Philip Hall, mon aïeul mathématique – le directeur de thèse du directeur de thèse de mon directeur de thèse – déclarait que « la multiplicité et la variété étonnantes de ces groupes est une des principales difficultés qui freinent la progression de la théorie des groupes finis ».

Le projet avec lequel je bataille actuellement revient à savoir comment sauver ces objets de la catégorie (j) de Borges : il faut énumérer les groupes de symétries que l'on peut construire à partir des axes de symétrie d'un triangle. Les Grecs avaient identifié cinq solides de Platon. Les Maures avaient peint 17 symétries différentes sur les murs de leurs palais. Puis-je trouver un moyen de compter combien il existe d'objets différents présentant $3^2 = 9$ symétries, $3^3 = 27$ symétries… 3^{10} symétries différentes ? Je ne sais peut-être pas exactement à quoi ils ressemblent tous, mais j'espère qu'il y a un moyen de savoir combien ils sont. Peut-être pourrais-je identifier une logique dans la façon dont leur nombre croît chaque fois que j'ajoute un triangle.

Si la plupart des choses que je recherche sont plutôt abstraites et vivent dans des dimensions supérieures, les objets symétriques construits à partir des symétries de deux triangles équilatéraux restent visibles en deux et en trois dimensions. Ces formes auront $3 \times 3 = 9$ symétries. Il s'avère qu'il existe deux objets symétriques authentiquement différents présentant neuf symétries. Les formes ont peut-être le même nombre de symétries, mais ces neuf symétries ont un comportement très différent selon les objets.

Le premier de ces objets est le groupe d'axes de symétrie d'un polygone régulier à neuf côtés, un ennéagone (Figure 37). On trouve neuf axes de symétrie différents pour une pièce à neuf côtés, qui ramènent la pièce à l'intérieur d'un contour dessiné autour d'elle, et qui inclut le fait de la laisser telle qu'elle est.

Le deuxième objet à neuf symétries peut être fabriqué en prenant un triangle noir et un triangle blanc et en les fixant l'un contre l'autre, un peu comme une serrure à deux rouages triangulaires (Figure 38). Je me suis servi d'un objet de ce genre pour analyser les lancers de dés du jeu d'Ur au British Museum. On obtient les symétries de cette forme en faisant tourner les deux triangles indépendamment. Chaque symétrie individuelle est un des tours de passe-passe qui donnent l'illusion que la serrure à deux rouages reste inchangée. Pour garder le compte des différents mouvements possibles, il est utile de noter des chiffres sur les côtés des triangles, comme dans une vraie serrure.

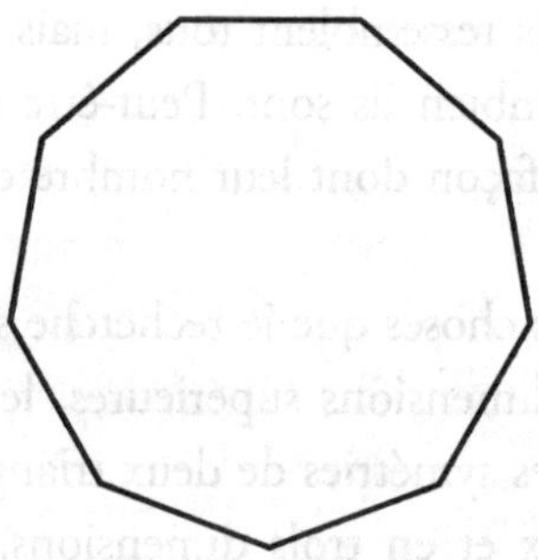

Fig. 37. L'ennéagone a neuf symétries rotationnelles.

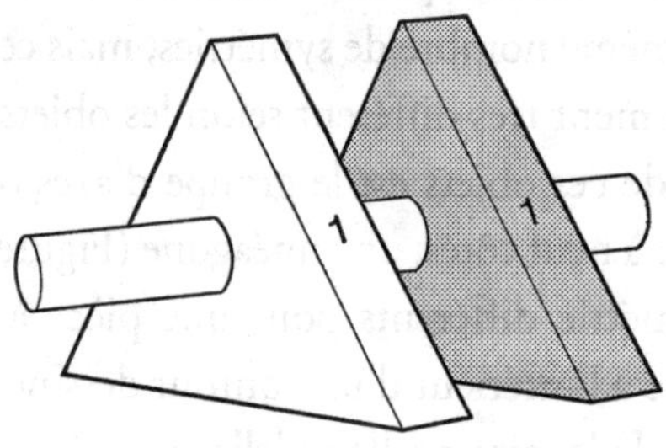

Fig. 38. Une serrure à neuf symétries.

Quiconque a oublié la combinaison d'une telle serrure a sans doute envisagé de passer systématiquement en revue tous les chiffres pour la retrouver. Je peux user de la même ruse pour analyser les symétries de cet objet. Par exemple, je peux laisser le triangle blanc dans sa position et faire pivoter le noir d'un tiers de tour. On voit donc les chiffres 1 et 2, d'où le nom de cette combinaison, (1, 2). Je peux aussi faire pivoter le triangle de deux tiers de tour, pour obtenir (1, 3). Avec ce système de notation, je peux sans mal tenir le compte des symétries différentes, qui sont neuf en tout :

(1, 2), (1, 3), (2, 1), (2, 2), (2, 3), (3, 1), (3, 2), (3, 3), (1, 1)

La dernière consistant à laisser les triangles tels quels.

Ces neuf permutations différentes de ma serrure à combinaison correspondent aux neuf symétries de l'objet. Les verrous que l'on utilise par exemple sur une mallette ont généralement trois rouages ornés de dix chiffres. Il faut donc essayer 10 × 10 × 10 = 1 000 avant d'avoir vérifié chaque combinaison, et c'est pour cela que cette serrure est relativement protégée contre toute tentative aléatoire de la forcer.

On voit apparaître dans cette analyse un langage qui exprime les symétries en chiffres. Grâce à eux, il est beaucoup plus facile de tenir le compte du nombre de symétries possibles. Chaque paire de chiffres identifie en fait exactement le mouvement nécessaire. En traduisant ces mouvements géométriques en chiffres, les mathématiciens finiraient par pouvoir décoder l'ensemble du livre de la symétrie.

Il est essentiel de savoir si l'on a vraiment développé un nouveau groupe de symétries, ou s'il s'agit d'un groupe existant, sous une autre apparence. Dans l'Alhambra, j'ai passé mon temps à prendre des photos de motifs complètement différents, persuadé que j'avais trouvé une nouvelle symétrie à ajouter à ma liste, tout cela pour m'apercevoir que le mur présentait la même symétrie que quelque chose que j'avais déjà noté auparavant. Dans ce cas, comment être certain que la serrure à combinaison est un objet symétrique authentiquement différent du polygone à neuf côtés ? Pourrait-il s'agir de manifestations différentes du même groupe de symétries ? Après tout, ils ont tous deux neuf symétries différentes. C'est une des difficultés auxquelles se trouve confronté quiconque souhaite s'attaquer à cette question : deux objets peuvent avoir l'air très différents, et disposer pourtant des mêmes symétries sous-jacentes.

Si je répète n'importe lequel des mouvements symétriques de la serrure à combinaison, au bout de trois mouvements, la serrure reviendra à la position d'origine des triangles. Prenons la symétrie qui consiste à déplacer le triangle blanc d'un tiers de tour vers l'avant et le triangle d'un tiers de tour vers l'arrière (Figure 39). La serrure est ainsi passée de (1, 1) à (2, 3). Maintenant, répétons le même mouvement. La serrure passe à (3, 2). Répétons-le une fois encore, et l'on se retrouve avec (1, 1). Quel que soit le mouvement symétrique que l'on choisisse, il suffit de le répéter trois fois pour que la serrure revienne à sa position de départ.

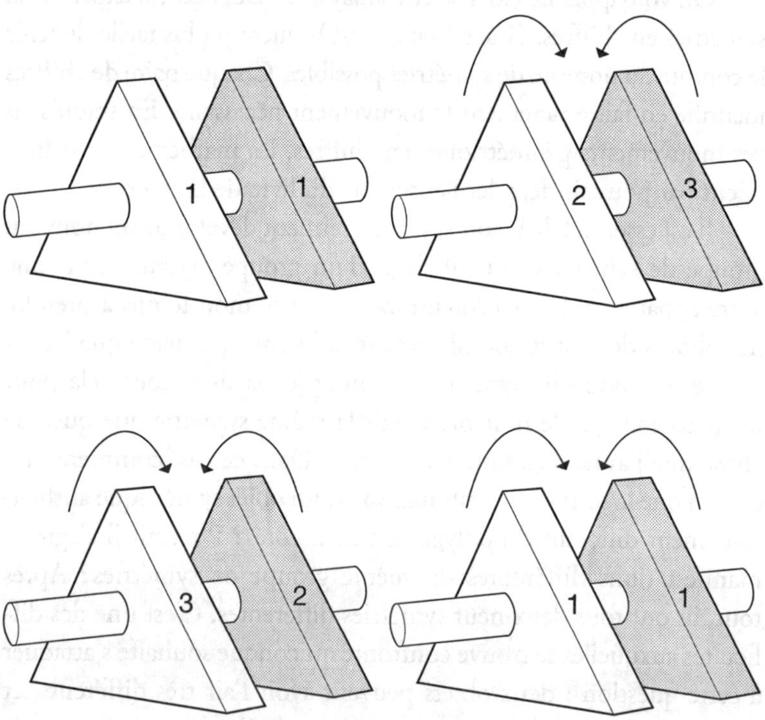

Fig. 39. L'effet de la répétition de la symétrie (2, 3).

Intéressons-nous maintenant au polygone à neuf côtés. Là, les axes de symétrie nécessitent neuf répétitions avant que la figure ne revienne à sa position d'origine. Par exemple, si l'on imprime un neuvième de tour au polygone, il faudra répéter ce mouvement neuf fois pour que la figure revienne à sa position de départ (Figure 40). Les deux groupes de symétries ne sont donc pas les mêmes. Cette explication illustre une leçon importante dans la théorie de la symétrie, qui n'a été pleinement comprise qu'au début du XIXe siècle : la nature de la symétrie sous-jacente d'un objet ne commence à se révéler que quand on explore ce qui se passe quand on combine des mouvements symétriques.

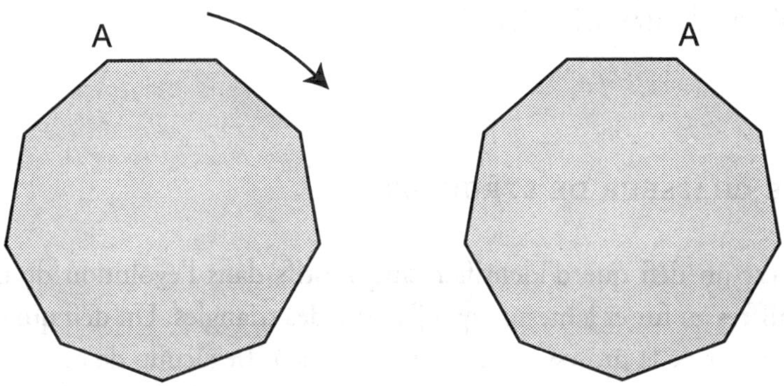

Fig. 40. En répétant neuf fois cette rotation, A revient à son point de départ.

Les axes de symétrie d'un polygone à neuf côtés et de la serrure à deux rouages triangulaires sont les seuls groupes à neuf symétries. Mais si l'on ajoute plus de triangles et que l'on se demande par exemple combien il y a d'objets à $3 \times 3 \times 3 = 3^3 = 27$ symétries, il se passe alors des choses plus passionnantes. Deux des objets à 27 symétries peuvent être construits d'une façon très semblable aux deux précédents. Un polygone régulier à $3^3 = 27$ côtés compte 27 axes de symétrie. Ou il est possible de fabriquer une serrure à trois rouages triangulaires, dont les symétries correspondent aux $3^3 = 27$ façons différentes de faire pivoter ces triangles. Mais outre ces deux-là, les mathématiciens ont découvert trois autres objets présentant $3^3 = 27$ symétries différentes, ce qui fait un total de cinq objets.

Plus j'ajoute de triangles, plus le nombre d'objets symétriques augmente. On peut obtenir 15 objets à partir des symétries de quatre triangles, et 67 à partir des symétries de cinq triangles. Mais le nombre d'objets symétriques que l'on peut construire à partir des symétries de dix triangles reste un mystère complet. Je cherche un moyen de prédire comment le nombre d'objets augmente quand j'ajoute d'autres triangles.

Le chasseur de structure

C'est un défi que d'identifier cinq motifs dans l'évolution de ces chiffres au fur et à mesure que j'ajoute des triangles. Un défi qui est au cœur de la profession de mathématicien. Beaucoup de mes amis s'imaginent que je reste assis à mon bureau à effectuer de longues divisions avec une horde de décimales, et ils se demandent pourquoi je ne suis pas déjà au chômage, avec l'avènement des ordinateurs. Mais comme me l'avait révélé mon professeur il y a si longtemps, un mathématicien est un chasseur de structure. Je m'efforce de trouver la structure, le motif qui contribue à engendrer le monde que je vois autour de moi.

C'est l'heure de notre repas, aussi l'attention de mon voisin se disperse-t-elle un peu. Il ne sait s'il doit opter pour le Japon, et choisir la boîte *bento*, ou rester encore quelques heures en Occident et manger du poulet ou du bœuf. Mais il tient visiblement à en savoir plus sur les motifs. Son enthousiasme et son émerveillement commencent à me fatiguer, alors que je devrais me réjouir d'avoir trouvé un public aussi passionné.

Pour faire une pause, je lui soumets une petite énigme qui, je l'espère, devrait l'occuper pendant quelques heures. Dans la suite ci-dessous, quel est le prochain nombre :

13, 1113, 3113, 132113, 1113122113…

La suite en question suit une règle. La difficulté est de continuer à poser de nouvelles questions à la suite, en s'efforçant de la considérer sous différents angles jusqu'à ce que l'on trouve le point de vue qui permet de comprendre comment elle fonctionne. Je vais le laisser s'écailler la cervelle un moment avant de lui révéler le secret – parce que s'il y parvient par lui-même, son cerveau connaîtra cet afflux d'adrénaline dont je raffole quand je passe mes journées à gribouiller sur mon bloc-notes jaune.

Je lui soumets aussi une autre séquence, juste au cas où il résoudrait trop rapidement la première :

2, 3, 8, 13, 30, 39…

Quant à moi, mon travail consiste à tenter de comprendre la liste suivante :

1, 2, 5, 15, 67, 504, 9 310…

Je sais parfaitement ce que décrit cette suite. C'est le nombre d'objets symétriques que l'on obtient à partir des symétries d'un triangle, deux triangles, trois triangles, quatre triangles, cinq triangles, six triangles, puis sept. Donc le *n*-ième nombre dans cette suite est le nombre d'objets ayant précisément 3^n symétries différentes. Le problème, c'est que je n'ai aucune idée de la suite de la suite après le septième nombre. J'ai usé un ordinateur et deux de mes collègues pour calculer qu'il existe 9 310 formes présentant 3^7 symétries. Je m'efforce de trouver une structure sous-jacente au développement de ces nombres, structure qui dévoilerait le secret de l'aspect de ces formes différentes. Y a-t-il, par exemple, une formule qui permettrait de calculer ces nombres quand on ajoute un triangle ou plus ?

Je me dis que la deuxième suite est un peu injuste pour mon voisin. Avant qu'il ne perde trop de temps à tenter d'en trouver la structure, je l'arrache à son malheur. S'il avait réussi à trouver une formule qui lui aurait dit que le nombre suivant était 49, je lui aurais recommandé d'acheter un billet de loterie le week-end prochain. Car s'ils démarrent, ce qui est remarquable, comme la séquence de Fibonacci, il s'agit en fait des numéros gagnants de la loterie nationale de samedi dernier. Je compte m'en servir d'ici quelques semaines pour une présentation sur la chasse à la structure, dans une école de Hackney. Mon voisin rit, mais je vois bien qu'il est un peu contrarié.

Toutefois, mon petit tour comporte un message. L'esprit humain recherche désespérément la structure. C'est pourquoi nous sommes à ce point obsédés par la symétrie. Qui dit structure dit sens. Or, parfois, les choses sont aléatoires, elles n'ont aucune logique.

Si mon voisin avait effectivement réussi à identifier une structure derrière les numéros de loterie, quelque chose comme les nombres de Fibonacci, cela aurait également pu servir d'avertissement. On peut toujours trouver des façons différentes de donner un sens à une suite finie de nombres, qui peut ensuite servir à calculer les nombres suivants (même si les « règles » en question peuvent s'avérer extrêmement tirées par les cheveux). J'ai lu il y a peu un superbe roman policier qui se déroule dans mon département : *Meurtres à Oxford*, de Guillermo Martinez. Maths et meurtres vont apparemment très bien ensemble. Peut-être les auteurs de romans policiers ont-ils le sentiment que la froide logique de l'esprit du mathématicien fait de ce dernier l'auteur idéal du crime parfait. Dans le roman, chaque meurtre est accompagné d'un symbole mathématique. Le plus grand logicien du département relève le défi et s'efforce de deviner le prochain symbole dans la suite avant qu'un nouveau meurtre soit commis.

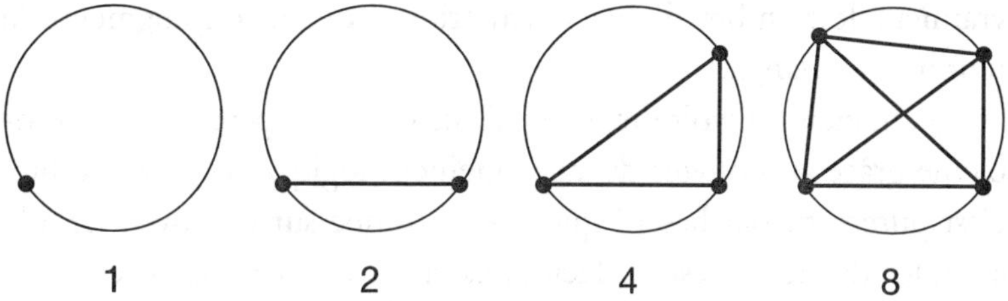

Fig. 41. Diviser des cercles.

Mais il ne peut se défaire de la pénible impression qu'il y a peut-être plusieurs solutions. Laquelle donnera la solution du mystère ? Par exemple, considérons la suite 2, 4, 8, 16… Vous êtes sans doute convaincu que le prochain nombre est 32. Mais il pourrait tout aussi bien s'agir de 31. Prenez un cercle, placez deux points n'importe où dans le cercle et joignez-les, ce qui divise le cercle en deux (Figure 41). Maintenant, ajoutez un autre point, et tirez des traits afin de le relier aux deux premiers ; le cercle est maintenant divisé en quatre régions. Ajoutez un point de plus, tirez des traits, et vous vous retrouvez avec huit régions. Un cinquième et d'autres lignes vous donneront 16 régions. Mais curieusement, si vous ajoutez un sixième point, vous ne pouvez obtenir qu'un maximum de 31 régions.

À première vue, on pourrait croire que la formule, pour obtenir le nombre de régions avec *n* points, serait simplement 2^{n-1}, mais l'analyse mathématique révèle qu'en fait, la bonne formule est :

$$\frac{1}{24}(n^4 - 6n^3 + 23n^2 - 18n + 24)$$

Pour moi, cet exemple est un redoutable avertissement. Je dois trouver la bonne façon de poursuivre ma suite afin qu'elle décrive vraiment le nombre d'objets symétriques quand on augmente le nombre de triangles.

J'aimerais pouvoir dire que j'ai accompli des percées sur ce problème grâce au pouvoir du raisonnement logique. Mais en réalité, c'est purement par hasard que je suis tombé sur le moyen de m'y attaquer (la chance est un facteur essentiel de bien des percées). Je donnais une conférence à Cambridge, là où Conway et Norton m'avaient montré leur Atlas contenant toutes les briques constitutives de la symétrie. À l'issue de la présentation, quelqu'un m'a demandé : « Est-ce que ça vous permet d'en savoir plus sur la conjecture PORC de Higman ? »

Je n'avais aucune idée de ce qu'était cette conjecture. J'ai hoché la tête, faisant comme si je savais, et ai répondu que peut-être, mais qu'il faudrait que j'y réfléchisse. Puis je me suis rué à la bibliothèque. Dans les années cinquante, avant que ne soient découverts tous ces objets fascinants comme le Monstre, Graham Higman, mathématicien d'Oxford, avait entrepris de dénombrer les objets symétriques que l'on peut construire à partir des symétries de triangles, de pentagones ou d'autres polygones ayant un nombre premier de côtés. Dans la table périodique de la symétrie, le groupe d'axes de symétrie d'un polygone ayant un nombre premier de côtés est un des éléments les plus simples. La question sur laquelle Higman avait commencé à travailler était de savoir combien de molécules on peut fabriquer à partir de copies de l'un de ces atomes de la symétrie. Higman savait que s'il voulait savoir combien il y avait d'objets à $p \times p \times p \times p \times p = p^5$, p étant un nombre premier, une simple série de formules lui suffirait. Il n'avait qu'à insérer le nombre premier dans une des formules, et il en ressortirait le nombre d'objets qu'il est possible de construire avec p^5 symétries. Le choix de la formule dépend de ce qui reste quand on divise le nombre premier par 12. Par exemple, pour tous les nombres premiers avec lesquels il reste 5 quand ils sont divisés par 12, autrement dit, 5, 17, 29, 41, 53..., la formule est $2p + 67$. Donc si vous voulez savoir combien il y a d'objets à 53^5 symétries, entrez $p = 53$ dans la formule, et la réponse est 173.

Il faut alors se demander si, quand on augmente le nombre de copies de la brique constitutive que l'on utilise, il y aura toujours une jolie équation pour nous donner le nombre d'objets symétriques que l'on peut fabriquer à partir de cette symétrie atomique. La conjecture PORC de Higman affirme qu'il y aura toujours une expression polynomiale pour vous fournir la réponse. Une expression polynomiale avec le nombre premier p est une chose du genre $4p^3 + 17p^2 + 7p + 5$, où l'on prend une combinaison de puissances de p. Par exemple, le nombre d'objets à p^6 symétries est donné par une série de polynômes quadratiques, des équations impliquant des puissances carrées de p. Quand $p = 53$, la formule pour le nombre d'objets symétriques possibles ayant 53^6 symétries est obtenue en entrant $p = 53$ dans la formule $3p^2 + 39p + 414$. Mike Vaughan-Lee à Oxford et Eamonn O'Brien à Auckland ont découvert un polynôme quintique plus complexe, qui implique des puissances 5 de p, pour compter les objets à p^7 symétries. Mais y a-t-il des formules pour calculer le nombre d'objets à p^8 symétries, p^9 symétries, p^{100} symétries ? Nous n'en savons tout simplement rien.

Ce que j'ai découvert, le jour où j'ai donné cette conférence à Cambridge, c'est que j'avais développé des outils qui étaient peut-être les bons pour répondre à cette question. Afin de me frayer un chemin dans le monde de la symétrie, j'avais exploré ce que l'on appelle des fonctions zêta. Le mathématicien allemand Bernhard Riemann est le premier à avoir introduit cet objet dans les mathématiques en 1859, comme moyen puissant de trouver un ordre au chaos des nombres premiers. Quand on considère la suite des nombres premiers, il n'y a apparemment aucune règle simple, aucune logique pour nous aider à prédire quel sera le suivant : 2, 3, 5, 7, 11, 13, 17, 19, 23… La fonction zêta de Riemann révéla qu'une structure subtile sous-tendait les nombres premiers, qui explique en partie comment ils se déploient dans l'univers des nombres. Je me suis efforcé de voir si mes fonctions zêta pouvaient également servir à comprendre n'importe quelle structure dans le monde sauvage de la symétrie.

Tant pour les nombres premiers que pour les symétries, les fonctions zêta agissent comme des boîtes noires. Elles sont composées à partir d'une formule qui relie les nombres que l'on tente de comprendre. On espère ainsi que la fonction zêta va dévoiler de nouvelles perspectives sur les nombres de la symétrie. Elle fournit un moyen de passer d'une zone du monde mathématique où règne apparemment le chaos à une région complètement différente, où il est possible de commencer à discerner des structures. La réunion à laquelle je me rends au Japon va rassembler un petit groupe de mathématiciens qui partagent la même obsession pour les fonctions zêta.

Je suis surpris de voir qu'après tout cela, mon voisin a toujours l'air très intéressé. Je jette un coup d'œil à ses lectures, au cas où elles seraient de couleur jaune et il s'avérerait en fait qu'il est un des mathématiciens venus assister à la conférence. Mais c'est à une bible qu'il s'agrippe. Je vois bien que je n'ai d'autre solution que de lui demander ce qu'il fait, lui qui s'est passionné pour les détails de mes recherches. Un peu inquiet, je lui pose la question. « Je suis envoyé comme missionnaire au Japon. Vous savez ce qu'est le Dessein intelligent? » Le moral en berne, je l'entends essayer de me convaincre que la « logique des maths est justement la preuve de l'existence de Dieu ». Notre autre voisin fait tout pour éviter de lier conversation avec nous : le fou de Dieu et le missionnaire dément des mathématiques. Il est plus que temps que nous nous posions à l'aéroport de Narita.

Alors que nous atterrissons, mon voisin finit par s'avouer vaincu et me demande la solution de ma suite de nombres : « 13, 1 113, 3 113, 132 113, 1 113 122 113... qu'est-ce qui vient après? » Conway, le chasseur de structures par excellence, a un jour été confronté à la même énigme. Il s'est acharné pendant des mois, refusant que quiconque lui en livre le secret. C'est en fait le genre de suite qui ne pose aucun problème aux jeunes enfants parce que leur vision du monde n'est pas obstruée par les logiques complexes que recherchent les adultes.

Donc, voici la réponse : chaque nombre décrit le nombre précédent dans la séquence. Le premier se compose de 1 et 3, écrit sous la forme 1113. Ce que l'on peut décrire comme trois 1 et un 3, soit 3113. Donc, le suivant est 311311222113. Tomer a rapidement compris quand je lui ai montré la première fois. « C'est comme un poème qu'on a appris à l'école », a-t-il dit, avant de me mettre au défi de lire à voix haute ce qui suit :

11 était un cheval de course
12 était 12
1111 course
12112

Quand nous récupérons nos bagages, je ne peux m'empêcher de taquiner mon voisin missionnaire avec une autre énigme : « Vous qui aimez les défis, prouvez-moi que vous ne verrez jamais apparaître un 4 dans cette suite. »

Thé et pantalon verts

Je dois être accueilli par le mathématicien japonais Nobushige Kurokawa. J'ai lu plusieurs de ses articles et j'ai l'impression de déjà le connaître, mais nous ne nous sommes jamais rencontrés. Je ne sais absolument pas à quoi il ressemble. Donc quand je sors de la douane à Tokyo, je cherche un écriteau portant mon nom.

Je n'en vois nulle part. Au bout d'un moment, je commence à m'inquiéter. Je suis venu sans aucun numéro de téléphone, aucune coordonnée, uniquement l'adresse électronique de Kurokawa. Ça s'annonce mal. C'est là que je le vois – un homme avec un bob, qui brandit un écriteau portant la lettre ζ. Zêta. Lui aussi a l'air soucieux, occupé à tenter de repérer un mathématicien parmi tous ces Occidentaux qui débarquent.

« Ahhhh oui, professeur du Sautoy. J'aurais dû vous remarquer. Je porte un zêta et vous êtes habillé en vert. » J'ai l'air un peu perplexe. Je porte un pantalon et un sweat-shirt à capuche verts. « Le vert est la couleur du zêta. C'est la photosynthèse des mathématiques, elle reçoit la lumière et elle donne la vie. »

Nous fraternisons sur-le-champ. Son anglais est hésitant et mon japonais inexistant, mais notre lien mathématique nous donne le sentiment que nous nous connaissons depuis longtemps. Le professeur Kurokawa a un point de vue d'un merveilleux éclectisme sur les mathématiques et leur rapport avec le monde extérieur. Non seulement c'est un grand mathématicien, mais il a quelque chose d'un mystique des maths, un Pythagore japonais.

« Du Sautoy-san. Vous venez en une année favorable pour le zêta. Il y a 146 ans que Riemann a découvert son hypothèse sur zêta. » 146 me paraît un peu arbitraire, lui dis-je. « Pas du tout. 146, c'est deux fois 73. En caractères japonais, 73 s'écrit *nami,* qui veut dire “la vague”. » Comme dans tsunami, la grande vague. « Zêta nous donne des vagues pour expliquer les nombres premiers. Donc 73 est le nombre de zêta. Il y a 73 ans, Siegel a fait sa grande découverte de la formule pour calculer la fonction zêta. Alors peut-être allons-nous atteindre un nouveau sommet cette année pour l'histoire de zêta. »

Une absurdité numérologique pure et simple, mais c'est un délice. C'est cette capacité à jouer avec les nombres qui définit les grands mathématiciens. Je l'ai reconnue dans la façon qu'a Conway de faire des mathématiques la première fois que je l'ai vu en action, lors de ma première visite à Cambridge. Mais c'est une caractéristique exceptionnelle : souvent, les mathématiciens se réfugient dans le caractère formel de leur discipline et ne se risquent pas à la légèreté.

Le site de la conférence se trouve à Okinawa, une île à la pointe sud du Japon. Avant de prendre l'avion, nous nous arrêtons pour manger un morceau. « Les mathématiciens se divisent en deux camps : ceux qui aiment les sucreries et ceux qui les détestent. Du Sautoy-san, dans quel camp êtes-vous ? » À en juger par son physique rondouillard, j'en déduis que nous devons être dans le même camp et, à 10 heures du matin, nous nous régalons d'un étrange assortiment de sucreries au thé vert, antidote idéal au décalage horaire.

Le vol vers Okinawa est passionnant pour trois raisons. D'abord, je suis assis à côté de Kurokawa et nous allons parler de la fonction zêta pendant trois heures. Ensuite, nous avons une vue fantastique du mont Fuji depuis le hublot. Et enfin, nous sommes à bord de l'avion Pokémon, de quoi rendre fou mon fils. Je suis un peu déçu de constater que l'hôtesse de l'air n'est pas déguisée en Pikachu.

Je suis impatient d'aborder avec Kurokawa un problème qui me hante au sujet de mes fonctions zêta. Depuis quelques années, je travaille sur une conjecture quant à certains types de fonctions zêta. Je l'ai décomposée en plusieurs éléments. Il y a six types différents de fonctions zêta. Je peux démontrer ma conjecture pour cinq d'entre eux, mais en dépit de mes efforts concertés, le sixième m'échappe encore. Ce qui me perturbe depuis un moment. C'est comme si j'arpentais une île. Si je me dirige vers le nord, je peux voir une rivière que je peux descendre jusqu'à la côte. À l'est, le terrain est praticable. J'aperçois une immense montagne vers l'ouest, ce que l'on appelle l'hypothèse de Riemann, un de nos plus grands mystères. Si je pars du principe que l'hypothèse de Riemann est vraie, je peux contourner cette montagne, et je sais qu'au-delà, le terrain est également praticable. L'ennui, c'est quand je m'oriente vers le sud ; là, je me heurte à une forêt impénétrable. Toutes les ruses qui m'ont permis de me frayer un chemin dans les autres directions sont inutiles dans cette jungle.

J'ai commencé à rédiger un article sur ce problème, mais je suis au point mort. Peut-être devrais-je le soumettre tel quel : il n'en représenterait pas moins une contribution intéressante à la littérature sur la conjecture. Mais il serait inachevé. Or le mathématicien a entre autres traits de caractère une obsession pour la perfection, pour les solutions complètes. Riemann a refusé de publier nombre de ses travaux parce qu'il estimait qu'ils n'étaient pas terminés. Beaucoup sont partis en fumée quand sa gouvernante a vidé son bureau après sa mort subite à l'âge de trente-neuf ans. La formule que Siegel a découverte il y a soixante-treize ans, et dont a fait mention mon hôte, a été sauvée et récupérée à partir des notes non publiées de Riemann.

Kurokawa a lu l'ébauche que j'ai préparée, où je reviens sur l'état actuel de mes résultats. Il commence à m'expliquer comment les fonctions zêta que je considère s'intègrent dans un cadre qu'il a étudié il y a quelques années. Des articles que j'avais lus, sans estimer qu'ils se rapportaient à mon problème. Mais au cours de nos trois heures de vol, il me montre pourquoi son langage peut permettre de saisir mes fonctions zêta. Je sens la panique monter en moi. Cela veut-il dire que les articles de Kurokawa démontrent déjà ce sur quoi je travaille depuis cinq ans ? Je tente de comprendre les implications de ce qu'il griffonne sur les pages de mon bloc-notes. Je m'étais penché sur ses articles en quête d'inspiration pour comprendre ce sixième élément. Qu'est-ce qui m'a échappé ?

Quand nous arrivons à Okinawa, je comprends que ses travaux recoupent en partie les miens, mais que ces derniers ne sont pas totalement inclus dans les articles de Kurokawa. Du reste, il perçoit à quel point le sixième élément est un authentique défi. Seul point négatif, il n'a aucune idée quant aux moyens de le résoudre.

Okinawa est une île de villégiature, où les jeunes Japonais viennent faire de la plongée et se dorer sur la plage. Nous, comme une équipe de mineurs descendant dans les ténèbres, nous allons nous retrouver enfermés dans une salle de conférence de l'aube au crépuscule, coupés de ce décor paradisiaque.

Nous ne sommes pas nombreux. Il y a un Russe, un Israélien, un Allemand, un Américain, quinze Japonais, et moi. On dirait les retrouvailles de quelque tribu perdue, dont les membres se réunissent pour échanger des récits d'errances solitaires en quête de nouvelles terres sur la planète mathématique. La tenue y est décontractée, à la limite de l'échevelée. Même si, culturellement, nous parlons des langues différentes, en mathématiques, nous sommes tous sur la même longueur d'onde. Tout le monde est venu présenter son utilisation du langage des fonctions zêta pour dévoiler des logiques et des structures dans divers domaines des mathématiques. Toutes les présentations sont en anglais. Malgré la nature universelle du langage mathématique, les mots qui l'encadrent jouent un rôle essentiel quand il s'agit de lui donner vie.

De plus en plus, l'outil de choix pour les présentations mathématiques est le rétroprojecteur, bien que d'aucuns en abusent dans l'espoir d'impressionner l'assistance en la bombardant de tas de résultats qui se succèdent dans des couleurs différentes. Ce dont je suis coupable autant que les autres. Il y a quelque chose, dans le rythme de l'écriture à la craie de théorèmes et d'équations sur un tableau noir qui est plus en phase avec la vitesse à laquelle je peux assimiler des idées. Mais ce système a un inconvénient : le ou la conférencière tourne presque tout le temps le dos à son public. Par conséquent, tout bien considéré, je préfère encore le rétroprojecteur. Et le lendemain matin, le moment est venu pour moi d'expliquer comment je me sers des fonctions zêta pour compter des objets symétriques.

La boîte noire

La première fonction zêta a été étudiée vers le milieu du XIXe siècle par Riemann, qui cherchait à la mélanger avec de nouveaux nombres, dits imaginaires. Comme un alchimiste, il était convaincu que ce vigoureux cocktail d'ingrédients aboutirait à de puissantes mathématiques. Ce qui a jailli de son chaudron est une nouvelle façon de comprendre les nombres premiers.

Riemann avait découvert l'existence de ces nombres quand, enfant, il lisait dans la bibliothèque où il avait coutume de se réfugier pour fuir ses camarades, terrifié à l'idée de la moindre interaction sociale. Pour lui, les mathématiques étaient synonymes de sécurité, comme le placard sous l'escalier où il pouvait se cacher, à l'abri des pressions du monde extérieur. Dès le plus jeune âge, il avait compris que les nombres premiers représentaient l'un des plus grands défis pour les chasseurs de logique. La liste des nombres premiers ne semble pas receler de logique ou d'ordre susceptible d'aider à naviguer en leur sein. Ils poursuivent leur chemin vers l'infini, sans plus d'ordre apparent que la série de numéros de loterie avec lesquels je m'étais moqué de mon voisin de vol. Des générations de mathématiciens, depuis les Grecs de l'Antiquité, se demandent comment deviner quel sera le prochain nombre premier sur la liste.

Alors qu'il avait une trentaine d'années, Riemann découvrit que la fonction zêta lui fournissait un nouveau et puissant moyen de considérer les nombres premiers. Elle agissait comme un dictionnaire bilingue, permettant de traduire en géométrie les propriétés des nombres. Depuis cette trouvaille de Riemann, des variations de la fonction zêta ont été exploitées pour dévoiler la logique et la structure de décors mathématiques qui, au départ, semblaient n'être que chaos et désordre.

La fonction zêta a quelque chose d'une boîte noire. Même quand les mathématiciens connaissent tous les détails de la construction de cette boîte noire, ils n'en sont pas moins émerveillés à l'idée qu'elle peut révéler tant de choses. Sa construction dépend de la capacité à relier le nombre infini de nombres premiers afin de pouvoir considérer un seul objet au lieu de cette multitude. C'est comme si l'on trouvait un moyen d'analyser la structure d'ensemble d'une symphonie au lieu de l'étudier note par note. La formidable révélation de Riemann est que la formule pour la fonction zêta relie entre eux ces nombreux mystérieux de telle façon qu'il est possible, en analysant la formule, de glaner une partie de leurs secrets.

Il y a quelques années encore, personne n'avait envisagé que la puissance de la fonction zêta puisse dévoiler quoi que ce soit d'intéressant sur le monde de la symétrie. J'ai eu la chance de préparer ma thèse au moment où l'on a découvert qu'en observant la symétrie à travers le prisme de la fonction zêta, on pouvait voir des choses jamais vues auparavant. Cette nouvelle approche a été rendue possible par Dan Segal, à Oxford, qui deviendrait mon directeur de thèse, et Fritz Grunewald en Allemagne.

Ce que j'ai découvert, c'est que les fonctions zêta peuvent servir à révéler certaines structures dans les nombres que je m'efforce de comprendre. Par exemple, quel est le secret derrière la suite qui commence par 1, 2, 5, 15, 67, 504, 9 310… ? Ils représentent le nombre d'objets symétriques différents qui ont 3, 3^2, 3^3, 3^4, 3^5, 3^6, 3^7… symétries. Mes fonctions zêta permettent d'entrevoir comment cette séquence se poursuit. J'ai découvert que les nombres de cette séquence obéissent à une règle qui n'est pas sans rappeler les nombres de Fibonacci.

La règle qui donne les nombres de Fibonacci est très simple : n'importe quel nombre dans la suite est la somme des deux précédents. Par conséquent, il suffit de disposer des deux premiers pour se lancer. En me servant des fonctions zêta de la symétrie, j'ai démontré qu'il en va de même des nombres qui m'intéressent. Ma démonstration me dit qu'il existe une règle simple pour obtenir le nombre suivant dans la séquence 1, 2, 5, 15, 67, 504, 9 310... Les mathématiciens appellent les suites produites par une règle de ce type des suites récurrentes. Ils disposent d'une sorte de programme informatique pour les produire.

Le seul problème, c'est que mon analyse ne me dit pas de *quelle* formule il s'agit. Pour la séquence de Fibonacci, il suffit de connaître n'importe quelle paire de nombres adjacents pour obtenir le suivant. Bien que j'aie démontré, à l'aide de ces fonctions zêta, que mes nombres obéissent à une règle semblable, cela ne m'en dit pas plus sur la règle en question, ou s'il faut que je connaisse 10, 100 ou 1 000 nombres avant de pouvoir obtenir le suivant dans la suite. Ma découverte peut sembler un peu inutile – ce qu'elle est, d'un certain point de vue, puisque je ne peux m'en servir pour calculer le nombre suivant. Mais cela veut au moins dire qu'il y a une structure qui n'attend que d'être découverte, que ces nombres ne sont pas complètement aléatoires, mais dépendent au contraire les uns des autres comme les nombres de Fibonacci. Il est tout à fait étonnant que l'on puisse en savoir assez pour comprendre qu'une telle formule doit exister sans pour autant la produire. C'est une caractéristique que l'on retrouve dans bien des secteurs des mathématiques modernes : il est possible d'analyser un domaine pour démontrer l'existence de certaines structures sans être vraiment capable de les construire explicitement. C'est un peu comme si on découvrait l'ADN sans disposer des outils permettant son séquençage.

Ma démonstration a au moins montré que la suite infinie de ces nombres s'inscrit bien dans une structure finie. C'est comme la différence entre π qui, en tant que nombre décimal, paraît complètement aléatoire, et $^1/_7$, dont les décimales présentent une structure précise, à savoir 0,1428714287…, succession à l'infini des six mêmes chiffres. Ma découverte révèle qu'il y a là une structure semblable à l'œuvre, et que mes nombres ne sont pas complètement sauvages, contrairement à π.

Le temps passe trop vite, il est 11 heures, et il faut que je conclue ma présentation. Il y a beaucoup de questions, ce qui est inhabituel. C'est tout l'intérêt d'une petite conférence. Il peut être difficile de déclencher un débat lors d'une grande réunion. Si beaucoup des interventions sont très éloignées de mon propre sujet de recherche, il m'est particulièrement précieux de pouvoir récolter des idées qui pourraient fort bien s'adapter à mon projet. J'ai utilisé mes fonctions zêta pour m'aider à calculer combien d'objets symétriques il est possible de construire à partir des symétries de plus en plus de formes ayant un nombre premier de côtés. Mais il y a encore beaucoup de choses que je ne comprends pas sur ce que me disent ces fonctions zêta. J'espère donc qu'en étudiant comment d'autres s'en sont servis pour découvrir de nouvelles structures, je pourrai progresser dans ma quête.

Plusieurs jeunes diplômés japonais sont venus présenter leurs travaux pour la première fois. C'est un moment terrible, quand il vous faut vous arracher aux publications que vous avez étudiées pendant trois ans pour vous soumettre au jugement de vos pairs et de vos supérieurs en présentant votre contribution. Certains des travaux des jeunes étudiants reçoivent un bon accueil, mais un ou deux subissent la plus rude des humiliations. « Des questions ? » « Un simple commentaire… Je pense qui si vous consultez mon article dans les *Acta* de 1994, vous vous apercevrez que j'ai déjà résolu ce problème. » Trois ans de travail bons à jeter à la poubelle – démontrer un théorème qui a déjà été démontré, le pire cauchemar de tous les mathématiciens.

Si les journées se passent devant le tableau noir ou à suer sous le feu d'un projecteur, les soirées nous offrent la possibilité de nous détendre en dégustant saké et mets exotiques. Les locaux nous emmènent dans un petit bar au coin de notre hôtel. Heureusement, j'ai lu dans mon guide de voyage qu'il fallait emporter des chaussettes sans trou. Une virée à la Sock Shop de l'aéroport d'Heathrow m'évite la gêne d'avoir à exhiber mes gros orteils alors que nous sommes assis en tailleur pour le dîner, nos chaussures déposées à l'entrée du restaurant. La nuit vient, et Kurokawa nous dépeint plus en détail ses merveilleuses théories mystiques.

Expéditions mathématiques

Tous les organisateurs de conférences sur les mathématiques aiment inclure une courte excursion dans leur programme, afin de permettre aux participants de souffler entre deux vagues d'équations. Dans les grandes conférences, la logistique de ces voyages est plus qu'impressionnante. Lors du dernier Congrès international des mathématiciens auquel j'ai assisté, tout Pékin avait été paralysé par les autorités chinoises, le temps que quatre mille mathématiciens soient transférés du centre de conférence en banlieue pour prendre part à un banquet dans le Palais du peuple, sur la place Tiananmen. Lors d'une conférence que j'ai co-organisée à Durham, nous avons décidé de déposer tous nos invités à une extrémité du mur d'Hadrien, et de les récupérer en fin d'après-midi au bout d'une douzaine de kilomètres de marche. Les autres touristes sur le parking nous ont gratifié de regards bizarres quand ils ont vu cent cinquante individus mal fagotés débarquer des bus en babillant des phrases curieuses pleines de groupes pro-p et autre algèbre de Lie. Les participants n'avaient qu'une chose à faire, suivre le mur jusqu'à ce qu'ils retrouvent les bus, ce qui ne nous a pas empêchés d'en perdre quelques-uns en cours de route.

J'ai passé les 24 heures de mon anniversaire, une année, en compagnie d'une centaine de mathématiciens russes à bord du Transsibérien, entre deux conférences. Quand nous nous sommes installés dans le compartiment, l'un d'eux a tenu à s'asseoir à mes côtés. Il m'a montré un livre. « C'est la première fois que je rencontre un anglophone, et votre assistance me serait fort utile pour six problèmes. » Je me suis dit que c'était un ouvrage de mathématiques qu'il était en train de poser sur mes genoux, et c'est là que j'ai vu le titre du volume, vieux et abîmé : *1 000 blagues.* « J'en ai compris 994, mais mon anglais n'est pas assez bon pour que je comprenne les six dernières. » Six petits bouts de papier indiquaient les pages en question. Il n'était pas étonnant qu'il ait eu quelques difficultés, c'était un vieux livre, et certaines des blagues étaient carrément obscures. À sa grande déception, je n'ai réussi à en décrypter qu'une, et encore m'a-t-il fallu la lire à voix haute en prenant un accent exagérément snob pour que l'on puisse entendre un vague jeu de mots. Finalement, pour ce qui était de jeter des ponts par-delà le fossé entre les cultures, les mathématiques étaient plus efficaces que l'humour anglais archaïque.

J'ai récemment assisté à une conférence en Assam. Les organisateurs avaient agrémenté nos travaux d'une visite dans une réserve de rhinocéros. Le spectacle de ces animaux dans la brume matinale était époustouflant, mais ce n'est pas mon souvenir le plus mémorable du voyage. Pour des problèmes de place près de la réserve, nous avions dû partager les lits. Légèrement anxieux à l'idée de dormir sous une moustiquaire avec Dan, mon ancien directeur de thèse, j'ai rêvé cette nuit-là qu'un énorme chien noir grimpait dans mon lit. Je me suis réveillé en sursaut, en proie à une sorte de crise œdipienne alors que j'agressais physiquement Dan, qui tentait désespérément de me calmer.

Cet après-midi, les mathématiciens japonais ont prévu de nous emmener visiter une distillerie où l'on fabrique de l'awamori, le saké d'Okinawa. Apparemment, Kurokawa a une peur maladive de l'eau, si bien que l'autre solution, une expédition de plongée mathématique, a été écartée. À la fin de la visite, le propriétaire de la distillerie nous a fièrement offert des bouteilles miniatures en souvenir de notre passage. Quand j'ai fait remarquer qu'il était dommage que la boisson ne titre que 30°, ce qui n'était pas un nombre premier, le propriétaire a brusquement récupéré toutes les mignonnettes. J'étais un peu inquiet, craignant de l'avoir offensé, et les visiteurs du cru me jetaient des coups d'œil furibonds, quand il a resurgi avec un nouveau lot de bouteille. « 43°, a-t-il fièrement annoncé, un nombre premier, je crois ! » Je suis soudain devenu « nombre-premier-san », le héros du jour.

Ce soir, nous avons notre dîner officiel, un autre rituel dans ce genre d'événements, où la tribu se rassemble pour un repas. Pour des participants japonais, quoi de plus exotique qu'un restaurant italien, mais après une semaine passée à manger de la salade d'oursins, des oreilles de porc confites dans du vinaigre, des boîtes *bento* et des sashimi, déguster des pâtes accompagnées de vin rouge a quelque chose d'étrange.

Au cours du dîner, un des participants japonais me montre le bouchon d'une des bouteilles que nous buvons. Il porte sur le côté la mention « bin 901 ». Il le pose devant moi et me dit : « Pas un nombre premier ! » Je ne sais pas s'il attend de moi que je renouvelle mon exploit de la distillerie d'Awamori. Il était évident que 30 n'était pas un nombre premier, mais ce nombre-là est plus difficile. J'essaie quelques nombres plus petits, mais à en juger par l'air sûr de lui de celui qui m'a montré le bouchon, il est certain que 901 doit être divisible par de grands nombres premiers. Puis un des convives trouve la solution – 901 est divisible par 17. Une opération que j'ai dû mal à effectuer en calcul mental.

L'affaire du bouchon illustre selon moi deux types d'esprits mathématiques différents. Il y a ceux qui croisent un nombre et cherchent immédiatement à savoir si c'est un nombre premier. En dépit de l'amour que je leur porte, je n'ai jamais éprouvé le besoin de le faire. L'autre type d'esprit est plus à la recherche de structures sous-jacentes et de liens. Les deux compétences sont utiles. La capacité à résoudre une grande conjecture dépend souvent du premier. Mais la capacité à envisager la conjecture en question, à proposer une nouvelle vision du fonctionnement des choses, dépend du second.

Je suis curieux de savoir si mes hôtes pensent qu'il y a une différence entre les mathématiques que l'on produit au Japon et la recherche en Occident. Les idéogrammes en Chine et au Japon créent-ils un dialogue différent entres les mathématiques et le langage ? Si votre écriture se concentre plus sur les images, cela affecte-t-il votre façon d'exprimer les mathématiques ? Les jeux numérologiques auxquels joue Kurokawa avec le langage sont le reflet d'une autre vision du monde. Je sais, pour avoir travaillé en Israël, que le formidable patrimoine mathématique des Juifs tient en partie à l'art du Talmud et à la capacité à établir d'étranges connexions entre différentes sections de la Torah.

Certains prétendent que l'impressionnante éthique du travail des Japonais, que nous avons vue à l'œuvre pendant la conférence, étouffe en fait toute découverte de structure sous-jacente. Le mathématicien flemmard est obligé de trouver un raccourci qui, souvent, dévoile une logique interne à côté de laquelle passera celui qui est assez persévérant pour affronter des calculs interminables. Mais cela me semble être une image stéréotypée de la culture japonaise, même si les Japonais sont les premiers à l'évoquer.

Malgré nos énormes différences culturelles, je pense que Kurokawa et moi avons une vue très semblable du monde mathématique, une vue qui ne dépend pas de notre patrimoine national. Et c'est entre autres ce qui m'attire dans les mathématiques. Comme l'a dit un jour le célèbre mathématicien David Hilbert : « Les mathématiques ne connaissent pas de races… pour les mathématiques, l'ensemble du monde culturel n'est qu'un seul et même pays. »

MATHÉMATIQUES ET KABUKI : THÉÂTRES DE L'ÉLITE

De retour à Tokyo, le professeur Kurokawa m'emmène voir une pièce de kabuki. C'est une expérience extraordinaire. La nature formelle, stylisée, du spectacle lui confère une magie que n'aura jamais un drame naturaliste. Il suit sa propre logique et ses règles, que suivent aussi bien les acteurs que le public. Quand un acteur fait son apparition sur scène, les spectateurs les plus avertis crient le nom du personnage qu'il incarne, voire son numéro de kabuki, celui qu'on lui attribue quand il entre dans la profession, comme un footballeur. Mais il suffit de crier au mauvais moment et le rituel est rompu.

J'y trouve des résonances fascinantes avec le monde des mathématiques. Les acteurs de kabuki ont accepté les limites formelles de leur monde, mais n'en sont pas moins capables de se montrer très créatifs. Processus créatif, les maths tiennent elles aussi un peu de l'improvisation théâtrale. On brosse un tableau favorable à la collision d'idées, puis on laisse les choses suivre leur cours. Bien souvent, cela ne va nulle part, mais parfois, une dynamique entre en jeu. Comme les règles d'une pièce de théâtre, l'environnement vous pousse dans des directions extraordinaires et inattendues qui souffriraient de trop de liberté.

Quand le producteur et metteur en scène Peter Brook parle de son travail au théâtre, il pourrait tout aussi bien débattre de la vie d'un mathématicien : « Peu de moyens, un travail intense, une discipline rigoureuse, une précision absolue. Et, c'est presque une condition, il s'agit de théâtres de l'élite. » La dernière phrase de Brook met en lumière une autre similitude entre le théâtre expérimental et les mathématiques : l'un et l'autre sont réservés à un public réduit.

Cette soirée est un peu particulière pour le théâtre de kabuki, car la troupe présente un nouveau membre au public, le fils d'un des acteurs, âgé de six ans. Leur fierté est manifeste. Dorénavant, il sera connu sous le nom du Faucon blanc. Je m'aperçois que notre conférence a été une façon de célébrer les plus jeunes doctorants, ce sang neuf dont nous dépendons. Ils sont nos enfants, ceux qui préserveront notre art antique et l'emmèneront vers de nouveaux horizons.

Mon voyage au Japon se termine dans la ville de Nikko, qui s'enorgueillit d'une superbe succession de sanctuaires shintoïstes et de temples bouddhistes. Les gravures et les couleurs sont magnifiques. Mais en franchissant l'une des entrées qui mènent dans la cour de l'un des sanctuaires, je remarque quelque chose d'étrange.

La porte est soutenue par huit colonnes décorées d'une magnifique résille de motifs symétriques. Toutes les colonnes sont identiques sauf une, où la résille est à l'envers, ce qui détruit totalement la sublime symétrie de la porte.

J'interroge Kurokawa à ce sujet. C'est délibéré, m'explique-t-il. C'est un trait courant de l'architecture japonaise, pour la même raison que les tapissiers arabes glissent souvent un défaut dans leurs tapis, car parvenir à la symétrie parfaite risque de contrarier Dieu. Le traité japonais du XIVe siècle intitulé *Essais sur l'oisiveté* détaille l'éthique qui est à la source du portail de Nikko : « En tout… l'uniformité est indésirable. Laisser une chose inachevée la rend intéressante, et donne le sentiment que la croissance est encore possible… Même lors de la construction du palais impérial, on laisse toujours un espace inachevé. »

C'est peut-être sous cet angle que je devrais considérer mon théorème sur les fonctions zêta de la symétrie. J'ai bouclé cinq éléments, mais le sixième est incomplet. J'avais espéré que ce voyage au Japon m'aiderait à trouver la dernière pièce du puzzle. Mais je préfère voir dans cette colonne du temple de Nikko le signe que je ferais mieux de soumettre mon article tel quel, avant de passer à autre chose.

5

DÉCEMBRE : CONNEXIONS

La chance ne sourit qu'aux esprits bien préparés. Louis Pasteur

5 DÉCEMBRE, INSTITUT MAX-PLANCK, BONN

L'INSTITUT MAX-PLANCK de Bonn est un de mes endroits préférés. C'est là que j'ai effectué quelques-unes de mes percées les plus passionnantes, de celles qui me procurent cette excitation qui explique pourquoi je fais des mathématiques. L'une d'entre elles a d'ailleurs profondément bouleversé ma conception des moyens de calculer le nombre de groupes qu'il est possible de bâtir à partir de formes ayant un nombre premier de côtés.

Je me rends à l'institut Max-Planck plusieurs fois par an, pour une semaine de brainstorming brûlant avec mon collaborateur Fritz Grunewald, un des créateurs de la fonction zêta en tant qu'outil d'étude de la symétrie. Bonn est peut-être la ville la plus ennuyeuse du monde, ce qui en fait un lieu idéal pour travailler, puisqu'il n'y a rien d'autre à faire – ce n'est pas une ville, c'est une page blanche. L'institut, depuis peu, est installé dans de superbes nouveaux locaux, dans les étages supérieurs de l'ancienne poste, en centre-ville. L'avantage, c'est qu'avec tous ces bureaucrates qui ont fait leurs bagages pour Berlin, beaucoup de beaux immeubles se sont retrouvés vacants.

Il y a plusieurs années, j'ai eu un de ces flashes alors que j'étais dans le bureau où je me tiens aujourd'hui. J'essayais d'appeler Shani à Londres, mais je n'arrivais pas à l'avoir. La ligne était toujours occupée. Il devait être huit heures du soir.

Attendant que Shani finisse de bavarder, j'ai soudain pensé à une façon de construire un nouvel objet dont le groupe de symétries pourrait éventuellement illustrer un comportement tout à fait nouveau et que nous n'avions jamais vu auparavant. Je n'ai pas construit physiquement cet objet – cela aurait été impossible, puisqu'il vit dans un espace en neuf dimensions. Mais j'ai commencé à voir comment, en utilisant le langage de la théorie des groupes, je pouvais rédiger des règles expliquant comment toutes les symétries de l'objet interagissaient. Je me suis mis à gribouiller des équations sur mon bloc-notes. Tout d'abord, il fallait que je résolve une petite énigme : essentiellement, je devais trouver un moyen particulier de placer des x, des y et des z dans une grille en 3×3 – un mini-sudoku avec des lettres au lieu de chiffres. Une fois cette énigme résolue, le résultat était assez beau et me laissait une bonne impression.

Il allait falloir effectuer quelques vérifications avant d'être sûr que cette grille faisait effectivement ce dont j'avais besoin. Si j'avais raison, cet objet relierait le monde de la symétrie à un domaine sans aucun rapport, celui des courbes elliptiques. « Un éclair d'inspiration » est une expression qui décrit fort bien la sensation de révélation que j'ai éprouvée, parce que c'était en effet comme si toute ma tête avait été parcourue par un courant électrique. Ces flashes sont rares, mais ils sont ce qu'espère tout mathématicien. Personnellement, je pense en avoir vécu trois dans ma vie professionnelle. C'est comme quand un footballeur marque le but de la saison. Le reste du temps, le processus de la découverte s'apparente plus à un marathon, où l'effort constant s'accumule progressivement jusqu'au moment où l'on franchit la ligne d'arrivée. Bien sûr, mais les plus grands objectifs dépendent d'une préparation solide. Cet instant particulier de la découverte ne vient pas de rien, il a été le fruit de mois de travaux préparatoires accomplis ici, à Bonn.

Je me revois assis dans le bureau, un peu essoufflé. Je voulais parler à quelqu'un de ce que j'avais fait, mais j'étais seul. Quand j'ai fini par avoir Shani, je lui ai dit, mais elle n'est pas mathématicienne et n'a pas pu pleinement comprendre l'impact qu'aurait mon résultat sur mes recherches. Elle a senti, à ma voix, que c'était quelque chose d'excitant, mais il me fallait quelqu'un qui puisse partager et apprécier ce sentiment. Il me fallait également quelqu'un qui soit capable de me dire si je me trompais.

J'ai appelé Fritz, une des rares personnes au monde à pouvoir comprendre et partager ce que j'éprouvais. Nous nous sommes entendus pour prendre une bière plus tard dans la soirée afin que je lui explique sur le papier les mots confus que je lui bafouillais dans le combiné.

Fritz a l'air un peu timide, comme ça. Ses cheveux blancs en bataille le font ressembler à un gentil petit animal domestique. Il a une voix douce et grave, qui cède souvent la place à un rire hystérique quand nous nous apercevons que nous nous sommes gravement trompés dans nos calculs. Mais au volant de sa Mercedes, c'est un fou furieux. Je m'accroche à mon siège tout en essayant de me concentrer sur les maths dont nous discutons tandis qu'il fait rugir son moteur sur la voie de gauche de l'autoroute.

Nous nous sommes rencontrés pour la première fois lors d'une conférence dans les profondeurs de la Forêt-Noire, dans un refuge mathématique du nom d'Oberwolfach. Pour moi, ç'a été comme si j'avais retrouvé un membre perdu de ma famille de nomades mathématiques. Nous avons découvert que nous étions passionnés par les mêmes choses. Et depuis cette conférence, je viens passer régulièrement une semaine à Bonn où, comme deux musiciens, Fritz et moi improvisons ensemble dans les locaux de l'institut Max-Planck. Au bout d'une semaine, il nous arrive souvent d'avoir créé quelque chose de nouveau. Les mois qui suivent sont consacrés à la rédaction de ce que nous avons concocté dans notre creuset de Bonn.

Si nous parlons la même langue, nous apportons chacun des choses différentes à notre collaboration. Parfois, c'est comme si nous possédions chacun une moitié d'une échelle. Seuls, nous serions incapables de grimper, mais une fois que nous avons assemblé notre échelle, nous pouvons tous deux accéder à l'étage au-dessus. Souvent, nos idées nous semblent exister dans un état de préconscience et ne cristallisent jamais tout à fait si nous ne les exprimons pas. Le fait de parler à Fritz d'une de mes intuitions peut parfois être le coup de fouet nécessaire à la concrétisation de l'idée. Il y a beaucoup de dialogues sans paroles entre nous : des grognements, des mains qui s'agitent dans une tentative désespérée de montrer à Fritz la structure que je vois. Souvent, je m'aperçois qu'il dispose déjà du langage pour exprimer la structure que je peine à traduire en mots.

C'est un processus très fragile. Les gens se disent souvent que nous devons tous travailler par courriels et que nous n'avons pas besoin de nous rencontrer. Mais jamais notre type de collaboration ne pourrait exister électroniquement. Pour commencer, nous restons souvent assis pendant des heures, à réfléchir tranquillement dans notre coin, sans parler, en griffonnant de temps à autre. Mais un simple mot peut soudain susciter une étincelle dans l'esprit de l'autre. Regarder Fritz droit dans les yeux, grogner en agitant les mains, voilà des choses que l'on ne peut pas faire par courriel.

Le tableau blanc est notre meilleur espace de collaboration, même si je n'aime guère m'en servir pour mes explorations privées.

Le bloc-notes jaune reste un espace privé. Sur le tableau blanc, je peux gribouiller des choses en rouge, en bleu ou en vert, effacer des idioties, essayer quelque chose de nouveau, faire un croquis pour exprimer les pensées qui commencent à se former dans ma tête. Parfois, je regrette le caractère fugitif de ces gribouillages. En rentrant chez moi, je ne parviens pas toujours à me souvenir de ce que nous avons fait. John Conway m'a dit qu'un de ses collaborateurs prenait des clichés numériques du tableau blanc avant que quelqu'un ne l'efface.

Une telle collaboration repose avant tout sur la confiance. C'est extrêmement délicat. J'ai essayé de collaborer avec certaines personnes, dont je me suis aperçu qu'elles avaient une trop grande tendance à la compétitivité. Vous pouvez discuter avec eux, puis ils reviennent après avoir travaillé toute la nuit en disant : « Regarde, regarde ! J'ai trouvé ! » Il est normal de vouloir être le premier à résoudre un problème, le premier de la classe, à avoir son nom associé à un théorème. C'est une force motrice importante du progrès, mais cette attitude peut aussi être un grand obstacle à la collaboration. Un collègue m'a raconté qu'il ne partageait une idée avec d'autres que quand il était sûr qu'elle ne fonctionnerait pas. Donc je cherche des gens avec qui je peux lier une relation vraiment honnête et ouverte si je veux collaborer avec eux. C'est un peu comme un mariage mathématique. Avec Fritz, j'ai le sentiment que nous sommes du même côté. Je peux prendre des risques avec lui, et il ne me juge pas quand je dis des bêtises, ce qui est fréquent. Comme dans toute relation importante et durable, la confiance est essentielle.

J'ai pour objectif ultime de compter combien d'objets existent dont les groupes de symétries sont obtenus en associant des copies du groupe de symétries irréductibles se composant des rotations d'un polygone ayant un nombre premier de côtés. Le nombre de symétries de ces objets est une puissance d'un nombre premier. Comme je l'ai appris à l'issue de la conférence que j'avais donnée il y a quelques années à Cambridge, la conjecture PORC, avancée dans les années soixante, dit qu'il devrait y avoir une équation simple pour répondre à ce problème. C'est assurément vrai quand je dénombre les objets ayant p^5 symétries. Si je veux savoir combien il existe d'objets à 17^5 symétries, je n'ai qu'à insérer le nombre premier $p = 17$ dans la formule $2p + 67$. Mais si je calcule le nombre d'objets ayant 17^{10} symétries ? Y aura-t-il encore une formule simple qui, quand on entre $p = 17$, me dira combien il y a d'objets à 17^{10} symétries ? Après la découverte que j'ai effectuée ici, à Bonn, je n'en suis pas si sûr.

Le groupe de symétries que j'ai concocté tout en écoutant la tonalité de la ligne occupée de Shani est un coup de semonce tiré devant la proue de ma progression. Si les objets ayant un nombre premier de symétries sont assemblés de façon à satisfaire un critère supplémentaire, que j'appellerai la condition elliptique, alors, le nombre de façons de construire ces objets spéciaux ne peut être obtenu avec une formule simple. Il dépend d'une sorte de problème différent, venu d'une branche des mathématiques connue comme la théorie des nombres, plutôt que des mathématiques de la symétrie.

Si vous voulez savoir combien il y a d'objets ayant un nombre premier de symétries qui satisfont également à ma condition elliptique, il faut d'abord résoudre le problème suivant : comptez combien il y a de paires de nombres (x, y), où x et y se situent entre 1 et p, de façon à ce que le polynôme $y^2 - x^3 - x$ soit divisible par p. La découverte de solutions à ce genre de polynomiales, dites courbes elliptiques, est une des questions les plus subtiles des mathématiques. Les mystères de ces courbes se trouvent au cœur de la solution d'Andrew Wiles au dernier théorème de Fermat. Elles sont également au cœur d'un des sept problèmes du millénaire, dont la solution est récompensée par un million de dollars pour chacun des problèmes.

La résolution de cette équation particulière a été l'une des grandes réussites de Carl Friedrich Gauss, mathématicien allemand du XIXe siècle. Dans son journal, le jeune Gauss explique comment compter le nombre de paires (x, y) tel que le polynôme $y^2 - x^3 - x$ soit divisible par p. Si p a pour reste 3 après avoir été divisé par 4 (les nombres premiers 3, 7, 11…), alors il n'y a toujours que p paires. Tout cela est bel et bon. Mais la situation s'affole pour les nombres premiers p qui ont pour reste 1 quand on les divise par 4 (les nombres premiers 5, 13, 17…). Pour eux, il n'existe pas de formules simples pour trouver le nombre de paires.

Du fait de la connexion entre ces objets étranges dans la théorie des nombres que l'on appelle les courbes elliptiques, je dis souvent de mon groupe de symétries qu'il est « mon exemple de courbe elliptique ». Ce nouveau groupe de symétries m'a entraîné dans une direction totalement nouvelle. Soudain, le décompte des groupes de symétries se retrouvait inextricablement lié aux solutions d'équations complexes de la théorie des nombres. Cela allait à l'encontre de ce que tout le monde attendait – et c'est pour cela que ça me plaisait tant. C'est pourquoi j'étais impatient de faire part de ma découverte à Fritz.

Quand j'ai montré mon exemple à Fritz ce soir-là, lui aussi a trouvé que tout cela sentait bon. Après notre bière, je suis allé me coucher sans traîner. Quand j'ai une bonne idée le soir, je préfère me coucher en me disant que j'ai effectué une percée plutôt que de veiller toute la nuit pour traquer la moindre erreur. S'il y en a une, elle sera toujours là le lendemain matin, et je peux au moins continuer à fantasmer sur ma « percée ».

Fritz, lui, n'est pas allé au lit après notre verre, et il s'est convaincu que ce que j'ai découvert pourrait effectivement faire ce que j'espère. Le lendemain matin, il m'a montré un joli langage que je pouvais utiliser pour analyser les symétries. De retour à Londres, il m'a fallu des mois de vérification méticuleuse et de greffes laborieuses pour me persuader que la courbe elliptique n'est pas qu'un mirage qui se dissipe quand on le regarde de trop près, et pour que je sois sûr que quiconque lirait l'article que j'allais publier en serait également convaincu.

Mais c'est le souvenir de la naissance de l'idée à Bonn, plutôt que du dur labeur et de la réflexion après son accouchement, qui m'électrise encore. Avant ce soir-là à Bonn, ce groupe n'existait pas. Le lendemain matin, il était déjà vieux d'un jour. J'ai vraiment le sentiment qu'il s'est agi d'un acte de création qui lui a donné la vie. Il existe une quantité infinie d'autres objets symétriques que j'aurais pu coucher sur le papier, mais aucun n'aurait été intéressant. Aucun n'aurait eu cette résonance particulière. Le rôle du mathématicien est de créer quelque chose de spécial à partir de l'immense palette de couleurs qu'offrent les mathématiques. C'est ce qui fait de notre discipline un art.

Et pourtant... Je ne peux m'empêcher de me dire que ce groupe était là, qu'il attendait d'être découvert, ce qui n'est pas le cas d'un morceau de musique. Personne d'autre n'aurait pu créer les *Variations Goldberg* de Bach. Bach n'aurait pu être coiffé sur le poteau par quelqu'un qui les aurait composées avant lui. Alors que le groupe que j'ai trouvé ressemble à une nouvelle espèce de papillon – il existait avant d'être découvert.

Nos percées mathématiques dépendent de hasards considérables. Le monde mathématique est extrêmement interconnecté, si bien qu'en répondant à un problème, on peut obtenir une nouvelle perspective sur un problème apparemment sans rapport. Tout comme l'on peut faire tourner un cube et voir une face différente d'un même objet, on peut tourner et retourner un problème pour révéler une nouvelle face de la question.

Ma soirée à Bonn a dévoilé une nouvelle facette de mon sujet. Faites tourner le problème du calcul du nombre de groupes de symétries, et sous un autre angle, vous serez confronté au problème du calcul des solutions à ces étranges équations que l'on appelle des courbes elliptiques. La question sur laquelle Fritz et moi sommes maintenant en train de travailler consiste à comprendre ce qui se passe si on rejette cette condition elliptique. Est-ce que j'obtiens encore des équations étranges que je dois résoudre pour compter combien il y a de groupes de symétries en général ?

Ce n'est pas la première fois dans l'histoire des mathématiques que cette connexion se fait jour. La notion de résolution des équations a constitué un tournant dans notre compréhension de la symétrie. Elle allait aboutir au langage dont les mathématiciens avaient besoin pour parler de ce qu'est vraiment la symétrie. Mais il faudrait un peu plus qu'une nuit pour qu'elle soit comprise.

Poésie mathématique : dévoiler les secrets des équations

La résolution des équations remonte à loin. Il y a quatre mille ans, des mathématiciens babyloniens avaient commencé à essayer de résoudre les équations du second degré qui survenaient naturellement quand ils cherchaient à calculer la superficie de parcelles de terrain. Sur une tablette d'argile de l'époque, on a retrouvé le calcul du périmètre d'un champ dont la surface est de 60 unités carrées et dont un côté est plus long que l'autre de 7 unités (Figure 42). Cela revient à essayer de trouver x dans l'équation $x^2 + 7x = 60$. Les mathématiciens de Babylone avaient trouvé un moyen de montrer que $x = 5$. S'ils ne disposaient pas d'un langage mathématique leur permettant de formuler clairement la question, et encore moins d'exprimer leur méthode pour parvenir à la solution, l'idée était là. Ce sont leurs successeurs du Moyen Âge qui ont développé l'idée babylonienne, qui en ont fait une méthode qui pouvait être appliquée à toutes les équations du second degré et est aujourd'hui enseignée à tous les écoliers.

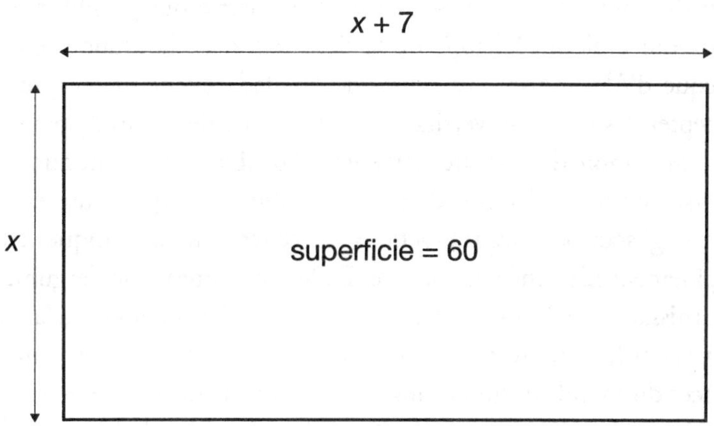

Fig. 42. Des équations du second degré surviennent quand on calcule des superficies.

Après avoir conquis la Perse au VIIe siècle de notre ère, les musulmans fondèrent un empire qui devint le cœur du développement culturel et éducatif du monde pendant près de cinq siècles. Tandis que l'Europe stagnait, les villes de Koufa, Bassora et Bagdad étaient le théâtre d'une floraison de bibliothèques, de musées, d'académies et de mosquées.

Une académie en particulier allait être la Mecque de la vie intellectuelle de la région, à l'origine de grandes avancées en médecine, en astronomie, en philosophie et dans les sciences. La Maison de la sagesse, l'institut Max-Planck de son temps, fut fondée par al-Mamoun, calife de Bagdad. Il tenait à ce que sa ville soit la nouvelle Alexandrie, et entreprit la construction d'une bibliothèque et d'un observatoire. Les universitaires qui y furent appelés eurent d'abord pour mission de traduire l'énorme fonds de textes grecs, latins et hébraïques que l'empire était en train d'amasser. On envoyait des expéditions pour rassembler autant de manuscrits que possible parmi ceux qui avaient réchappé de la destruction de la grande bibliothèque d'Alexandrie. Les califes de Bagdad étaient même prêts à accepter des textes universitaires dans le cadre de traités de paix.

Si nombre de ces textes souffrirent horriblement à la traduction, la nature universelle des idées mathématiques fit que toute erreur qui se glissait dans les traductions des œuvres mathématiques était rapidement identifiée et corrigée. La logique interne de l'argument fournissait un mécanisme d'autocorrection indépendant de la langue dans laquelle le traité était rédigé. Au fil de l'assimilation des connaissances du monde antique dans la Maison de la sagesse, les lettrés se lancèrent dans l'écriture de leurs propres chapitres de l'histoire des sciences, de la médecine et de l'astronomie.

Dans la Maison de la sagesse, le champion des mathématiques était un universitaire du nom de Mohammed ibn Moussa al-Khwarizmi. Il considérait les mathématiques comme un outil puissant « tel que les hommes en ont constamment besoin dans tous leurs commerces les uns avec les autres ». Il commença également à établir une approche plus abstraite et algorithmique à la résolution des problèmes qui pouvait être appliquée à toutes sortes de domaines. Il consigna ses découvertes dans un ouvrage dont on estime aujourd'hui qu'il marque l'aube de l'algèbre moderne.

Il ne contient ni symboles ni équations, ingrédients habituels des livres d'algèbre modernes, mais décrit plutôt par des mots des méthodes générales permettant de résoudre des équations. Si les méthodes sont abstraites, al-Khwarizmi ne perd pas de vue leur pouvoir en tant qu'aide pratique pour ses concitoyens. À l'aide d'une série de problèmes allant de litiges juridiques au percement de canaux, il soutenait que la capacité à résoudre des équations devait être une compétence fondamentale de l'homme de la rue. Le pouvoir, assurait-il, appartenait à ceux qui étaient à même de parler le langage des mathématiques.

Le mot « algèbre » vient du titre du recueil d'al-Khwarizmi, *Hisab al-jabr w'al-muqabala.* Le mot arabe *al-jabr* était en fait un terme médical pour la réduction des fractures. En l'appliquant aux mathématiques, al-Khwarizmi voulait transmettre l'idée qu'une équation dissimulait des nombres, et que l'algèbre pouvait restaurer ou ressusciter les nombres cachés, comme un médecin réduisant une fracture. Par exemple, le nombre inconnu pouvait être appelé x (bien que, dans son livre, il décrive tout cela par des mots – on n'y trouve aucun symbole). Mais une équation contient des informations à propos de cette inconnue x : ainsi, on savait peut-être que $x^2 + 2x = 3$. Al-Khwarizmi voulait développer une méthode pour manipuler les équations afin de retrouver ce x caché.

Alors comment peut-on trouver des x susceptibles d'être solution d'une équation comme $x^2 + 2x = 3$? Sans le terme $2x$, nous pourrions résoudre immédiatement x^2 en prenant la racine carrée de chaque côté. À première vue, le terme supplémentaire $2x$ ne fait que compliquer les choses. La stratégie d'al-Khwarizmi pour résoudre ces équations consiste d'abord à rapprocher l'équation d'une autre, plus simple, où x n'apparaît qu'au carré. Donc, en ajoutant 1 à chaque côté et en remarquant que

$$x^2 + 2x + 1 = (x + 1)^2$$

il montre comment cette équation peut être écrite sous une forme plus simple

$$(x + 1)^2 = 4$$

La quantité inconnue est toujours x, mais elle se trouve maintenant dans une nouvelle équation. Et al-Khwarizmi peut résoudre cette nouvelle équation parce qu'il a seulement besoin de prendre la racine carrée de 4, soit 2, et d'en soustraire 1. Donc, $x = 1$ est la solution de cette équation et de l'équation de départ, $x^2 + 2x = 3$.

Mais un autre nombre permet de résoudre cette équation, et c'est lui qui laisse entrevoir qu'il existe là une sorte de lien avec les mystères de la symétrie. Cette deuxième réponse était inaccessible aux lettrés de la Maison de la sagesse parce qu'ils n'avaient pas encore découvert le pouvoir d'un nouveau type de nombres : les nombres négatifs.

Ce sont les Indiens qui ont placé les nombres négatifs sur la carte des mathématiques. Outre le concept du zéro, ils ont compris le potentiel de l'introduction de nouveaux nombres pour résoudre des équations comme $x + 3 = 1$. Ils baptisèrent ces nombres des « dettes » car ils représentaient un moyen utile de noter l'argent qu'une personne devait à une autre. Un des premiers à rédiger un traité sur les mathématiques de ces nombres fut un mathématicien indien du VIIe siècle, Brahmagupta. Pour ce que l'on en sait, il fut le premier à consigner que si l'on multiplie un nombre négatif par lui-même, on obtient un nombre positif. Aujourd'hui, ce fait est inculqué aux écoliers comme un dogme, mais Brahmagupta le démontra en exploitant des idées semblables à l'algèbre que développerait al-Khwarizmi. Brahmagupta comprit que cette découverte avait des implications sur la résolution des équations du second degré. Cela signifiait que chaque nombre positif avait deux racines carrées, une positive et une négative. Donc, $x = 2$ est une solution de $x^2 = 4$, tout comme $x = -2$.

C'est le signe que la symétrie est à l'œuvre dans ces équations. La solution négative est une réflexion de la solution positive. Brahmagupta sentit que d'autres équations du second degré plus complexes auraient également des solutions miroirs. Par exemple, avec l'équation $x^2 + 2x = 3$, légèrement plus compliquée, que nous avons évoquée plus haut, l'autre solution est $-2 - 1 = -3$. Brahmagupta doutait cependant du sens de cette solution négative, sachant que ces équations du second degré permettaient de déterminer les longueurs de clôtures entourant des parcelles de terrain.

Il semblerait que Brahmagupta ait commencé à développer une notation abstraite pour exprimer ces équations. Si l'algèbre d'al-Khwarizmi, plus tardive, était encore un livre fait de mots, Brahmagupta avait commencé à utiliser les initiales de diverses couleurs pour représenter les inconnues des équations. Mais ce langage mathématique embryonnaire dut attendre d'être réinventé en Europe près de mille ans après la mort de Brahmagupta pour prospérer. Même le concept des nombres négatifs ne prit racine que des siècles plus tard en Europe. Or, sans eux, les solutions miroirs étaient condamnées à errer dans les limbes. Les nombres négatifs et le zéro font aujourd'hui tellement partie de notre vie quotidienne que l'on peine à croire qu'il ait fallu si longtemps aux Européens pour accepter cette importation de l'Orient. Les négatifs étaient associés à l'usure, puisqu'ils représentaient la dette. En Europe médiévale, l'usure était un péché, et les nombres négatifs étaient donc l'incarnation du mal.

Bien que les Arabes aient peut-être été inconscients de ces solutions miroirs, avec leurs nouvelles compétences dans le domaine de la manipulation des équations du second degré, les mathématiciens de la Maison de la sagesse se sentaient assez confiants pour tenter de voir jusqu'où pouvait aller leur nouveau langage. Au lieu de revenir à la géométrie et aux images des Grecs de l'Antiquité, ce langage algébrique permettait désormais d'accéder à des solutions cachées. Ils étaient en train de développer des mathématiques d'un genre véritablement révolutionnaire, qui avaient le potentiel de faire bien plus que de résoudre des équations du second degré.

Si le calcul des dimensions des champs pour l'agriculture donna naissance aux équations du second degré, le calcul des volumes de pierre utilisés dans le bâtiment aboutit à des équations où les quantités inconnues étaient au cube plutôt qu'au carré. Y avait-il un moyen de manipuler des équations comme $x^3 + 2x^2 + 10x = 20$ pour révéler l'inconnue x?

Umar al-Kayyami, poète persan du XIe siècle plus connu en Occident sous le nom d'Omar, releva le défi de l'équation cubique. Mais il ne travaillait pas dans des conditions idéales. Sa ville natale de Nishapur était sous la domination des Turcs Seldjoukides, qui avaient envahi la région quelques décennies plus tôt. Si, durant les premières années de la Maison de la sagesse, l'activité intellectuelle avait été tenue en haute estime, Khayyam s'aperçut qu'il devait lutter en permanence avec des charlatans et des astrologues pour attirer l'attention de dirigeants de plus en plus superstitieux. « La plupart de nos contemporains sont de pseudo-scientifiques qui mêlent vérité et mensonge », se lamenta-t-il.

Khayyam était un authentique polymathe. Il écrivit un traité sur la musique. Il fonda l'un des grands observatoires de la région, à Ispahan, d'où il mesura la longueur de l'année avec une précision extraordinaire, et ses calculs aboutirent à une révision du calendrier en usage à l'époque. Il rédigea également l'un des classiques de la littérature persane, un poème épique en six cents strophes, le *Roubaiyat.* Le titre vient du nom de la forme poétique qu'utilise Khayyam. Chaque strophe se compose de quatre vers qui riment en AABA. Les poètes de l'époque adoraient les motifs et les structures qui pouvaient être entremêlés dans leurs œuvres. Parfois, le troisième vers est repris pour créer la rime du vers suivant, BBCB. Une symétrie cyclique commence à se dessiner dans l'interconnexion entre les strophes.

La logique rigide de la structure de la rime et de ses motifs fait de la poésie classique une des formes littéraires qui ressemble le plus à l'élaboration de démonstrations mathématiques. Par conséquent, il n'est peut-être pas étonnant que Khayyam ait goûté aux joies des mathématiques autant qu'à celles de la poésie. S'il fit quelques progrès dans la résolution de l'équation cubique, il ne parvint pas à une solution complète. « Peut-être quelqu'un d'autre qui viendra après nous la trouvera », écrivit-il.

Khayyam ne pouvait envisager d'équations allant au-delà du cube. Le fait qu'elles se rattachent à la géométrie de formes en trois dimensions le rassurait quant au sens de ses travaux mathématiques. Pour lui, il était essentiel que ces équations recèlent de la géométrie : « Il est vain de croire que l'algèbre est un tour de passe-passe pour obtenir des inconnues. Les algèbres sont un fait géométrique. » Considérant les équations à la puissance quatre, il les rejeta, les estimant sans intérêt puisqu'elles décrivaient des objets géométriques ayant plus de trois dimensions, ce qui était assurément impossible. Il faudrait encore quelques générations de mathématiciens pour que soit tranché le lien entre l'algèbre et la géométrie et pour comprendre où cela allait entraîner les mathématiques.

Khayyam comprit qu'il existait fondamentalement 14 sortes d'équations cubiques. Il croyait qu'une méthode fonctionnant pour une équation comme $x^3 + 2x = 5$ fonctionnerait si l'on prenait une autre équation cubique présentant la même logique d'ensemble, mais où l'on ne changerait que les chiffres, comme $x^3 + 8x = 13$. Toute équation de la forme $x^3 + ax = b$ était pour lui la première sorte d'équation cubique. Une équation comme $x^3 + x^2 + 2x = 5$ était différente, selon son analyse, et requérait des techniques différentes. Comme il ne connaissait pas les nombres négatifs, il considérait $x^3 + 2x + 5 = 0$ comme étant essentiellement différente de $x^3 + 2x = 5$ parce que le 5 se trouvait de l'autre côté de l'équation. Quand les négatifs eurent été acceptés comme des membres de la ménagerie mathématique, il fut admis que $x^3 + 2x + 5 = 0$ n'était pas différente de $x^3 + 2x = 5$. Ignorant l'existence des négatifs, Khayyam se retrouva avec 14 variétés d'équations cubiques. Mais à force, les nombres négatifs et le zéro ayant été ajoutés au lexique mathématique, ces 14 équations cubiques ne seraient plus considérées que comme un seul type générique d'équation cubique.

Si Khayyam avait réalisé quelques progrès, ce n'était cependant pas en Orient que serait trouvée la solution complète à l'équation cubique. Un siècle après ses travaux, la grande dynastie qui reposait sur la Maison de la sagesse s'effondra. Longtemps avant que les Maures abandonnent leur somptueux palais de la symétrie à Grenade, la dynastie des Abbassides avait été abattue par les Mongols. Des dizaines de milliers de musulmans auraient perdu la vie dans la chute de Bagdad, tandis que les principales institutions scientifiques et les bibliothèques étaient détruites. Il revint à des voyageurs européens, universitaires et traducteurs, de prendre le relais, et de transmettre le témoin de l'Orient aux universités naissantes d'Europe.

Combat de coqs mathématique

C'est une bande pittoresque de mathématiciens italiens qui, au XVIe siècle, comprit finalement comment utiliser le langage de l'algèbre pour résoudre les équations cubiques. Cette découverte eut lieu à une époque où la culture intellectuelle de l'Europe baignait dans les accomplissements des Grecs de l'Antiquité, avec lesquels le monde renouait. La redécouverte de ces travaux semblait montrer qu'au bout de deux millénaires, peu de progrès avaient été accomplis depuis la géométrie d'Euclide et d'Archimède. Au même moment, des fouilles en Italie dévoilaient les antiques monuments de Rome. L'Europe de la Renaissance ne pouvait apparemment pas échapper à ses racines anciennes. Quand des universitaires italiens conçurent des mathématiques dont ni les Grecs ni même les Arabes n'avaient jamais rêvé, ce fut un formidable coup de fouet pour la science européenne moderne.

L'architecte de ces nouvelles mathématiques, Niccolo Fontana, avait pourtant mal commencé dans la vie. À douze ans, il faillit mourir quand les Français envahirent sa ville natale de Brescia en 1512. Pendant le massacre des habitants par les troupes de Louis XII, Niccolo reçut un coup d'épée en plein visage et fut laissé pour mort. Il fut sauvé par sa mère, qui soigna les terribles blessures de son plus jeune fils. Sa mâchoire avait été entaillée et son palais fendu. Il finit par guérir, mais resta handicapé, éprouvant les pires difficultés à s'exprimer, ce qui lui valut le surnom de Tartaglia, « le bègue ». Plus tard, il porta la barbe pour tenter de masquer les affreuses cicatrices que lui avaient laissées les envahisseurs français.

S'il avait succombé à l'épée, il sortit en revanche victorieux d'une bataille des esprits. Ses camarades d'école le fuyaient, du fait de son horrible aspect, aussi Tartaglia se réfugia-t-il dans les mathématiques pour échapper à la pression sociale. Autodidacte, il s'aperçut qu'il avait des facilités dans la discipline. Il publia un livre expliquant comment les mathématiques pouvaient servir à calculer la trajectoire des boulets de canon, et ses travaux incluent les premiers tableaux pour les angles de tir. Mais sa grande passion, c'était de résoudre des équations.

Au début du XVIe siècle, beaucoup pensaient qu'il était impossible de résoudre les équations cubiques. Comme Luca Pacioli qui, en 1494, avait écrit ce qui était généralement considéré à l'époque comme le texte faisant autorité sur l'état des connaissances dans le domaine de la résolution des équations. Si percée il y avait, elle ne pouvait venir que d'ailleurs, en dehors du monde lettré, puisque l'opinion de Pacioli était admise par la plupart des universitaires. En 1534, se débattant avec les équations dans le secret de sa chambre, Tartaglia dénicha la première faille dans leur armure. Il eut l'idée d'exploiter les racines cubiques autant que les racines carrées. En utilisant une combinaison de ces différentes racines, il s'aperçut qu'il pouvait développer une formule pour résoudre certains types d'équations cubiques.

Mais Tartaglia découvrit qu'il n'était pas le seul à prétendre avoir percé le mystère des équations cubiques. Un autre Italien, le jeune Antonio Fior, se vantait lui aussi de détenir la formule pour les résoudre. La nouvelle de leurs succès se répandit, et une compétition fut organisée entre les deux mathématiciens. Les paysans adoraient les montreurs d'ours et les combats de coqs, mais un duel mental entre mathématiciens était un divertissement qui était plus du goût des cercles intellectuels en Italie du Nord. Fior était sûr de lui : il allait laminer Tartaglia, homme sans éducation, et était convaincu que son adversaire bluffait.

L'ennui, c'est que, comme les mathématiques européennes n'avaient pas encore repris l'idée des nombres négatifs, il fallait analyser un grand nombre d'équations cubiques. Comme l'avait déjà compris Omar Khayyam, quand on n'utilisait pas de négatifs, il y avait 14 sortes d'équations cubiques. Une méthode qui permettait de résoudre $x^3 = 5x + 1$ devrait être remplacée par une autre face à $x^3 + 4x = 1$. Les mathématiciens modernes, armés des nombres négatifs, se contentent de réécrire $x^3 + 4x = 1$ en tant que $x^3 = -4x + 1$, et la résolvent comme ils le feraient de $x^3 = 5x + 1$, où 5 est remplacé par – 4. Sans les négatifs, les mathématiciens européens devaient trouver un autre moyen de percer le secret de ces diverses équations cubiques.

Or la méthode du jeune Fior n'était pas la sienne. On raconte que son professeur, Scipione del Ferro, la lui aurait transmise sur son lit de mort en 1526. Del Ferro n'avait pas voulu emporter son secret dans la tombe, aussi l'avait-il confié à son disciple. Mais del Ferro n'avait révélé à Fior que la solution d'une seule des 14 équations cubiques.

Le 20 février 1535, les mathématiciens se réunirent dans la glorieuse université de Bologne, un des centres de savoir les plus grands et les plus célèbres d'Europe. Sa réputation attirait des universitaires de toute la région, comme la Maison de la sagesse des siècles plus tôt à Bagdad. Les duels entre savants attiraient toujours les foules, et l'université bourdonnait d'activité ce jour-là, quand Fior et Tartaglia arrivèrent pour leur bras de fer mathématique.

On avait demandé à chaque candidat de soumettre 30 équations que son adversaire devrait résoudre. Il leur faudrait, estimait-on, quarante jours pour que chacun utilise sa méthode et résolve les 30 équations. Un dîner, offert par l'adversaire, devait récompenser chaque équation résolue. Si les problèmes que Fior avait préparés pour Tartaglia étaient situés dans des contextes très divers, du calcul du bénéfice sur la vente de saphirs à celui de la hauteur d'un arbre taillé en pièces, chacune de ses 30 équations pouvait en fait se réduire au même type : la forme $x^3 + bx = c$, où b et c prenaient des valeurs différentes d'un problème à l'autre. Fior, qui avait mis tous ses œufs dans le même panier, était persuadé que Tartaglia n'avait aucune chance.

Fior manqua réussir, dans sa stratégie peu subtile qui consistait à fonder ses 30 questions sur une seule sorte d'équation cubique. Si Tartaglia avait effectué des percées dans la résolution de ces équations, il n'avait trouvé le moyen de ne résoudre qu'un seul type sur les 14, une équation qui ressemblait à $x^3 + bx^2 = c$, plutôt qu'à celle que Fior se préparait à lui soumettre. Mais, attisé par l'approche de la compétition, aux premières heures du 13 février 1535, huit jours exactement avant son duel avec Fior, Tartaglia parvint à synthétiser ses idées en une méthode générale qui permettrait de résoudre toutes les équations cubiques. En manipulant les équations au moyen d'habiles substitutions, Tartaglia démontra qu'il était possible de transformer un type d'équation en un autre. À la fin de son analyse, il avait découvert qu'il n'avait à prendre en compte en réalité que deux sortes d'équation – et il savait comment résoudre l'une et l'autre.

Tartaglia réussit à résoudre chacun des 30 défis de Fior en à peine deux heures. Contrairement à Fior, qui avait fondé toutes ses questions sur un seul type d'équation, les problèmes qu'il posa à son adversaire englobaient un éventail varié d'équations cubiques. Fior fut incapable d'appliquer la méthode de son maître à d'autres équations que celle qu'il avait appris à résoudre. Incapable de comprendre qu'en fait, les 14 variétés d'équations étaient autant d'exemples de seulement deux d'entre elles, Fior montra à quel point il n'était qu'un piètre mathématicien. Mais en dépit de son triomphe, Tartaglia déclina les 30 repas qu'il avait gagnés aux dépens de Fior.

La nouvelle de la victoire étourdissante de Tartaglia se répandit rapidement dans les couloirs de l'université de Bologne, et au-delà. Un mathématicien en particulier brûlait de découvrir le secret de ce succès, et entreprit de lui extorquer sa formule magique.

La controverse de l'équation cubique

Girolamo Cardano avait le don de chercher les ennuis. Le tact n'était pas son point fort, et il avait tendance à se mettre définitivement à dos les gens de pouvoir. Il avait suivi des études de médecine plutôt que de mathématiques, à l'université de Pavie. Sa soif de pouvoir le poussa à en être élu recteur, élection qu'il remporta d'une seule voix. Il savait bien que son style politique agressif déplaisait à la plupart des gens, mais n'en démordait pas :

> Tel est, je l'admets, le plus remarquable de mes défauts, cette habitude en laquelle je persiste de préférer par-dessus tout ces choses dont je sais qu'elles ne plairont pas aux oreilles de ceux qui m'écoutent. J'en suis conscient, mais je refuse de m'en détourner, n'ignorant nullement combien d'ennemis cela m'attire.

Bien que juriste de profession, le père de Cardano était doué pour les mathématiques, conseillant même Léonard de Vinci sur des questions de géométrie. Il mourut durant la campagne de son fils pour le poste de recteur, mais pas avant de lui avoir transmis son aptitude pour les mathématiques. Il lui avait enseigné la rigoureuse logique des mathématiques dans l'espoir que cela lui servirait de base solide pour une carrière dans le droit. Mais Cardano, éternel rebelle, avait d'autres projets. Grâce aux mathématiques, il avait compris la théorie des probabilités, et entreprit de s'en servir dans les salles de jeu.

Il fut un des premiers à comprendre qu'il existait peut-être un moyen de prédire la probabilité qu'apparaissent certains nombres quand on lance deux dés. Il tenta de mettre en pratique son analyse des chances d'obtenir un double six, mais bien vite, il se retrouva en proie au démon du jeu, lequel se substitua à toute analyse rationnelle des mathématiques sous-tendant les lancers de dés. Il eut ainsi tôt fait de dilapider l'argent que lui avait laissé son père. Un soir, particulièrement désespéré, il accusa un autre joueur d'avoir triché aux cartes. Grâce aux mathématiques, il avait calculé qu'il avait de bonnes chances de l'emporter, mais, incapable d'admettre la défaite, il sortit un couteau et frappa son adversaire au visage.

Rien de tout cela ne l'aida à s'assurer le respect dont il avait besoin pour asseoir sa carrière médicale. Quand les autorités découvrirent en outre qu'il était un enfant illégitime, cela leur fournit le prétexte qu'elles cherchaient pour l'expulser du Collège des médecins. Ayant mis au mont-de-piété tant les bijoux de son épouse que leur mobilier pour pouvoir continuer à jouer, Cardano finit dans un asile pour miséreux en 1535. Ce sont les mathématiques qui le sauvèrent. Ses compétences n'étaient pas passées inaperçues ; il fut arraché à la pauvreté et se vit offrir un poste d'enseignant à Milan. Il continua à pratiquer la médecine, connaissant quelques succès notables, mais ce sont ses écrits sur les mathématiques qui, peu à peu, lui valurent la célébrité.

Cardano s'intéressait plus particulièrement à la résolution des équations. Les mathématiciens pensaient que, contrairement aux équations du second degré, celles qui impliquaient des cubes ne pouvaient être résolues à l'aide d'une formule magique. C'était ce que Cardano avait lu dans *Summa*, l'œuvre rédigée par Pacioli sur l'arithmétique en 1494. Puis il avait entendu dire qu'un mathématicien inconnu, un certain Tartaglia, avait résolu 30 équations cubiques à une vitesse étonnante. Cardano savait que Tartaglia ne pouvait avoir réussi que grâce à une formule.

Une fois que l'on sait qu'une solution est possible, qu'un autre esprit a réussi à trouver un passage jusque-là considéré comme impraticable, on ne peut que se demander si l'on serait également en mesure de résoudre cette énigme. La plupart des mathématiciens ont le sentiment que si quelqu'un a pu y arriver, alors eux aussi doivent en être capables. Après tout, la nature de l'argument mathématique est telle que l'on a l'impression qu'il est indépendant de l'esprit qui l'a créé. Une fois qu'une chose a été démontrée, elle commence à se vêtir d'une réalité concrète. Mais avant cette première percée, il y a toujours cette sensation qu'il est impossible de trouver un passage, que la tâche est insurmontable.

Les mathématiciens ne supportent pas de devoir s'admettre vaincus. La dernière chose qu'ils veulent, c'est qu'on leur donne la réponse. Aussi Cardano prit-il le problème à bras-le-corps pendant des années, persuadé que s'il existait une formule, il ne pouvait que la trouver par lui-même. Quatre ans plus tard, en 1539, il n'y tint plus, et renonça. Il envoya à ce mystérieux Tartaglia une requête, lui demandant s'il pouvait inclure cette formule dans un ouvrage qu'il rédigeait sur l'arithmétique. Mais Tartaglia n'allait évidemment pas laisser quelqu'un d'autre publier sa découverte, et il répondit à Cardano qu'il comptait la publier lui-même.

Cardano brûlait de connaître la réponse. Il recontacta Tartaglia, lui promit de ne communiquer la formule à personne, pourvu que son auteur la lui révèle. Une fois encore, Tartaglia refusa. Cardano en fut ulcéré. À quoi bon garder le secret ? N'était-il pas du devoir de Tartaglia de partager sa découverte avec ses collègues mathématiciens ? Il le mit au défi de participer à un débat public. Ce qui n'avait pas grand sens : après tout, le succès de Tartaglia n'était nullement remis en cause. Contrairement à certaines revendications mathématiques, le fait qu'il avait résolu les équations cubiques qu'on lui avait soumises prouvait qu'il détenait la formule. Tartaglia n'avait pas besoin de faire une nouvelle fois ses preuves. Il refusa.

Pour finir, Cardano se dit qu'il pourrait convaincre Tartaglia contre de l'argent. Il lui écrivit, lui laissant discrètement entendre qu'un riche mécène, le gouverneur de Milan, tenait à financer le grand mathématicien qui avait résolu les équations cubiques. Si Tartaglia venait à Milan, lui dit Cardano, il serait en mesure de lui proposer une introduction. Le plan fonctionna. Tartaglia avait un grand besoin d'argent. Les maigres revenus de son poste professoral à Venise lui assuraient à peine le gîte et le couvert. Il répondit donc à Cardano pour accepter son offre et, en mars 1539, il entreprit le voyage de Venise à Milan.

À en croire le récit qu'en fit ensuite Tartaglia, Cardano fit preuve d'une grande hospitalité, mais ne cessa de le harceler pour qu'il lui explique son secret. Tartaglia, quant à lui, voulait savoir quand il pourrait rencontrer son riche mentor. Manipulateur et comploteur dans l'âme, Cardano s'était arrangé pour que la visite de Tartaglia coïncide avec le départ du gouverneur pour la ville voisine de Vigevano, à une cinquantaine de kilomètres de Milan. « Nous aurons tout le loisir de parler et de discuter de notre affaire à son retour. » Et il commença à faire pression sur Tartaglia pour qu'il dise pourquoi il avait rechigné à divulguer sa découverte.

Quand on a effectué une percée mathématique, il est toujours possible que cette nouvelle idée débouche sur bien plus. Tartaglia savait que si la méthode qu'il avait développée permettait de résoudre les équations cubiques, elle pourrait peut-être être appliquée à des équations plus complexes comme les quartiques et les quintiques, celles comprenant des termes en x^4 et x^5. Il déclara à Cardano qu'il ne tenait pas à rendre son idée publique tant qu'il ne l'aurait pas analysée plus avant, au cas où il aurait trouvé une mine d'or mathématique. Or, dans un avenir proche, il était débordé par son poste de professeur et par la nouvelle traduction d'Euclide à laquelle il travaillait.

Cardano promit de ne révéler son secret à personne – il tenait juste à savoir quelle était cette formule magique. Tartaglia ne le crut pas. Cardano était en train de devenir fou : il était rongé par le désir de connaître la réponse, ayant sué sang et eau pendant des années en tentant de la trouver par lui-même :

> Je vous jure, sur les saints Évangiles de Dieu et en tant que véritable homme d'honneur, non seulement de ne jamais publier vos découvertes, si vous me les enseignez, mais je vous promets en outre… de les noter en code, afin qu'après ma mort personne ne soit à même de les comprendre.

C'est ce que nous dit Tartaglia de la promesse que lui fit Cardano trois jours après son arrivée à Milan.

La patience de Tartaglia était désormais à bout. Il chevaucherait en personne jusqu'à Vigevano pour s'entretenir avec le gouverneur.

Mais Cardano lui dit ce qu'il exigeait en échange d'une lettre de présentation. Aussi, ayant obtenu de son hôte le serment qu'il ne divulguerait jamais la formule à quiconque ni ne la coucherait par écrit pour que d'autres la trouvent après sa mort, Tartaglia finit par céder. « Pour me permettre de me souvenir de la méthode quelles que soient les circonstances, je l'ai rédigée telle une strophe en rimes », lui expliqua-t-il. Le poème était assez long et sibyllin, mais il détenait, poursuivit-il, la clé de son succès dans toutes les compétitions qu'il avait remportées. Alors, il commença à écrire son poème sous les yeux d'un Cardano fébrile :

> Quand le cube et la chose ensemble
> sont égaux à quelque nombre discret,
> trouve deux autres qui en diffèrent…

Et ainsi de suite dans la même veine pendant 21 vers expliquant comment manipuler l'équation jusqu'à ce qu'elle révèle les secrets de ses solutions. Le poème concluait :

> Ces choses j'ai trouvées, non sans effort,
> en l'an mille cinq cent trente et quatre.
> Sur robustes et sûres fondations
> Dans la cité ceinte par la mer.

Le soulagement de Cardano était palpable : « Comme je vais bien la comprendre, et déjà je la comprends presque. » Mais alors qu'il se plongeait dans la lecture du poème, Tartaglia, lui, éprouvait un sentiment de malaise. Pourquoi venait-il de divulguer son unique, sa plus grande découverte, cette formule qui pouvait ouvrir la voie à des formules pour toutes les équations? Il n'avait toujours pas confiance en Cardano.

Au lieu de se rendre à Vigevano, il fit faire demi-tour à sa monture et rentra à Venise. Mais sur le chemin, sa colère enfla. Il commença à voir comment, grâce à l'appât d'un riche mécène, Cardano l'avait trompé et amené à lui donner son trésor, sa formule. De retour à Venise, il avait l'intime conviction que ce n'était qu'une question de temps avant que Cardano trahisse sa promesse et qu'il rende publique sa découverte. Quand ce dernier publia deux ouvrages un an plus tard, Tartaglia n'en douta plus, ses pires craintes allaient se réaliser. Mais quand il lut les livres, il n'y trouva pas mention de sa solution pour les équations cubiques.

Cardano, malgré son caractère déplaisant, avait tenu parole et gardé le secret de la formule de Tartaglia. Enfin, presque. Il n'avait pu résister à l'envie d'en débattre avec son meilleur étudiant, Lodovico Ferrari. Ferrari, à l'origine, avait été un de ses serviteurs, mais quand Cardano s'était aperçu que le jeune garçon de quatorze ans savait lire, il en avait fait son secrétaire personnel. Au fil du temps, Ferrari s'était imprégné des idées que Cardano partageait avec lui. Et ils passaient tant de temps ensemble qu'il était naturel que Cardano discute avec Ferrari du poème de Tartaglia.

Progressant dans son déchiffrement, Cardano commença à comprendre la méthode. L'ennui, c'est que, quand il tentait ensuite de l'appliquer à certaines équations, il se heurtait à un problème plutôt inquiétant. Au milieu du poème de Tartaglia se trouvait une instruction qui obligeait parfois à calculer la racine carrée d'un nombre négatif. Cardano ne connaissait pas de nombre dont la racine carrée était négative. Qu'est-ce que cela signifiait ? L'antique formule pour les équations du second degré donnait parfois des racines carrées de nombres négatifs, mais quand cela arrivait, il suffisait de dire que l'équation était insoluble. Toutefois, la méthode de Tartaglia avait quelque chose d'étrange. Si l'on ignorait simplement le fait que l'on ne savait pas quelle était la racine carrée d'un nombre négatif, au bout d'un moment, vers la fin du poème, ces mystérieuses racines carrées disparaissaient, s'étant plus ou moins annulées l'une l'autre, laissant à leur place un nombre parfaitement ordinaire qui résolvait l'équation. Y avait-il là quelque magie à l'œuvre ? Cardano avait-il bien compris ?

Le 4 août 1539, Cardano écrivit à Tartaglia au sujet de ce curieux problème. On ne sait pas si Tartaglia avait une idée plus claire des mécanismes impliqués, mais il vit une occasion de semer la confusion dans l'esprit de Cardano : « En réponse, je dis que vous n'avez point maîtrisé la vraie façon de résoudre les problèmes de cet ordre, et de fait, je dirais que vos méthodes sont totalement fausses. »

Les pires craintes de Tartaglia étaient cependant sur le point de se réaliser. Le jeune Ferrari, à peine âgé de dix-huit ans, avait découvert comment utiliser la solution afin d'obtenir une formule permettant de résoudre des équations quartiques, contenant des termes en x^4. Cardano fut si impressionné par la découverte du jeune homme qu'il démissionna de son propre poste à la fondation Piatti de Milan pour laisser la place au jeune prodige. Mais il était désormais confronté à un dilemme. Comme la méthode de résolution des équations quartiques était fondée sur la solution de Tartaglia pour les équations cubiques, ils ne pouvaient absolument pas rendre publique la découverte de Ferrari. Bien qu'ayant en partie trahi sa promesse en discutant de la démonstration de Tartaglia avec Ferrari, l'honneur voulait qu'il ne publie rien à ce sujet. Ce qui signifiait qu'il devait priver son étudiant d'une récompense légitime.

Cardano proposa de se rendre à Bologne afin de consulter son collègue Annibale della Nave. Un choix des plus fortuits. Della Nave avait en sa possession un vieux carnet qui avait appartenu à son beau-père, Scipione del Ferro, le premier mathématicien à avoir résolu l'équation cubique et qui avait parlé de sa découverte à Fior, son étudiant, sur son lit de mort. Cardano et Ferrari, en feuilletant le carnet, reconnurent la formule que Tartaglia avait découverte de son côté quelques années plus tard. Ils avaient trouvé une issue : Cardano pouvait maintenant publier légitimement la formule de del Ferro sans avoir l'impression de trahir sa promesse à Tartaglia. Dans le grand œuvre où il révéla enfin au monde la solution des équations cubiques et quartiques, l'*Ars Magna*, Cardano ne manque pas de rendre hommage à Tartaglia pour sa découverte indépendante. Mais c'est la contribution de del Ferro qu'il loue tout particulièrement : « Cet art surpasse toute subtilité humaine et la perspicacité de talents mortels, et est en vérité un don céleste. »

L'hommage de Cardano ne suffit évidemment pas à satisfaire Tartaglia. Son monde s'écroulait. Il n'avait pas pu publier sa propre découverte de la formule, et la solution de l'équation quartique venait de lui être chipée par un parvenu de dix-huit ans. C'était plus qu'il n'en pouvait supporter.

Dans le vain espoir de sauver sa réputation, Tartaglia rédigea sa propre version des faits, où il se livre à une succession d'attaques venimeuses contre Cardano. Ce dernier, ayant froissé plus d'un ego au fil de son ascension, avait l'habitude d'être ainsi pris pour cible, mais son jeune étudiant, Ferrari, se sentit obligé de défendre l'honneur de son maître. Il écrivit à Tartaglia, se moquant de ses inexactitudes mathématiques et le défiant de participer à un débat public. Une passe d'armes avec un mathématicien relativement peu connu n'apporterait rien à la réputation de Tartaglia. En revanche, il se dit qu'il pourrait être utile d'écraser publiquement Cardano. Aussi répondit-il à Ferrari en essayant d'impliquer Cardano dans la mêlée.

Il s'ensuivit un furieux échange de correspondance entre Venise et Milan. Les lettres furent rendues publiques, les deux hommes s'efforçant de s'assurer le soutien de la communauté mathématique. Insultes et problèmes mathématiques se mirent à voler bas, Ferrari et Tartaglia tentant de se surpasser l'un l'autre. La portée et la diversité des problèmes que Ferrari soumit à Tartaglia montre que sa résolution des équations quartiques ne fut pas qu'un coup de génie, mais qu'il se transformait peu à peu en un penseur réfléchi et philosophe. Outre les équations cubiques, il mit Tartaglia au défi de résoudre des problèmes de géométrie « en démontrant tout », d'éclairer des passages de Platon, et même de débattre de la question philosophique de savoir si « l'unité est un nombre ».

En dépit de son mépris pour Ferrari, Tartaglia ne put résister au désir de s'attaquer à la trentaine de problèmes qu'il lui soumit, et peu à peu, il se retrouva pris dans un échange épistolaire. Il ignora les réflexions philosophiques sur Platon et le concept du nombre, questions qu'il jugeait indignes d'un mathématicien – une opinion que l'on croise souvent chez les mathématiciens modernes, qui se moquent de ceux qui consacrent leur temps à la philosophie de leur discipline. En réaction aux défis de Ferrari, Tartaglia prétendit à maintes reprises que son rival cherchait à obtenir des réponses à des problèmes qu'il ne savait pas résoudre, dans l'espoir de lui subtiliser d'autres idées : « C'est une chose fort honteuse que d'avancer une telle question en public sans savoir comment la résoudre. »

Ferrari répliqua en dénonçant l'absence de démonstration de Tartaglia quand il présentait ses solutions : « Tout comme un forgeron, vous omettez la partie qui importe, à savoir ces trois mots, "en démontrant tout". » Et la répugnance de Tartaglia à aborder des sujets d'un intérêt mathématique plus profond, disait-il, était le signe de quelqu'un

> qui passe tout son temps sur des racines, des puissances de cinq, des cubes et autres billevesées. S'il m'incombait de vous récompenser, suivant en cela la coutume d'Alexandre, je vous chargerais de tant de racines et de radis que vous ne pourriez plus rien manger d'autre de votre vie.

La situation s'aggrava quand on offrit à Tartaglia un poste prestigieux à l'université de Brescia, sa ville natale. Mais l'offre dépendait de son succès dans un débat public face à un autre mathématicien désigné par la faculté. Il dut être démoralisé quand il reçut une lettre l'informant qu'il lui fallait se rendre à Milan pour y affronter Ferrari. S'il souhaitait décrocher l'emploi lucratif qu'il avait cherché pendant des années, il devait ravaler sa fierté et croiser le fer avec l'élève de Cardano. Quoi qu'il en soit, il pensait que Ferrari ne disposait pas vraiment de talents mathématiques suffisants pour lui résister longtemps.

Le matin du 10 août 1548, les deux hommes se firent face dans les magnifiques jardins de l'un des monastères franciscains de Milan. Leur correspondance au cours des deux années écoulées avait suscité un grand intérêt, et le jardin était bondé de spectateurs, dont un bataillon de célébrités milanaises impatientes de voir couler le sang mathématique. Tartaglia était rompu à l'exercice, et il était certain qu'il pourrait relever le défi de Ferrari. Seul son frère était venu le soutenir, tandis que Ferrari comptait sur l'appui d'une foule d'amis qu'il avait invités.

Le duel commença, et Tartaglia comprit que Ferrari ne s'était pas vanté quand il avait affirmé qu'il connaissait les réponses à toutes les questions qu'il lui avait envoyées. Il s'avéra que son jeune adversaire jouissait d'une plus grande maîtrise des formules capables de résoudre les équations cubiques et quartiques. Tartaglia usa du poème qu'il avait conçu pour l'aider à se souvenir de sa méthode, mais Ferrari était simplement trop rapide pour lui. Tartaglia eut alors recours à la mesquinerie et se mit à critiquer les méthodes de Ferrari dans l'espoir de le déstabiliser. La journée avançant, Tartaglia vit que sa cause était perdue. Ferrari lui asséna une série de coups de plus en plus rudes, prouvant à quel point Tartaglia comprenait mal la résolution des équations, par rapport à sa capacité à tourner et retourner les formules à son avantage.

Quand la foule se réunit pour un deuxième jour de lutte, ce fut pour apprendre que Tartaglia s'était enfui à Venise, préférant ne pas subir l'humiliation d'un KO mathématique. Ferrari fut proclamé vainqueur et fut bombardé d'offres d'emploi, dont une requête de l'empereur Charles-Quint (dont le grand-père avait chassé les Maures de l'Alhambra), qui lui demandait d'enseigner à son fils. Ferrari rêvait de faire fortune et choisit donc de devenir contrôleur des impôts pour le gouverneur de Milan. Combien de mathématiciens ont depuis été ainsi détournés par les appâts de la ville ! Ferrari devint célèbre grâce à sa formule de résolution des équations quartiques, mais mourut à tout juste quarante-trois ans. Il aurait été empoisonné à l'arsenic blanc des mains de sa propre sœur, qui en voulait à l'énorme héritage qu'elle obtiendrait à sa mort. Deux semaines après l'enterrement de Ferrari, elle se maria, mais son nouvel époux partit avec son argent, la laissant sans le sou.

Tartaglia enseigna à Brescia pendant encore un an, mais après sa défaite ignominieuse, l'université décida d'abord de ne pas le rémunérer, puis de le remercier. Furieux, il intenta vainement des procès pour obtenir paiement de son travail. Brisé, désargenté, Tartaglia finit ses jours à Venise.

Cardano, lui, fut détourné de ses recherches par des désastres en série dont ses fils furent victimes. L'aîné, Giambatista, avait épousé en secret « une femme sans valeur et sans vergogne » qui ne voulait qu'extorquer autant d'argent que possible à son beau-père, désormais riche et célèbre. Leur relation se détériora, et la femme commença à dénigrer ouvertement le fils de Cardano en prétendant que leurs trois enfants n'étaient pas de lui. Ne supportant plus ses moqueries, Giambatista finit par empoisonner son épouse.

Lors du procès, le juge dit qu'il lui épargnerait le gibet si son père s'efforçait de se réconcilier avec la famille de la femme assassinée. Mue elle aussi par l'appât du gain, la famille soutint que son pardon avait un prix, bien au-delà de ce que Cardano pouvait payer. Cardano ne se remit pas de son incapacité à sauver son fils, qui fut torturé en prison, puis exécuté le 13 avril 1560.

Pire encore, le cadet de Cardano, qui avait hérité de son père la passion du jeu, perdit tous ses biens et se mit à dérober argent et bijoux à son propre géniteur. Cardano le dénonça aux autorités et le fit bannir de Bologne. Dans son autobiographie, *De Vita Propria*, Cardano écrivit que les quatre grandes tragédies de sa vie avaient été son mariage, la triste mort de son fils aîné, la lamentable personnalité de son plus jeune fils, et son emprisonnement. Il fait là référence au temps qu'il passa derrière les barreaux à la fin de sa vie, à cause de l'Inquisition, qui l'accusa d'hérésie. Il avait, semble-t-il, délibérément offensé l'Église dans l'espoir de se faire une place dans l'histoire en rédigeant un ouvrage où il saluait Néron pour avoir tourmenté les martyrs et avoir fait l'horoscope de Jésus. Ce n'est pourtant pas le blasphème mais le rôle qu'il joua dans la résolution des équations qui lui valut de passer à la postérité. Cardano se suicida le 21 septembre 1675 – non à cause des horreurs qu'il avait vécues à la fin de ses jours, mais apparemment pour satisfaire une prophétie qu'il avait faite quelques années plus tôt quant à la date de son trépas.

12 décembre, institut Max-Planck

Fritz et moi avons passé la semaine à essayer de comprendre comment trouver combien on peut construire d'objets symétriques ayant une puissance de nombre premier de symétries. J'ai tiré une leçon de la percée que j'ai réalisée lors d'une précédente visite à Bonn : le nombre d'objets symétriques peut dépendre de la résolution d'un problème complètement différent de celui que nous avions envisagé au départ. Il peut être le même que le nombre de façons de résoudre une série d'équations. Pour nous, la question est la suivante : quelle est la nature des équations qu'il va nous falloir résoudre ? Seront-elles aussi exotiques que la courbe elliptique sauvage qui se trouve au cœur de ma percée à Bonn ? Ou sont-elles plus simples, comme celles que résolvaient Cardano et Tartaglia ?

Fritz et moi avons consacré la semaine à analyser des équations qui pourraient résulter du calcul de tous ces groupes de symétries. Le problème, c'est que l'affaire a commencé à nous échapper et à exploser, se transformant en un vaste problème que nous pouvons à peine espérer maîtriser. C'est comme si j'avais soulevé un caillou qui, soudain, était devenu aussi grand qu'une montagne. Est-il possible que nous accouchions d'une idée géniale qui embrasserait le problème dans toute sa complexité ?

J'en ai mal à la tête. Je finis chaque jour épuisé. Mais au lieu de tenter de dominer la montagne, nous avons décidé de nous attaquer à quelque chose de beaucoup plus gérable, un des contreforts. Nous avons trouvé un moyen de considérer un petit fragment du problème, et nous pouvons même nous servir de l'ordinateur pour effectuer quelques expériences. J'adore ça. Cela ne m'arrive que rarement, mais quand c'est le cas, j'ai toujours l'impression de faire vraiment des sciences. L'expérience passe par un travail préparatoire, mais ensuite, c'est l'ordinateur qui calcule, sans réfléchir. Et nous allons obtenir des réponses ! Au lieu de nous taper la tête contre le tableau blanc pour nous frayer un chemin abstrait dans ce monde, nous pouvons nous lancer dans de petites expéditions exploratoires pour prendre la mesure du paysage. La théorie grandiose derrière laquelle nous courons permettra de comprendre toute la géographie d'un pays, sans même l'avoir visité. Cependant, le premier exercice sur l'ordinateur revient un peu à observer notre environnement. Il est essentiel que nous n'arrivions pas à un résultat qui serait une énorme quantité de données aléatoires sans logique apparente.

Quel soulagement de pouvoir souffler un peu, le temps que l'ordinateur nous donne des réponses susceptibles de nous guider. Nous nous dirigeons vers le square à l'extérieur pour prendre un café pendant que notre ordinateur calcule. Noël approche, et un fort parfum de *Glühwein*, du vin chaud, flotte dans l'air en provenance des marchés de Noël dans la ville. La période que je préfère, pour venir à Bonn, c'est *Karneval*, d'ici quelques mois, quand les Allemands, d'ordinaire sérieux, portent tous des déguisements délirants pendant une semaine de folie. L'an dernier, j'étais justement là pendant la semaine du *Karneval*, et j'ai vu des Allemands déguisés en bananes et en bourdons déambuler dans les rues de Bonn. Personne n'avait l'air de particulièrement s'amuser, mais tout le monde semblait avoir la ferme intention de se saouler gravement. Des quinquagénaires, debout devant des baraques à frites, mangeaient des saucisses, habillés en chiens ou en coccinelles. Fritz prétend qu'il ne se déguise jamais. Dommage, j'adorerais le voir en costume de banane.

Quand nous remontons pour savoir où en est l'ordinateur, nous nous apercevons que nous lui en avons trop demandé. Il est à court de mémoire. Une fois de plus, nous sommes livrés à nous-mêmes dans la jungle des mathématiques. Quand les choses se compliquent, je m'efforce souvent de me souvenir de ces instants où la confusion la plus totale a été soudain métamorphosée par la clarté d'une idée. Cette fameuse soirée à Bonn reste pour moi un moment clé, qui m'aide à tenir les jours sombres.

Depuis Bonn, je décide de faire un saut dans une autre de mes villes allemandes préférées, Göttingen. Ce village que l'on dirait sorti de *Hansel et Gretel* fut autrefois la Mecque des mathématiques du XIXe siècle, et le berceau de deux de mes héros mathématiques, Gauss et Riemann. Je passe un après-midi avec un ami dans le cimetière local. Loisir un peu macabre, m'avait-il semblé quand il me l'avait proposé, mais en fait, ce pèlerinage scientifique s'avère une expérience fascinante.

Beaucoup des plus grands scientifiques de Göttingen reposent ici. Outre des noms et des dates, les pierres tombales sont souvent ornées des équations qui ont rendu leurs propriétaires célèbres. C'est au cours de ce voyage que je décide de ce que je veux voir gravé comme épitaphe sur ma tombe. Je ne dis pas que la découverte que j'ai effectuée ce soir-là à Bonn va ébranler la planète, mais si l'on doit mettre quelque chose sur ma tombe, alors, ça ne peut être que l'équation qui définit le groupe de symétries que j'ai concocté :

$$G=\left\langle x_1,x_2,x_3,x_4,x_5,x_6,y_1,y_2,y_3 : \begin{array}{ll} [x_1,x_4]=y_3,[x_1,x_5]=y_1,[x_1,x_6]=y_2 \\ [x_2,x_4]=y_1,[x_2,x_5]=y_3, & \\ [x_3,x_4]=y_2, & [x_3,x_6]=y_1 \end{array}\right\rangle$$

6

Janvier : impossibilités

Lorsque vous avez éliminé l'impossible, ce qui reste, aussi improbable que cela paraisse, doit être la vérité. Sherlock Holmes, *Le Signe des Quatre*

23 janvier, Oxford

C'est à ma connaissance des palindromes que je dois d'avoir épousé Shani. Quand j'étais un jeune post-doc, je cherchais un appartement à Jérusalem, mais sans succès, car je n'étais pas juif. Des semaines durant, j'ai cherché un endroit où vivre. J'ai fini par avoir de la chance quand une femme a passé sa tête à la porte à laquelle je venais juste de frapper, m'a dévisagé et a aboyé : « Alors, vous savez ce qu'est un palindrome ? » À défaut d'être juif, il était apparemment passable d'être un intellectuel. M'étant tiré du rituel d'initiation, j'ai eu droit à un logement. Et ma troisième colocataire est devenue ma femme.

Notre premier rendez-vous a eu tout du baptême du feu, tant pour elle que pour moi. Son amie venait juste d'avoir un petit garçon. Shani a donc décidé de m'emmener à sa *brit mila*, ou circoncision. Nous nous sommes assis et avons grignoté des pilons de poulet pendant que le père et le grand-père maintenaient le bébé sur la table et que le *mohel* lui découpait le prépuce. Pour échapper aux images terrifiantes qui se profilaient dans mon esprit, j'ai passé le restant de notre rendez-vous à expliquer à Shani les rituels de ma propre religion. J'ai fait tourner cendriers carrés et verres ronds sur la table tandis que je tentais de l'initier aux secrets de la symétrie.

Cette semaine, Shani est repartie en Israël pour une autre circoncision. J'ai préféré passer mon tour, cette fois, et je me suis réfugié à Oxford pour me plonger dans les maths. Compte tenu de mon absence de progrès à Bonn le mois dernier, j'ai choisi de m'attaquer à un problème complètement différent. J'ai souvent plusieurs problèmes sur le feu. Parfois, un changement de perspective peut s'avérer profitable quand je reviens à une question, après avoir passé un moment sur autre chose. Lors de mon premier voyage en Israël, il y a quinze ans, non seulement les palindromes m'ont valu un logement, mais ils ont aussi commencé à apparaître bizarrement dans les fonctions zêta que j'étudiais.

Chaque groupe de symétries est indissociable d'une fonction zêta. Celle-ci peut être décrite par une formule composée d'expressions polynomiales. Si le groupe de symétries n'est pas trop compliqué, je peux calculer la formule pour la fonction zêta de ce groupe précis. Ce que j'avais remarqué de curieux à l'époque en Israël, c'est que, chaque fois que j'effectuais un de ces calculs, j'obtenais apparemment toujours des expressions polynomiales présentant une symétrie palindromique plutôt séduisante, comme :

$$2x^6 + 4x^5 + 7x^4 + 3x^3 + 7x^2 + 4x + 2$$

Les chiffres dans cette expression ont un motif symétrique :

(2, 4, 7, 3, 7, 4, 2)

Comme les mots, les formules peuvent elles aussi former des palindromes.

Les motifs symétriques de ce genre sont tout à fait inattendus. Si vous utilisiez un ordinateur pour produire des formules au hasard, la plupart ne présenteraient pas cette symétrie palindromique. Pourtant, chaque fois que quelqu'un prenait un nouveau groupe de symétries et réussissait à en calculer la fonction zêta, la formule en résultant était dotée de cette symétrie palindromique, ce que les mathématiciens appellent une équation fonctionnelle. Mais cela pouvait-il se vérifier à chaque fois ? Avec le temps, alors que la base de données s'enrichissait de nouveaux exemples, l'évidence s'en est trouvée de plus en plus confortée. Je ne voyais pas pourquoi le fait de partir d'un objet riche en symétries devait obliger la fonction zêta en résultant à présenter cette symétrie palindromique. Cela semblait exact, mais c'était une preuve qu'il me fallait. Comment être sûr que, quand je calculerais le prochain exemple, cette symétrie ne disparaîtrait pas ? Peut-être ne considérais-je que des exemples qui étaient dotés d'une structure très particulière. Le problème, avec les mathématiques, c'est que l'évidence peut souvent être trompeuse. Ce qui semble être un schéma solide peut brutalement se dissiper sous vos yeux. C'est pourquoi les mathématiciens sont si obnubilés par le besoin de démonstration. Dans d'autres domaines scientifiques, l'évidence est essentielle, mais les mathématiciens, eux, n'ont foi que dans la démonstration.

Depuis mon premier séjour à Jérusalem, j'ai régulièrement tenté de démontrer que cette symétrie palindromique existera toujours. Le palindrome en lui-même n'est pas ce qui compte. Pour moi, ce superbe motif est plus comme un signal, qui laisse entrevoir une structure sous-jacente profonde elle-même responsable de la symétrie palindromique. J'espérais que ce signal me guiderait jusqu'à un fabuleux panorama de la structure qui se manifestait par le biais de ce palindrome. Mais depuis quelques années, j'en suis venu à me dire que je ne rencontre cette symétrie palindromique que parce que je choisis les exemples qui permettent de la trouver.

Soudain, avec la découverte de mon nouveau groupe de symétries à Bonn, il y avait une chance que la symétrie palindromique disparaisse. Après tout, ma découverte avait complètement bouleversé la vision que j'avais de la conjecture PORC. Peut-être seraitelle assez cruelle pour détruire ma conjecture du palindrome. Une surprise m'attendait.

Un an après ma découverte, Christopher, un de mes étudiants, m'envoya un courriel surexcité me demandant s'il pouvait venir à Londres me montrer quelque chose. Mes étudiants de doctorat savent que c'est chez moi qu'ils peuvent compter sur mon attention la plus soutenue. Toutefois, ce que Christopher avait à me montrer ce jour-là m'aurait captivé même dans le plus perturbant des environnements. Il avait effectué un calcul complet de la fonction zêta de mon groupe de symétries des courbes elliptiques. Mon analyse de ce groupe avait suffi à creuser un tunnel le reliant au monde des courbes elliptiques. Et maintenant, Christopher venait de construire un pont permanent.

Mais cette nouvelle fonction zêta présenterait-elle une symétrie palindromique ? En épluchant les calculs de Christopher, nous avons eu le sentiment que quelque chose n'allait pas. Les nombres ne collaient pas vraiment, presque, mais pas tout à fait. Puis nous avons repéré dans ses calculs quelque chose qui, rattaché à la courbe elliptique, pourrait également contribuer à la symétrie. Nous étions passés à côté de ce détail. Je me suis précipité à l'étage pour chercher un livre sur ces courbes spéciales, et n'ai pas tardé à trouver ce que je cherchais. Ces courbes elliptiques ont également des fonctions zêta dotées d'une symétrie palindromique. Quand nous avons associé les deux, soudain, comme par magie, les calculs de Christopher ont parfaitement correspondu. Le palindrome était toujours là !

Ce fut un moment vraiment formidable. Je ressentis une fierté toute paternelle pour mon étudiant. Et quant à lui, il goûtait à cette sensation de joie liée à la toute première découverte, cette illumination à laquelle aspirent tous les mathématiciens. Si mon exemple délirant de courbe elliptique présentait encore cette symétrie palindromique, on pouvait de nouveau espérer que ma conjecture du palindrome était vraie. Je m'étais sincèrement attendu à ce qu'elle soit détruite par les calculs de Christopher – après tout, elle avait bouleversé ma vision de la conjecture PORC. Mais ils avaient abouti au contraire. Cette nouvelle découverte m'incita à comprendre pourquoi cette symétrie était là, à démontrer ma conjecture.

Ce jour-là resta dans les mémoires pour une autre raison. Shani m'appela quelques minutes après notre découverte du nouveau palindrome, et me dit d'allumer la télé. Deux avions venaient de s'écraser dans le World Trade Center à New York. Nous étions le 11 septembre 2001. Pendant l'heure qui suivit, Christopher et moi regardâmes les tours jumelles s'écrouler.

Je revins à une description théorique de la formule pour la fonction zêta que Fritz et moi avions mis au jour quelques années plus tôt. J'étais convaincu que le secret de la symétrie palindromique y était dissimulé quelque part. Mais je ne comprenais toujours pas pourquoi cette formule devait forcément donner une symétrie dans la fonction zêta. Je noircis des pages et des pages de blocs-notes jaunes, tournant et retournant la formule sous tous les angles, la réécrivant de différentes façons, essayant de nouveaux moyens de la réagencer pour observer la symétrie. C'était comme si la formule était un Rubik's Cube – je n'arrêtais pas de la manipuler, d'en faire pivoter les côtés, dans l'espoir que, brutalement, toutes les couleurs correspondraient et me révéleraient la logique qui, j'en étais convaincu, s'y trouvait. Mais rien ne vint.

Quelques semaines après la percée de Christopher, je téléphonai à Fritz à Bonn. J'avais envoyé Christopher à l'institut Max-Planck pour qu'il montre ses travaux à Fritz. « Je crois que Christopher et moi devrions pouvoir démontrer l'équation fonctionnelle d'ici la semaine prochaine », me dit Fritz. Je me souviens d'avoir paniqué. J'aurais dû être ravi, mais j'étais catastrophé. C'était ce que *je* voulais démontrer. Je savais que j'avais peut-être commis une erreur en partageant mes idées, mais je m'étais montré altruiste, au nom du bien commun de la discipline. Et voilà que je ne pouvais supporter l'idée qu'elle soit démontrée par quelqu'un d'autre. Étais-je déjà exclu ? J'eus envie de bondir dans le premier avion. Je me sentais comme Tartaglia, qui avait sorti de son sac à malices le secret de la résolution des équations cubiques, tout cela pour que le jeune parvenu Ferrari s'en empare et s'en serve pour résoudre les équations quadratiques.

Quand Christopher rentra de Bonn, il s'avéra qu'ils avaient été trop optimistes. Je m'en voulais, mais je ne pus que pousser un soupir de soulagement. J'étais de retour dans la course. Quand j'en parlai à certains de mes collègues, ils eurent un rire nerveux. Ils comprenaient. On éprouve une curieuse tension, quand on est fier de ses étudiants, car on ne peut en même temps s'empêcher de redouter qu'ils ne vous éliminent.

Quelques années plus tard, la situation prit un tour inattendu. Je m'étais organisé pour retrouver Luke, un de mes étudiants, dans mon bureau d'Oxford. Luke est un magicien de la programmation. Nous avions jusque-là effectué nos calculs d'une façon *ad hoc*, analysant avec papier et crayons les tours et détours de chaque groupe individuel de symétries. Luke avait trouvé un moyen de se servir de l'ordinateur pour explorer un groupe de symétries d'une façon beaucoup plus systématique. Et si le groupe est assez simple, la machine identifie les ingrédients qu'il vous faut pour calculer explicitement la formule de la fonction zêta. Les calculs que Luke a commencé à produire poussent nos exemples bien au-delà de ce que nous serions à même de faire à la main. Mais il ne suffit pas d'actionner une manivelle – l'ordinateur ne peut donner que ce que son programmeur lui a permis. Il lui faut encore guider la machine dans ses calculs.

Luke commença à me montrer quelques-uns de ses calculs les plus récents. Il avait devant lui une pile de feuillets couverts de gigantesques équations, certaines s'étalant sur plusieurs pages. En dépit de leur taille, elles ne cessaient d'afficher cette superbe symétrie palindromique : au milieu d'une formule, les coefficients commencent à se répéter en ordre inversé. Nous étions presque arrivés au bout quand Luke a prélevé une feuille de sous la pile. « Oh, et j'ai trouvé cet exemple. » Je fixai la formule. Au milieu, au lieu de joliment s'inverser, elle commençait à faire tout autre chose.

Bang! Je m'efforçais de démontrer cette symétrie palindromique depuis des années, et cet exemple venait torpiller ma conjecture. Cette formule n'était pas un palindrome. C'est là qu'un ordinateur prend toute sa valeur : il n'est peut-être pas très efficace quand il s'agit de démontrer des théorèmes, mais pour ce qui est de pulvériser des conjectures, il s'y entend tout à fait. Et je comprenais maintenant pourquoi Luke avait paru si tendu quand il s'était assis avec moi. D'abord, il était nerveux parce qu'il avait fait une découverte cruciale, mais il devait aussi se demander comment je réagirais quand il me dirait que j'avais couru après un fantôme pendant dix ans. C'était bien pire que si je m'étais fait souffler ma conjecture sous le nez. C'était bel et bien Œdipe qui se tenait dans mon bureau.

Il fallait que je m'y fasse. C'est la règle dans ma discipline. Que puis-je y faire ? Je ne peux pas réécrire les faits pour qu'ils obéissent à ma vision du monde. Il y a quelque chose de tout à fait implacable dans la logique mathématique. Cette symétrie était si belle que je sentais qu'elle devait être juste, mais la logique me disait le contraire. Dans leur travail, les mathématiciens sont animés par un sens profond de l'esthétique, et la voie qu'il faut suivre est bien souvent la plus belle. Et comme la symétrie, dans la nature, a un sens, je m'étais convaincu que cette symétrie palindromique recelait un message quant à une structure interne qui faisait tourner mes fonctions zêta. On ne peut nier que de nombreux groupes de symétries ont des fonctions zêta qui présentent cette symétrie palindromique. La grande question est donc désormais : pourquoi certains groupes donnent naissance à des palindromes, alors que d'autres, comme celui de Luke, ne le font pas ?

L'exemple de Luke illustre également la puissance de l'ordinateur dans la recherche mathématique. La semaine dernière, les journaux ont annoncé la découverte d'un nombre premier à plus de neuf millions de chiffres ; seul l'ordinateur peut nous donner accès à des nombres premiers aussi gigantesques – et produire plus de données que nous n'aurions pu l'espérer auparavant. Si j'avais eu beaucoup de temps devant moi, j'aurais pu me mettre à calculer les détails de l'exemple de Luke à la main. Mais j'aurais sans aucun doute fait une erreur. Je me serais certainement dit que je m'étais trompé quand je me serais aperçu que la réponse n'avait pas la symétrie palindromique que j'attendais. C'est un moyen de vérifier les erreurs que j'avais souvent utilisé par le passé. Un moyen très efficace : une fois obtenue la symétrie, je savais que les calculs étaient probablement bons car la symétrie est difficile à trouver par accident.

Mais comme je l'avais découvert le mois précédent à Bonn, les capacités de l'ordinateur ont elles aussi leurs limites. Luke dit qu'il est en train d'atteindre les limites des exemples que sa machine peut traiter. Au-delà de ces exemples s'étendent des territoires inconnus et sans fin, dans lesquels seul l'esprit peut naviguer.

L'exemple de Luke sera toujours là pour me rappeler qu'il faut aborder tous les problèmes avec l'esprit ouvert. Son groupe de symétries a révélé ce jour-là une nouvelle subtilité dans la théorie de la symétrie : les choses ne sont pas monochromatiques – il y a une texture dont nous ne sommes pas conscients. Nous n'avons toujours pas donné de nom à ce phénomène, mais il en mérite un. Peut-être devrions-nous appeler les groupes de symétries dont les fonctions zêta présentent cette symétrie des « groupes palindromiques ».

Dans mon bureau ce jour-là, j'ai été le témoin d'un nouveau départ. Le sujet avait changé, et il fallait ajouter quelque chose au langage afin de décrire cette nouvelle vision. Luke doit repasser ce matin, et nous allons voir si ses explorations informatiques ont accouché de nouvelles surprises.

C'est une des joies des mathématiques que de voir un étudiant entrer dans votre bureau, ou de recevoir une lettre venue d'un coin reculé du globe, pour vous annoncer une percée qui change la nature même du sujet. Et les mathématiciens qui avaient pris la suite de Tartaglia, Cardano et Ferrari, et qui voulaient mettre au point une formule pour les équations quintiques, n'étaient pas au bout de leurs surprises. Lesquelles eurent une source plutôt inattendue.

Un coup d'œil dans le détroit de Magellan

Au début du XIXe siècle, la Norvège était isolée plus qu'elle ne l'est d'ordinaire. En hiver, il est fréquent que les fjords gèlent, empêchant tout accès de l'extérieur, mais en 1807, le pays, alors encore sous le contrôle du Danemark, souffrait également d'un isolement politique. Cette année-là, la Grande-Bretagne avait mené une frappe préventive contre la flotte danoise, redoutant qu'elle ne permette à Napoléon de lancer une invasion sur les côtes britanniques. Les puissances continentales, en représailles à cette agression, imposèrent un blocus à la Grande-Bretagne. Londres estima qu'un blocus de la Norvège était un moyen de châtier les Danois. Le blocus eut un effet dévastateur sur la Norvège, car la principale exportation du pays était le bois, à destination de la Grande-Bretagne. Et le blocus privait l'économie de fonds essentiels. Pire encore, la population manqua de vivres parce que le blocus coupait les axes de ravitaillement depuis le Danemark, dont dépendait la Norvège. En 1813, le pays était en proie à la famine.

Au milieu de ce tumulte politique et économique, un jeune Norvégien effectuait ses premiers pas sur la voie d'une carrière mathématique qui ferait de lui un des plus grands mathématiciens de son pays. Privé de tout contact extérieur en dehors des rares livres qui parvenaient jusqu'en Norvège, Niels Abel allait résoudre un problème qui, des siècles durant, avait résisté à d'éminents mathématiciens en France, en Italie et en Allemagne. Les mathématiciens de la Renaissance avaient trouvé le secret de la résolution des équations cubiques et quartiques. Puis, pendant deux cent cinquante ans, les mathématiciens européens avaient semblé incapables de franchir le blocus intellectuel qui encerclait la résolution des équations quintiques. Jusqu'à ce qu'Abel, lui, trouve effectivement un passage.

L'intérêt du jeune homme pour les sciences lui venait de son père, à qui il arrivait de le tirer du lit en pleine nuit pour lui faire admirer une éclipse lunaire ou le passage d'une comète. Abel adorait les étoiles. Les mathématiques, en revanche, ne l'inspiraient guère. Peut-être parce que son instituteur usait souvent de violences pour faire apprendre leurs tables de multiplication à ses élèves. Un jour, l'enseignant perdit tout contrôle, au point de battre à mort un des enfants, ce qui lui valut d'être expulsé de l'école. Il fut remplacé par un jeune mathématicien, Bernt Holmboe.

Holmboe était au fait des derniers développements passionnants que connaissaient les mathématiques dans toute l'Europe. Ses histoires de grandes découvertes et de formidables défis transformèrent le sujet aux yeux d'Abel, qui entreprit de lire quelques-unes des œuvres de Leonhard Euler et Isaac Newton. Un an après l'arrivée de Holmboe, Abel s'était lancé dans ses propres réflexions mathématiques.

Il obtint son diplôme, mais l'événement fut assombri par la mort tragique de son père, qui buvait à l'excès depuis des années. L'alcoolisme de son père avait été aggravé par son renvoi humiliant d'un poste politique de haut rang, après avoir émis de fausses accusations à l'encontre d'un rival. Abel, âgé de dix-huit ans, dut s'occuper de cinq frères et sœurs et d'une mère elle aussi alcoolique, rejetée par la société après avoir été surprise au lit avec un amant, l'après-midi des obsèques de son mari.

En tant que mentor d'Abel, Holmboe ne voulait pas voir gaspiller le fantastique talent mathématique du jeune homme. Prélevant sur ses propres revenus, pourtant modestes, il paya à Abel son inscription à la toute nouvelle université de la capitale. Abel était ravi d'échapper aux pressions de sa vie de famille en se plongeant dans le monde émotionnellement neutre des mathématiques. Un des grands problèmes qui l'attiraient particulièrement était celui de la formule de résolution des équations quintiques, celles dont les termes sont en x^5. Il avait appris l'existence des formules découvertes par Tartaglia, Cardano et Ferrari. Elles paraissaient presque magiques par leur capacité à donner la solution de toute équation cubique ou quartique. Il était déterminé à ajouter son nom à la liste des grands mathématiciens qui avaient percé le secret des équations en trouvant une formule pour résoudre les équations quintiques.

C'était le genre de problème avec lequel même un mathématicien naïf peut commencer à s'amuser et tenter de développer une formule appropriée. Un Allemand, Walther von Tschirnhaus, pensait avoir résolu les quintiques en 1683, mais son compatriote Gottfried Leibniz, le rival mathématique de Newton, avait décelé des erreurs dans l'analyse de Tschirnhaus. Comme l'écrivit le premier historien des mathématiques, au XVIIᵉ siècle, Jean-Étienne Montucla : « Les remparts sont abattus tout autour de lui mais, enfermé dans son ultime redoute, le problème se défend avec acharnement. Qui sera l'heureux génie à mener l'assaut ou à le contraindre à la capitulation ? »

À l'époque, la résolution des équations quintiques avait le même statut que la démonstration du dernier théorème de Fermat (un problème auquel Abel n'hésita pas non plus à s'attaquer) ou que l'énigme des nombres premiers – deux questions qui ont probablement suscité le plus de vocations de « découvreurs » chez les mathématiciens amateurs. Tout comme il m'arrive aujourd'hui de recevoir plusieurs lettres par semaine me décrivant telle ou telle théorie sur l'origine des nombres premiers, alors aussi, les mathématiciens professionnels des grandes universités européennes entendaient parler de gens qui disaient avoir trouvé la solution aux équations quintiques. Au bout de quelques mois d'efforts, Abel vint voir Holmboe avec une formule qui, pensait-il, démêlerait la grande énigme du moment. Holmboe en fut éberlué, mais il n'était pas en mesure de vérifier si la formule d'Abel faisait effectivement ce qu'il prétendait. Ils la transmirent donc au mathématicien danois Ferdinand Degen, pour qu'elle soit publiée par la Société royale de Copenhague.

Degen répondit en demandant que la formule soit appliquée à un exemple. Après tout, c'était là la meilleure façon de tester la théorie d'Abel. Sa formule devait pouvoir résoudre n'importe quelle équation impliquant x^5. Mais quand Abel s'attela à démontrer que sa formule pouvait permettre de trouver la solution d'une équation quintique précise, il comprit soudain que ses travaux comportaient un défaut. Peut-être Degen l'avait-il vu lui aussi, mais avait-il généreusement laissé à Abel la possibilité de la découvrir par lui-même. Il avait en tout cas manifestement reconnu le talent d'Abel. Il envoya même au jeune mathématicien quelques problèmes intéressants à résoudre, suggérant qu'il avait peut-être le talent suffisant pour « découvrir un détroit de Magellan menant aux vastes étendues d'un formidable océan analytique ».

Le fait de prendre conscience des limites de sa formule eut un effet frappant sur Abel. En voyant avec angoisse sa grande découverte s'effondrer sous ses yeux, il acquit une perspective plus profonde des subtilités de l'équation quintique. Ce qui bouleversa son point de vue sur la question. Il commença à entrevoir pourquoi il n'y avait peut-être pas vraiment de formule pour résoudre ces équations. Presque comme un rite d'initiation, le baptême d'Abel par les équations marqua son passage du statut de calculateur amateur à celui de mathématicien qui finirait par être considéré comme un des plus grands de son époque. Mais il lui fallait encore mériter cette reconnaissance, ce qui lui coûterait extrêmement cher.

Grâce à une petite bourse de l'université, il put rendre visite à Degen à Copenhague pour débattre de ses mathématiques. Il sentait bien que la Norvège était trop isolée et qu'il lui manquait l'environnement stimulant dont il avait besoin s'il voulait que ses idées mûrissent. À vrai dire, cet environnement faisait aussi défaut à Copenhague, mais au cours de con voyage, il rencontra une jeune femme, Christine Kemp, dont il tomba amoureux. Abel la décrivit à un ami comme n'étant « pas belle ; elle est rousse et a des taches de rousseur, mais c'est une femme admirable ». Abel comprit qu'il n'était pas encore assez établi pour se marier, mais il lui promit que, dès qu'il aurait obtenu le poste de professeur qu'il convoitait en Norvège, il l'épouserait. Elle accepta d'attendre qu'il se soit fait un nom.

Aiguillonné par ce que l'avenir semblait lui promettre, il consacra ses efforts à comprendre pourquoi ces équations quintiques étaient apparemment impossibles à résoudre.

Au mépris des tortures mentales

Entre-temps, les mathématiciens avaient commencé à comprendre les nombres que Cardano rejetait comme des « tortures mentales ». Les racines carrées de nombres négatifs qui étaient apparus dans les calculs de Cardano n'étaient pas « si subtiles qu'elles en sont inutiles », comme il l'avait cru. Au début du XIXe siècle, ces « nombres imaginaires », comme René Descartes les avait d'abord appelés, étaient enfin acceptés comme faisant partie intégrante du monde des mathématiques. Les mathématiciens admirent que ces nombres avaient toujours existé, et que c'était à eux qu'il revenait de dévoiler leurs secrets. Et ils commencèrent ainsi à découvrir pourquoi le monde de la symétrie était peut-être intimement lié à la résolution des équations.

L'histoire des mathématiques nous raconte comment des cultures différentes s'attaquèrent à la découverte de nouveaux types de nombres. Le concept d'un nombre entier s'inscrit dans notre processus évolutif. Notre cerveau est apparemment équipé pour identifier 1, 2, 3… D'ailleurs, les mathématiciens les définissent comme des nombres naturels en reconnaissance de leur place fondamentale dans le monde naturel. La capacité à distinguer la « dualité » comme quelque chose de différent de la « trinité » est ce qui a poussé les peuples du monde entier à se doter de mots et de symboles pour exprimer cette différence.

Le fait que nos cerveaux aient évolué pour reconnaître le concept de nombres entiers peut probablement être attribué au principe darwinien de la survie du plus adapté. La capacité à évaluer combien d'animaux il y a dans la meute adverse sera à l'origine de la décision de se battre ou de fuir. Les recherches ont montré que les animaux sont non seulement capables de comparer, mais qu'ils peuvent aussi compter. Les singes et les chats comptent leurs petits pour vérifier qu'ils sont tous là ; les foulques savent quand le nombre d'œufs dans leur nid a augmenté, preuve qu'un autre oiseau y a déposé un œuf parasite ; dès cinq mois, les bébés humains peuvent dire quand on leur prend une de leurs poupées dans une pile ; même les chiens sentent qu'il y a quelque chose de douteux quand des scientifiques tentent de les convaincre que 1 + 1 = 3.

Mais à partir de ces fondations numériques, l'homme a construit de nouveaux types de nombres. Chacun d'entre eux, comme les nombres négatifs ou les nombres imaginaires, a au début l'air tout sauf naturel, et il faut souvent attendre des générations avant que les scientifiques les acceptent et s'en servent. Mais progressivement, les gens produisant des représentations graphiques de ces nombres, ou des règles et des équations pour les manipuler, un langage s'est développé, qui a permis à la génération suivante de parler avec assurance de ces découvertes. Les pionniers de la résolution des équations quadratiques avaient eu d'autant plus de mal que les nombres négatifs ne faisaient pas partie du lexique du moment.

Le problème de la résolution des équations a entraîné la découverte de toute une série de nouveaux types de nombres. Les nombres négatifs sont apparus comme solutions à des questions du genre : « trouver x tel que $x + 3 = 1$ ». Les fractions nous aident à diviser des nombres qui ne sont pas naturellement divisibles : par exemple, la question de savoir comment partager sept tranches de pain entre trois personnes, résumée dans l'équation $3x = 7$, doit passer par le langage des fractions pour nous permettre de parler de quelque chose d'inférieur à une tranche entière.

Pythagore et ses disciples croyaient que tous les problèmes mathématiques pouvaient être résolus à l'aide de nombres entiers et de fractions créées à partir de nombres entiers. Il fut donc stupéfiant de s'apercevoir que la longueur du côté long d'un triangle à angle droit dont les côtés courts sont d'une unité ne pouvait être exprimée sous forme de fraction. Le théorème de Pythagore impliquait que la longueur était un nombre dont le carré est 2 (Figure 43). Quel était ce nombre ? Si l'on prend la fraction 7/5, alors son carré est très proche de 2 ; 707/500 au carré s'en rapproche un peu plus. On pouvait trouver des paires de nombres de plus en plus grands dont le ratio se rapprochait toujours plus de la longueur du côté du triangle, mais, les pythagoriciens l'avaient démontré, aucune fraction ne lui correspondait exactement.

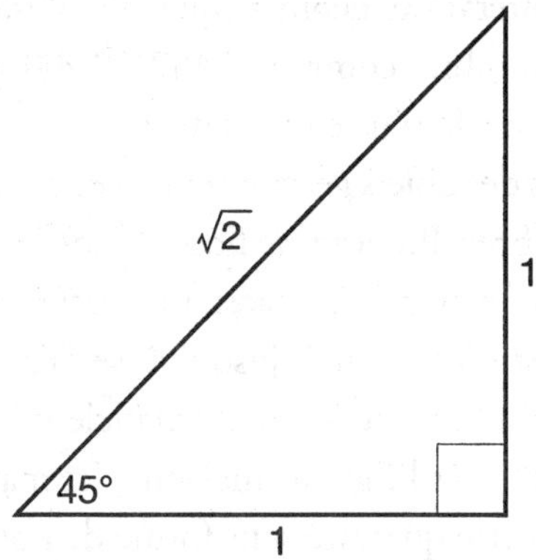

Fig. 43. Un triangle dont le côté le plus long est la racine carrée de 2 en longueur.

La racine carrée de 2 et d'autres nombres que l'on ne peut exprimer sous forme de fractions sont dits irrationnels, autrement dit, des nombres que l'on ne peut exprimer en tant que ratios de nombres entiers. Les équations de Tartaglia accouchèrent de nouveaux nombres irrationnels. Il dut prendre les racines cubiques de nombres pour résoudre des équations comme $x^3 = 2$. La racine cubique de 2 est la longueur du côté d'un cube d'un volume de 2. Mais c'est avec une certaine gêne que les mathématiciens ont commencé à accepter des nombres comme la racine cinquième de 2. Le sens géométrique d'un tel nombre n'était pas clair – c'était comme s'il avait fallu conceptualiser des boîtes en cinq dimensions. Omar Khayyam avait rejeté ces nombres, qu'il jugeait dépourvus de sens. Quoi qu'il en soit, en s'éloignant des amarres géométriques qui caractérisaient les mathématiques du monde antique pour se lancer vers une vision plus abstraite, les mathématiciens ont commencé à explorer l'arithmétique des nombres pour eux-mêmes. Si la racine cinquième de 2 n'a aucune interprétation géométrique manifeste, ils comprirent qu'il existait des nombres comme 11 487/10 000 qui, à la puissance cinq, se rapprochent de plus en plus de 2.

Les longueurs des objets géométriques continuèrent de produire de nouveaux nombres. Prenez une ficelle, fixez-la au sol et rattachez un crayon à l'autre extrémité. Tracez un cercle par terre. Si le diamètre du cercle est d'une unité, jusqu'où se déplace le crayon ? Ce nombre est si important que les mathématiciens lui ont attribué un symbole spécial : π. Dès l'Égypte ancienne, les mathématiciens s'efforcèrent d'écrire cette quantité sous forme de nombre. En 1761, il fut démontré que π ne pouvait être représenté en tant que fraction.

En 1882, il fut démontré que π était encore plus mystérieux. C'était un nombre que l'on ne pouvait même pas saisir en tant que solution de l'une des équations que Cardano et compagnie avaient montré comment résoudre. Ces nombres qui ne peuvent pas être exprimés en tant que solutions d'équations furent dits transcendantaux par Leibniz en reconnaissance de leur caractère insaisissable.

En dépit de la nature élusive des nombres irrationnels et transcendantaux, les mathématiciens brossèrent peu à peu un tableau où tous ces nombres « étaient » : fractions, nombres irrationnels comme la racine cinquième de 2 et des constantes importantes comme π pouvaient tous être considérés comme des points le long d'une règle ou d'une ligne, ce que nous appelons aujourd'hui une droite numérique. En principe, tous ces nombres différents devraient pouvoir être mesurés par une règle. La réalité physique de tous les nombres entiers, fractions, nombres irrationnels et transcendantaux amena les mathématiciens à parler d'eux comme de nombres réels.

Les ennuis survinrent quand ils voulurent comprendre comment résoudre $x^2 = -1$. Les mathématiciens indiens avaient démontré qu'un nombre négatif au carré donne un nombre positif. Il ne semblait donc pas y avoir de nombre sur la droite numérique à même de résoudre cette équation. Il y avait deux façons d'avancer : soit en déclarant que ces équations ne pouvaient pas être résolues, soit – ce qui était plus hardi – en inventant de nouveaux nombres pour les résoudre.

Depuis le jour où Cardano avait eu besoin de racines carrées de nombres négatifs, les mathématiciens s'étaient sans cesse rapprochés du moment où il leur faudrait avoir la témérité d'accepter ces nouveaux nombres dans le canon mathématique. Mais cela ne risquerait-il pas de déchaîner une horde de nouveaux types de nombres ? Par exemple, et si nous voulions trouver un nombre dont la puissance quatre est – 1 ? Faudrait-il pour cela inventer encore un nouveau nombre ?

Au XVIIe siècle, les mathématiciens avancèrent une conjecture étonnante : selon eux, un seul nombre, celui qui était nécessaire pour résoudre $x^2 = -1$, pouvait être combiné avec ce qu'il fallait dans le domaine des nombres réels pour produire la solution de n'importe quelle autre équation. Tous n'étaient pas certains que cela fonctionnerait. Leibniz était convaincu qu'il faudrait inventer toujours plus de nombres. Il ne voyait pas comment, en introduisant seulement la racine carrée de – 1, on contribuerait à répondre à la question plus complexe de la racine quatrième de – 1.

Le nouveau nombre qui avait – 1 pour carré fut baptisé nombre imaginaire et eut pour symbole i. Il fallut deux cents ans pour démontrer que ce nombre imaginaire était aussi puissant que le croyaient les gens. Ce fut finalement Gauss qui démontra dans sa thèse de doctorat que toute équation de la forme $x^6 + x^5 + 3 = 0$ ou $x^4 = -1$ pouvait être résolue en posant que x est égal à un nombre $a + b\mathrm{i}$ construit à partir de ce nombre imaginaire i et de deux nombres réels, *a* et *b*. Cette combinaison *a* + *b*i de nombres imaginaires et réels s'appelle un nombre complexe.

Par exemple, si l'on pose que *a* et *b* sont égaux à $1/\sqrt{2}$, on obtient un nombre de la forme *a* + *b*i dont la puissance quatre est – 1. Si vous avez le courage de faire un peu d'algèbre, voici pourquoi :

$$\left(\frac{1}{\sqrt{2}}+\frac{1}{\sqrt{2}}\mathrm{i}\right)^2=\tfrac{1}{2}+(2\times\tfrac{1}{2}\times\mathrm{i})+\tfrac{1}{2}\mathrm{i}^2=\mathrm{i}$$

et le i, encore mis au carré, nous donne – 1.

Cette découverte était si importante qu'elle devint connue en tant que théorème fondamental de l'algèbre. En démontrant ce résultat, Gauss répondit à un autre problème qui avait hanté les mathématiciens : mais où se trouvaient donc ces nombres imaginaires, s'ils n'étaient pas sur la droite des nombres ? Il conçut une image de ces nouveaux nombres qui leur conféra un semblant de réalité, laissant entrevoir les liens qu'il pouvait y avoir entre la résolution des équations et la symétrie.

Gauss avait en fait utilisé une image des nombres imaginaires comme outil mathématique dans sa démonstration, mais il la garda par-devers lui pendant des années, craignant d'être la risée d'un establishment mathématique toujours très attaché au langage des équations et des formules. Mais comme cette image était d'une formidable puissance, comme elle donnait une réalité physique aux nombres imaginaires, ce n'était qu'une question de temps avant que d'autres aient la même idée. Deux mathématiciens amateurs, le Danois Caspar Wessel et le Suisse Jean Argand, proposèrent indépendamment des images semblables dans des brochures qu'ils publièrent. Argand, le dernier des trois à avoir cette idée, est celui dont le nom resta associé à l'image que nous appelons aujourd'hui le diagramme d'Argand. La postérité est souvent sans pitié.

L'idée était que, s'il n'y avait pas de nombre sur la droite numérique dont le carré était – 1, pourquoi ne pouvait-on créer une nouvelle direction pour représenter ces nouveaux nombres dont les carrés étaient négatifs ? Cela aboutit à une image en deux dimensions où la droite numérique régulière constitue l'axe horizontal, représentant les nombres réels, l'axe vertical permettant d'indiquer les nombres imaginaires (Figure 44). Donc, sur le diagramme d'Argand, le nombre complexe 3 + 4i, par exemple, est représenté par le point (3, 4).

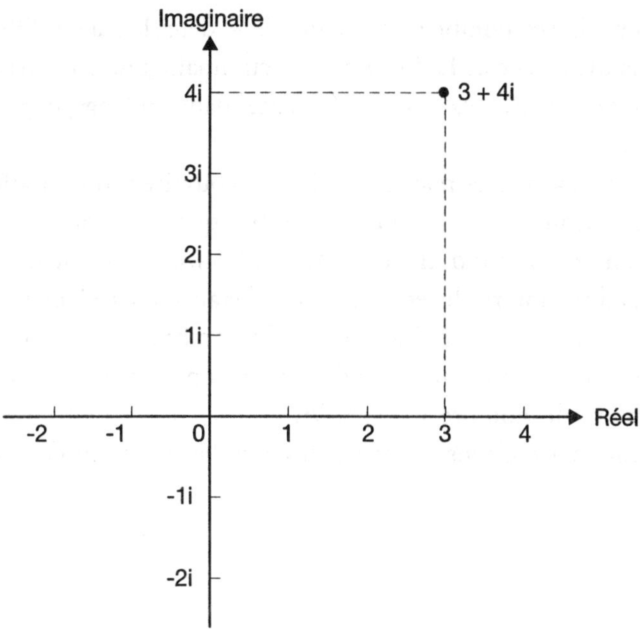

Fig. 44. Le diagramme d'Argand des nombres complexes.

Une fois connue cette représentation des nombres complexes, les mathématiciens en perçurent toute la puissance. L'ajout de nombres complexes revenait à suivre deux directions, l'une après l'autre. Ils découvrirent également le fait merveilleux que la multiplication des nombres se traduisait par une rotation des nombres autour du point représentant 0, que l'on appelle l'origine sur le diagramme d'Argand. Pour trouver la direction du produit de deux nombres complexes, joignez les points représentant chaque nombre à l'origine, puis additionnez les angles que font ces deux lignes avec l'axe horizontal. Si, des siècles plus tôt, l'algèbre s'était débarrassée de ses liens avec la géométrie pour se développer, le progrès était désormais obtenu en allant dans le sens inverse. C'était comme un dictionnaire traduisant l'algèbre de ces nombres en géométrie – deux langages différents pour la même chose. La force de ce dictionnaire résidait dans le fait que certaines idées étaient plus évidentes dans un langage que dans l'autre.

Par exemple, les mathématiciens découvrirent que la solution de l'équation $x^4 = -1$ était un nombre que l'on obtenait sur le diagramme d'Argand en se déplaçant horizontalement de $1/\sqrt{2}$, dans la direction réelle, et de la même distance verticalement, dans la direction imaginaire (Figure 45). Ce nombre, $x = 1/\sqrt{2} + 1/\sqrt{2}i$, est en fait situé sur un cercle de 1 de rayon. On peut y parvenir en partant du nombre 1 – le point (1, 0) – puis en effectuant un huitième dans le sens contraire des aiguilles d'une montre sur le cercle.

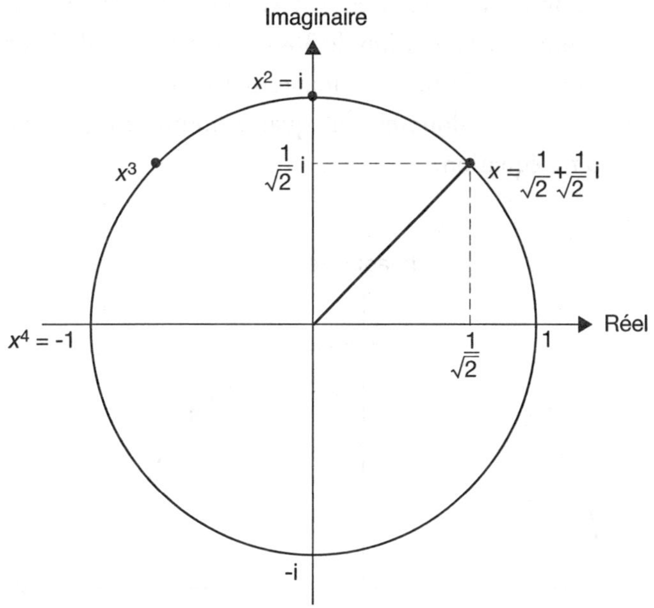

Fig. 45. Le point x indique l'emplacement de la racine quatrième de – 1. Quand on augmente x à la puissance 4, le point se déplace sur le cercle jusqu'à – 1.

C'est une magnifique façon géométrique de faire passer ce nombre à la puissance 4. Chaque fois que le nombre est multiplié par lui-même, l'emplacement du résultat se déplace d'un huitième de tour. Au bout de quatre déplacements, on atteint le nombre – 1, le point (– 1, 0) sur le diagramme d'Argand. Il s'avère beaucoup plus facile de jouer avec le langage géométrique qu'avec l'algèbre. En outre, il révèle que trois autres nombres sont des solutions de l'équation $x^4 = -1$. Si vous prenez n'importe lequel des quatre points x, y, z ou w sur le cercle et que vous les faites tourner de la même façon, ils se retrouvent tous en – 1 (Figure 46). Par exemple, le nombre y représente la rotation de 3/8 de tour à partir de 1 sur l'axe réel. Pour situer y^4, répétez cette manœuvre quatre fois et vous arriverez en – 1. Il y a donc en fait quatre nombres complexes qui résolvent cette équation.

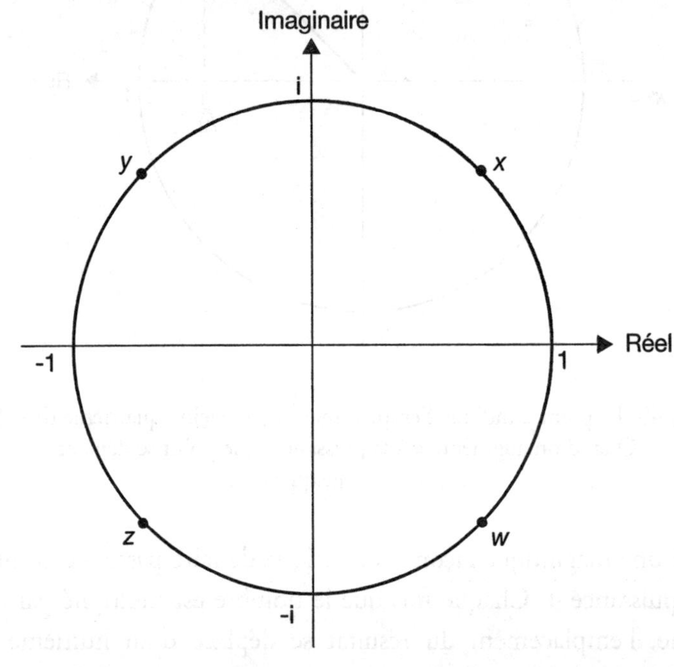

Fig. 46. Les points x, y, z et w indiquent l'emplacement de quatre nombres complexes dont la puissance 4 est – 1.

Les descriptions graphiques de ces solutions et des rotations qui vous font passer d'une solution à l'autre commencent à dévoiler la symétrie géométrique qui sous-tend une équation comme $x^4 = -1$.

En exprimant plus explicitement cette connexion, on finirait à la fois par percer les secrets des équations et par développer un nouveau langage pour décrire la symétrie.

La découverte de l'existence de quatre nombres complexes différents susceptibles de résoudre l'équation $x^4 = -1$ constituait une percée importante. L'analyse des équations d'Omar Khayyam lui avait permis de voir qu'il y avait peut-être plus d'une réponse à ces équations. En 1629, le mathématicien flamand Albert Girard avança que le nombre de solutions dépendait de la puissance la plus élevée dans l'équation. Par conséquent, dans le cas d'une équation quartique, il faut s'attendre à quatre solutions. L'équation $x^7 = -1$ a sept solutions. On obtient la plus évidente en posant $x = -1$, mais il y en a six autres qui, avec $x = -1$, sont uniformément réparties sur le cercle de rayon reliant les sommets d'un heptagone. Nous avons déjà croisé un exemple simple de cela, à savoir que $x^2 = 4$ a deux solutions : $x = 2$ et sa solution miroir, $x = -2$. Ce que suggéraient maintenant les mathématiciens était une généralisation beaucoup plus vaste : il y a cinq racines cinquièmes, sept racines septièmes, et ainsi de suite.

Ces solutions supplémentaires commencent à nous montrer comment la symétrie est peut-être liée à la résolution des équations. Les mathématiciens finiraient par s'apercevoir que chaque équation est indissociable d'un objet symétrique. Pour l'équation $x^4 = -1$, il s'agit de certaines des symétries (mais pas toutes) du carré reliant les solutions x, y, z et w.

Niels Abel entrevoyait déjà que les symétries dans les solutions de ces équations étaient la clé pour comprendre si l'on pouvait trouver les solutions des équations quintiques à l'aide d'équations impliquant des racines cinquièmes, tout comme les équations cubiques avaient été résolues grâce à une équation impliquant des racines cubiques. Il est évident que l'on peut résoudre une équation comme $x^5 = 3$ avec des racines cinquièmes. Mais qu'en est-il de $x^5 + 6x + 3 = 0$? Tartaglia avait trouvé des moyens de tordre l'équation cubique jusqu'à ce qu'elle ressemble à une équation consistant à prendre des racines cubiques et carrées. Pouvait-on faire de même avec la quintique ? Dès 1824, Abel avait réussi. Il y avait quelque chose, dans les symétries associées aux cinq solutions de l'équation quintique, qui signifiait qu'il n'existait pas de formule pour résoudre les équations quintiques. Enfin, Abel comprit pourquoi la formule qu'il avait envoyée à Degen trois ans plus tôt était vouée à l'échec.

Le fait de montrer qu'il n'existe pas de formule pour l'équation quintique était un problème autrement plus complexe que celui auquel s'étaient attaqués Tartaglia, Ferrari et Cardano. Comment diable pouvait-on vraiment convaincre les gens qu'en dépit de toute leur imagination, il ne serait jamais possible de trouver une formule pour résoudre l'équation quintique ? La formule de Tartaglia était une chose tangible, que l'on pouvait vérifier. L'équation quintique, elle, contraignait les mathématiciens à penser de façon beaucoup plus conceptuelle. C'est avec ce passage à l'abstraction qu'est né le langage de la symétrie.

Mélange de solutions

Abel eut le génie de se défaire des chaînes du passé, avec toutes ses équations et formules explicites, et d'appliquer une analyse théorique plus abstraite à ces expressions algébriques. À l'école, on nous apprend la formule d'al-Khwarizmi pour résoudre les équations quadratiques. Si l'on veut trouver les solutions à l'équation quadratique

$ax^2 + bx + c = 0$, alors il faut entrer les nombres a, b et c dans la formule

$$x = \frac{-b \pm \sqrt{(b^2 - 4ac)}}{2a}$$

Abel démontra qu'en ce qui concernait les équations quintiques, si compliquée que soit la décoction de racines carrées, cubiques ou plus que vous injectiez dans votre formule, il y aurait toujours une équation quintique que la formule en question ne pourrait résoudre. Pour le démontrer, il fit ce qui est classique dans le jeu du mathématicien : il partit du principe que cette formule existait bel et bien, puis montra pourquoi cela aboutissait à une contradiction.

Ce coup s'appelle la *reductio ad absurdum,* la preuve par l'absurde, où l'on enchaîne les déductions dans une hypothèse jusqu'à ce que l'on obtienne un résultat absurde. On peut alors conclure que l'hypothèse devait être fausse. Les pythagoriciens y excellaient ; c'est comme cela qu'ils démontrèrent que l'on ne pouvait pas représenter la racine carrée de 2 par une fraction. Si vous pensez que vous le pouvez, vous finissez par démontrer qu'un nombre pair est égal à un nombre impair. G.H. Hardy, le célèbre mathématicien de Cambridge, écrivit dans *A Mathematician's Apology* que la *reduction ad absurdum* était une des plus belles armes des mathématiques : « C'est un coup beaucoup plus fin que n'importe quel gambit aux échecs : un joueur d'échecs peut sacrifier un pion ou même une pièce maîtresse, mais le mathématicien, lui, sacrifie toute la partie. »

Étant parti du principe que l'équation quintique pouvait être résolue par une formule qui dirait quelles étaient les cinq solutions, Abel commença à jouer avec les implications, en quête de quelque absurdité irréductible qui ferait mordre la poussière à son hypothèse.

Il savait qu'une équation quintique de la forme $x^5 - 6x + 3 = 0$ avait cinq solutions différentes, que nous appellerons A, B, C, D et E. Ces lettres sont les noms des cinq nombres qui résolvent l'équation. Abel pouvait également envisager ces cinq lettres comme les indications de cinq points sur la carte des nombres complexes. Puis il envisagea toutes les *nouvelles* formules que l'on pouvait bâtir à partir des cinq solutions, des formules comme $B - A \times C - D \times E$ ou $A \times B \times C \times D \times E$.

Son coup de génie fut de se demander ce qui se passerait si l'on prenait une formule et que l'on intervertissait les cinq solutions. Par exemple, qu'advient-il de la réponse à la formule $A \times B \times C \times D \times E$ si l'on modifie l'ordre des solutions individuelles ? Dans ce cas, rien. La formule $A \times B \times C \times D \times E$ multiplie toutes les solutions ensemble et ne donne pas de réponse différente si j'en intervertis certaines et que je calcule plutôt $B \times A \times C \times D \times E$. Mais une formule comme $A - B \times C - D \times E$ donnera une réponse différente si j'intervertis A et B et calcule plutôt $B - A \times C - D \times E$.

Quel est le nombre maximum de réponses différentes que peut donner une formule quand on intervertit les nombres A, B, C, D et E ? Il me faut calculer de combien de façons je peux agencer les cinq lettres de cette formule. Voici un agencement possible

$$\begin{array}{ccccc} A & B & C & D & E \\ \downarrow & \downarrow & \downarrow & \downarrow & \downarrow \\ D & A & E & B & C \end{array}$$

Calculer toutes les possibilités, c'est un peu comme de chercher à savoir combien il y a de combinaisons sur une serrure à cinq rouages portant les lettres A à E, sauf que là, la serrure n'a pas le droit d'afficher deux fois la même lettre. Ou l'on peut se demander combien de « mots » de cinq lettres on peut constituer une seule fois avec les lettres A à E. Il y a cinq choix pour la première lettre. Dans l'agencement ci-dessus, nous avons choisi le D. Ayant choisi la première, il ne nous reste que quatre possibilités pour la deuxième, trois pour la troisième, deux pour l'avant-dernière et une pour la dernière. Donc, on peut constituer $5 \times 4 \times 3 \times 2 \times 1 = 120$ mots différents. Chaque mot représente un agencement différent des lettres de notre formule. Et avec 120 façons d'agencer les cinq solutions A, B, C, D et E, il y a potentiellement un maximum de 120 réponses.

Mais cela dépend de la formule. Certaines ne donnent qu'une seule réponse quel que soit l'ordre des nombres. Par exemple, $A \times B \times C \times D \times E$ ne change pas de valeur quand on intervertit les lettres. Certaines formules donnent deux valeurs. Par exemple, intervertissez les lettres dans la formule

$$(A - B)(A - C)(A - D)(A - E)(B - C)(B - D)(B - E)(C - D)(C - E)(D - E)$$

et vous obtiendrez soit le nombre avec lequel vous êtes parti, soit son négatif : deux réponses possibles. Grâce à Abel, il était désormais possible de démontrer que l'on ne pouvait jamais construire une formule à partir de ces cinq solutions, A, B, C, D et E, qui n'engendre que trois réponses différentes pour toutes les permutations des nombres. Il était également impossible d'obtenir seulement quatre réponses à partir d'une formule. Mais on trouvait une formule qui donnait au moins cinq réponses différentes. Une faille s'était ouverte : on passait de formules donnant deux réponses à d'autres donnant cinq réponses.

Les formules conçues à partir de solutions à des équations du second degré, cubiques ou quartiques ne présentaient pas cette faille.

Celle-ci n'apparaissait que quand les cinq nombres *A*, *B*, *C*, *D* et *E* étaient les solutions d'une équation quintique. Mais comment Abel pouvait-il exploiter cette prise de conscience ?

Il commença par se dire qu'il devait exister une formule magique quelconque pour ces solutions *A*, *B*, *C*, *D* et *E*, comme celle que les Arabes avaient développée pour les équations quadratiques, ou celle de Tartaglia pour les cubiques. Partant de là, il se mit en quête d'une contradiction. Il déduisit d'abord une expression pour ce à quoi ressemblerait cette formule si elle existait. Puis il prit cette formule magique hypothétique pour les solutions *A*, *B*, *C*, *D* et *E* et l'intégra dans des formules comme $A - B \times C - D \times E$ qu'il avait explorées, pour voir si elle aboutissait à une absurdité ou une contradiction. Après des pages de tours et de détours, il finit par comprendre pourquoi une formule magique contredirait le fait qu'il avait prouvé précédemment : à savoir qu'une formule dans les solutions *A*, *B*, *C*, *D* et *E* ne peut accepter trois ou quatre réponses. Cette contradiction suffisait à montrer que cette formule magique ne pouvait donc pas exister.

Ce qu'il ne vit pas, c'est qu'en pensant à *A*, *B*, *C*, *D* et *E* comme à des points sur la carte des nombres complexes, la permutation des cinq nombres ressemblerait davantage à des déplacements géométriques qui intervertissent ces points. Par exemple, si les solutions étaient disposées à distance égale sur un cercle, alors la permutation qui fait passer *A* en *B*, *B* en *C*, *C* en *D*, *D* en *E* et *E* en *A* est la même que la rotation du cercle d'un cinquième de tour. Le langage qu'Abel commençait à formuler pour exprimer ses idées sur les équations contribuerait plus tard à exprimer la symétrie.

Les 120 mots composés à partir des lettres *A*, *B*, *C*, *D* et *E* sont le début d'un langage permettant de décrire les déplacements géométriques qui font permuter les points sur la carte. Mais Abel s'intéressait davantage au fait qu'il venait de résoudre l'un des grands problèmes de son époque : il n'existait pas de formule magique pour résoudre les équations quintiques.

Cauchy l'acariâtre

Abel savait qu'il avait entre les mains son viatique vers les universités de France, d'Italie et d'Allemagne. Il tenait là une possibilité de se faire un nom, d'obtenir une chaire dans sa Norvège natale et d'épouser enfin la femme dont il était tombé amoureux à Copenhague. En dépit de son extrême pauvreté, il rassembla assez de fonds pour publier par lui-même sa solution. Il ne put s'offrir de papier que pour six pages imprimées. Il lui avait fallu des pages et des pages de notes manuscrites pour parvenir à sa contradiction. Mais confronté aux tarifs qu'exigeait l'imprimeur, il réussit à distiller les points essentiels de son argumentation dans l'espace limité dont il disposait. Les idées étaient déjà ardues quand elles n'étaient pas dépouillées, mais Abel n'avait pas le choix. Son article s'ouvrait sur ces mots :

> Les mathématiciens se sont préoccupés considérablement de la solution générale des équations algébriques et plusieurs d'entre eux ont tenté d'en démontrer l'impossibilité. Mais, si je ne me trompe pas, ils n'y sont pas parvenus jusqu'à présent. Par conséquent, j'espère que les mathématiciens réserveront un accueil clément à ce mémoire, qui a pour but de combler ce vide…

Puis il passait directement à la démonstration brute de sa logique.

Il envoya son article aux plus grands mathématiciens de son temps, mais c'était surtout l'Académie des sciences qu'il souhaitait impressionner par sa démonstration. Fondée en 1666, l'Académie, ne rassemblant au départ que quelques savants qui se réunissaient dans la Bibliothèque royale, était devenue une institution qui faisait la pluie et le beau temps dans les sciences européennes. Les prix qu'elle avait créés en 1721, décernés pour la résolution de problèmes particuliers, étaient désormais si influents qu'ils définirent l'avenir des sciences pendant les décennies qui suivirent. Les premiers furent attribués pour des problèmes de mâts de navires, des cartes de navigation aux étoiles et des mémoires sur la boussole – des problèmes qui avaient clairement pour motivation des considérations pratiques. Mais au fil du siècle, les problèmes reflétèrent peu à peu un intérêt pour des questions mathématiques plus abstraites.

L'Académie des sciences se réunissait régulièrement pour présenter et débattre des succès du moment. Tout mathématicien en herbe se devait d'obtenir l'imprimatur de l'Académie, et c'est pour cela qu'Abel rédigea son article sur l'équation quintique en français. C'était surtout le mathématicien Augustin Louis Cauchy qu'Abel espérait impressionner. S'il obtenait de Cauchy qu'il présente son article à l'Académie, il savait qu'alors, il ne serait plus seul dans le froid à contempler par les fenêtres les vestibules mathématiques de l'Europe. Il y serait reçu comme le nouveau champion de l'époque. À l'Académie, Cauchy avait la réputation d'être des plus intraitables. Abel ne le savait peut-être pas, mais il travaillait lui aussi sur les questions de symétrie et les résolutions d'équations, sans avoir jamais établi de lien entre les deux.

Cauchy était né à Paris le 21 août 1789, un mois à peine après la prise de la Bastille, et avait connu une enfance particulièrement rude. Son père avait été un des espoirs du régime que les révolutionnaires tenaient tant à abattre. Le père de Cauchy s'inquiéta de plus en plus tandis que le règne de la Terreur s'instaurait à Paris, et que ses amis et ses compatriotes étaient jugés et exécutés. La famille décida de se réfugier à la campagne, ce qui ne leur facilita pas la vie pour autant. Le père écrivit, à propos de leurs malheurs : « Nous n'avons jamais plus d'une demi-livre de pain, et parfois moins. Ce que nous complétons par le peu de biscuits secs et de riz que l'on nous alloue. »

Cauchy attrapa la variole, qui l'affaiblit gravement. La famille vivait sous la menace constante de l'arrestation de son père, et cela, associé à l'épuisement né de la faim, contribua sans doute à son caractère introspectif. On ne le voyait que rarement jouer avec les enfants de son âge. Au lieu de cela, il fuyait dans ses livres les tourments de sa famille. Bien qu'aimant les langues et la littérature, il devint clair que les mathématiques exerçaient sur lui une grande fascination. Son professeur nota qu'il « n'est pas rare de trouver un devoir de littérature brusquement interrompu. Une idée mathématique traversait l'esprit du jeune garçon et l'absorbait tant qu'il était obligé de traduire cette notion séduisante en chiffres et en figures ».

Quand la Terreur prit fin, la famille revint à Paris, et le père de Cauchy reprit son ascension politique. Ses efforts furent enfin récompensés quand il fut élu au Sénat. Là, il se lia d'amitié avec deux autres sénateurs qui étaient aussi de grands mathématiciens : Pierre-Simon Laplace et Joseph-Louis Lagrange. Lagrange était devenu célèbre avant la Révolution pour avoir résolu quelques-uns des problèmes dotés de prix par l'Académie, dont des travaux sur les lunes de Jupiter et de Saturne, l'influence des planètes sur les comètes et pourquoi la lune de notre Terre oscille légèrement, présentant différentes caractéristiques de sa surface. Il attribua à la faillite de son père son désir de devenir mathématicien : « Si j'avais été riche, je ne me serais probablement pas consacré aux mathématiques. »

Mais comme le père de Cauchy, Lagrange prit peur quand la Révolution balaya la France. Il en réchappa, de justesse. Né en Italie, il risquait d'être arrêté conformément aux nouvelles lois de septembre 1793. Toutefois, l'éminent chimiste Antoine Lavoisier défendit sa cause, et le nom du mathématicien fut spécifiquement exclu du texte. Un an plus tard, Lavoisier monta sur l'échafaud ; ayant été collecteur d'impôt sous l'Ancien Régime, il n'avait aucune chance d'être gracié par les révolutionnaires. « Il ne fallut qu'un moment pour faire tomber cette tête, et cent ans ne suffiront à en produire de semblables », écrivit Lagrange au sujet de l'ami qui l'avait sauvé de la geôle. D'aucuns attribuent la survie de Lagrange pendant cette période à l'idée qu'il exprimait publiquement, selon laquelle « un des premiers principes du sage est de se conformer strictement aux lois du pays où il vit, même quand elles sont déraisonnables ». Peut-être était-ce une leçon qu'il avait apprise dans le monde implacable des mathématiques.

Un jour, le père de Cauchy accepta que son fils l'accompagne au palais du Luxembourg, et il montra aux grands académiciens certains de ses travaux mathématiques. Lagrange en fut impressionné et, se tournant vers son collègue Laplace, déclara : « Vous voyez ce petit jeune homme ? Eh bien ! Il nous supplantera tous dans la mesure où nous sommes mathématiciens. » Il donna au père de Cauchy un conseil inhabituel quant à son éducation : « Ne le laissez ni toucher un livre de mathématiques, ni écrire un seul chiffre tant qu'il n'aura pas fini ses études de littérature. » Il devait d'abord développer ses talents linguistiques, soutint Lagrange.

Ce dernier sentait que les mathématiques étaient à l'aube de grands changements. La discipline avait besoin d'un langage plus abstrait, assez sophistiqué pour exprimer les subtilités de cette nouvelle ère mathématique. Peut-être que si le jeune Cauchy disposait d'une robuste formation en grammaire, en grec et en latin, il disposerait des moyens nécessaires pour créer ce nouveau langage abstrait. « Si vous ne vous hâtez pas de donner à Augustin une solide éducation littéraire, avertit Lagrange, il se laissera emporter par ses inclinations ; il sera un grand mathématicien, mais il ne saura pas écrire dans sa propre langue. »

Cauchy entra à l'université à l'âge précoce de seize ans, mais malgré cet environnement académique, il se sentait exclu. Ses camarades étaient tous passionnés par la politique révolutionnaire de l'époque. Cauchy, lui, avait hérité de son père de fermes convictions royalistes et de sa mère un fervent catholicisme. Les autres étudiants se moquaient sans pitié de ses opinions politiques et religieuses déclarées. Cauchy n'en démordit pas, et rejoignit même les rangs d'une société secrète catholique qui rêvait de confier des postes influents à ceux qui faisaient allégeance au pape.

En dépit de son opposition à la cause républicaine, Napoléon fit appel à Cauchy pour qu'il aide les ingénieurs qui, à Cherbourg, construisaient une flotte pour envahir l'Angleterre. Après avoir obtenu son diplôme, il travailla pendant trois ans : « Je me lève à quatre heures et suis occupé du matin au soir. Le travail ne me fatigue pas ; au contraire, il me renforce et je suis en parfaite santé. »

Lagrange s'intéressait toujours à ce prodige des mathématiques, et lui suggéra de se pencher sur un problème qui faisait la perplexité des mathématiciens de l'époque. Il se rapportait à de nouvelles formes symétriques qui venaient d'être découvertes. Théétète, le collègue de Platon, avait démontré deux mille ans plus tôt qu'il existait cinq solides platoniciens – des objets en trois dimensions dont les faces étaient toutes des copies du même polygone régulier. Par exemple, 12 pentagones pouvaient être assemblés pour donner la « sphère de pentagones », ou dodécaèdre.

À la surprise générale, en 1809, une nouvelle forme avait été composée à partir de ces 12 pentagones. Théétète avait affirmé que les faces de ses formes ne devaient pas se couper les unes les autres. Mais que se passerait-il si l'on faisait fi de cette règle? À Paris, un professeur de mathématiques avait trouvé un nouveau moyen d'assembler 12 pentagones pour obtenir une nouvelle forme symétrique, qui fut baptisée le grand dodécaèdre (Figure 47). Bien qu'il ressemble à une forme composée de beaucoup de triangles irréguliers, il consiste en une intersection de 12 pentagones. La forme satisfait tous les critères d'un solide de Platon, sauf que ces faces s'entrecroisent. Combien d'autres formes existait-il encore, aussi belles qu'étranges? On ne tarda pas à en découvrir trois de plus, et les mathématiciens commencèrent à se demander où s'arrêterait cette nouvelle liste.

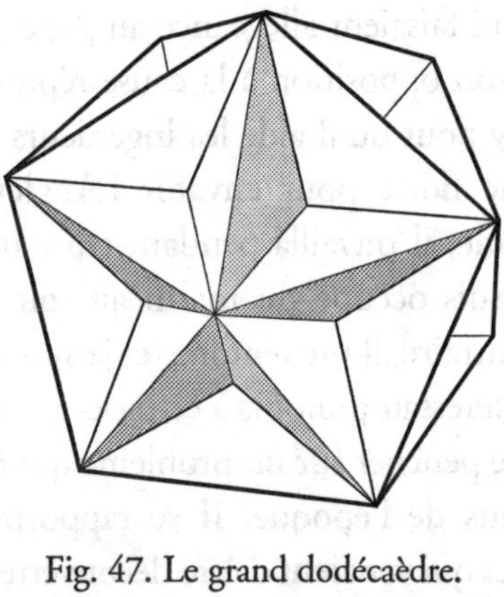

Fig. 47. Le grand dodécaèdre.

L'Académie des sciences décida qu'il fallait résoudre ce problème, et dédia son prix de 1811 à la démonstration, sans l'ombre d'un doute, que les cinq solides de Platon et les quatre nouveaux solides étaient toutes les formes tridimensionnelles qu'il était possible de construire à partir de polygones réguliers identiques. Alors qu'il s'escrimait sur les chantiers navals de Cherbourg, préparant la flotte de Napoléon pour l'invasion de l'Angleterre, Cauchy se demanda lui aussi si ces quatre formes étaient les seules que l'on pouvait ajouter aux formes symétriques des Grecs. S'il comptait décrocher le prix, il faudrait établir incontestablement pourquoi il ne pourrait y en avoir d'autre. C'était très bien de construire de nouvelles formes. Une fois construites, leur existence parlait d'elle-même, un peu comme les formules qui résolvaient les équations du second degré, cubiques et quartiques. Mais il faudrait des arguments d'une logique imparable pour convaincre la communauté scientifique qu'il n'y avait pas d'autre moyen sournois d'assembler des formes pour composer un nouvel objet.

Cauchy se heurtait au défi de la conception d'un nouveau langage pour articuler le monde visuel de la géométrie et de l'espace. Comme l'avait déclaré Descartes, « les sens sont trompeurs ». Son approche du problème marque un tournant dans la façon dont on pratiquait les mathématiques. Conscient de la fragilité de l'intuition géométrique, il chercha plutôt un moyen plus rigoureux d'exprimer des idées intuitives afin d'échapper aux pièges d'illusion visuelle. Cette attitude contrastait avec celle des savants de la Renaissance comme Johannes Kepler qui, quelques siècles plus tôt, avait méprisé l'idée de transformer des images en langage : « Rien de ce qui est caché dans la philosophie naturelle n'est atteint par les symboles géométriques. »

Armé de cette approche critique naissante des mathématiques de l'espace et de la symétrie, Cauchy parvint à répondre à la question de l'Académie en 1811. Ces quatre nouvelles formes, et les cinq formes platoniciennes classiques, étaient les seules formes symétriques possibles. Il obtint le prix. Mais les efforts qu'il avait entrepris pour percer le secret de ces formes, sans parler de son labeur d'ingénieur à Cherbourg, eurent un coût. En septembre 1812, Cauchy s'effondra, victime d'une grave dépression et d'épuisement mental. Il revint à Paris, comprenant qu'il ne lui avait pas été profitable d'être coupé du centre de la vie intellectuelle. C'était à Paris que tout se passait, à Paris qu'il devait poursuivre ses travaux mathématiques. Ayant décroché le prix de l'Académie, il ne tarda pas à prendre place parmi l'élite.

L'infime erreur de Ruffini

Malgré l'apparition de ces nouvelles formes symétriques, les mathématiques n'avaient toujours pas de théorie cohérente sur ce qu'était vraiment la symétrie. Comment pouvait-on dire que deux objets présentaient une symétrie semblable ou différente ? On continuait de mettre l'accent sur la réalité physique de ces objets, opposée à une compréhension théorique de l'essence de ce qui les rendait ou non symétriques.

Le texte qu'Abel avait soumis à Cauchy contenait l'ébauche d'un langage pour la symétrie. Mais ce n'était pas le seul article que Cauchy avait reçu sur l'équation quintique. À côté des six modestes pages du pamphlet du Norvégien, Paolo Ruffini, médecin et mathématicien italien, avait envoyé un traité de 500 pages, que Cauchy avait feuilleté des années plus tôt. Ruffini affirmait lui aussi avoir démontré qu'il n'existait pas de formule pour résoudre l'équation quintique, mais contrairement à Abel, ses amples revenus lui permettaient de s'offrir du papier, beaucoup de papier.

C'était Lagrange qui avait montré cet énorme opus à Cauchy. Il n'en pensait pas grand-chose, mais Cauchy, lui, avec l'enthousiasme de la jeunesse, s'était attelé à la lecture. Les travaux de Ruffini s'inspiraient d'un article que Lagrange avait écrit trente ans plus tôt. Les mathématiciens répugnaient encore à l'idée qu'il n'existait pas de formule pour résoudre l'équation quintique, et c'est pour cela que la décision courageuse de Ruffini, qui avait été le premier à oser s'attaquer au problème, ne lui avait valu qu'une maigre reconnaissance.

Ruffini était convaincu que sa percée le rendrait célèbre. Selon les mots de Lagrange, il avait résolu « le problème le plus important et le plus vanté de l'algèbre ». Il décida d'envoyer ses travaux à « l'immortel » Lagrange, qui avait inspiré sa démonstration. Ruffini était certain que Lagrange, né en Italie, lui réserverait un bon accueil. Mais au lieu des louanges qu'il espérait, son document ne fit aucun bruit. Il en rédigea alors une deuxième version, qu'il transmit à Lagrange en 1801, accompagnée d'une lettre désespérée où il quémandait de la reconnaissance, même négative :

> N'étant pas certain que vous ayez reçu mon livre, je vous en envoie un deuxième exemplaire. Si j'ai commis quelque erreur dans la démonstration, ou si j'ai dit quelque chose que je pensais nouveau mais qui ne l'est point en réalité, j'aurai finalement écrit un ouvrage inutile. Je vous prie de bien vouloir me le signaler en toute sincérité.

Toujours pas de réponse. En 1802, Ruffini en envoya une troisième version : « Personne n'a plus [que vous] le droit [...] de recevoir le livre que je prends la liberté de vous transmettre. »

Ses compatriotes lui apportèrent leur soutien, mais c'était plus pour des motifs partisans que du fait d'une analyse froide et exhaustive. « Je me réjouis grandement, avec vous et avec notre Italie, qui a vu une théorie naître et être perfectionnée, et à laquelle d'autres nations ont peu contribué », lui répondit un professeur de Pise quand il eut reçu son manuscrit.

Mais le texte de Ruffini comportait un problème majeur. Il avait fait une erreur. Si quelqu'un la lui avait montrée, peut-être aurait-il pu la corriger, et ainsi réclamé les lauriers qu'il méritait. Il était malheureusement parti du principe qu'il y avait quelque chose de spécial dans la formule magique dont il souhaitait montrer qu'elle n'existait pas. Mais il n'avançait aucun argument expliquant pourquoi la formule, si elle existait, présentait cette propriété particulière. C'était la pièce manquante du puzzle de sa démonstration. Sans elle, elle était aussi inutile que si Ruffini avait prétendu descendre de Jules César sans tenir compte d'une lacune dans son arbre généalogique.

Le monde mathématique se refusant à reconnaître ses travaux, il revint à la médecine. Alors qu'il soignait les victimes d'une épidémie de typhus qui balaya l'Italie en 1817, il fut contaminé à son tour. Il ne s'en remit jamais complètement, mais réussit à publier un mémoire sur son expérience de la maladie. Quelques mois avant de mourir, en 1822, il reçut une lettre de Cauchy. Ses travaux sur l'équation quintique n'étaient pas passés totalement inaperçus :

> Votre mémoire sur la résolution générale des équations est une œuvre qui m'a toujours semblé digne de l'attention des mathématiciens, et qui, selon moi, démontre pleinement l'impossibilité de résoudre les équations algébriques supérieures au quatrième degré.

Il n'avait pas encore repéré l'erreur subtile commise par Ruffini.

Les louanges de Cauchy étaient un peu inhabituelles. Cauchy est souvent vu comme un mathématicien égocentrique qui ne s'intéressait qu'à ses propres découvertes et qui n'était jamais prompt à reconnaître les accomplissements d'autrui. Cette facette de sa personnalité se dévoila quand il vint présenter les idées de Ruffini à l'Académie. Au lieu de présenter les travaux de l'Italie lors de la réunion hebdomadaire de l'institution, il préféra décrire sa propre généralisation des résultats de Ruffini. Quant au résultat original de ce dernier, qui avait inspiré Cauchy, il ne le cita même pas.

Ce ne serait pas la première fois que Cauchy ferait passer sa promotion personnelle avant la reconnaissance de ceux qui avaient effectué les travaux d'approche. Ses succès commençaient à flatter en lui une tendance à l'arrogance qui irriterait de plus en plus ses contemporains. Jean-Victor Poncelet, un de ses collègues parisiens, raconte comment Cauchy l'ignora quand ils se croisèrent dans la rue. Il venait de recevoir une lettre de lui par laquelle il refusait que ses travaux soient présentés à l'Académie :

> Je parvins à approcher mon juge trop rigide à sa résidence… alors qu'il en sortait… Durant cette marche aussi courte que rapide, je ne tardai pas à comprendre que je ne m'étais assuré ni sa considération ni son respect en tant que scientifique… sans rien me laisser dire d'autre, il s'en fut abruptement, me signalant la prochaine publication de ses *Leçons de l'École polytechnique* où, selon lui, « la question serait fort convenablement explorée ».

Ses collègues avaient désormais de lui une opinion négative. Même ses mathématiques, disaient-ils, étaient plus néfastes que positives ; il avait remporté son prix à l'Académie non pour avoir construit un nouvel objet symétrique mais pour avoir démontré que l'on ne pouvait ajouter de nouvelle forme à la liste :

> Il n'a introduit dans les sciences que des doctrines négatives… c'est en fait presque toujours l'aspect négatif de la vérité qu'il en est venu à découvrir, et qu'il tient à mettre en évidence : s'il avait trouvé de l'or dans de la poussière de craie, il aurait annoncé au monde que la craie n'est pas *exclusivement* formée de carbonate de calcium.

« Votre détruit »

Compte tenu de l'isolement politique et géographique de la Norvège au début du XIXe siècle, et du piètre accueil réservé à Paris aux travaux de Ruffini, il est probable qu'Abel n'ait jamais eu vent des progrès réalisés par l'Italien. Si la démonstration de Ruffini s'étalait sur des centaines de pages et comportait une erreur, Abel avait condensé la sienne en six pages. Mais surtout, il n'avait pas commis dans son argumentation la faute qui avait été fatale aux revendications de Ruffini.

À l'automne 1825, Abel entreprit une grande tournée européenne avec quatre de ses amis, espérant que l'article qu'il avait envoyé lui vaudrait d'être reçu chaleureusement. C'était une véritable aventure : Abel n'avait que vingt-trois ans, et c'était son premier grand voyage. La bourse qu'il avait obtenue pour financer son déplacement stipulait qu'il devait passer autant de temps que possible à Paris, sachant que la ville était la Mecque du monde mathématique. Ses amis avaient prévu de passer d'abord par l'Allemagne, et Abel hésitait à se rendre seul en France. Il écrivit aux siens : « Je suis aujourd'hui tel que je ne peux supporter la solitude. Seul, je suis déprimé, je deviens acariâtre, et j'ai peu d'inclination au travail. » Il décida de se joindre à ses amis, en route pour Berlin.

Là, il devint ami avec un fonctionnaire dynamique du ministère prussien de l'Intérieur. August Crelle était un passionné de mathématiques. Il organisait des soirées où de jeunes mathématiciens pouvaient débattre de leurs idées, et créa un journal où il comptait publier les travaux de jeunes mathématiciens prometteurs.

Crelle avait la réputation d'être un chasseur de talents, et il ne lui fallut pas longtemps pour voir que le jeune Norvégien venu assister aux réunions chez lui était exceptionnel. Le premier volume de la publication de Crelle contenait pas moins de sept articles d'Abel, dont son travail sur l'équation quintique. Abel écrivit à son vieux professeur Holmboe :

> Vous n'imaginez pas quel homme excellent [Crelle] est, exactement comme il le faudrait, réfléchi, et pourtant pas d'une horrible politesse comme tant de gens, fort honnête, par ailleurs. Je suis avec lui en aussi bons termes qu'avec vous ou d'autres très bons amis.

Abel était sûr que grâce à la publication de ses travaux, il serait en bonne position pour postuler à la chaire de mathématiques de l'unique université de Norvège, ce qui lui permettrait enfin d'épouser sa fiancée. Il fut abasourdi quand il reçut à Berlin une lettre lui annonçant que la chaire avait été proposée à son vieux mentor Holmboe, entre tous. En dépit de l'affection qu'il vouait à son professeur, Abel savait que les compétences mathématiques de Holmboe ne valaient pas les siennes. Et Holmboe était encore assez jeune pour qu'il y ait peu de chances que le poste se libérât de nouveau dans un avenir prévisible.

Quoi qu'il en soit, le soutien de Crelle fut une stimulation psychologique pour Abel, qui se décida à se rendre à Paris pour savoir ce qu'on y avait fait de son article. Mais il n'y alla, encore une fois, qu'à reculons, passant par l'Italie et la Suisse. « Mon Dieu ! Même moi, j'ai quelque goût pour les beautés de la nature, comme tout le monde. Je ne ferai guère d'autre voyage dans ma vie. » Il arriva finalement à Paris, enthousiasmé à l'idée de rencontrer les grands noms des mathématiques de l'époque.

À sa grande déception, personne n'eut l'air intéressé. Cauchy n'avait présenté aucun des articles d'Abel à l'Académie et était apparemment tout à fait absorbé par ses propres travaux. Abel écrivit à Holmboe :

> Les Français sont bien plus réservés avec les étrangers que les Allemands. Il est extrêmement difficile d'entrer dans leur intimité, et je n'ose pousser mes prétentions jusque-là ; en fin de compte, tout débutant a beaucoup de difficultés à se faire remarquer ici. Je viens de terminer un traité exhaustif sur une certaine classe de fonctions transcendantales à présenter à l'Institut, ce qui sera fait lundi prochain. Je l'ai montré à M. Cauchy, mais c'est tout juste s'il a daigné y jeter un coup d'œil.

Les finances d'Abel s'étiolaient dangereusement. Il se rationna à un repas par jour. Il passait ses soirées à jouer au billard ou à se faufiler au théâtre, qu'il adorait, mais l'absence totale d'intérêt pour son travail commençait à l'user : « Ce sont de monstrueux égoïstes… Tout le monde travaille seul ici, sans déranger les autres. Tout le monde veut enseigner et personne ne veut apprendre. »

Il finit par laisser tomber Cauchy : « Cauchy est fou et l'on n'y peut rien, bien que, pour l'heure, il soit le seul à savoir comment faire des mathématiques. » Il décida de limiter les dégâts et de rentrer en Norvège, arrivant à Oslo en mai 1827. Sa grande percée avait été complètement ignorée, il n'avait toujours pas de poste et était désormais lourdement endetté. La perspective d'épouser sa fiancée paraissait encore plus éloignée que quand il était parti pour sa grande tournée.

Mais il pensait toujours aux mathématiques. Il commençait à comprendre que sa solution du problème de l'équation quintique allait bien au-delà du simple fait de savoir qu'il n'existait pas de formule appropriée. Le comportement des racines de chaque équation, quand on les permutait, semblait suggérer qu'à chaque équation correspondant un certain objet symétrique. Et c'étaient les propriétés individuelles de ces objets symétriques qui détenaient la clé de la résolution de chaque équation individuelle. Abel voyait le détroit de Magellan s'ouvrir peu à peu devant lui, comme Degen l'avait prédit à Copenhague. Il écrivit à Crelle et lui fit part des détails de ses idées, accompagnant sa lettre d'une demande de prêt, car il était « pauvre comme une souris d'église ». Et il signa « Votre détruit ».

Brûlant de passer du temps auprès de sa fiancée, il décida de se soustraire aux pressions des mathématiques, de la pénurie et de l'incertitude quant à son avenir. En décembre 1828, il se rendit sur l'île de Froland pour passer Noël avec sa fiancée, qui y travaillait comme gouvernante. Mais il ne pouvait se payer les vêtements chauds indispensables pour les hivers rigoureux de Froland. À l'issue d'une romantique promenade en traîneau dans le paysage gelé où il n'avait que des chaussettes en guise de gants, Abel tomba gravement malade.

Malgré l'absence d'intérêt de Cauchy pour son travail, à Paris, d'autres avaient pris conscience de ses exploits fantastiques. Ayant appris qu'il vivait dans le dénuement en Norvège, ils écrivirent au roi de Suède, tentant désespérément d'obtenir un poste au nom de ce jeune mathématicien au « talent si rare et si précoce ». Crelle bataillait lui aussi durement pour lui trouver un poste à Berlin. Enfin, le 8 avril 1829, il lui écrivit pour lui annoncer la bonne nouvelle : en reconnaissance de ces travaux précurseurs, l'université de

Berlin allait lui proposer un poste. « Vous pouvez être tout à fait tranquille au sujet de votre avenir. Vous venez dans un bon pays, un climat plus clément, vous serez plus près de la science et d'amis authentiques qui vous tiennent en haute estime et vous apprécient grandement. »

Sa lettre arriva trop tard. Le jour même où Crelle la rédigeait, Abel mourait, à l'âge de vingt-six ans. Les secrets de la symétrie se dissimulaient au-delà de l'horizon, à peine hors de vue. Il ne réalisa jamais son rêve d'épouser sa fiancée. Sur son lit de mort, il écrivit à son ami Balthazar Keilhau, le suppliant de se marier à sa place avec Christine Kemp. Bien que n'ayant jamais rencontré la jeune femme, son ami accepta.

Avec le temps, les mathématiciens prirent conscience de la beauté et de la profondeur des travaux d'Abel. Comme le commenta le mathématicien français Charles Hermite : « Il a laissé aux mathématiques de quoi les occuper pour cinq cents ans. » Abel se vit décerner à titre posthume le Grand Prix de l'Académie des sciences en 1830. Aujourd'hui, il n'est de plus belle récompense pour un mathématicien que de recevoir le Prix Abel de l'Académie de Norvège. Créé en 2003, doté de plus de 740 000 euros, il est censé être aussi prestigieux que le Nobel pour les autres sciences.

Mais pour les mathématiciens, tous les grands prix de Paris ou les coups de téléphone de l'Académie norvégienne ne vaudront jamais la poussée d'adrénaline qui accompagne la découverte d'une solution jusque-là insaisissable. Pour mon étudiant, Christopher, ce fut le 11 septembre 2001, quand la symétrie palindromique se dessina dans le brouillard de ses calculs. Pour Luke, ce fut quand son ordinateur calcula la première fonction zêta dépourvue de cette symétrie. Abel mourut peut-être avant de connaître la gloire, les prix et les chaires, mais il eut la satisfaction de savoir qu'il avait surmonté l'un des grands problèmes des mathématiques.

7

Février : révolution

C'était le meilleur et le pire de tous les temps, le siècle de la folie et celui de la sagesse... Charles Dickens, *Un conte de deux villes*

13 février, la Villette, Paris

Aussi improbable que cela puisse paraître, il y a des styles mathématiques distincts. En dépit de la nature universelle du langage des mathématiques, des mathématiciens différents l'utilisent de façon différente, en fonction de leurs caractéristiques culturelles. Le tempérament anglo-saxon est tourné vers la réalité pure et dure, il se complaît dans les exemples étranges et les anomalies. Les Français, eux, aiment les théories abstraites et grandioses, et sont passés maîtres dans l'art d'inventer des langages pour exprimer de nouvelles structures complexes.

C'est avec l'aide de mon collaborateur français François Loeser que j'ai pu installer l'exemple de la courbe elliptique, cette épitaphe que j'ai gravée à Bonn, au sein d'une superbe théorie dite de l'intégration motivique. Avec ma découverte à l'institut Max-Planck, j'avais creusé le premier tunnel entre deux terres, mais le langage que François m'a appris à Paris m'a aidé à élargir ce tunnel étroit pour en faire une magnifique avenue. Si bien que la voie qui relie les groupes et la géométrie est aujourd'hui aussi bien desservie que le tunnel sous la Manche que je viens d'emprunter pour me rendre à Paris.

Pour s'adonner aux mathématiques, il faut avoir une personnalité obsessionnelle. Outre sa remarquable capacité à arpenter le terrain mathématique, François est coureur de fond – et je ne parle pas que de marathons. Il participe à des courses de 48 heures où il faut traverser des îles de part en part, en grimpant sur des montagnes de 3 000 mètres au passage. Lors d'une de mes visites, il venait tout juste de boucler un parcours de 70 kilomètres dans la neige. Un jour, j'ai fait une « petite course » avec lui avant le petit déjeuner, et j'ai terminé en vomissant dans son jardin. La détermination dont il fait preuve dans cette discipline se retrouve dans son endurance mathématique. Il est capable de débattre d'un argument sur quelques-uns des terrains les plus abstraits que j'aie jamais rencontrés.

Il a d'autres obsessions auxquelles je me joins plus volontiers – la cuisine, le vin et Tintin –, mais même là, j'ai du mal à me maintenir à la hauteur de ses connaissances. « Tu peux me dire qui est Béatrice dans Tintin ? » m'a-t-il lancé un jour en manière de défi. J'ai essayé de repenser à des personnages féminins dans Tintin, en dehors de la Castafiore, la chanteuse d'opéra, mais n'en ai trouvé aucun. Hergé, le créateur de Tintin, avait un côté misogyne. « C'est le nom du cheval que monte Tintin sur ton tee-shirt », m'a-t-il déclaré. J'ai regardé mon tee-shirt, qui dépeignait une scène de *Tintin en Amérique* où l'on voit le jeune reporter à cheval, habillé en cow-boy.

Une autre fois, nous déjeunions après un séminaire auquel j'avais participé à l'École polytechnique. Sur la table, il y avait un beau fromage rond que j'ai entaillé avec grand plaisir. Le silence s'est fait pesant. François m'a expliqué que l'on était censé couper ce fromage à l'horizontale, ce qui était presque impossible, et c'est sans doute pour cela que personne n'y avait touché. Moi qui pensais que les rituels alimentaires d'Oxford étaient sévères!

Certains mathématiciens français estiment que la qualité de leurs mathématiques est le résultat de la langue dans laquelle elles sont rédigées. Bruno Poizat, un des collègues de François, est particulièrement fier de la langue française, et il ne cède jamais aux pressions de publications qui exigent que les auteurs écrivent en anglais, langue universellement acceptée comme celle des sciences. Une de ses contributions les plus importantes est un livre fondateur sur la logique mathématique et ses interactions avec la théorie des groupes. Comme il tenait à ce qu'il soit publié en français, aucun éditeur n'en voulait. Il passa outre et finança lui-même la publication, sous son pseudonyme : Nour al-Mantiq wal-Ma'rifah, « lumière de la logique et de la connaissance » en arabe. Bénéficiant d'un contrôle absolu sur son édition, il a produit un ouvrage assez particulier. Chaque chapitre débute par une image pornographique. Poizat, dans son introduction, explique que ces images sont là pour apaiser le cerveau avant les concepts mathématiques difficiles qui suivent.

Vous pouvez imaginer le scandale. La logique mathématique comporte un important contingent de femmes, et elles n'ont guère apprécié, surtout que, si vous cherchez certains des noms des mathématiciennes spécialistes du sujet dans l'index, ce dernier vous renvoie aux pages pornographiques. Le dernier chapitre est orné d'un cliché de l'auteur en robe de chambre, jetant un regard salace au lecteur depuis son fauteuil. Mais ses qualités mathématiques sont si remarquables que personne n'a pu l'ignorer. Selon Poizat, le sujet est particulièrement adapté à la langue dans laquelle il est écrit :

> Le français scientifique, quelle belle langue!... Je n'ai pas de sentiments nationalistes français, ni de nostalgie du temps où le français

> avait une position plus dominante… Je pense que la pluralité des langues dans la communication de la science a une valeur en soi.

Lors d'une conférence à laquelle j'ai assisté en Russie, Poizat a tenu à s'exprimer en français, avec traduction simultanée en russe, et était visiblement ravi de laisser les membres de l'assistance qui ne parlaient qu'anglais dans l'obscurité :

> Des gens bien intentionnés m'ont dit qu'il était fort grossier de s'adresser à quelqu'un [dans une langue] qu'il ou elle ne peut pas comprendre. Si cela était vrai, la communauté des mathématiciens serait haut placée sur l'échelle de la grossièreté, compte tenu du nombre de fois où certains de ses membres m'ont parlé en anglais.

Cet après-midi, j'espère tomber sur François à l'École normale supérieure pour voir si son point de vue français pourrait m'aider à comprendre quand mes fonctions zêta présentent une symétrie palindromique, et quand ce n'est pas le cas. De plus, nous collaborons sur un article auquel nous avons réfléchi, mais que ni l'un ni l'autre n'a eu le temps d'écrire. Toutefois, je ne suis pas à Paris avant tout pour explorer des structures mathématiques. La capitale française recèle de fantastiques exemples de symétrie architecturale, et j'ai pris un peu de temps sur mes recherches pour effectuer un court pèlerinage de l'autre côté de la Manche avec Tomer dans mon sillage, mon fidèle Passepartout. Notre première destination est une pyramide.

Le musée du Louvre s'est doté d'une nouvelle entrée extraordinaire, une pyramide de verre qui se dresse, véritable provocation, avec en arrière-plan la façade décorée de l'édifice d'origine, datant du XVIIe siècle – une juxtaposition inspirée (Figure 48). C'est comme

Fig. 48. La pyramide du Louvre, Paris.

si le visiteur était invité à imiter les grands archéologues, à jouer les Indiana Jones pour piller les richesses que le Louvre dissimule dans ses profondeurs. La structure des pyramides de l'Égypte ancienne est très simple. Chaque couche sert de fondation solide à la suivante.

Alors que la pyramide du Louvre, elle, est creuse. Les ingénieurs ont tiré parti de la force du triangle pour la construire. Chaque côté triangulaire est un réseau de losanges et de triangles plus petits. Elle compte plus de 600 panneaux de verre, et est entourée d'eau si bien que le reflet que l'on voit n'est pas qu'une pyramide à base carrée, mais l'octaèdre, une des formes symétriques de Platon.

Après avoir visité la pyramide dans le centre de Paris, nous nous dirigeons vers le parc de la Villette, qui abrite un autre exemple formidable de conception architecturale. Environnée d'immeubles rectangulaires qui hérissent presque toute la banlieue, la Géode est un gigantesque globe d'argent (Figure 49). Tomer est impressionné : « On dirait un vaisseau extraterrestre. » Comme l'Alhambra et le Louvre, l'utilisation de l'eau vient renforcer la symétrie. La Géode flotte comme une bulle géante sur le plan d'eau qui l'entoure. À l'intérieur se trouve une énorme salle de cinéma Imax dans laquelle on entre par les sous-sols.

La nature aime la sphère car c'est une forme peu coûteuse en énergie – c'est pour cela que les bulles et les gouttes de pluie sont sphériques. Mais les humains, eux, peinent à la recréer. Quand le pape Benoît exigea de Giotto un croquis prouvant ses dons d'artiste, Giotto traça un cercle parfait – à main levée. Pour un architecte, la construction d'une sphère est peut-être le plus grand de tous les défis. Quiconque a déjà essayé d'emballer un ballon de football dans un paquet cadeau peut comprendre certaines des difficultés auxquelles est confronté l'architecte.

Vue de loin, la Géode a l'air d'être une sphère parfaite, mais quand on se rapproche, on voit comment l'architecte a réussi à donner cette impression. Sa surface se compose d'éléments triangulaires, 6 433 au total. Il a fallu avoir recours à divers types de triangles pour recouvrir la surface courbe – 136 variétés en tout. Certains se rejoignent dans des hexagones, d'autres créent des formes pentagonales. Le cadre polyédrique sur lequel repose la Géode est l'icosaèdre, ce solide de Platon fait de 20 triangles équilatéraux. En subdivisant ces triangles en d'autres toujours plus petits, et en leur donnant une forme convexe, l'architecte s'est rapproché de la sphère.

Fig. 49. La Géode à la Villette, Paris.

Tomer s'amuse, son reflet s'agrandit ou s'aplatit sur le verre. On se croirait dans une attraction foraine. La Géode baigne dans une musique étrange, le son de cloches qui accroissent encore cet effet surréaliste. Elle provient apparemment d'une horloge musicale, et il est possible de dire l'heure en fonction de l'emplacement du son par rapport au bâtiment.

Quand on se sert de triangles pour créer une sphère complète, il est essentiel qu'il n'y ait aucun défaut dans les caractéristiques de chacune des facettes à trois côtés. Le 16 avril 1984, tout le monde a retenu son souffle quand le créateur de la Géode, vêtu d'une combinaison spatiale futuriste, a mis le dernier triangle en place. La plus petite erreur, et le puzzle sphérique n'aurait pas été complet. Les mathématiques et l'ingénierie se sont associées pour assurer que la surface de la Géode ne présenterait aucun trou gênant.

Liberté, égalité, fraternité *

Cette passion française pour la construction d'une sphère, la plus symétrique des formes, en plein Paris n'a rien de nouveau. La Géode est la concrétisation d'un rêve vieux de deux cents ans. Durant les premières décennies du XIXe siècle, Paris était une ville au centre des bouleversements dynamiques qui secouaient l'Europe. La révolution de 1789 avait soudain rendu possible l'impossible. L'Ancien Régime ** et toutes ses idées dépassées avaient été mis au rancart par les inspirations radicales de jeunes esprits révolutionnaires. Égalité *** était le mot que tous reprenaient sur les barricades. Tous les segments de la société devaient être traités de la même façon. La symétrie se trouvait au cœur même de la société.

L'architecture fut considérée comme le vecteur idéal de cette nouvelle éthique. En 1784, Étienne-Louis Boullée avait dessiné les plans pour la construction d'une sphère géante à Paris, dédiée à Isaac Newton. Les révolutionnaires français furent particulièrement séduits par la nature égalitaire de la sphère en tant que parfaite

* En français dans le texte (NdT).

** En français dans le texte (NdT).

*** En français dans le texte (NdT).

incarnation de leurs idéaux, et ils approuvèrent son projet. Pour eux, la sphère était la forme socialiste par excellence, car aucune direction n'y prévaut sur les autres.

La proposition de Boullée prévoyait l'érection d'une sphère creuse de 150 mètres de diamètre, la surface constellée de petits trous devant laisser filtrer la lumière du jour (Figure 50). Le but en était de créer une image du ciel nocturne à l'intérieur de la sphère, le premier planétarium. La nuit, l'intérieur aurait été éclairé par une immense lampe suspendue au milieu de la sphère, comme le soleil se trouvait au centre de l'univers tel que le concevait le XVIIIe siècle. Mais les révolutionnaires s'aperçurent qu'en mathématiques comme en politique, il n'est pas toujours facile de concrétiser ses idéaux, et pendant deux siècles, la sphère ne resta qu'une chimère parisienne.

Fig. 50. Un croquis de la sphère d'Étienne-Louis Boullée.

La ferveur turbulente des premiers temps finit par s'atténuer. Malgré tout, l'esprit révolutionnaire inspira nombre d'institutions fondées à l'époque, dont beaucoup existent encore de nos jours. De nouveaux centres du savoir furent créés pour préparer les nouveaux penseurs de cette ère révolutionnaire. En 1794 fut ouverte l'École polytechnique, établissement qui allait métamorphoser l'éducation scientifique du pays et placer Paris au centre de la carte intellectuelle du continent.

Les étudiants de cette nouvelle École seraient sélectionnés uniquement en fonction de leur intelligence et de leurs connaissances. Personne ne s'en verrait refuser l'entrée par manque de moyens. Chaque nouvel étudiant touchait un salaire de 900 francs par an (environ 1 500 euros), ainsi que des frais de déplacement équivalant à ceux perçus par un artilleur de première classe de l'armée. Car pour la nouvelle république, cette armée intellectuelle comptait tout autant que ses forces militaires. L'École avait même son propre uniforme. De toutes les disciplines, les mathématiques et les sciences étaient les plus prisées. D'ailleurs, la devise de l'École devint *Pour la Patrie, les Sciences et la Gloire* *.

En 1804, Napoléon fut couronné empereur. En associant ses couleurs au culte de Bonaparte, la Révolution sembla avoir atteint une certaine stabilité. Mais Napoléon convertit la politique révolutionnaire en volonté de conquête du monde. La France s'agrandit, puis se contracta tout aussi rapidement. La défaite humiliante de Napoléon en 1814 fit repasser le pays sous le drapeau blanc des Bourbons et le règne de Louis XVIII, frère de Louis XVI. Il fut interdit de chanter *La Marseillaise,* et le bleu, le blanc et le rouge ne flottaient plus au-dessus des toits de Paris.

* En français dans le texte (NdT).

L'énergie et la puissance que la Révolution avait déchaînées dans toute l'Europe ne pouvaient cependant pas être si aisément jugulées par les partisans de la Restauration. L'École polytechnique resta une épine dans le flanc de l'establishment, centre du jacobinisme et du libéralisme. Bien qu'ayant dépouillé l'École de son statut militaire et ayant renvoyé son directeur, les royalistes étaient conscients de son importance en tant que centre de formation des meilleurs scientifiques du pays. Mais si l'École polytechnique produisait les savants du monde moderne, l'Académie des sciences, fondée en 1666, sous l'Ancien Régime, représentait toujours le summum de la réussite universitaire. L'Académie avait été fermée par les zélateurs de la Révolution, puisqu'elle était considérée comme une émanation de la cause monarchiste, mais elle fut rapidement rétablie en tant que centre de la vie intellectuelle française.

Au printemps 1829, un jeune lycéen de dix-sept ans du nom d'Évariste Galois pénétra dans la cour grandiose de l'Académie, qui domine la Seine. Il venait livrer un colis au professeur Cauchy, un paquet contenant un manuscrit dont le jeune homme savait qu'il intéresserait non seulement Cauchy, mais toute la communauté mathématique. C'était faire preuve d'une certaine audace de la part de Galois que de soumettre ses idées à Cauchy plutôt qu'à un autre académicien. Le professeur était connu pour ne présenter que ses propres travaux lors des réunions hebdomadaires de l'Académie, et il n'avait d'ordinaire que peu de tolérance pour les idées des autres. Il avait complètement ignoré les travaux d'Abel et avait intégré ceux de Ruffini aux siens. Mais Galois était convaincu que la percée mathématique qu'il avait réalisée ces derniers mois provoquerait une révolution mathématique digne de celle que Robespierre avait déclenchée autrefois à Paris.

Cauchy avait l'habitude de recevoir des manuscrits venus de toute l'Europe, de la part d'auteurs inconnus qui espéraient que leurs travaux seraient évoqués lors des séances régulières de l'Académie. Il avait épluché les 512 pages de la démonstration du docteur Ruffini en Italie ; il s'était bagarré avec le récit condensé en six pages du Norvégien Abel. Mais il dut être plutôt intrigué par l'adresse de provenance de ce colis : le lycée Louis-le-Grand. Tant Robespierre que Victor Hugo y avaient été élèves. L'établissement était situé dans un bâtiment imposant mais délabré sur la rive gauche de la Seine, non loin de l'Académie. Ses fenêtres barrées le faisaient ressembler à une prison, et le régime qui y régnait ne contribuait pas à dissiper cette impression. La discipline y était stricte, les châtiments fréquents. On y trouvait une dizaine de cellules nues, toujours occupées par des élèves pris à bavarder ou à s'agiter en classe, ou qui, simplement, bougeaient trop dans leur sommeil.

Galois avait grandi dans le petit village de Bourg-la-Reine, à l'extérieur de Paris. Jusqu'à ce qu'il soit envoyé comme pensionnaire au lycée à l'âge de douze ans, il avait été choyé par sa mère. La transition dut être brutale. Il était très proche de son père, qui lui manquait terriblement. Soudain, il se retrouva dans un monde où il était régulièrement puni, soumis à un régime carcéral de pain sec et d'eau, mordu la nuit par les rats qui infestaient l'école. Galois travailla dur pour répondre aux attentes de son père. Il aimait en particulier les langues, et pendant les trois premières années, il impressionna ses professeurs par sa maîtrise du latin et du grec.

Quand il eut quinze ans, il tomba sur un livre du mathématicien français Adrien-Marie Legendre, qui lui révéla l'existence d'un nouveau langage, lequel semblait s'adresser directement à lui. Tout un nouveau monde passionnant et riche en mystères s'ouvrit à lui, refuge où fuir les horreurs du lycée. L'ouvrage était censé couvrir un cours en deux ans, mais Galois le dévora en deux jours. Ses maîtres constatèrent qu'un changement s'était opéré en lui : « Il est emporté par la passion des mathématiques. » Ses professeurs de lettres rapportèrent :

> Il n'y a rien dans son travail en dehors de fantaisies étranges et négligence ; il fait toujours ce qu'il ne devrait pas. Il empire jour après jour. Il est passé d'une punition à l'autre. Son ambition, son originalité souvent affichée, sa personnalité bizarre le tiennent à l'écart de ses camarades.

Ambitieux, Galois l'était assurément. Son père, maire de Bourg-la-Reine, avait été un fervent partisan de la Révolution et avait inculqué à son fils les idéaux qui lui étaient chers. À une époque où les Bourbons avaient l'ascendant, il était l'un des rares maires libéraux élus en France, aidé en partie par les indélicatesses du candidat royaliste qui avait dû fuir la ville.

Galois était persuadé que son destin se trouvait lié à la grande École polytechnique : un centre débordant de jeunes révolutionnaires, moteur de la réussite universitaire en Europe. Il souhaitait échapper à la routine fastidieuse du lycée. Aussi, contre l'avis de ses professeurs et sans en parler à ses parents, il passa le difficile examen d'entrée à l'École polytechnique en juin 1828, à l'âge de seize ans. Malheureusement, l'ambition et l'arrogance ne suffirent pas. Il échoua.

Les mathématiques sont indissociables d'un sentiment de certitude qui déteint sur ceux qui parviennent à en maîtriser le langage. Galois ne doutait pas de ses capacités, car il était à même de résoudre tous les problèmes que lui posait son professeur. Dans le monde des mathématiques, il n'y avait ni ambiguïté ni place pour la discussion.

Ses démonstrations étaient justes et il le savait. Mais les mathématiques sont également une affaire de communication. Tout était peut-être clair et transparent dans son esprit, mais il lui fallait aussi transmettre ses idées à son entourage.

Son rejet par Polytechnique l'incita à faire ses preuves l'année suivante. Les candidats n'avaient droit qu'à deux chances à l'examen d'entrée, mais la prochaine fois, il leur montrerait qu'il méritait sa place au sein de la plus prestigieuse institution académique d'Europe. C'est au cours de cette année que Galois trouva un article qui serait à l'origine des réussites qui étaient emballées dans le colis qu'il destinait à Cauchy. C'était cet article qui avait inspiré les travaux de Ruffini, celui où Lagrange commençait à explorer ce qui se passait quand on faisait permuter les cinq solutions, comme quand on bat les cartes.

S'appuyant sur l'article de Lagrange, Galois réalisa une percée conceptuelle, qui l'entraînerait, et les mathématiques à sa suite, au-delà du détroit de Magellan, dans un nouveau monde où la symétrie révélerait ses secrets. Le colis qu'il livra à Cauchy à l'Académie recelait ses premières tentatives pour exprimer ses idées. De quoi montrer, pensait-il, qu'il méritait d'entrer à l'École polytechnique.

Quelle est la forme de votre équation ?

Galois comprit qu'une question plus subtile sous-tendait les efforts pour résoudre l'équation quintique. Tartaglia avait trouvé des moyens de tordre l'équation cubique jusqu'à ce qu'elle ressemble à une équation impliquant des racines cubiques et carrées. Si Abel avait démontré que c'était en général impossible pour toutes les équations quintiques, il restait quelques équations comme $x^5 = 3$ qui pouvaient être résolues à l'aide de racines cinquièmes. Mais qu'en était-il de choses comme $x^5 + 6x + 3 = 0$? Il devait y avoir, se dit Galois, un moyen de faire la distinction entre, d'une part, les équations quintiques qui pouvaient être manipulées jusqu'à ce qu'elles soient résolues par des racines et, d'autre part, celles qui étaient impossibles à résoudre.

Abel avait seulement montré qu'il n'y avait pas de formule grandiose capable de résoudre toutes les équations quintiques d'un coup. Lui aussi avait commencé à réfléchir à la formulation plus subtile du problème par Galois, mais il n'avait pu aller plus loin du fait de sa mort prématurée. Galois sentit que c'étaient les symétries des solutions de l'équation qui détenaient la réponse au problème.

L'équation $x^2 = 2$ a deux solutions : la racine carrée de 2, égale à 1,414…, et son négatif. De même, avec l'introduction des nombres imaginaires, une équation cubique, celle comportant x^3, avait trois solutions, et une quintique – avec x^5 – avait cinq solutions. Plus l'exposant de x était élevé, plus il y avait de solutions. Galois considéra les quatre solutions d'une équation quartique. Par exemple, deux des solutions de $x^4 = 2$ sont des nombres réels, à savoir 1,18921… et son négatif, – 1,189 21… Les deux autres solutions sont des nombres imaginaires, (1,189 21)i et – (1,189 21)i. On peut tracer un schéma dépeignant ces solutions sur la carte des nombres complexes créée par Gauss (Figure 51). Ici, A et C sont les deux solutions réelles, et B et D les deux solutions imaginaires.

Dans cette figure, les nombres sont transformés en coins d'un carré, et ce sont les symétries de ce carré qui détiennent le secret expliquant pourquoi cette solution peut être résolue facilement. Galois comprit qu'il existait certaines relations qui rattachaient entre eux ces quatre nombres. Par exemple, l'addition de A et C donne zéro, de même que l'addition de B et D. Donc $A + C = 0$ et $B + D = 0$ peuvent être considérés comme des « lois » qui relient les solutions de cette équation particulière. Chaque loi produit une sorte de rigidité dans le schéma.

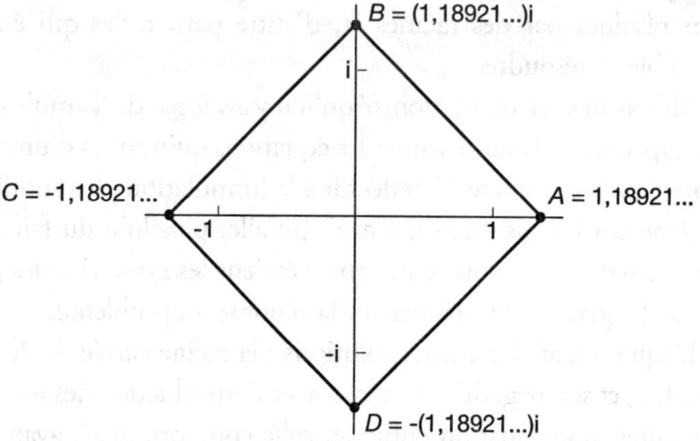

Fig. 51. Les symétries des quatre solutions de l'équation quartique $x^4 = 2$ correspondent aux symétries du carré.

Galois décida d'étudier les façons de permuter les solutions pour que la nouvelle équation reste une loi. Par exemple, en intervertissant C et A on obtient $C + A = 0$. Ce qui transforme l'équation $A + C = 0$ en $A + B = 0$, mais cette nouvelle équation est fausse. Cette permutation n'est pas une loi respectée par les nombres A et B. Il y a potentiellement 24 façons différentes de permuter A, B, C et D, mais seulement huit d'entre elles transforment une loi en une autre. Par exemple, il est possible de faire tourner les nombres : si A passe en B, B en C, C en D et D en A, les lois $A + C = 0$ et $B + D = 0$ deviennent $B + D = 0$ et $C + A = 0$, des lois qui sont toujours respectées par les nombres.

Mais ces huit permutations de lettres ne sont pas n'importe lesquelles des 24 permutations possibles. Ce sont en fait toutes les permutations différentes qui décrivent les symétries du carré que l'on obtient en reliant les nombres *A*, *B*, *C* et *D* (Figure 51). Les symétries du carré sont précisément les façons qui permettent d'intervertir les nombres *A*, *B*, *C* et *D* tout en respectant les lois. Les lois auxquelles les solutions obéissent sont un peu comme la rigidité du carré – on peut le faire pivoter et le renverser autant que l'on veut, les coins *A* et *C* doivent toujours se faire face, comme les coins *B* et *D*.

Galois n'avait pas une vision précise des formes susceptibles de rôder derrière une équation, pas plus qu'il ne savait pourquoi le langage qu'il était en train de développer contribuait à révéler la symétrie de ces formes. Peut-être valait-il mieux, car le pouvoir de ce langage résidait dans sa capacité à créer une abstraction – une description mathématique indépendante de toute géométrie sous-jacente. Ce que Galois pouvait voir, c'était que chaque équation aurait sa propre collection de permutations des solutions qui respecteraient les lois se rapportant à ces dernières, et que l'analyse de la collection de toutes les permutations dévoilerait le secret de chaque équation. Il appela cette collection « le groupe » de permutations associées à l'équation. Galois découvrit que c'était la façon particulière dont ces permutations interagissaient qui indiquait si une équation pouvait être résolue ou non.

Quand Galois s'attaqua à d'autres équations quartiques, comme $x^4 - 5x^3 - 2x^2 - 3x - 1 = 0$, il s'aperçut qu'il y avait moins de lois reliant les solutions. Là encore, il y a quatre nombres, *A*, *B*, *C* et *D*, qui résolvent cette équation. Mais cette fois, il y avait moins de rigidité et il était possible d'intervertir toutes les solutions dans n'importe quel ordre tout en respectant les lois. Le « groupe » d'opérations que Galois associa à cette équation se composait des

24 agencements différents des quatre solutions. Une fois de plus, un objet géométrique se dissimule derrière cette équation : un tétraèdre. Le tétraèdre est le plus simple de tous les solides de Platon et il a beaucoup de symétrie. Il est possible de placer les quatre racines de l'équation quartique aux quatre sommets du tétraèdre (Figure 52). Toutes les symétries différentes du tétraèdre correspondent aux permutations de ces quatre coins. Les symétries du tétraèdre et les permutations des racines des équations sont en fait deux manifestations de quelque chose d'abstrait qui traduit la symétrie dissimulée derrière l'une et l'autre. Et c'était ce que Galois commençait à exprimer.

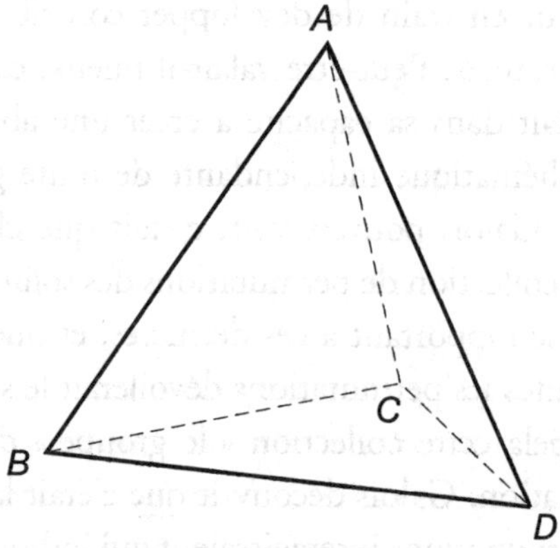

Fig. 52. Les symétries des quatre solutions de l'équation quartique $x^4 - 5x^3 - 2x^2 - 3x - 1 = 0$ correspondent aux symétries du tétraèdre.

Il franchit un grand pas en découvrant que le groupe de permutations associées à certaines équations quintiques présentait un caractère particulier qui les distinguait nettement des équations du second degré, cubiques et quartiques. La forme masquée par ces équations quintiques avait des symétries beaucoup plus complexes que celle du tétraèdre ou du carré, objets que Galois avait dénichés derrière certaines équations quartiques. Par exemple, les symétries des cinq solutions de $x^5 + 6x + 3 = 0$ étaient étroitement liées aux symétries de l'un des solides de Platon les plus compliqués, l'icosaèdre. Galois avait trouvé que ses symétries étaient d'un autre genre de complexité que celles du carré et du tétraèdre. Dans le colis qu'il livra à l'Académie, adressé à Cauchy, il démontrait pourquoi les choses commençaient à se détériorer sérieusement avec des équations impliquant des puissances cinquièmes.

Manuscrits manquants

Quand Cauchy ouvrit le paquet de Galois, il leva sans doute les yeux au ciel à la vue d'une nouvelle liasse de feuillets prétendant démontrer qu'il était impossible de résoudre l'équation quintique. Mais en l'étudiant de plus près, il fut plutôt séduit par les idées qu'il y trouva, en particulier le travail de Galois sur les permutations. En 1812, alors qu'il se remettait dans la demeure familiale à Paris après son effondrement à Cherbourg, Cauchy avait écrit deux articles qui proposaient un langage et une notation pour les mathématiques des permutations.

Par exemple, il utilisait la notation (*ABCD*) pour représenter le passage cyclique de *A* à *B*, *B* à *C*, *C* à *D* et *D* à *A*. De même, (*AC*) signifiait : « Intervertissez seulement *A* et *C* mais laissez *B* et *D* où ils sont. » Ce que Cauchy avait commencé à entrevoir, c'était qu'il existait une nouvelle arithmétique qui sous-tendait ces idées. Après tout, effectuer (*ABCD*) suivi de (*AC*) donnait une troisième permutation : *A* passe en *B*, *B* passe en *A*, *C* passe en *D* et *D* passe en *C*

– ou, dans le langage de Cauchy, (*AB*) (*CD*). Il y vit une sorte de nouvelle multiplication qui pouvait s'écrire :

$$(ABCD) * (CD) = (AB)(CD)$$

Cauchy avait commencé à explorer la théorie de ce nouveau langage dans un article publié en 1815. Mais sa nature assez abstraite en avait rebuté plus d'un. À l'École polytechnique, Cauchy avait de plus en plus la réputation de pousser les étudiants vers des territoires abstraits. Le directeur avait critiqué son obsession pour les mathématiques pures aux dépens de l'enseignement, qui devait contribuer à l'édification de la France révolutionnaire : « Beaucoup sont d'avis que l'instruction dans les mathématiques pures est menée trop loin à l'École et que cette extravagance inutile est préjudiciable aux autres branches. »

Au fil de sa lecture de l'article de Galois, son scepticisme céda progressivement la place à un véritable enthousiasme. Les membres de l'Académie furent sans doute surpris quand, lors de leur réunion du 25 mai, Cauchy se leva et leur annonça son intention, lors d'une prochaine rencontre, de leur présenter en détail les idées de Galois. Le fait que Cauchy ait été prêt à présenter autre chose que ses propres travaux est la preuve de l'importance qu'il y accordait, surtout quand on sait que ce travail était celui d'un jeune homme de dix-sept ans qui était encore au lycée. Les académiciens reconnurent que, puisque Cauchy était le mieux placé pour analyser ces travaux, il devait emporter chez lui l'unique exemplaire qui en existait afin de rédiger son rapport.

Quelques semaines après la livraison de son manuscrit, Galois tenterait pour la deuxième fois l'examen d'entrée à l'École polytechnique. Alors, il pourrait réaliser son rêve et rejoindre les étudiants révolutionnaires qui, il en était convaincu, incarnaient l'avenir de la France. Il voyait bien que la fracture politique se cristallisait dans son pays. Les royalistes, ou ultras, avaient de plus en plus d'influence, et Galois savait que les jeunes de l'École polytechnique seraient en première ligne quand viendrait l'heure de se battre pour empêcher la restauration de l'Ancien Régime.

Alors que Galois se préparait à son examen, sa propre famille à Bourg-la-Reine se retrouva sur la ligne de front. Au début de 1829, un jeune prêtre catholique avait débarqué dans la ville dont le père de Galois, Nicolas, était maire. Encouragé par l'atmosphère politique qui régnait à Paris, le jeune prêtre s'était associé aux ultras locaux pour comploter afin de faire tomber le maire jésuite et libéral. Nicolas Galois était connu pour écrire des poèmes dans le but de divertir ses amis. Le prêtre commença donc à faire circuler de faux poèmes vulgaires attribués au maire. Nicolas eut beau clamer son innocence, il ne put se laver du scandale et dut fuir la ville. Il loua une chambre à quelques rues de l'école de son fils. Le 2 juillet, il s'y pendit. Pour le jeune homme, ce fut comme une bombe, qui ravagea les solides fondations sur lesquelles il pensait se tenir.

Même dans la mort, Nicolas Galois bénéficia d'un grand soutien dans sa ville. Beaucoup de ses administrés accueillirent son cercueil quand il revint de Paris à Bourg-la-Reine, et le portèrent à l'église. Bien que s'étant suicidé, le prêtre avait accepté de dire une messe pour le maire et de l'inhumer en terre consacrée. Peut-être était-ce pour lui un moyen d'atténuer la culpabilité qu'il ressentait. Toutefois, d'autres ne purent accepter cette hypocrisie en voyant le prêtre à l'origine de son trépas présider aux funérailles du maire. Sous les yeux de Galois, l'enterrement de son père dégénéra en affrontement politique entre les royalistes et les libéraux, les catholiques et les jésuites. On jeta des pierres sur le prêtre, les insultes volèrent tandis que le cercueil était mis en terre. Galois rentra à Paris, dévoré par le feu de la politique. Mais il devait avant tout se concentrer sur son examen d'entrée.

Tous les témoignages concordent, ce fut un désastre. Galois ne fit preuve d'aucun respect pour ses deux examinateurs, deux professeurs de Polytechnique qu'il considérait comme de médiocres mathématiciens. Il répondit aux questions avec mépris, en disant : « C'est évident. » Cela l'était peut-être pour son esprit mathématique affûté. Ce qui l'était moins en revanche, c'était que s'il comptait réussir, il lui faudrait se plier à leur jeu.

Il devait avoir le cerveau en ébullition, ayant tout juste enterré son père dans des circonstances aussi traumatisantes. Peut-être les deux examinateurs étaient-ils à ses yeux des symboles de l'Ancien Régime, qu'il rendait coupable de la mort de son père. D'après un des rapports sur l'examen, il aurait même lancé un tampon à travers la salle. Il échoua donc pour la seconde et dernière fois, ce qui n'a rien d'étonnant. En l'espace d'un mois, la joie due à ses avancées dans l'univers des mathématiques avait été ternie par la fin de ses espoirs et de ses rêves dans le monde réel.

Au lieu d'entrer à Polytechnique pour y devenir un membre de l'élite politique et universitaire, Galois dut se contenter de l'École préparatoire, qui formait les enseignants. C'était une institution réactionnaire et religieuse dont on pouvait être expulsé pour ne pas être allé à confesse. Désormais relégué dans ce que Galois voyait comme un désert académique, il ne lui restait plus qu'à espérer en attendant que Cauchy ait rendu son verdict à propos de son manuscrit.

Cauchy avait prévu de remettre son rapport sur le texte du jeune mathématicien le 18 janvier 1830. Mais l'énorme charge de travail qu'il s'imposait commençait à avoir un impact sur sa santé. Il rata la réunion et envoya une lettre présentant ses excuses pour son absence :

> J'étais censé présenter ce jour à l'Académie d'abord un rapport sur le travail du jeune Galoi [sic], et ensuite un mémoire sur la détermination analytique de racines primitives où je montre comment réduire cette détermination à la solution d'équations numériques dont toutes les racines sont des nombres entiers positifs. Suis indisposé chez moi. Je regrette de ne pouvoir assister à la séance d'aujourd'hui, et j'aimerais que vous prévoyiez mon intervention sur les deux sujets indiqués à la prochaine séance. Veuillez accepter mes hommages...
> A.-L. Cauchy

Et ce fut la dernière fois que l'on entendit parler du premier manuscrit de Galois. La semaine suivante, Cauchy ne présenta que ses résultats personnels. Galois ne récupéra jamais son texte, et il ne fut jamais retrouvé parmi les biens de Cauchy. Le traité que Niels Abel avait lui aussi soumis à l'Académie avait également disparu alors qu'il était en la possession de Cauchy, mais finit par refaire surface après la mort du Norvégien.

À propos du traitement réservé à Galois par Cauchy, les historiens se divisent en deux camps. Les uns le dépeignent comme un égocentrique négligent qui ne s'intéressait qu'à ses propres travaux. Les autres laissent entendre que c'est Cauchy qui aurait encouragé Galois à soumettre un manuscrit révisé pour le nouveau problème primé de l'Académie. Le Grand Prix de l'Académie était la plus belle récompense que les sciences européennes pouvaient accorder. Il était décerné à la plus remarquable application des mathématiques à la physique générale ou à l'astronomie, ou à une importante découverte analytique. La date limite des soumissions était le 1er mars. Le jury comptait dans ses rangs Siméon-Denis Poisson et Louis Poinsot, l'homme qui avait découvert le nouveau solide symétrique composé d'une intersection de pentagones. Nous ne saurons peut-être jamais si Cauchy encouragea effectivement Galois, ou si ce dernier décida que, après avoir attendu une réponse de Cauchy pendant des mois, la seule façon de susciter une réaction de l'Académie était de soumettre un nouveau manuscrit pour le prix.

Jean-Baptiste Fourier, un autre membre de l'Académie, fut chargé d'évaluer le second manuscrit de Galois. Mais Galois n'eut pas plus de chance avec ce nouveau juge. Le 16 mai 1830, quelques semaines après avoir pris en charge les travaux de Galois, Fourier mourut. Pour la deuxième fois, un texte de Galois disparaissait, et ne réapparut jamais. Sans manuscrit ni rapport, la candidature de Galois ne fut jamais considérée pour le prix. Il ne fut jamais informé de ce qu'il advint. Finalement, ce fut Abel qui se vit décerner le prix, à titre posthume.

Révolution

S'appuyant sur le pouvoir des ultras, le roi Charles X décida, le 26 juillet 1830, de dissoudre le Parlement, de modifier la loi électorale pour limiter le droit de vote à ceux qui avaient assez d'argent, et de suspendre la liberté de la presse. Des décisions qui eurent l'effet d'un chiffon rouge sur les taureaux révolutionnaires qui étaient déjà très agités. Le lendemain, quatre quotidiens publiaient par défi des articles dénonçant les actions du roi et incitant à la rébellion. Au début de l'après-midi, les rues de Paris se remplirent de manifestants qui insultèrent les gendarmes venus les disperser. Des cailloux commencèrent à pleuvoir, il y eut des coups de feu, qui déclenchèrent la panique. Une jeune fille fut tuée dans les échanges de tirs. Un ouvrier souleva son corps inerte, le déposa au pied d'une statue de Louis XIV et cria vengeance. La ville bascula bientôt dans des émeutes telles que la France n'en avait plus connu depuis 1789. Des charrettes renversées et des meubles jetés depuis les fenêtres des bâtiments officiels servirent de nouveau à dresser des barricades.

Alors que la nuit tombait, Galois, désormais étudiant à l'École préparatoire, pouvait sentir l'odeur des feux qui brûlaient sur les barricades et entendre des fragments de *La Marseillaise* alors que la révolution s'emparait des rues. L'armée fut appelée en renfort pour contenir le nombre croissant de citoyens qui prenaient les armes et montaient sur les barricades. Les émeutiers furent rejoints le lendemain matin par les étudiants révolutionnaires de l'École polytechnique. Des unités militaires gardaient certes les entrées de l'École, mais les étudiants s'échappèrent en escaladant les murs et montèrent eux aussi sur les barricades, d'où ils menèrent de sanglantes attaques contre les soldats. Les rues résonnaient de leurs chants : « Français, chantons le courage héroïque de la jeunesse de l'École polytechnique. » Dans l'après-midi, les étudiants avaient pris le contrôle du Quartier latin.

Enfin, c'était la révolution à laquelle Galois avait rêvé de prendre part depuis la mort de son père. Mais au lieu de pouvoir rejoindre ses frères d'armes, il fut contraint de suivre les événements derrière les portes closes de l'École préparatoire de la rue Saint-Jacques, à quelques pas à peine de l'action. Tandis que les professeurs de Polytechnique ne demandaient pas mieux que de soutenir leurs élèves, le directeur de l'École préparatoire interdit à ses étudiants de s'impliquer. Galois et ses camarades furent enfermés, emprisonnés dans leur établissement, et on leur rappela la promesse qu'ils avaient faite en s'inscrivant – une promesse d'allégeance à l'État. Le directeur menaça d'appeler la troupe si besoin était pour empêcher ses ouailles de se joindre à l'insurrection.

Galois était furieux. Le soir du deuxième jour, il n'y tint plus. C'était plus qu'il n'en pouvait supporter d'entendre les étudiants de Polytechnique faire l'histoire alors qu'il était enfermé dans la Préparatoire avec une bande d'apprentis professeurs de second rang, dont aucun n'était prêt à défier les ordres du directeur. Cette nuit-là, seul, Galois tenta d'escalader les murs, mais ils étaient trop hauts. Le troisième jour de ce que l'on appela les Trois Glorieuses, l'armée royale avait soit déserté pour se rallier à ses concitoyens, soit fui en exil avec Charles X. Le drapeau blanc des Bourbons ne flottait plus sur Paris. Les républicains avaient repris le pouvoir. L'air matinal s'emplit de la cacophonie des cloches des églises qui sonnaient la victoire de la révolution.

Mais il y avait un problème. Le soulèvement avait été si efficace que Paris avait une nouvelle fois la possibilité de ressusciter la république de la Révolution de 1789. Mais pour les républicains modérés, c'était un risque qu'ils n'étaient pas disposés à prendre. La France s'était retrouvée isolée et avait été mise à genoux par le reste de l'Europe lors de sa précédente incursion dans le républicanisme. Le moment n'était pas venu pour une deuxième république pleine et entière : il faudrait attendre la marée révolutionnaire qui balaierait toute l'Europe continentale en 1848. Au lieu de cela, les chefs des Trois Glorieuses invitèrent le duc d'Orléans à monter sur le trône, espérant que le nouveau souverain respecterait l'institution du gouvernement sans chercher, comme son prédécesseur, à s'arroger trop de pouvoirs. Couronné en tant que Louis-Philippe Ier le 9 août 1830, le roi se vit présenter le drapeau tricolore dans un mélange des genres libéral.

Pour les révolutionnaires purs et durs, la restauration de la monarchie était une trahison, après le sacrifice de près de deux mille citoyens tombés pour que soit amené le drapeau des Bourbons. L'expérience vécue par Galois, prisonnier dans son école pendant l'insurrection, le poussa un peu plus dans le camp des extrémistes. Pendant les vacances d'été, dans la maison familiale de Bourg-la-Reine, Galois harangua sa mère et ses frères et sœurs par des discours révolutionnaires enflammés. La révolution de juillet avait échoué, déclara-t-il. Un autre soulèvement était nécessaire, dans lequel il était cette fois décidé à jouer un rôle central : « Si seulement j'étais certain qu'un corps puisse inciter le peuple à la révolte, j'offrirais le mien. »

Le zèle révolutionnaire croissant de Galois atteignit son paroxysme à l'automne 1830, lors de la rentrée universitaire. Dans une lettre à la presse, il accusa le directeur de l'École préparatoire d'avoir trahi la République par sa décision d'interdire à ses étudiants de monter sur les barricades. La réponse du directeur fut prompte, et il écrivit au ministre de l'Éducation : « J'ai renvoyé Évariste Galois. Soucieux de son incontestable talent pour les mathématiques, j'ai toléré son comportement non conventionnel et son caractère très difficile. » Mais il ne le tolérerait plus. Galois était désormais un électron libre.

Pendant son séjour à l'École préparatoire, Galois ne s'était fait qu'un seul véritable ami, Auguste Chevalier. Auguste était dans la classe au-dessus de celle de Galois, et son frère était à Polytechnique. Tous trois avaient coutume de discuter longuement de politique. Les Chevalier étaient partisans d'un mouvement politique utopiste, le saint-simonisme. Mais son refus d'avoir recours à la violence pour atteindre ses objectifs politiques n'attirait pas Galois, de plus en plus agressif dans son républicanisme. Il se tourna donc vers un groupe plus militant, la Société des amis du peuple. Grâce à la presse contrôlée par le gouvernement, la Société était dépeinte comme une dangereuse bande de militants, et les boutiquiers avaient tendance à fermer leur échoppe à la seule vue d'un de ses membres marchant dans la rue.

Galois s'engagea en outre dans la Garde nationale anarchiste. Créée au plus fort de la Révolution de 1789, la Garde était une milice qui ne dépendait pas de l'armée française. Disposant de ses propres drapeaux, de ses fanfares et de ses uniformes, la Garde était plutôt une sorte de branche militaire du mouvement républicain. Enfin, Galois pouvait porter un uniforme militaire, comme ses frères d'armes de l'École polytechnique. Mais plusieurs mois après son couronnement, Louis-Philippe proscrivit aussi bien la Garde nationale que la Société des amis du peuple. Le roi était conscient de la menace qu'elles représentaient, étant insatisfaites de l'échec des Trois Glorieuses à rétablir un gouvernement vraiment républicain. Les réunions de la Société devinrent alors clandestines.

Pour Galois, l'expulsion de l'École préparatoire fut une expérience libératrice – bien qu'elle ait eu le défaut de le priver de la bourse de l'État à laquelle il avait droit en tant qu'étudiant. Il décida alors de tenir une série de conférences publiques pour collecter des fonds. Organisées dans l'arrière-boutique d'un libraire de ses amis, elles lui offriraient l'occasion de rendre publiques les percées mathématiques qu'il avait accomplies, et qui n'avaient eu aucun écho auprès de l'Académie.

Il fit passer une réclame dans un journal pour annoncer la première de ses conférences, qui devait se tenir à 13 h 15, le jeudi 13 janvier 1831, dans la librairie Caillot, rue de la Sorbonne. L'événement attira près de quarante personnes. Les frères Chevalier tenaient à soutenir leur ami, et ils furent rejoints par plusieurs membres de la Société des amis du peuple, qui espéraient peut-être que Galois profite de ses conférences pour défendre la cause révolutionnaire. Si c'était le cas, ils durent être déçus. Au bout de quelques semaines, le public ne vint plus. Galois avait voulu expliquer ses nouvelles idées d'un langage révolutionnaire pour transformer l'étude des équations, et en fin de compte la théorie de la symétrie. Mais ses conférences étaient aussi impénétrables que les manuscrits qu'il avait envoyés à l'Académie.

Il est cependant possible qu'un des membres de l'assistance ait été l'académicien Poisson, un des juges du Grand Prix auquel Galois s'était présenté l'année précédente. Peu après la première conférence, Galois fut approché par le grand mathématicien, et invité à soumettre un troisième manuscrit détaillant sa nouvelle vision mathématique. Galois rédigea une nouvelle introduction, et traversa une fois de plus la cour de l'institution pour déposer son article au secrétariat. Lors de la séance du lendemain, Poisson et Sylvestre Lacroix furent chargés d'analyser la troisième tentative de Galois pour convaincre l'élite mathématique de sa découverte.

En procès

Cette fois, Cauchy n'était plus là pour jouer les assesseurs. Si Galois était déçu par le manque de ferveur révolutionnaire du nouveau gouvernement, le régime était bien trop extrême pour être du goût de Cauchy. Peu après avoir pris le pouvoir, le gouvernement avait insisté pour que les fonctionnaires, y compris les professeurs de l'École polytechnique, prêtent un serment d'allégeance au nouveau régime.

Cauchy ne pouvait trahir ses convictions profondes, tant religieuses que politiques, et il refusa de se soumettre aux exigences du nouveau pouvoir. Ayant toujours à l'esprit ses souvenirs d'une enfance traumatisée par la Révolution de 1789, il s'enfuit de Paris le 30 août 1830. En exil, d'abord en Suisse, puis en Italie, il fut dépouillé de tous les postes qu'il occupait à l'Académie et à Polytechnique. Mais il avait trop peur de revenir en France dans le climat qui y régnait, bien qu'il ait laissé derrière lui femme et enfants. Il vécut en exil pendant huit ans.

Son manuscrit se trouvant entre des mains différentes, Galois se prit à espérer que ses travaux seraient enfin reconnus. Il commença même à assister aux réunions hebdomadaires de l'Académie, pour entendre éventuellement le rapport sur ses travaux. Son arrogance et sa foi dans ses compétences mathématiques le poussèrent à intervenir et à commenter les résultats d'autres mathématiciens, bien que n'ayant que dix-neuf ans. Ses interjections agressives et critiques lui valurent une certaine réputation. À l'issue d'un échange particulièrement virulent entre Galois et un conférencier de l'Académie, Sophie Germain, une des rares femmes de l'assistance, écrivit pour consoler le conférencier : « Il a gardé sa capacité à la grossièreté, dont il vous a donné un exemple, après votre meilleure conférence à l'Académie. »

Plusieurs mois passèrent, et Galois n'avait toujours rien entendu au sujet de son manuscrit. Incapable de refréner son impatience, il adressa une lettre furieuse au président de l'Académie, où il dissimulait à peine la colère qui bouillonnait visiblement en lui :

> Les recherches qui composent ce mémoire font partie d'un travail que j'avais soumis pour le Grand Prix de mathématiques l'an dernier... Le comité du prix avait décidé que je ne pouvais l'avoir résolu, d'abord

> parce que mon nom est Galois, et aussi parce que je suis un étudiant. J'ai été informé que mon mémoire avait été perdu. Cela aurait dû me servir de leçon. Néanmoins, je l'ai réécrit en partie, et vous l'ai soumis sur les conseils d'un membre de l'Académie.

Puis il exigeait que Lacroix et Poisson soit reconnaissent avoir perdu la dernière version du texte, soit indiquent au moins s'ils comptaient le présenter à l'Académie.

Son désespoir, face aux manquements de ses aînés, finit par éclater, avec des conséquences spectaculaires. Le 9 mai, des membres de la Société des amis du peuple convièrent deux cents camarades républicains à un banquet pour célébrer la récente libération de prison de plusieurs d'entre eux. Une plainte avait été déposée contre dix-neuf membres de leur organisation pour avoir porté l'uniforme de la Garde nationale après le décret royal sanctionnant la dissolution du corps. Jugés innocents par le tribunal, ils étaient désormais de véritables héros nationaux.

La fête battait son plein, les bouchons de champagne sautaient tandis que se succédaient des discours et des toasts de plus en plus hardis en hommage au mouvement républicain. Galois, enflammé par l'abus d'alcool et l'atmosphère politique chargée, se dressa soudain, encouragé par ses pairs. Il leva son verre et hurla : « À Louis-Philippe ! » Plusieurs convives commencèrent à se moquer de lui pour avoir porté un toast au souverain qu'ils rêvaient de déposer. Mais d'autres aperçurent un scintillement dans l'autre main de Galois. C'était un petit poignard. En fait de toast, c'étaient des menaces qu'il venait de proférer à l'encontre du roi. Les rires se muèrent en acclamations dans la salle du banquet. Plusieurs des républicains les moins extrémistes comprirent que la fête devenait dangereuse, et s'échappèrent par les fenêtres du restaurant avant l'arrivée de la troupe. Le lendemain, Galois fut arrêté pour trouble à l'ordre public et menaces envers la personne du roi. Jugé le 15 juin, il évita la prison grâce à l'habileté de son avocat. Son client avait beau souhaiter se sacrifier pour la cause républicaine et finir en martyr, son avocat contesta qu'il ait effectivement émis des menaces. Dans l'agitation qui avait suivi son cri de « à Louis-Philippe », les invités ne l'avaient pas entendu ajouter « s'il trahit ». L'avocat soutint que Galois n'envisageait qu'une situation hypothétique et qu'il n'avait nullement eu l'intention de menacer la vie du roi. Mais dans le tumulte qui avait suivi le début de sa déclaration, le reste de la phrase s'était perdu.

L'incident finit par avoir des répercussions mathématiques. Pour défendre leur ami pendant son procès, les frères Chevalier publièrent un article dans *Le Globe,* un journal proche du mouvement saint-simonien. Ils y déploraient tout recours à la violence et les menaces contre le roi, mais invoquaient des circonstances atténuantes : Galois était un génie des mathématiques dont les travaux avaient été ignorés ou égarés par l'establishment. « Il avait ressenti les germes d'un avenir brillant, mais sans protecteurs ni amis, il nourrissait une haine violente du régime », écrivirent-ils. L'article évoquait les nombreuses fois où Galois avait soumis ses idées à l'Académie mais n'avait obtenu aucune réponse. Même maintenant, le manuscrit était chez « M. Poisson qui doit l'examiner, mais le malheureux auteur attend un mot gentil de l'Académie depuis plus de cinq mois ».

La vue de son nom dans le journal dut pousser Poisson à l'action, mais rien dans le ton de l'article ne lui donna envie d'accueillir favorablement le texte de Galois. Au lieu de cela, il déclara dans son rapport à l'Académie que la « thèse [n'était] ni assez claire ni suffisamment développée pour nous permettre de juger de sa rigueur.

Pas plus que nous ne sommes à même de donner une idée claire de son travail ». Mais pour la première, on renvoya bel et bien son manuscrit à Galois.

Une semaine plus tard, à la veille du 14 juillet, Galois fut de nouveau arrêté, cette fois pour avoir revêtu l'uniforme proscrit de la Garde nationale et porté des armes. Il fut mis en cellule pour la nuit. Son camarade de cellule aggrava encore la situation en couvrant les murs de caricatures politiques et de slogans hostiles au roi. Le tribunal ne fut pas aussi clément. Après avoir attendu d'être jugé pendant trois mois, Galois fut condamné à neuf mois de détention à Sainte-Pélagie, une prison à la lisière sud de Paris.

Évasion mathématique

La littérature a toujours été un moyen pour les détenus de s'évader et de résister à la privation de liberté. *The Pilgrim's Progress*, roman allégorique du XVIIe siècle, fut rédigé dans la prison de Bedford, où John Bunyan fut incarcéré pendant douze ans. Le marquis de Sade, Oscar Wilde et Adolf Hitler écrivirent tous des œuvres importantes alors qu'ils se trouvaient derrière les barreaux. Mais l'histoire montre aussi qu'il existait un autre moyen de rompre la monotonie d'heures passées en seule compagnie de son propre cerveau : l'évasion par les mathématiques. Plusieurs des otages détenus pendant des années au Liban dans les années quatre-vingt ont décrit comment, en explorant des nombres dans leurs têtes, ils avaient pu supporter leur isolement.

En 1940, le pacifiste et mathématicien André Weil, frère de la philosophe française Simone Weil, s'était retrouvé en prison pour désertion. Pendant les mois qu'il passa en cellule à Rouen, il aboutit à l'une des plus grandes découvertes du xxe siècle, sur la résolution des courbes elliptiques. Il écrivit à son épouse : « Mes travaux mathématiques progressent au-delà de mes espoirs les plus fous, au point que je m'inquiète un peu – et s'il n'y avait en prison que je travaillais aussi bien, faudra-t-il que je m'arrange pour passer deux ou trois mois par an enfermé ? » Ayant eu vent de sa découverte, Henri Cartan écrivit à Weil : « Nous n'avons pas tous la chance d'être assis à pouvoir travailler sans être dérangé comme vous… »

Se retrouvant en prison, Galois s'efforça lui aussi de s'évader par les mathématiques. Pendant son incarcération, il reçut le rapport de Poisson sur son manuscrit. Bien que fort négatif, il se terminait au moins par un paragraphe encourageant :

> L'auteur prétend que la proposition qui est le sujet de son mémoire fait partie d'une théorie générale riche en applications. Souvent, différentes parties d'une théorie s'éclaircissent mutuellement, et il est plus facile de les comprendre ensemble qu'isolées. On devrait plutôt attendre que l'auteur ait publié ses travaux dans leur entièreté avant de se forger une opinion définitive.

Galois décida de réécrire le manuscrit qu'il avait récupéré, y ajoutant une nouvelle introduction plus longue. Travaillant sur ses mathématiques, il eut bientôt la réputation, parmi ses camarades détenus, d'être le jeune universitaire dans leurs rangs.

Mais il ne parvenait pas à garder pour lui-même l'exaspération qu'il ressentait face au traitement mesquin que lui avaient réservé l'Académie des sciences et, en fin de compte, l'Institut de France, qui chapeautait toutes les académies de France. Son nouveau texte se para peu à peu d'une colère au vitriol :

> Ce sont les hommes de science qui sont responsables de la perte de mes manuscrits dans les archives de l'Institut de France. Je peine à comprendre une telle négligence de la part d'hommes qui ont la mort d'Abel sur la conscience; non que je souhaite être comparé à cet éminent mathématicien.

Mais Galois ne passa pas tout son temps à s'emporter contre la communauté mathématique. Il écrivit aussi sur le pouvoir d'une nouvelle approche conceptuelle des mathématiques, qui impliquait de se détourner des calculs compliqués d'Euler au profit de « l'élégance de mathématiques modernes dont les esprits saisissent rapidement et en même temps un grand nombre d'opérations ». Sa grande réussite fut d'avoir identifié une nouvelle entité abstraite, ce qu'il appelait un groupe. L'essence réelle des symétries d'un objet ne serait accessible que si on les étudiait en tant que groupe au lieu de s'intéresser à elles individuellement.

Galois se débattit avec le problème auquel est confronté tout mathématicien qui veut écrire à propos d'une nouvelle découverte. Donnez trop peu de détails, et les lecteurs manqueront de repères pour les aider dans ce nouveau labyrinthe mathématique. Mais décrivez-la en trop de détails, et vous submergerez les lecteurs, qui n'auront alors aucune vision claire de là où vous tentez de les emmener. Les six pages d'Abel se trouvaient à une extrémité du spectre, et l'épopée de Ruffini en 512 pages à l'autre.

Galois comprit que son texte était avare en explications : « L'imprimeur quand il vit les manuscrits crut qu'il s'agissait de l'introduction. » Pourtant, il reconnaît qu'il aurait été

> trop facile de substituer toutes les lettres de l'alphabet dans chaque équation, ce qui aurait multiplié le nombre d'équations à l'infini.

> Après l'alphabet latin, j'aurais pu utiliser le grec, puis une fois celui-ci usé, il nous reste les lettres gothiques et rien ne nous empêche de nous servir de caractères syriaques ou même chinois !

Il cherchait au contraire à communiquer sa compréhension des concepts : « On y trouve autant de français que d'algèbre », ce qui vaut pour bien des articles mathématiques, et surprend ceux qui s'attendent seulement à un enchaînement d'équations. Galois, toutefois, était toujours en quête de la voix mathématique qui donnerait vie à ses idées dans l'esprit d'autrui.

À l'ombre, Galois devint ami avec un autre membre de la Société des amis du peuple, qui passait lui aussi ses heures de prison à étudier et à écrire. Ayant dix-sept ans de plus que Galois, François-Vincent Raspail s'était déjà fait un nom en tant que l'un des grands naturalistes de France, avec à son actif une importante classification des herbes et une nouvelle théorie sur la cellule biologique. Au fil de ses conversations avec le jeune mathématicien, Raspail prit conscience de son talent : « D'ici deux ans, il sera Évariste Galois, le scientifique ! Mais la police ne veut pas qu'existent des scientifiques de ce calibre et de ce tempérament. »

Les autres prisonniers n'éprouvaient pas pour lui le même respect, et se moquaient du jeune révolutionnaire inexpérimenté. Plusieurs fois, ils l'entraînèrent dans des concours de boisson. Comme le décrit Raspail dans ses lettres de prison :

> Refuser le défi serait un acte de lâcheté. Et notre pauvre Bacchus avait tant de courage dans son corps frêle qu'il aurait donné sa vie pour le centième de la plus infime bonne action. Il se saisit du petit verre tel Socrate prenant courageusement la ciguë ; il l'avale en une gorgée, non sans cligner des yeux et grimacer. Un deuxième n'est pas plus difficile

> à vider que le premier, puis un troisième. Le débutant perd l'équilibre. Triomphe ! Hommage au Bacchus de la prison ! Vous avez enivré une âme subtile, qui a le vin en horreur.

Dans une autre lettre, Raspail raconte comment Galois, ivre, se confia à lui :

> Comme je vous aime, à cet instant plus que jamais. Vous ne vous saoulez pas, vous êtes sérieux et un ami des pauvres. Mais qu'arrive-t-il à mon corps ? J'ai deux hommes en moi, et malheureusement, je ne peux dire lequel va dominer l'autre. Je suis trop impatient pour parvenir à mes fins. Les passions de mon âge sont toutes marquées par l'impatience… Voyez donc ! Je n'aime pas l'alcool. Sur un mot, j'en bois, en me pinçant le nez, et je m'enivre. Je n'aime pas les femmes et il me semble que je ne pourrais aimer qu'une Tarpeia ou une Gracque. Et je vous le dis, je mourrai en duel pour quelque coquette de bas étage. Pourquoi ? Parce qu'elle m'invitera à venger son honneur qu'un autre aura compromis. Savez-vous de quoi je manque, mon ami ? Je ne le confie qu'à vous : c'est quelqu'un que je puisse aimer et n'aimer qu'en esprit. J'ai perdu mon père et personne ne l'a jamais remplacé, m'entendez-vous… ?

Un discours si prophétique que l'on ne peut que se demander si Raspail n'a pas retravaillé sa lettre dans les années qui suivirent la mort de Galois. Du reste, celui-ci faillit bien ne jamais sortir de prison pour aller à la rencontre de son destin. Un soir, alors qu'il se couchait, un coup de feu claqua dans la cour et un de ses voisins de cellule s'écroula. Apparemment, quelqu'un, depuis la mansarde d'en face, où se trouvaient les gardiens, avait sciemment pris les détenus pour cibles. Quand les gardes de service arrivèrent enfin, les prisonniers étaient furieux. Surtout Galois, convaincu que la balle avait été pour lui. Il accusa le directeur d'orchestrer délibérément l'assassinat des prisonniers rétifs. Le directeur, comprenant que son établissement était au bord de la mutinerie, fit immédiatement jeter Galois en cellule de confinement, au plus profond des entrailles de la prison.

Ses camarades protestèrent avec force : « Vous jetez au cachot à la fois la victime de cette honteuse chausse-trappe et son témoin? Ce jeune Galois n'élève que rarement la voix, vous le savez bien; il reste aussi froid que ses mathématiques quand il s'adresse à vous. » « Galois au cachot! » s'écria un autre. « Oh, les salauds! Ils en veulent à notre petit étudiant. » La soirée se conclut par une émeute à grande échelle.

L'amour au temps du choléra

La nature irréelle des mathématiques finit souvent par déteindre sur ceux qui y restent longtemps plongés. La peur des femmes qu'éprouvait Galois, comme la décrivit son ami Raspail, était sans doute le résultat de son incapacité totale à comprendre les règles et la logique du jeu complexe de l'amour. Son unique expérience dans ce domaine eut des conséquences désastreuses.

Ce n'est pas l'assassinat ou l'emprisonnement des activistes politiques qui prévint une nouvelle révolution à Paris, mais les effets effroyables d'une épidémie de choléra qui se déclara au printemps de 1832. Quiconque en avait les moyens fuit la ville; ceux qui vivaient dans les quartiers miséreux subirent des pertes terribles. Les autorités décidèrent de transférer les jeunes prisonniers et les malades hors de Sainte-Pélagie pour éviter que les détenus ne soient exterminés par la maladie. Galois fit partie d'un groupe de prisonniers envoyés le 16 mars dans une clinique du Quartier latin. Un mois plus tard, sa sentence prenait fin. Bien que libre, il décida de continuer à vivre à la clinique.

Enfermé pendant des mois avec des hommes, Galois se trouva soudain en contact avec une jeune femme de l'hôpital. Stéphanie-Félicie, la fille d'un interne de la clinique, aidait son père lors de ses tournées. Elle fut particulièrement séduite par Galois, mais il semble avoir été dépassé par la relation qui se développa entre eux. À la joie de tomber amoureux se substitua bientôt le désespoir tandis que la jeune femme repoussait ses avances.

À la mi-mai, Stéphanie lui écrivit deux lettres pour tenter de modérer ses ardeurs. Dans un accès de colère, il les déchira et les jeta au feu. Puis, regrettant son geste, il tenta de reconstituer ce que lui avait écrit Stéphanie-Félicie. Au dos de certains des articles mathématiques récupérés après sa mort se trouvent des bribes de sa correspondance avec Stéphanie, de sa propre main : « Je vous en prie, mettons un terme à cela, je n'ai pas l'esprit pour entretenir une telle correspondance, mais je m'efforcerai d'en trouver assez pour converser avec vous comme je le faisais avant qu'il se soit passé quelque chose. » La fin de leur liaison le bouleversa et, le 25 mai, il écrivit à son ami Chevalier :

> Comment puis-je effacer la trace d'émotions aussi violentes que celles que j'ai ressenties ? Comment me consoler quand, en un mois, j'ai épuisé la plus grande source de joie qu'un homme puisse avoir, quand je l'ai épuisé sans bonheur, sans espoir, quand je suis certain qu'elle est tarie pour la vie ?

Ce qui se passa dans les quelques jours qui suivirent reste un mystère. Galois, de nouveau libre, recommença à assister aux réunions clandestines de la Société des amis du peuple. Lors d'une rencontre, le 5 mai, à laquelle il était présent, la société avait décidé qu'un soulèvement armé serait le seul moyen de renverser le nouveau régime. Nous avons connaissance de cette décision par Lucien de La Hodde, informateur de la police qui avait infiltré la société et avait fait état de ses plans.

Le rapport de La Hodde est en revanche plutôt ambigu quant à savoir si Galois avait effectivement prévu ce qui advint ensuite. Le 30 mai, dans la brume du petit matin, un paysan longeant un étang sur le chemin du marché découvrit un jeune homme à terre, se tordant de douleur. Il avait été abattu, d'une seule balle dans l'estomac. Il s'agissait probablement d'une blessure de duel. Dans l'Europe du XIXe siècle, les duels étaient un moyen courant de résoudre les litiges à propos de femmes, de politique, d'insultes – et même d'oies. Les journaux locaux publiaient souvent des annonces prévenant des prochains affrontements, et de leurs termes.

Galois fut emporté à l'hôpital Cochin, où il décéda le lendemain, refusant l'extrême-onction que voulait lui administrer le prêtre de l'hôpital. « Ne pleurez pas, dit-il à son frère qui était à ses côtés dans ses dernières heures. J'ai besoin de tout mon courage pour mourir à vingt ans. » Dans des lettres adressées à ses amis républicains avant son rendez-vous avec la mort, il écrivit :

> Je supplie mes amis patriotes de ne pas me reprocher de mourir d'une autre façon que pour mon pays. Je meurs victime d'une infâme coquette et de ses deux dupes. C'est sur une lamentable affaire de calomnie que je mets fin à mes jours. Oh! Pourquoi mourir pour quelque chose de si mesquin, de si méprisable?… J'aurais voulu avoir donné ma vie pour le bien public.

Il semble probable que la « coquette » n'ait été nulle autre que Stéphanie. La raison du duel reste floue. Galois avait-il découvert que Stéphanie avait eu un amant tandis que, pensait-il, elle se jouait de lui ? Le duel lui-même eut lieu à quelques rues de la clinique où il l'avait rencontrée.

Si le duel eut une femme pour motif, certains spéculèrent que Galois aurait pu organiser sa mort pour susciter l'étincelle nécessaire à une nouvelle révolution. Quand les chefs de la Société des amis du peuple eurent vent de son trépas, ils convoquèrent une réunion. D'après l'agent de police dans leurs rangs, il fut décrété que les funérailles de Galois offriraient un prétexte idéal pour la violente révolte qu'ils préparaient.

Le lendemain matin, trois mille personnes assistèrent à ses obsèques à Montparnasse. Mais pendant l'oraison funèbre, la rumeur se répandit : le général Lamarque, un des bras droits de Napoléon, était mort le matin même, cause de révolte encore plus assurée. Son enterrement ne manquerait pas de susciter une ferveur révolutionnaire encore plus grande que celle de ce mécontent relativement anonyme. La révolte fut donc suspendue, et les funérailles de Galois hâtivement conclues. Sa mort est probablement l'un des événements les plus absurdes et les plus tragiques de l'histoire des mathématiques.

Bien que plusieurs des lettres qu'il rédigea la veille du duel détaillent les raisons du litige, il passa l'essentiel de la nuit à essayer de donner du corps à la théorie mathématique avec laquelle il n'était pas parvenu à intéresser qui que ce soit. Il choisit son ami Chevalier comme étant le mieux placé pour communiquer ses idées. Il était apparemment si certain de sa mort prochaine que c'est avec une panique grandissante qu'il consacra les heures de la nuit à tenter de clarifier ses découvertes. Il chercha à aborder plusieurs des points soulevés par Poisson dans son rapport. Mais alors que l'aube approchait, il fut contraint d'aller au plus court. À un moment donné, il écrivit frénétiquement : « Il reste quelques points à compléter dans cette démonstration. Je n'ai pas le temps. »

Sa lettre à Chevalier se termine par cette supplique désespérée :

> Dans ma vie, j'ai souvent osé avancer des propositions dont je n'étais pas sûr. Mais tout ce que j'ai écrit ici est clair dans mon esprit depuis plus d'un an, et il ne serait pas dans mon intérêt de me laisser exposé au soupçon que j'annonce des théorèmes pour lesquels je n'ai pas de démonstration complète. Requérez publiquement que Jacobi ou Gauss donnent leur avis non quant à la vérité, mais quant à l'importance de ces théorèmes. Après cela, j'espère que quelques hommes verront un profit à mettre de l'ordre dans ce désordre. Je vous embrasse avec effusion. É. Galois.

Quelques heures après le duel fatal, Sophie Germain, dans une lettre à un ami, résuma l'impression qu'un vent mauvais s'était mis à souffler sur la communauté des mathématiciens de Paris :

> Il y a décidément quelque destin ou sort qui pèse sur tout ce qui a trait aux mathématiques. Vos propres difficultés, les problèmes de Cauchy, la mort de M. Fourier, ainsi que celle de l'étudiant Galois qui, en dépit de toute son impertinence, avança certains développements et tendances passionnants.

Les générations ultérieures confirmeraient ce que Germain avait ressenti au sujet des idées de Galois. Les documents qu'il laissa à Chevalier recèlent le ferment d'une perspective absolument nouvelle sur la symétrie, un des concepts les plus fondamentaux de la nature. En étudiant aujourd'hui ses notes, je suis impressionné qu'un si jeune homme ait eu une telle vision. Régulièrement, les grandes percées réalisées par les mathématiciens au cours des deux derniers siècles sur la théorie de la symétrie peuvent être rattachées aux concepts puissants qui se cachent dans les notes griffonnées de Galois. Ce jeune révolutionnaire fut le premier à formuler un langage que je parle aujourd'hui chaque jour de ma vie professionnelle.

13 FÉVRIER, APRÈS-MIDI, LA DÉFENSE, PARIS

Tomer et moi faisons un saut à l'École normale, au bureau de François. L'École est située au cœur du Quartier latin, là où Galois passa les quelques années de sa vie d'adulte. Sur le chemin, nous longeons des salles portant les noms d'occupants précédents : Samuel Beckett et Paul Celan. Tomer me demande qui ils étaient. Beckett, ça va, mais la raison de la renommée de Celan m'échappe. François n'est pas là, je n'aurai qu'à lui envoyer mes questions par courriel. Mais je ne suis pas venu que pour le voir, et cela nous laisse du temps pour la troisième étape de notre pèlerinage platonicien de l'architecture parisienne.

Nous voilà partis admirer un cube. Mais ce n'est pas un cube ordinaire. C'est un cube en quatre dimensions, dans les faubourgs de Paris (Figure 53). L'ancien président François Mitterrand commandita quelques-uns des plus formidables exemples de l'architecture moderne à Paris. Pour moi, l'arche de la Défense est la plus impressionnante, et la plus osée. La Défense a été choisie parce qu'elle est alignée sur certains des autres grands édifices de la capitale, sur ce que l'on appelle aujourd'hui la « perspective Mitterrand ». Elle démarre avec la pyramide du Louvre, que nous avons visitée ce matin, puis passe par l'obélisque égyptien de la Concorde, l'Arc de triomphe, et va jusqu'à l'immense arche de la Défense.

Fig. 53. L'arche de la Défense, Paris.

En grimpant les marches de la sortie du métro, on voit l'arche surplomber l'esplanade de la Défense. Elle est si gigantesque que les tours de Notre-Dame pourraient être logées dessous. Sur le côté d'un gratte-ciel qui flanque l'esplanade s'étale une énorme publicité représentant Thierry Henry en train de taper dans un ballon en plein vol. On dirait que c'est sur l'Arche qu'il tire. Mais à mes yeux, l'importance de l'Arche ne tient pas à sa taille, mais en ce qu'elle tente de montrer à quoi ressemble un cube en quatre dimensions. Puisque nous vivons dans un monde en trois dimensions, il nous est impossible de construire un cube en quatre dimensions. Mais les mathématiciens ont trouvé d'autres moyens étonnants de capturer ces formes insaisissables.

Alors que nous marchons vers l'Arche, le soleil projette nos ombres sur les pavés. Une ombre est une image en deux dimensions de notre forme en trois dimensions. Quand nous bougeons et tournons, les ombres changent. Certains, comme nos profils, donnent une idée assez exacte de ce à quoi ressemblent nos corps en trois dimensions. L'Arche exploite l'idée que les peintres de la Renaissance utilisaient pour créer l'illusion de formes en trois dimensions sur une toile plate, en deux dimensions. Si vous voulez dessiner un cube sur une page en deux dimensions, alors, un carré tracé dans un autre carré plus grand donnera l'idée de sa forme tridimensionnelle (Figure 54).

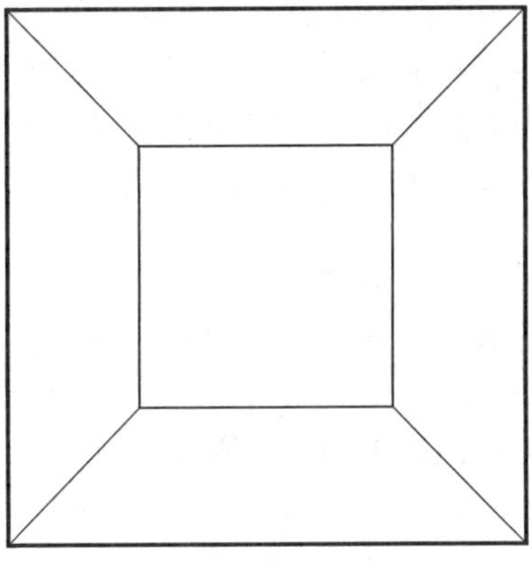

Fig. 54. Une ombre en deux dimensions d'un cube en trois dimensions.

L'Arche pousse l'illusion une dimension plus loin. Une projection de l'hypercube quadridimensionnel en trois dimensions consiste en un cube à l'intérieur d'un cube plus grand. L'effet est étrange, quand on progresse vers cette nichée de cubes. Si le temps est paisible, un vent violent souffle sur la place qui s'étend au pied de l'Arche. Peut-être qu'il est dangereux de créer l'ombre d'une forme quadridimensionnelle dans notre monde. Comme si l'architecte avait ouvert un minuscule trou de ver qui nous attire vers le centre de l'Arche. Peut-être que, loin de guider nos regards vers la banlieue de Paris que l'on aperçoit à travers le cube central, l'Arche est en réalité une porte vers une autre réalité.

Mais il y a d'autres façons de décrire l'hypercube. Comme je l'ai découvert quand j'étais étudiant, on peut par exemple traduire la géométrie en nombres. Les coordonnées des quatre sommets d'un carré en deux dimensions peuvent s'écrire (0, 0), (0, 1), (1, 0) et (1, 1). Les huit coins d'un cube tridimensionnel se traduisent ainsi en huit coordonnées, (0, 0, 0), (0, 0, 1)…, (1, 1, 1). Ce processus permet ainsi de conférer une réalité à quelque chose qui, dans le langage visuel, semble plutôt mystérieux : l'hypercube en quatre dimensions, une forme à 16 « coins », peut être exprimé avec précision grâce aux coordonnées (0, 0, 0, 0), (0, 0, 0, 1)…, (1, 1, 1, 1).

Si nous ne pouvons pas voir cette géométrie, les nombres nous permettent d'explorer la forme grâce à une série d'objectifs différents, des objectifs mathématiques. Par exemple, on détermine une arête en choisissant deux sommets qui diffèrent d'une coordonnée, comme (0, 1, 1, 0) et (0, 1, 0, 0). Pour trouver combien d'arêtes a le cube en quatre dimensions, je n'ai qu'à compter combien il y a de paires de sommets qui diffèrent d'une coordonnée. Donc, grâce à l'algèbre, je peux calculer que, outre ces 16 sommets, l'hypercube a 32 arêtes et 24 faces carrées, et qu'il se compose de 8 cubes. Mais qu'en est-il de sa symétrie ? Là était l'héritage de Galois. Son nouveau langage allait nous permettre d'analyser les symétries de ces formes au-delà des trois dimensions sans jamais les avoir entre nos mains. C'est ce langage qu'il me faut exploiter si je veux un jour savoir quelles symétries multidimensionnelles on peut construire à partir de mes formes simples ayant un nombre premier de côtés. Tandis que Tomer s'endort dans l'Eurostar pour Londres, je sors mon bloc-notes jaune, prêt à me lancer dans un nouvel assaut sur la question.

8

Mars : formes indivisibles

Les mathématiciens sont comme les Français : vous leur parlez,
ils vous traduisent dans leur langue,
et c'est d'abord tout autre chose. Johann Wolfgang von Goethe

17 mars, Stoke Newington

La compréhension d'une chose se déroule en trois étapes. La première, quand on a une illumination subite. La deuxième, quand on se retrouve devant l'assistance d'un séminaire et que l'on essaie de transmettre à d'autres cette idée que l'on a eue. Les équations sur le tableau noir s'associent à la présence physique de l'orateur pour faire surgir les idées chez l'auditeur. Mais la troisième étape, et la plus difficile, est de traduire cette chose en pages imprimées. Là, les maths seront lues sans que vous puissiez servir personnellement de guide. Tout doit être parfaitement indiqué afin que le lecteur ne se perde pas.

Je suis actuellement au beau milieu de la troisième étape de la compréhension de cette chose que j'ai faite avec Fritz. Je m'efforce de boucler la rédaction de certaines des idées qui nous sont venues lors de nos explorations à Bonn. Cela ne représente qu'un modeste pas, par rapport à la conjecture plus grandiose que je veux démontrer, mais c'est un début. Tout comme Galois l'avait décrit, je dois évaluer le niveau de détails pour veiller à ce que le lecteur ne s'enlise pas au point de perdre le fil. C'est là tout l'art de la rédaction de ses idées, et souvent, il passe par la création d'un nouveau langage pour les décrire.

J'ai le plus grand mal à expliquer à Dan, mon directeur de thèse, la percée que j'ai réalisée au début de mes recherches. « Pourquoi ne donnes-tu pas un nom à l'objet ? » propose-t-il. Une simple suggestion, mais d'une remarquable puissance. L'acte de donner un nom à la structure sur laquelle je me concentrais me permettait d'exprimer mes idées là où, auparavant, je peinais à le faire. Soudain, mes pensées semblèrent se cristalliser. Je pouvais donner une définition très précise de ce que ce nom signifiait, ce qui le définissait sans aucune ambiguïté. Le pouvoir du langage mathématique est tel qu'il m'offre la possibilité de saisir une structure qui se diluait dans les multiples fils de l'argument logique.

Les symboles qui remplissaient les livres que je contemplais étant enfant sont des raccourcis pour des idées qui peuvent être exprimées en détail. Mais si ces raccourcis sont très efficaces, ils sont aussi ce qui contribue tant à rendre les mathématiques impénétrables. C'est comme une tour de Babel où chaque nouvel étage accouche d'une nouvelle langue. Et si vous sautez un étage dans votre ascension de la tour mathématique, vous êtes de plus en plus perdu parce que vous ne savez absolument pas de quoi parlent les gens quand ils utilisent les mots ou la notation créée à l'étage que vous avez manqué.

La rédaction des détails d'une démonstration requiert une concentration intense. Elle doit pouvoir servir de logiciel, le cerveau étant le matériel. Ce dernier peut varier d'une personne à l'autre, mais le programme, lui, doit tourner sur toutes les machines. Si une démonstration ne cesse de planter quand d'autres commencent à l'utiliser, c'est qu'elle a un défaut. Aussi ai-je passé la matinée à développer les détails de mon argumentation logique. Cela m'a pris des semaines de progression laborieuse pour en arriver là, mais j'approche de la fin. Bientôt, elle sera prête à être soumise à un journal.

Galois était lui aussi conscient que ses idées seraient difficiles pour les lecteurs, et il avait écrit :

> Ce sujet a rendu nécessaire l'usage de nouvelles dénominations, de nouveaux caractères. Nous ne doutons pas que cet inconvénient irritera le lecteur, dès les premiers passages. Il ne pardonnera guère à l'auteur qui bénéficie de toute sa confiance le fait de parler une langue entièrement nouvelle pour lui.

Il luttait pour exprimer ce qu'il avait à l'esprit de façon à permettre à d'autres de suivre son raisonnement. Si un texte a probablement sauvé ses idées d'une disparition dans les limbes, c'est la lettre qu'il écrivit à Chevalier à la veille de son duel. Chevalier avait toujours eu foi dans les mathématiques de son ami, et il ne pouvait ignorer cette prière d'outre-tombe, par laquelle il réclamait la reconnaissance qu'il méritait.

Colis mathématiques

Chevalier ne disposait pas des compétences mathématiques nécessaires pour s'y retrouver dans le fouillis que Galois lui avait légué, mais il savait qu'il lui fallait essayer, tant au nom de Galois que pour le sujet en lui-même. Outre sa lettre, Galois avait laissé à son ami une pile de manuscrits inachevés.

Chevalier jura que ces découvertes ne seraient pas condamnées à l'obscurité. Avec l'aide d'Alfred, le frère de Galois, qui avait été à son chevet, il entreprit de recopier les passages les plus importants pour les envoyer à des mathématiciens dans toute l'Europe. Galois avait demandé à Chevalier de s'adresser à deux grands mathématiciens allemands, Jacobi et Gauss. Mais Chevalier n'obtint aucune réponse d'Allemagne. Aucun des deux n'était prêt à consacrer du temps au déchiffrage d'un manuscrit touffu et qu'ils n'avaient pas sollicité, au lieu de travailler plus efficacement sur leurs propres idées. Mais Chevalier ne renonça pas.

Il fallut dix ans de tentatives avant qu'un mathématicien, Joseph Liouville, donne enfin une réponse positive. Liouville enseignait à Polytechnique, l'institution dont Galois avait tant voulu faire partie. Un mathématicien anglais qui avait rencontré Liouville le décrivit comme « un petit homme bavard et charmant, avec qui je ne tardai pas à me sentir à mon aise. Le seul défaut que j'observai en lui était un gloussement aussi absurde qu'occasionnel ». Mathématicien prolixe, il avait publié plus de quatre cents articles sur des sujets allant de la mécanique céleste à la théorie des nombres. Un nombre portait même son nom :

0,110 001 000 000 000 000 000 001 000 0…

Où un 1 apparaît à chaque décimale qui est un des nombres factoriels $n!$. Liouville s'était servi de ce nombre pour démontrer que certains nombres ne sont pas des solutions d'équations : ce que l'on appelle les nombres transcendants. Mais outre ses propres travaux, Liouville avait acquis la réputation de favoriser les efforts d'autres mathématiciens plus jeunes.

Il était profondément déçu par les querelles intestines qui déchiraient les institutions françaises. Il rapporta comment

> un curieux esprit d'émigration s'est emparé de certains critiques, et nous les avons vus accabler d'injures l'un après l'autre les hommes qui, dans divers domaines de la science, ont honoré la France avec grande dignité… Ce style brutal et péremptoire… ne sera jamais le mien, car il déshonore tant la personnalité que le talent de ceux qui l'adoptent.

Il décida de prendre les choses en main, et fonda son propre journal à Paris pour échapper à l'atmosphère haineuse qui empoisonnait les autres publications françaises. Liouville avait publié plusieurs de ses propres articles dans le nouveau journal d'August Crelle à Berlin; c'était ce journal qui avait défendu les travaux du jeune Abel. Liouville escomptait faire de même avec son nouveau *Journal de mathématiques pures et appliquées.*

En 1842, Liouville eut la possibilité d'égaler la découverte des travaux du Norvégien par Crelle. Chevalier lui avait envoyé les manuscrits de Galois, insistant sur l'importance de leur contenu à ses yeux. Après les avoir étudiés, Liouville sentit qu'ils recelaient quelque chose qui méritait d'être exploré et décida de consacrer du temps à démêler ce fatras d'équations et d'arguments. Ses efforts furent récompensés : « Puis, en un instant, je connus un plaisir intense quand, ayant comblé toutes les failles négligentes, je reconnus la parfaite exactitude de la méthode proposée par ce Galois et en particulier la beauté de son théorème… » Soudain, la démonstration de Galois, qui plantait jusque-là, avait fonctionné sur la machinerie mentale de quelqu'un d'autre.

Le 4 septembre 1843, Liouville était prêt à présenter les travaux de Galois à l'Académie, comme Cauchy avait promis de le faire plus de dix ans plus tôt : « J'espère intéresser l'Académie en annonçant que, parmi les papiers d'Évariste Galois, j'ai trouvé une solution aussi précise que profonde à ce problème magnifique : une équation peut-elle ou non être résolue par des radicaux. » Trois ans plus tard, Liouville se servit de son journal pour publier les idées de Galois. Ayant enfin un interprète capable de communiquer ce nouveau langage à la vieille garde, la vision de Galois révéla l'existence d'un monde nouveau. Les mathématiciens avaient finalement réussi à franchir le détroit de Magellan.

Même Carl Jacobi, un des mathématiciens allemands que Galois avait demandé à Chevalier de contacter, se décida à écrire au frère de Galois au sujet du reste de ses travaux, après avoir lu ses articles dans un journal. Alfred répondit, remerciant Jacobi de son intérêt avec effusion. Il espérait qu'ainsi, un peu de son frère survivrait à la tombe par la reconnaissance de ses travaux. Comme le dit un jour G.H. Hardy, « on se souviendra d'Archimède quand on aura oublié Eschyle, car les langues meurent, mais pas les idées mathématiques. “Immortalité” est peut-être un mot idiot, mais il est probable qu'un mathématicien a la meilleure chance d'y accéder, quel qu'en soit le sens ». Le fait que tous les mathématiciens apprennent aujourd'hui les concepts fondamentaux qui sont au cœur des travaux de Galois semble confirmer la conviction de Hardy.

Symétrie des nombres premiers

Le développement des idées de Galois a abouti à une nouvelle façon de penser la symétrie. Pour la plupart des gens, la symétrie est une propriété statique d'un objet. Les travaux de Galois accouchèrent d'une nouvelle perspective. Il fallait penser à la symétrie comme à quelque chose d'actif plutôt que passif. La symétrie d'un objet est ce que l'on peut faire à l'objet en question pour qu'il ressemble essentiellement à ce qu'il était avant qu'on le touche. C'est une chose que j'ai commencé à comprendre quand j'étais enfant. Prenez une pièce à sept côtés (comme la pièce de 50 pence britannique), et tracez son contour sur une feuille de papier. La symétrie de la pièce correspond à toutes les façons de la déplacer de sorte qu'elle revienne à l'intérieur du dessin. C'est un tour de magie.

Au cœur de la vision de Galois se trouve la compréhension qu'il ne fallait pas simplement considérer les symétries individuelles d'un objet ou d'un système. Il faut plutôt comprendre les symétries dans leur totalité, comme une collection, ou ce qu'il appelait un groupe. Il faut concevoir une symétrie comme une chose que l'on « fait » à une structure, un des tours de magie. Mais Galois s'intéressait à la collection de *toutes* les symétries et à ce qui se passait si l'on « faisait » une symétrie après l'autre. Il découvrit que ce sont les interactions entre les symétries dans un groupe qui incarnent les qualités intrinsèques de la symétrie d'un objet.

Ces interactions donnaient une multiplication qui rattache toutes les symétries au sein d'un groupe. Galois vit que, tout comme deux nombres peuvent être multipliés pour en donner un troisième, il y avait un moyen de combiner deux symétries pour en obtenir une troisième. Si j'effectue un mouvement symétrique suivi d'un deuxième, l'effet combiné de ces deux mouvements est la création d'une troisième symétrie, que j'aurais pu obtenir en un seul geste. Par exemple, une rotation d'un carré à 90° dans le sens des aiguilles d'une montre, suivie d'une réflexion horizontale, donne le même résultat qu'une réflexion en diagonale (Figure 55). Si nous donnons des noms à ces symétries, par exemple *X* pour la rotation, *Y* pour la réflexion horizontale et Z pour la réflexion diagonale, nous pouvons exprimer la relation entre ces symétries sous forme de multiplication : $X \star Y = Z$. Ainsi, Galois découvrit une strate supplémentaire de texture dans les symétries de chaque objet, qui se répercute sur la façon qu'ont les différents éléments d'interagir les uns avec les autres.

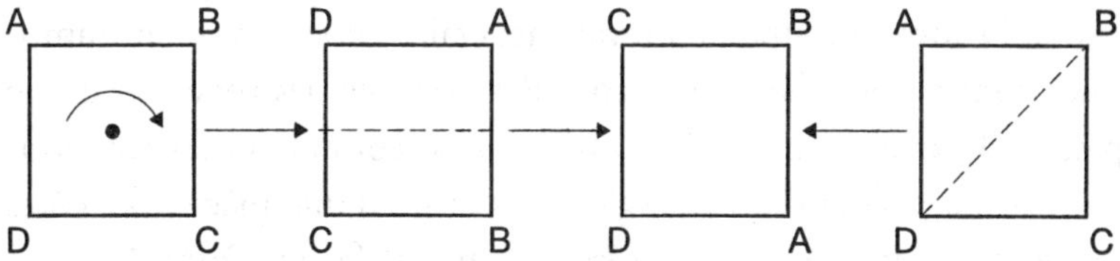

Fig. 55. Une rotation suivie d'une réflexion horizontale est la même chose qu'une réflexion en diagonale.

Les formes physiques n'intéressaient pas Galois. Les coins du carré furent remplacés par des solutions d'équations. Les lettres A, B, C et D sont donc, par exemple, les quatre nombres complexes qui sont les solutions de l'équation $x^4 = 2$ (Figure 51). Mais le même principe prévalait. Au lieu de la rigidité de la forme, Galois explorait les lois que respectent ces solutions, comme $A + C = 0$ et $B + D = 0$. Il considérait le groupe de permutations de ces lettres qui préservaient les lois $A + C = 0$ et $B + D = 0$ respectées par ces nombres. Ce n'étaient pas les permutations individuelles qui importaient, mais plutôt leurs interactions. Prenez deux permutations des lettres A, B, C et D qui respectent ces lois. Par exemple, la première permutation fera passer A en B, B en C, C en D et D en A ; cette permutation change une loi en une autre respectée par les nombres représentés par A, B, C et D. La deuxième permutation pourrait intervertir A et D et B et C, ce qui respecte également les lois. Alors, l'effet combiné de ces permutations donne à Galois une troisième permutation qui fixe *B* et *D* mais intervertit *A* et *C*. L'essentiel est que cette troisième permutation fera également partie du groupe spécial de permutations de Galois qui respectent les lois.

Ce qu'il découvrit d'étonnant, alors qu'il analysait les interactions des symétries au sein de groupes entiers, c'est que certains groupes de symétries pouvaient être décomposés en des groupes plus petits. D'autres groupes, en revanche, étaient apparemment immunisés contre une telle subdivision. Par exemple, les rotations d'une pièce à 15 côtés peuvent être obtenues en combinant les rotations d'un pentagone et d'un triangle, mais celles d'une pièce à 17 côtés ne peuvent pas être décomposées de la même façon. Donc, les rotations de formes ayant un nombre premier de côtés donnent des symétries premières indivisibles. Or, Galois découvrit d'autres groupes de symétries irréductibles intéressants au-delà des formes simples ayant un nombre premier de côtés. Par exemple, les 60 rotations d'un dodécaèdre ne peuvent pas être divisées en groupes de symétries plus petits. En particulier, un groupe de symétries peut être indivisible bien que le *nombre* de symétries de l'objet ne soit pas un nombre premier.

Cette découverte intéressa Galois parce qu'il comprit que l'indivisibilité du groupe de symétries d'une équation détenait la clé pour savoir si l'équation sous-jacente pouvait ou non être résolue. S'il était possible de décomposer un groupe de symétries en axes de symétrie de formes ayant un nombre premier de côtés, l'équation pouvait être résolue. Dans le cas contraire, elle ne le pouvait pas.

Par exemple, il y a trois nombres complexes *A*, *B* et *C* qui sont solutions de l'équation cubique $x^3 + 2x + 1 = 0$. Ces trois nombres respectent plusieurs lois : $A \times B \times C = -1$ en est une. Il y a six façons différentes de permuter ces trois nombres. Le groupe de symétries de l'équation $x^3 + 2x + 1 = 0$ représente ces permutations qui préservent les lois respectées par les trois solutions *A*, *B* et *C*. Cette équation particulière, $x^3 + 2x + 1 = 0$, a la propriété que chacune des six permutations préserve les lois reliant les solutions. Le groupe de symétries de ces trois solutions est en fait le même que le groupe de symétries d'un triangle. Considérez *A*, *B* et *C* comme les trois sommets d'un triangle (Figure 56) ; chaque permutation de *A*, *B* et *C* peut être obtenue par une rotation ou une réflexion du triangle.

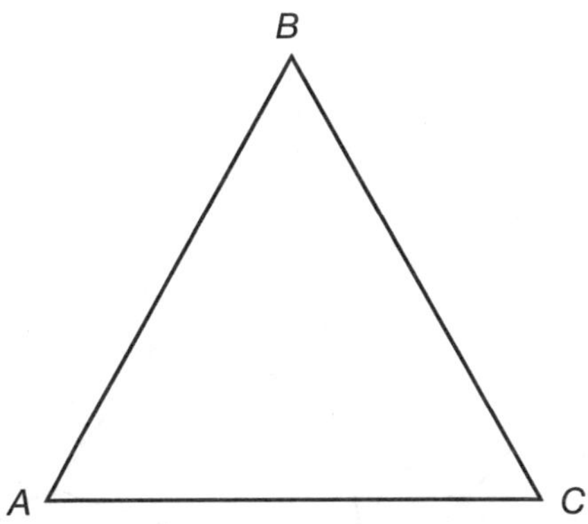

Fig. 56. Les symétries du triangle donnent toutes les permutations de *A*, *B* et *C*.

Dans le langage de Galois, la raison pour laquelle Tartaglia parvint à trouver une formule pour résoudre l'équation cubique tient précisément au fait que les six symétries du triangle peuvent être « divisées » par les rotations du triangle (qui sont au nombre de trois) pour laisser les réflexions par rapport à une droite. Donc, les six symétries du triangle sont construites à partir de deux groupes premiers de symétries, un avec trois symétries, l'autre avec deux.

Si l'on se penche sur le cas, plus compliqué, de l'équation quartique résolue par Ferrari, le disciple de Cardano, alors les permutations des quatre solutions *A*, *B*, *C* et *D* peuvent être interprétées comme les symétries d'un tétraèdre, où les solutions sont situées aux quatre sommets. Chaque permutation des solutions *A*, *B*, *C* et *D* peut être obtenue par une rotation ou une réflexion du tétraèdre. Il y a 24 symétries dans ce groupe. La figure 57 montre la symétrie où le tétraèdre pivote à 180° sur un axe qui passe par le centre de deux arêtes opposées. Cette symétrie a pour effet d'intervertir *A* et *B*, et *C* et *D*.

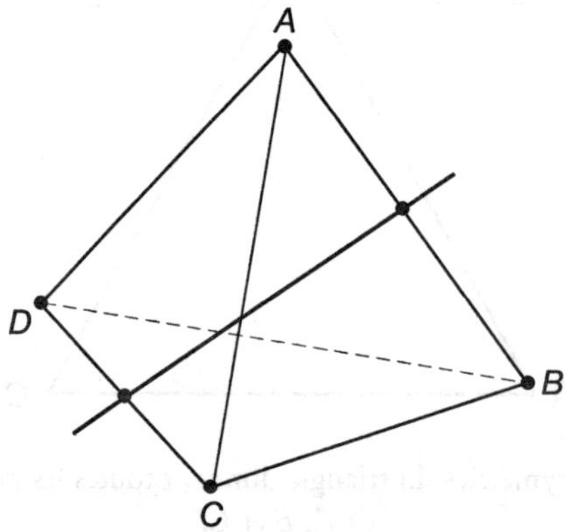

Fig. 57. L'axe de symétrie du tétraèdre qui intervertit *A* et *B*, et *C* et *D*.

Il existe deux autres axes qui relient des arêtes opposées et dont les symétries intervertissent les façons d'associer ces lettres : l'un intervertit *A* et *C*, et *B* et *D*; l'autre intervertit *A* et *D*, et *B* et *C*. Ce qu'il y a d'étrange, c'est que ce sous-groupe de symétries est en réalité identique aux symétries d'un rectangle. Un rectangle compte quatre symétries (Figure 58). Elles comprennent, entre autres, une réflexion par rapport à la droite horizontale. Elle intervertit *A* et *D*, et *C* et *B*. Il y a deux autres symétries qui intervertissent les façons d'associer ces lettres : une réflexion par rapport à la droite verticale intervertit *A* et *B*, et *C* et *D*; et une rotation à 180° intervertit *A* et *C*, et *B* et *D*. La quatrième symétrie est bien sûr celle qui laisse le rectangle intact.

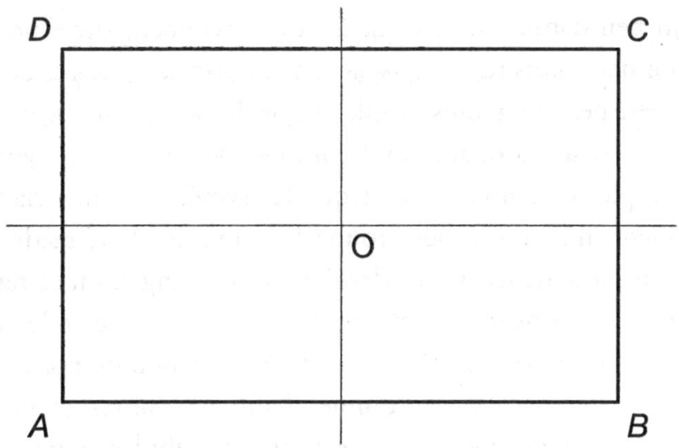

Fig. 58. Le groupe de symétries du tétraèdre peut être divisé par le groupe de symétries du rectangle.

On ne s'attendrait pas à retrouver les symétries d'un rectangle dissimulées dans un tétraèdre. Après tout, un tétraèdre se compose de quatre triangles. Quoi qu'il en soit, les trois rotations d'un tétraèdre décrites ci-dessus n'ont pas exactement le même effet sur les sommets *A*, *B*, *C* et *D* que s'ils étaient les sommets d'un rectangle. Ce qui est encore plus intéressant, c'est que Galois comprit qu'il existait un moyen de diviser le groupe de 24 symétries du tétraèdre par le groupe de quatre symétries d'un rectangle pour obtenir le groupe de six symétries du triangle qui se dissimulait derrière l'équation cubique. Les quatre symétries du rectangle et les six symétries du triangle sont quant à elles constituées de symétries de formes ayant un nombre premier de côtés. Cette capacité à réduire les symétries à celles de formes ayant un nombre premier de côtés est la raison pour laquelle les équations quartiques peuvent être résolues par la formule de Ferrari.

Diviser le tétraèdre par le rectangle pour obtenir un triangle, c'est un peu comme le fait que 24 est exactement divisible par 4, pour donner 6 sans reste. Mais la division par des groupes de symétries s'avère beaucoup plus subtile que de diviser des nombres. Il faut être très méticuleux quand on décompose des groupes de symétries. Par exemple, il semble évident que les symétries d'un triangle se dissimulent en tant que sous-groupe des symétries du tétraèdre. Mais quand on tente de diviser ce dernier par le triangle, on se retrouve avec des opérations qui n'ont aucun sens en tant que collection de symétries d'un objet. En revanche, il y a beaucoup de nombres qui divisent exactement 24 pour donner d'autres nombres, comme 3, 4 et 8. Avec les symétries, les choses sont plus subtiles. Seuls certains sous-groupes de symétries se diviseront pour donner une autre forme. Par conséquent, s'il y a un sous-groupe de trois symétries et un de quatre, ainsi qu'un de huit, seul celui de quatre symétries divise effectivement le groupe de symétries du tétraèdre pour donner exactement un autre groupe de symétries.

Le grand succès de Galois fut de découvrir que la forme qui se cachait derrière l'équation quintique était le premier exemple de quelque chose qui ne peut être divisé en symétries de formes ayant un nombre premier de côtés, quels que soient les sous-objets par lesquels on tente de le diviser. Par exemple, l'équation $x^5 + 6x + 3 = 0$ a cinq solutions. Peu de lois relient ces solutions, et il s'avère que ces lois seront respectées quel que soit l'agencement des solutions. Il y a au total $120 = 5 \times 4 \times 3 \times 2 \times 1$ permutations différentes de ces cinq nombres, donc, le groupe de symétries se compose de 120 opérations différentes.

Il est possible de diviser ce groupe en deux groupes plus petits, un ayant 60 symétries et l'autre deux. Tout comme les nombres sont pairs ou impairs, les permutations peuvent être paires ou impaires. Il est possible d'obtenir n'importe quelle permutation en effectuant une succession d'interversions de deux objets à la fois. Par exemple, si j'ai un tas de cinq cartes portant les lettres *A*, *B*, *C*, *D* et *E*, et que je veux les distribuer dans l'ordre *B*, *C*, *D*, *E*, *A*, je peux le faire en commençant par intervertir *B* et *A*, puis *C* là où se trouve *A* désormais, puis *D* avec la nouvelle position de *A*, et *E* et *A*. En quatre interversions, je me retrouve avec le même résultat que si j'avais distribué les cartes en un tour complet :

$$(ABCDE) \rightarrow (BACDE) \rightarrow (BCADE) \rightarrow (BCDAE) \rightarrow (BCDEA)$$

Comme il a fallu quatre interversions, un nombre pair, nous appelons la permutation qui fait tourner les cinq cartes une permutation paire. Pour ne distribuer que quatre cartes, il faut trois interversions, un nombre impair, d'où le terme de permutation impaire. Sur les 120 permutations des cinq cartes, 60 sont paires et 60 impaires. Remarquez en particulier qu'en effectuant une permutation paire suivie d'une autre, j'obtiens une troisième permutation paire. Ce n'est pas le cas des permutations impaires : la combinaison de deux d'entre elles donne une permutation paire. Donc, seule la série de permutations paires compose un groupe de symétries. C'est en fait la même chose que les 60 axes de symétrie du dodécaèdre. On peut faire correspondre à chaque rotation une permutation paire, de telle façon que les interactions entre les différentes rotations se trouvent exactement reflétées par les interactions entre les permutations. La symétrie de la forme peut permettre d'effectuer toutes les redistributions paires de mon paquet de cinq cartes.

Galois avait découvert le fait étonnant que ce groupe de 60 symétries est indivisible. Donc, bien que le nombre 60 puisse être divisé par 5 pour donner 12, il n'existe pas de sous-groupe de symétries qui le divise pour donner une série logique d'opérations qui correspondraient aux symétries d'un autre objet. On pourrait croire que les rotations de l'une des faces pentagonales devraient le diviser. Elles forment en tout cas un sous-groupe de symétries. Mais quand on tente de le diviser par ce sous-groupe, le résultat ne correspond pas à un groupe de symétries. Les 60 symétries du dodécaèdre sont si intimement liées qu'elles produisent cette indivisibilité. Les symétries sont rattachées de telle façon que, quand deux d'entre elles se combinent pour en donner une troisième, elles ne laissent aucun espace à une stratégie qui permettrait de décomposer le groupe de symétries en sous-groupes.

Donc, bien que 60, le nombre de ces symétries, soit un nombre tout à fait divisible, le groupe de symétries, lui, est aussi indivisible que s'il s'agissait d'un nombre premier. Et Galois avait compris que cette indivisibilité signifiait que l'équation quintique sous-jacente ne pouvait être résolue par une formule simple.

C'était là la formidable percée qu'il avait accomplie, et à côté de laquelle était passé Abel. Le groupe de symétries d'une équation individuelle fournissait un moyen de dire si l'équation pouvait ou non être résolue. Si les briques constitutives du groupe de permutations des racines se composaient de formes ayant un nombre premier de côtés, alors l'équation pouvait être résolue en prenant des racines, cubiques, ou plus élevées. Mais si ces briques comprenaient certaines de ces nouvelles formes indivisibles, comme les axes de symétrie du dodécaèdre, alors, il n'y avait aucun moyen de résoudre l'équation avec des racines simples. C'est pourquoi les mathématiciens donnent le nom de groupes résolubles à ceux qui se composent de formes ayant un nombre premier de côtés, pour indiquer qu'ils sont liés à des équations qui ont des solutions.

Le groupe de permutations paires de cinq lettres fut connu sous le nom de groupe alterné de degré 5. Il est la première brique constitutive du tableau périodique de la symétrie, après les formes ayant un nombre premier de côtés. Et il ouvrit la voie à une perspective entièrement nouvelle sur le monde de la symétrie.

TOURS DE CARTES

Si Liouville fut le premier à prendre la mesure de l'importance de ce qu'avait fait Galois, c'est un autre mathématicien français, Camille Jordan, qui perçut pleinement le génie de cette idée et entreprit de travailler sur les jalons posés par Galois. Ce dernier avait découvert que chaque groupe de symétries était soit indivisible, soit décomposable en plus petits groupes de symétries indivisibles. Les mathématiciens pouvaient dorénavant tenter de dresser la liste de toutes les briques constitutives, une sorte de table périodique de la symétrie, et de répondre à la question de savoir comment utiliser ces briques pour construire de nouveaux groupes de symétries. Il est cependant un rien troublant de constater qu'il y avait en réalité bien des façons d'assembler ces briques. Ce qui tranchait nettement avec le fonctionnement des nombres. Les briques constitutives de la multiplication sont les nombres premiers, mais avec les nombres premiers 2, 3, 5 et 7, par exemple, je ne peux construire que 210. En revanche, prenez des formes ayant 2, 3, 5 et 7 côtés, et il y a en fait 12 façons de les assembler.

En 1870, Jordan publia un livre qui cristallisait les idées auxquelles Galois avait fait allusion. Il se servit également de son ouvrage pour vilipender la communauté mathématique allemande, à qui il reprochait de n'avoir pas su identifier les richesses dissimulées dans les textes transmis par Chevalier. L'affaire dépassait peut-être le cadre de la rivalité mathématique. Car il émit ses critiques au moment précis où les deux pays se préparaient à la guerre, qui éclata pendant l'été 1870.

Jordan s'efforça de voir quels groupes de symétries pouvaient être créés à partir de briques constitutives ayant un nombre premier de côtés. Il ne tarda pas à s'apercevoir que, même si ces briques étaient simples, la variété de ce que l'on pouvait construire grâce à elles était si complexe qu'elle fait encore aujourd'hui partie du mystère que je tente de percer dans mes recherches. Mais il établit aussi que Galois n'avait pas seulement découvert un nouveau groupe de symétries indivisible. Le groupe indivisible de rotations du dodécaèdre que Galois avait mis au jour, au cœur de l'équation quintique, n'était que le début de toute une famille infinie de groupes de ce genre.

Ce qui empêchait la résolution de l'équation quintique, c'était ce groupe de permutations paires qui mélangeaient les cinq solutions. C'était, avait compris Galois, un groupe indivisible, ou ce que Jordan appela un groupe simple. Le terme « simple » utilisé ici par Jordan ne signifie pas que les objets eux-mêmes étaient simples, mais que le groupe est une brique constitutive fondamentale, non un groupe de symétries composé de symétries plus petites.

Considérez les permutations des cinq solutions comme la redistribution de nos cinq cartes. Placez une solution sur chaque carte.

Unc permutation qui modifie l'ordre des solutions est comme une redistribution des cartes. Mais, par rapport à n'importe quel autre nombre, il n'y a rien de particulier à battre cinq cartes. Prenez maintenant un paquet de 52 cartes et imaginez toutes les redistributions différentes. La moindre d'entre elles aboutit à un nouvel ordre. Pour voir le lien avec la symétrie, il faut envisager le paquet de cartes comme un objet à 52 faces. Chaque mouvement de l'objet donne une nouvelle orientation à ses faces. L'argument de Galois expliquant pourquoi le groupe de toutes les redistributions paires de cinq cartes est indivisible s'applique tout aussi bien à n'importe quel paquet de cartes.

Galois avait ajouté une nouvelle famille infinie de briques constitutives de la symétrie aux formes indivisibles ayant un nombre premier de côtés. Prenons un paquet de 5, 6, 7 cartes ou plus. Le groupe de toutes leurs redistributions paires est un groupe de symétries que l'on ne peut diviser en symétries plus petites. Les redistributions paires d'un paquet de *n* cartes sont appelées le groupe alternant de degré *n*. Mais ce n'était pas la seule nouvelle famille de groupes de symétries indivisibles qu'avait découverte Galois. Dans un des mémoires qu'il avait légué à son ami Chevalier, il décrivait un autre type de brique constitutive de la symétrie ou groupe simple.

Celui-ci avait un caractère plus géométrique que les symétries de la redistribution. Toutefois, cette géométrie se fonde sur une nouvelle sorte d'arithmétique que Galois venait de mettre au point. D'ordinaire, nous considérons la géométrie comme un assemblage de droites et de points. Comme l'avait montré Descartes, la géométrie que l'on peut tracer sur une feuille de papier peut se traduire par des paires de nombres. Un point sur la page peut être transformé en deux chiffres selon le même principe qu'en cartographie. Les deux chiffres vous diront quelle distance parcourir dans une direction est-ouest, puis nord-sud.

Dans la géométrie conventionnelle, les deux coordonnées peuvent être exprimées à l'aide de l'ensemble infini des nombres réels représenté par la droite numérique. Pour chaque nombre premier p, les points géométriques sont indiqués par des coordonnées (x, y), x et y devant être des nombres entiers entre 0 et $p - 1$. Donc le nombre de points de cette nouvelle géométrie est fini. Ainsi, l'ensemble des points pour le nombre premier 7 se compose des coordonnées (x, y), où x et y sont n'importe lequel des nombres allant de 0 à 6. Pour procéder à des calculs dans cette géométrie, il faut utiliser une nouvelle arithmétique, dite arithmétique de l'horloge ou arithmétique modulaire, différente de l'arithmétique classique.

Imaginez un heptagone où les nombres 0 à 6 seraient associés à chacun des sommets, comme dans la figure 59. Pour ajouter 4 à 5, nous nous déplaçons de quatre sommets autour de l'hexagone à partir de 5, ce qui nous amène à 2. Nous écrivons cette procédure en tant que $4 + 5 = 2$ (modulo 7) pour indiquer que nous nous sommes servis de l'heptagone pour ce calcul. La soustraction fonctionne de la même façon. Multiplier 4 par 5 revient à ajouter 4 à lui-même 5 fois, donc nous nous déplaçons sur l'heptagone de 4 à 1, de 5 à 2, jusqu'au résultat final de 6. Mais le plus intéressant, à propos de cette arithmétique modulaire, est peut-être la possibilité d'effectuer des divisions. En arithmétique normale, la division nécessite de passer par un nouvel ensemble de nombres, les fractions. Mais comme, dans cet ensemble de nombres, il y a un nombre premier d'éléments, on peut toujours les utiliser pour les divisions. Par exemple, 3 divisé par 4 donne 6, parce que 4×6 vous amène à 3 sur l'heptagone (Figure 59).

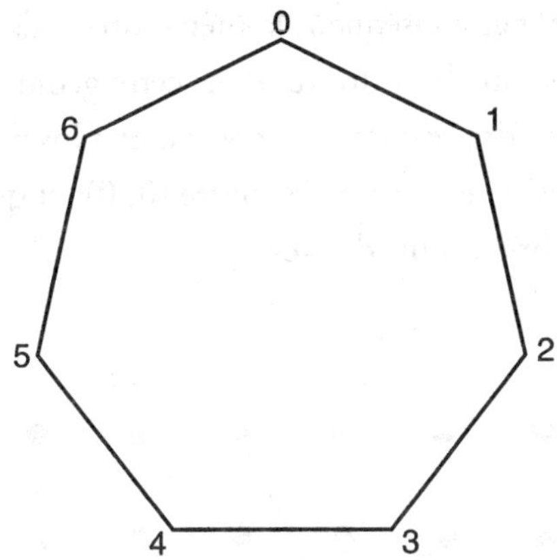

Fig. 59. Arithmétique modulaire. 4 + 5 = 2 (modulo 7), 4 x 5 = 6 (modulo 7) et 3 ÷ 4 = 6 (modulo 7).

À quoi ressemble une géométrie fondée sur ces nombres ? Nous pouvons créer une grille de 7 × 7 composée de 49 points, où nous indiquerons des coordonnées comme (1, 2) et (4, 4). Galois s'intéressait aux droites qui passent par le point (0, 0). Il n'y a en fait que huit droites qui peuvent être définies dans cette géométrie. Pour obtenir ces droites, prenez n'importe quel point et reliez-le au point (0, 0). On trouve les autres points sur cette droite en continuant à la tracer. Comme c'est une géométrie finie, il faut penser que la droite tracée quitte la grille par en haut et y entre de nouveau par en bas. La figure 60 montre une des huit droites dans la géométrie finie, obtenue en reliant (0, 0) au point (1, 2). Dans cette géométrie, une droite se compose du sous-ensemble de tous les points qui peuvent être reliés de cette façon. Remarquez que si j'avais pris n'importe quel autre point sur la droite dans la figure 60 comme point de départ, l'image aurait été très différente, mais j'aurais repris les sept mêmes points, et par conséquent la même droite dans cette géométrie. Il n'y a donc que huit droites dans cette géométrie qui passent par (0, 0). Chaque droite compte six points en plus de (0, 0). Puisque la géométrie consiste en 48 points, outre (0, 0), et que 48 divisé par 6 donne 8, on obtient huit droites.

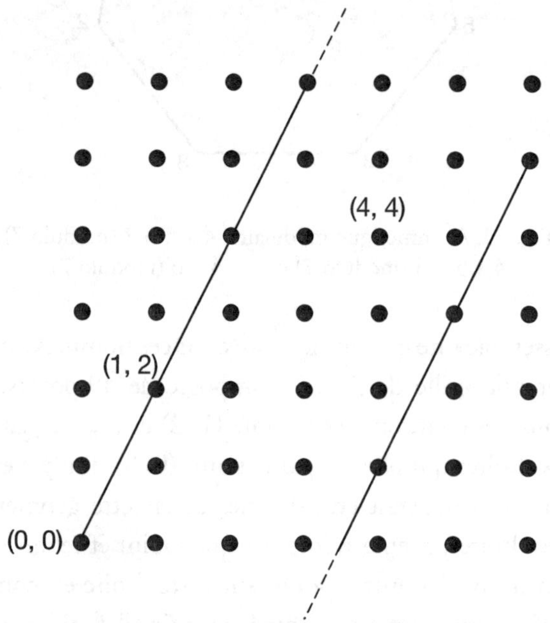

Fig. 60. Une droite consistant en sept points dans la géométrie finie de Galois.

Galois commença à étudier comment l'arithmétique de ces nombres pouvait permettre de permuter les huit droites de façon intéressante. Il avait déjà découvert qu'il était possible de créer des groupes de symétries intéressants en redistribuant un paquet fini de cartes à jouer. Donc, une option était de considérer ces huit droites comme un paquet de huit cartes et d'envisager toutes leurs permutations. Mais cela ne donne rien de nouveau. Ce qui comptait, c'était qu'en utilisant l'arithmétique modulaire avec ces nombres, on obtenait un sous-groupe intéressant de toutes les permutations des droites. Galois découvrit que le groupe de symétries de ces droites produit par l'application de cette nouvelle arithmétique était un nouveau groupe indivisible.

Chaque symétrie est décrite par quatre nombres, que l'on peut indiquer par a, b, c et d, agencés en une grille de 2×2 dite matrice :

$$\begin{pmatrix} a & b \\ c & d \end{pmatrix}$$

La façon dont cette symétrie mélange les points de cette géométrie est de prendre un point, disons (X, Y), et de l'envoyer sur le point $(aX + bY, cX + dY)$. Par exemple, la matrice

$$\begin{pmatrix} 2 & 1 \\ 0 & 2 \end{pmatrix}$$

enverrait le point (1, 2) sur le point (4, 4). Si l'on choisit (a, b, c, d) de façon à ce que $ad - bc$ ne soit pas zéro, alors cela intervertit tous les 49 points de la grille 7×7. Mais ce bouleversement conserve des aspects de la géométrie, parce que les sept points sur la droite qui passe par (1, 2) se retrouvent envoyés sur les sept points qui passent par la droite (4, 4). La matrice redistribue simplement les huit droites qui passent par le point (0, 0). Galois découvrit que ces symétries pouvaient servir à construire une nouvelle brique constitutive de la symétrie, ou ce que Jordan appelait un nouveau groupe simple. Il avait 168 symétries, mais était indivisible, comme s'il s'était agi d'un nombre premier.

Galois tomba sur ces groupes indivisibles de symétries alors qu'il s'efforçait de résoudre des équations. Les équations de degré 8 (autrement dit, commençant par x^8) ont huit solutions. Pour comprendre si l'équation pouvait être résolue, Galois dut étudier les permutations préservant les lois que respectaient ces huit solutions. Tandis qu'il explorait un type particulier d'équation de degré 8, il s'aperçut que ses permutations intervertissaient les solutions exactement comme les huit droites étaient permutées dans sa géométrie finie. Le fait qu'il ait pu démontrer que ce groupe particulier de permutations était indivisible était la preuve que ces équations spéciales ne pouvaient être résolues. Il est phénoménal qu'un jeune homme de vingt ans ait su le comprendre et identifier les mathématiques passionnantes sur lesquelles cela débouchait. Il vit que chaque fois que l'on prenait un nombre premier p, que l'on créait une géométrie avec $p \times p$ points, que l'on considérait les $p + 1$ droites qui passaient par cette géométrie et que l'on s'attardait ensuite sur leurs symétries, on obtenait un nouveau groupe indivisible de symétries – un groupe simple.

Curieusement, quand on prend $p = 5$, on obtient une nouvelle perspective sur un vieux groupe. Si le groupe fait permuter six droites, toutes les permutations ne sont pas possibles. Le groupe de symétries que l'on obtient effectivement est simplement un autre moyen de construire le groupe de symétries des redistributions paires de cinq cartes, ou les rotations d'un dodécaèdre. C'est là qu'est la véritable force du nouveau langage de Galois : trois symétries d'aspect très différent peuvent en fait être identifiées comme trois manifestations différentes du même groupe sous-jacent de symétries.

C'est un exemple plus abstrait de la façon dont différents motifs dans l'Alhambra peuvent malgré tout présenter la même symétrie sous-jacente. Bien que la géométrie basée sur le nombre premier 5 n'ait rien donné de nouveau à Galois, dès qu'il s'intéressa à 7 et à des nombres premiers supérieurs, il découvrit toute une nouvelle famille de groupes simples.

Dans le milieu, on appelle cette nouvelle famille de briques constitutives PSL (2, *p*). Dans son ouvrage consacré aux travaux de Galois, Jordan répertoria ces nouveaux groupes et entreprit même d'explorer ce nouveau filon en quête d'autres groupes simples. Il découvrit de nouvelles façons de tordre ces géométries pour qu'elles révèlent d'autres nouvelles familles de groupes simples. Si Liouville fut le premier à mettre en lumière le génie des travaux de Galois, le traité de Jordan eut peut-être le plus d'influence dans la diffusion de cette nouvelle vision. C'était une époque merveilleuse pour se lancer dans le monde des mathématiques. Deux jeunes mathématiciens qui rendirent visite à Jordan à Paris furent particulièrement fascinés par le mélange effectué par Galois entre géométrie et symétrie.

ROBUSTESSE ET BEAUTÉ

Sophus Lie rencontra Felix Klein quand il vint à Berlin pour un voyage universitaire en 1869. Il arrivait de sa Norvège natale, quarante ans après la mort d'Abel. Comme lui, Lie avait obtenu une bourse pour accroître ses horizons mathématiques en entreprenant une grande tournée des principales universités du continent. Longtemps, Lie n'avait su que faire de sa vie. Au début, il avait été tenté par une carrière militaire, mais sa mauvaise vue l'avait privé d'un commandement, aussi était-il entré à l'université où Abel avait suivi des cours. Il s'aperçut qu'il était doué pour bon nombre de matières, mais ne parvenait pas à savoir sur laquelle se concentrer.

Les mathématiques ne lui vinrent pas facilement. Mais c'est la montée d'adrénaline qu'il ressentit quand il fit sa première découverte qui scella son avenir mathématique. L'inspiration le toucha en pleine nuit, alors qu'il s'escrimait sur un problème de géométrie. Il fut si enthousiasmé par sa découverte qu'il se précipita chez un ami et le réveilla, hurlant, à bout de souffle : « J'ai trouvé! » Il écrivit plus tard, à propos de cette révélation, que, « jeune homme, je ne pensais nullement être doué d'originalité. Puis, à vingt-six ans, j'ai soudain compris que je pouvais créer ».

Se disant que quelqu'un risquait de lui voler son idée s'il attendait qu'un journal publie sa démonstration, il décida de l'imprimer à ses frais. Mais l'ami qu'il avait réveillé pendant la nuit lui dit que s'il voulait impressionner la communauté mathématique, il fallait qu'il fasse passer son idée dans les grands journaux. Le premier article de Lie fut accepté par le journal de Crelle, à Berlin, où les travaux d'Abel avaient été publiés pour la première fois. Lie se retrouva alors sous les feux de la rampe, ce qui lui assura une bourse pour sa tournée européenne.

À Berlin, il se lia rapidement d'amitié avec Felix Klein, un mathématicien qui partageait son optique particulière de la géométrie. Pour Lie comme pour Klein, les objets fondamentaux en géométrie n'étaient pas les points, mais les droites. C'est pourquoi l'idée de Galois de permuter les droites dans ses géométries finies leur parlait tant.

Contrairement aux incursions hésitantes de Lie dans les mathématiques, Klein était persuadé qu'il était né pour être mathématicien : le fait que la date de sa naissance (25/4/1849) ait été composée de carrés de nombres premiers ($5^2/2^2/43^2$) était à ses yeux un bon signe. Il déferla sur le champ de course mathématique et, contrairement à Lie, était déjà titulaire d'un doctorat à l'âge de dix-neuf ans.

Klein était un grand et beau jeune homme ; Lie avait un physique robuste, habitué à la vie en plein air. Mais en dépit de leurs différences, ils avaient les mêmes goûts mathématiques. Ses homologues berlinois n'appréciaient guère le style plutôt discursif de Klein, estimant qu'il y manquait la précision d'acier tant prisée dans la discipline. Klein n'était pas de cet avis. Il considérait que :

> La présentation des mathématiques à l'école devrait être psychologique et non systématique. Le professeur devrait pour ainsi dire être un diplomate. Il doit prendre en compte le processus psychique de l'élève afin de captiver son attention, et il n'y réussira que s'il présente les choses sous une forme intuitivement compréhensible.

Il adoptait plus ou moins la même approche dans l'arène universitaire. Lie aimait le côté visionnaire des travaux de Klein, et lors de leur voyage en France, ils découvrirent les mathématiques qui leur permirent d'articuler leur vision naissante de la géométrie.

Lie se rendit à Paris dans le cadre de sa grande tournée, suivant en fait d'assez près les traces d'Abel. Il passa du temps à tenter d'améliorer son français. Il trouva que le théâtre était un endroit idéal pour former son oreille, parce qu'il pouvait acheter le texte de la pièce à l'avance. Il adorait se promener dans les rues de Paris, écoutant et regardant tout. Il assista également à des conférences, qu'il eut moins de mal à comprendre que les autochtones : « Les conférences mathématiques ne sont pas difficiles à suivre dans une langue étrangère. »

Quand Klein arriva à Paris peu après, les deux hommes s'immergèrent dans la scène mathématique locale. Tous deux firent part, dans un rapport envoyé en Allemagne, du sentiment d'autosatisfaction dans lequel Paris semblait baigner. La ville, apparemment, se reposait sur les lauriers de la génération précédente de pionniers, et n'éprouvait pas le désir d'aller plus loin. C'est à cette époque que le flambeau des mathématiques passa de Paris à l'Allemagne. Mais Klein et Lie aimaient la clarté avec laquelle les Français rédigeaient leurs articles. Une clarté qui, estimaient-ils, faisait défaut aux comptes rendus assez illisibles et alambiqués que produisaient les mathématiciens allemands. « L'intention d'un travail mathématique est d'être raisonnablement compris, et non simplement de susciter de l'admiration pour son auteur », disaient-ils. Malheureusement, à en juger par la majorité des séminaires auxquels j'assiste, j'ai plutôt l'impression que c'est le style allemand qui a fini par l'emporter.

C'était le style de Jordan qui fascinait le plus les deux voyageurs. Il était justement en train de conclure le livre où il détaillait les nombreuses idées contenues dans les manuscrits de Galois, rédigeant avec cette clarté que Klein et Lie admiraient. Dans le principe d'un groupe de symétries, Klein trouva le langage idéal pour exprimer ses idées sur la géométrie. Galois s'était intéressé aux permutations des lignes de ses géométries finies en rapport avec ses travaux sur la résolution des équations. Klein, lui, s'intéressait à la géométrie des droites en tant qu'objets fondamentaux. Il comprit qu'une fois identifié le groupe qui sous-tendait cette géométrie, il disposerait d'une nouvelle façon puissante de parler de ce qu'était vraiment la « géométrie ». Une perspective qui, au bout du compte, donnerait du relief à l'histoire des murs de l'Alhambra. Les motifs créés par les Maures sont d'un intérêt secondaire : c'est le groupe sous-jacent de symétries qui préserve des aspects des motifs qui définissent la géométrie des décors muraux.

Lie sentit lui aussi qu'il existait une sorte de dictionnaire capable de traduire la géométrie dans le langage algébrique de Galois. Klein et Lie passèrent l'été de 1870 à formuler leur nouvelle vision de la géométrie, jusqu'à ce qu'ils soient interrompus par la guerre. La France et la Prusse jouaient des muscles depuis des mois. Napoléon III croyait qu'une guerre lui permettrait de redorer sa popularité vacillante en France. Quant au chancelier prussien, Bismarck, il se disait qu'un tel conflit serait un prétexte idéal pour unifier les États allemands du Sud. Une lettre provocatrice de Bismarck suffit à mettre le feu aux poudres, et le gouvernement français déclara la guerre à ses voisins le 19 juillet.

Klein, ressortissant prussien, conclut que Paris n'était pas le meilleur endroit où traîner et partit rapidement. Lie hésitait à quitter Paris, puisque son séjour était très productif. Mais quand il vit à quel point l'armée française était inefficace face aux offensives allemandes, il s'en fut lui aussi, en direction de l'Italie, pays neutre. Lie avait l'habitude de marcher dans la campagne norvégienne. Un jour, il avait parcouru les 60 kilomètres séparant Oslo de la maison de ses parents – pour s'apercevoir qu'ils n'étaient pas là. Il avait fait demi-tour et était aussitôt rentré, à pied. Il était donc impatient de pouvoir se rendre de Paris à Milan en passant par les Alpes suisses.

Lie était un marcheur si robuste que, quand il pleuvait, il se contentait de se déshabiller et de ranger ses vêtements au sec dans son havresac, continuant dans le plus simple appareil. Il n'est peut-être pas étonnant qu'une unité de l'armée, repérant un marcheur nu, l'ait trouvé un rien suspect. À 50 kilomètres au sud de Paris, il fut arrêté par les autorités.

Quand la police découvrit que ce curieux personnage avait un accent étranger et que son sac regorgeait de lettres écrites en allemand avec des pages de messages codés pleins de signes indéchiffrables, ils en conclurent immédiatement qu'il devait s'agir d'un espion allemand. Lie essaya bien de leur expliquer que les signes mystérieux n'étaient que des formules mathématiques, mais les policiers n'en crurent rien. Ils le mirent au défi de leur expliquer les théories contenues dans les articles. « Mais jamais, au grand jamais, vous ne serez à même de les comprendre ! » protesta-t-il. C'était une époque troublée, où l'on pouvait fusiller des espions sans trop se poser de questions. Il décida donc de faire un effort. « Bien, messieurs, je veux que vous imaginiez trois axes perpendiculaires les uns aux autres, l'axe *x*, l'axe *y* et l'axe *z*... », et il se lança dans une description de la géométrie que Klein et lui avaient développée.

Désormais convaincue que Lie était non seulement un espion, mais un dément, la police le jeta en prison à Fontainebleau. Il resta quatre semaines dans l'obscurité confinée et déprimante de sa cellule, avec pour unique compagnie un exemplaire d'un roman de Walter Scott en français et ses mathématiques. Comme Galois avant lui, il s'aperçut que la solitude était tout à fait propice à l'élaboration de son monde géométrique abstrait : « Je pense qu'un mathématicien était plutôt adapté à la prison. »

La nouvelle du sort de Lie finit par se répandre. La presse norvégienne en fit ses gros titres : UN HOMME DE SCIENCES NORVÉGIEN EMPRISONNÉ COMME ESPION ALLEMAND. Finalement, des mathématiciens français volèrent à la rescousse et se rendirent à la prison. Ils persuadèrent les gardiens que ses griffonnages étaient effectivement des mathématiques abstraites, et rien de plus suspect. « Le soleil ne m'a jamais paru briller plus clairement, les arbres ne m'ont jamais semblé plus verts », écrivit Lie au sujet de sa libération.

Le retour de Klein en Allemagne s'était déroulé plus en douceur que la tentative de Lie de fuir Paris. En 1872, ses travaux furent récompensés par l'offre d'une chaire à l'université d'Erlangen, en Bavière. Il profita de sa leçon inaugurale pour évoquer la nouvelle vision qu'il avait formulée avec Lie de ce qu'était réellement la géométrie. L'essence de cette dernière se trouvait non dans l'image de droites et de points, mais dans le groupe de symétries qui permutait ces points et ces droites. En utilisant le langage de Galois, il était possible d'articuler de façon beaucoup plus limpide les composants essentiels de la géométrie et de dire, par exemple, quand deux géométries étaient les mêmes ou non. Sous bien des aspects, ce discours devint le manifeste d'une nouvelle sorte de mathématiques, et il resta dans les mémoires sous le nom de programme d'Erlangen.

Ayant exposé ses théories générales, Klein découvrit une autre superbe manifestation du groupe PSL (2, 7) de Galois, sous la forme du groupe de symétries d'un objet qui ressemble à un petit pain en couronne à trois trous composés de 21 faces triangulaires (Figure 61). Il découvrit également que si les symétries indivisibles du dodécaèdre empêchaient qu'une équation quintique soit résolue à l'aide de simples racines cinquièmes, sa géométrie pouvait permettre de définir des opérations plus complexes qui pourraient, elles, résoudre ces équations. Sa découverte est à l'origine d'une catégorie entièrement nouvelle d'objets mathématiques qui sont au centre de la théorie des nombres modernes. Baptisés les formes modulaires, ils joueraient un rôle crucial dans l'histoire du groupe de symétries du Monstre, identifié un siècle plus tard.

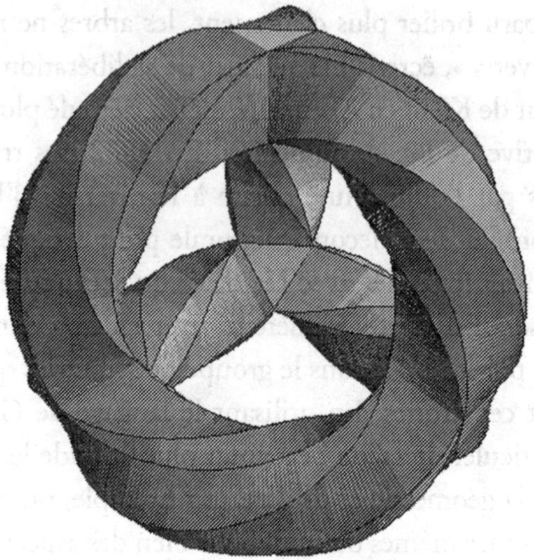

Fig. 61. Le petit pain à trois trous de Klein,
composé de 21 pièces triangulaires.

Lie comprit que le programme d'Erlangen de Klein comprenait implicitement le problème d'une classification complète des types de groupes de symétries susceptibles d'être engendrés par ces environnements géométriques. Au début, il se dit que le problème était « absurde ou impossible », mais un an après, il avait changé d'avis. Il avait trouvé un passage.

De retour en Norvège, Lie commença à exprimer une approche entièrement différente des groupes géométriques décrits par Galois et Jordan. Il les appela les groupes de transformation, mais aujourd'hui, on les connaît sous le nom de leur inventeur : les groupes de Lie. Il fallut du temps pour que les nouvelles mathématiques de Lie soient reconnues, en partie du fait de la difficulté qu'il éprouva à rédiger ses travaux : « La publication dans ce domaine a été d'une douloureuse lenteur. Je ne parvenais pas à la structure convenablement, et je redoutais toujours de commettre des erreurs. Pas les petites erreurs sans conséquence... Non, c'était les erreurs en profondeur que je craignais. » Mais Lie était sûr de la valeur de ses efforts : « L'œuvre de ma vie résistera au temps et, dans les années à venir, sera de plus en plus appréciée – aucun doute là-dessus. » L'avenir lui donna effectivement raison. Ses groupes deviendraient des outils essentiels de la physique théorique, et ils donnèrent aussi naissance à toute une gamme de nouvelles familles de briques constitutives dans la table périodique de la symétrie. L'une d'elles décrit la symétrie de l'hypercube que Tomer et moi avons vu à Paris le mois dernier.

Si des mathématiciens américains eurent une grande influence sur l'exploration de ces groupes durant les premières décennies du XXe siècle, c'est une fois encore un Français, Claude Chevalley, qui, en 1954, créa le cadre dans lequel toutes ces familles de briques constitutives, désormais appelées les groupes simples de type de Lie, pouvaient être décrites de façon systématique. Outre les groupes découverts par Galois, il identifia 12 autres familles.

En reconnaissance de ses travaux, on proposa à Lie le poste que Klein venait de libérer pour en occuper un autre à Göttingen. Il se rendit en Allemagne en 1886, mais ce ne fut pas une décision heureuse. En Norvège, il s'était senti isolé sur le plan mathématique, mais le climat humide et déprimant de l'Allemagne commença à l'user. Souffrant de plus en plus du mal du pays, il écrivit à quel point les forêts de Norvège lui manquaient : « Je ne trouve pas les mots pour exprimer à quel point je brûle de rentrer en Norvège. Mon système nerveux a été mis à rude épreuve ici à Leipzig, où la possibilité de faire de l'exercice et l'influence spirituelle de la nature me manquent. » De plus, Lie ne s'était pas ménagé dans ses efforts pour concrétiser sa vision, ce qui eut également un prix. Il souffrait d'insomnie, de dépression et de stress et, en 1889, on lui diagnostiqua de la neurasthénie et il fut admis dans une clinique à Hanovre.

Il y séjourna pendant sept mois. C'était un patient impossible, qui refusait de prendre le traitement à l'opium qu'on lui avait prescrit. Au lieu de cela, il trouva par lui-même un moyen de s'en sortir, se sevrant seul des drogues que lui avaient administrées les médecins. En 1890, il était suffisamment rétabli pour quitter la clinique – « avec le sommeil, le plaisir de la vie et du travail sont revenus » –, mais son état d'esprit resta marqué par l'effondrement de sa santé mentale.

Il bascula dans la paranoïa, convaincu que les gens lui volaient ses idées. Quand Klein relança le programme d'Erlangen, Lie se plaignit que sa contribution avait été supprimée. Sa colère monta d'un cran quand il s'aperçut que Klein avait détruit toutes les lettres que le Norvégien lui avait adressées pendant les dix ans de leur collaboration. Lie croyait qu'ils s'étaient entendus pour conserver cette correspondance, mais désormais, il n'y avait plus trace de son implication. Dans une lettre à Klein, il déclara que la destruction de la correspondance était un acte de vandalisme. Il attaqua publiquement son vieil ami dans l'introduction au troisième volume de son ouvrage sur les groupes de transformation, publié en 1893 : « Je ne suis pas un élève de Klein, pas plus que l'inverse n'est vrai, bien que cela soit plus près de la vérité. » Lie se vit comme un Abel luttant contre l'establishment allemand, persuadé que la communauté mathématique le traitait aussi mal que son compatriote. Comme le dit le grand mathématicien allemand David Hilbert, « avec le troisième volume, sa mégalomanie éclata au grand jour ».

En dépit de leur litige pour des questions de priorité, les mathématiques de Lie et Klein établirent l'importance des concepts de

Galois sur la compréhension de la géométrie. Mais une autre perspective sur les travaux de Galois était en cours de développement, et elle révélerait un moyen magnifique d'exprimer pourquoi tant de géométries et d'images apparemment différentes étaient toutes le même groupe de symétries sous des déguisements divers.

LA LETTRE DE LA LOI

Les mathématiciens commençaient à comprendre qu'il y avait de nombreuses façons différentes de représenter le même groupe de symétries. Pour Galois, les groupes de symétries étaient des moyens de permuter les solutions d'équations. Mais nous avons déjà vu, par exemple, comment les permutations des quatre solutions d'une équation quartique peuvent aussi être visualisées géométriquement, en tant que symétries d'un tétraèdre. Pour un joueur, le fait de battre un paquet de cartes pouvait être décrit par son groupe de symétries. Les permutations correspondent alors simplement à la redistribution des cartes dans un autre ordre. Pour Lie et Klein, les symétries revenaient à intervertir les droites qui peuplaient leurs géométries.

Mais derrière toutes ces représentations différentes se trouve une abstraction commune qui saisit la symétrie sous-jacente de chaque environnement. De même que le concept abstrait généralisé du nombre 8 sous-tend des regroupements physiques précis, comme huit pierres ou huit vaches, le groupe de symétries de Galois peut avoir de nombreuses représentations concrètes différentes. Que ce soit la redistribution de quatre cartes, la rotation d'un tétraèdre ou la permutation de quatre lignes dans une géométrie finie, il existe une entité abstraite commune, dite groupe alterné de degré 4, qui traduit la symétrie essentielle derrière chacun de ces exemples. Pour percevoir qu'un concept mathématique abstrait et commun était à l'œuvre dans des environnements différents, il a fallu accomplir un bond formidable en termes de pensée créative. Et ce bond n'a pas eu lieu dans les halls sacrés de l'École polytechnique ou de l'Académie de Berlin, mais dans un endroit beaucoup plus surprenant : les Inns of Court*, au cœur du monde juridique londonien.

Vers le milieu du XIXe siècle, la Grande-Bretagne était devenue une sorte de désert mathématique. Le conflit entre Newton et Leibniz sur l'invention du calcul infinitésimal avait isolé le pays du reste de la communauté mathématique européenne. Sans contact avec les grands centres universitaires en France et en Allemagne, les mathématiques britanniques avaient peu à peu stagné. Newton fut peut-être le premier à concevoir les mathématiques à l'origine du calcul infinitésimal, mais Leibniz avait inventé un langage nettement supérieur pour en exprimer l'idée. Newton s'intéressait plus à la création de mathématiques pour lui-même et se concentrait moins sur la communication de ses résultats. Sa notation variait d'un jour à l'autre. Il avait une vision très géométrique du monde, et c'était une de ses forces, mais il est parfois difficile de traduire les images en un langage pratique. Leibniz, quant à lui, considérait le calcul infinitésimal d'un point de vue arithmétique, analysant les effets de l'addition de quantités de plus en plus petites. Par ses travaux en linguistique et dans le domaine de la logique symbolique, il se trouvait dans une position parfaite pour développer un tel langage mathématique. C'était aussi un maître de la notation. Sa notation était synonyme d'une meilleure maîtrise du monde émergent des mathématiques du calcul infinitésimal, et elle offrirait un meilleur tremplin aux progrès mathématiques des siècles suivants. D'ailleurs,

* Institutions de formation professionnelle réservées aux avocats plaideurs (NdT).

les symboles et le langage que nous utilisons aujourd'hui pour la différentiation et l'intégration sont précisément ceux développés par Leibniz pour communiquer son point de vue.

L'influence de Newton sur la communauté scientifique britannique au XVIIIe et au début du XIXe siècle fit que, pendant des années, les mathématiques en Grande-Bretagne furent prisonnières de la notation moins efficace conçue par Newton. En tant que président de la Société royale, il parvint même à neutraliser une enquête « indépendante » qui, en 1713, tentait d'établir qui avait inventé le calcul infinitésimal, en veillant à ce que la commission se compose de sympathisants, puis en rédigeant lui-même le rapport de conclusion. Lequel décréta que Leibniz avait copié le concept de calcul infinitésimal de Newton. Mais c'est le développement d'un langage pour la symétrie inventé par un Anglais au milieu du XIXe siècle qui permit à l'Angleterre de revenir progressivement dans le giron des mathématiques.

Les articles publiés dans les journées de la Société royale évoquant ce nouveau langage furent soumis non par un mathématicien professionnel, mais par un avocat londonien à succès qui pratiquait dans les Inn Fields de Lincoln. Arthur Cayley avait passé les huit premières années de sa vie à Saint-Pétersbourg. Très jeune, il avait fait preuve d'un talent précoce pour l'arithmétique, et il avait coutume d'effectuer d'énormes calculs pour amuser ses proches. Peu à peu, il fut attiré par la beauté de mathématiques plus abstraites. Comme beaucoup de mathématiciens, ce talent pour l'arithmétique mentale finit par être remplacé par le plaisir de traquer la logique, et il est dit que, plus tard dans sa vie, Cayley « était incapable de compter la monnaie d'un shilling ».

À son amour des mathématiques s'ajoutait une grande facilité pour les langues. À Cambridge, où il avait étudié les mathématiques en 1839, il avait également passé du temps à apprendre le grec, l'italien, l'allemand et le français. Cette combinaison aurait un impact significatif sur ses contributions mathématiques. Bien qu'il ait intégré Trinity, la vieille université de Newton, il n'était pas entré dans les ordres et percevait donc un salaire plus modeste, insuffisant pour vivre en tant que mathématicien professionnel. Aussi décida-t-il d'appliquer ses compétences analytiques à la pratique de la loi. Membre du barreau en 1849, il devint un avocat à succès.

Le mathématicien et l'avocat ont beaucoup de points communs. Une formation en mathématiques a souvent été à l'origine de quelques-unes des plus belles carrières dans la magistrature. Un bon avocat doit pouvoir présenter une affaire complexe au tribunal, en veillant à évoquer toutes les possibilités et en ne laissant aucune ouverture à la partie adverse. La préparation d'une plaidoirie ou d'un réquisitoire est proche de l'élaboration d'une démonstration mathématique à toute épreuve. Les précédents juridiques sont le système axiomatique dans le cadre duquel on peut se mouvoir ; la théorie générale est appliquée à une affaire particulière. Cayley était heureux dans les Inns of Court, mais son succès n'était qu'un moyen de financer sa véritable passion : les mathématiques. Au fil de sa carrière juridique, il publia plus d'articles mathématiques que la plupart des mathématiciens tout au long de leur vie professionnelle.

L'étendue de ses contributions est phénoménale. Il s'intéressa à la géométrie, en particulier aux géométries non euclidiennes qui commençaient à remettre en question les axiomes euclidiens selon lesquels deux parallèles ne se croisent pas. Peut-être est-ce grâce à ses compétences de juriste, à sa capacité à jouer à la fois la défense et l'accusation, qu'il se sentit tout à fait à l'aise parmi différentes géométries obéissant à différents axiomes. Mais c'est sa contribution à la symétrie et sa compréhension de l'idée abstraite qui se cachait derrière les travaux de Galois qui lui valurent de graver son nom dans l'histoire de la discipline.

Ses compétences en langues lui permirent aussi de lire les articles de Galois, finalement publiés en 1846 dans le journal lancé par Liouville. Elles eurent en outre une influence sur son expression mathématique, qui présente des caractéristiques particulièrement linguistiques. Il était capable de formuler la grammaire du langage de la théorie des groupes qui sous-tend les exemples qu'utilisait Galois. À l'époque, beaucoup de mathématiciens trouvaient que l'approche abstraite synthétique de Cayley était difficile à pénétrer, mais une fois admise, elle permit d'analyser avec une plus grande aisance les groupes de symétries de Galois.

Un contemporain commenta que, d'ordinaire, un mathématicien, pour faire passer ses idées,

> entraîne ses lecteurs exactement par le chemin qu'il avait lui-même emprunté, démarrant par le problème simple qui avait attiré l'attention en premier lieu, puis menant étape par étape aux résultats les plus complexes. Cayley, lui, commence d'habitude par tenter d'établir immédiatement les généralisations les plus sophistiquées auxquelles il est parvenu.

Cette approche de Cayley décrit parfaitement le style qui, au XXe siècle, serait particulièrement apprécié en France. Sa grande force résidait dans sa capacité à analyser. Galois avait compris qu'il fallait analyser les interactions entre les permutations des solutions d'une équation pour voir si l'équation était résoluble. Deux permutations pouvaient être combinées l'une après l'autre pour en donner une troisième. Les interactions entre les permutations des solutions de l'équation quintique étaient assez inextricables pour que Galois voie que ce groupe de permutations était indivisible. Cayley alla plus loin en disant : « Oubliez l'équation et ses solutions, considérez seulement les interactions des permutations. »

Par exemple, il y a six permutations des trois solutions d'une équation cubique. On peut donner des noms à ces six opérations : *I* correspond à la symétrie qui laisse tout en place, et appelons les cinq autres *X*, *Y*, *R*, *S* et *T*. Donc *X* et *Y* intervertissent les trois solutions, tandis que *R*, *S* et *T* en échangent deux, sans toucher à la troisième. On peut décrire les interactions entre ces permutations par une grammaire qui relie ces noms entre eux : *R* suivi de *S* revient exactement à faire *X*. Cayley comprit qu'il était possible d'entrer ces interactions dans un tableau qui traduisait l'essence de la symétrie.

	I	*X*	*Y*	*R*	*S*	*T*
I	*I*	*X*	*Y*	*R*	*S*	*T*
X	*X*	*Y*	*I*	*T*	*R*	*S*
Y	*Y*	*I*	*X*	*S*	*T*	*R*
R	*R*	*S*	*T*	*I*	*X*	*Y*
S	*S*	*T*	*R*	*Y*	*I*	*X*
T	*T*	*R*	*S*	*X*	*Y*	*I*

Tableau 1

Le tableau 1 donne les permutations des trois solutions. L'entrée à la rangée *i* et à la colonne *j* est le résultat de l'opération *i* suivie de l'opération *j*. Et c'est là qu'apparaît subitement l'abstraction de la symétrie sous-jacente. Si je prends plutôt les symétries d'un triangle et que je leur donne les mêmes noms (en veillant à ce qu'ils correspondent comme il faut), je m'aperçois que les combinaisons des symétries du triangle obéissent aux mêmes règles que celles décrites dans le tableau (Figure 62). Par exemple, *X* correspond à la symétrie qui fait pivoter le triangle d'un tiers de tour dans le sens contraire des aiguilles d'une montre, et *Y* à la rotation dans l'autre sens. *R*, *S* et *T* correspondent aux réflexions par rapport aux droites de symétrie qui passent par *A*, *B* et *C* respectivement. Les symétries du triangle interagissent exactement de la même façon que les redistributions des trois solutions de l'équation cubique. Ainsi, *R* suivi de *S* revient également à *X*.

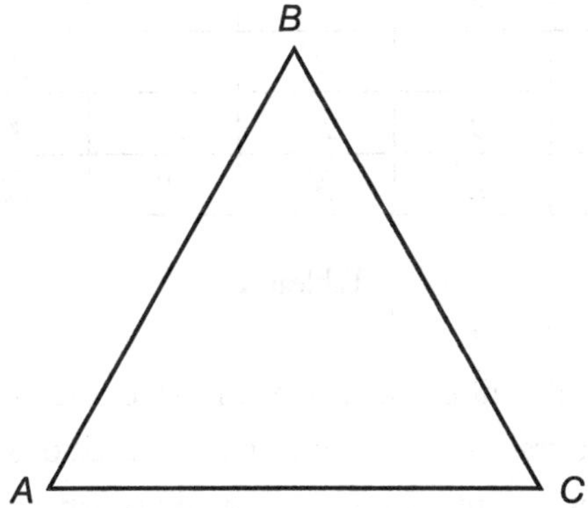

Fig. 62. Le triangle a six symétries.

Le langage de Cayley nous fournit un moyen d'exprimer le fait que le groupe de symétries d'un triangle est le même que le groupe de symétries que l'on obtient en permutant les trois solutions d'une équation cubique. De façon plus convaincante encore, il explique pourquoi le groupe de six symétries d'un triangle est différent du groupe de six axes de symétrie de l'étoile de mer à six branches que nous avons croisée au chapitre 1 (Figure 63). Si les axes de symétrie de l'étoile de mer peuvent être décrits par six lettres, les interactions donnent un tableau complètement différent. Dans le tableau 2, les lettres *I*, *X*, *Y*, *R*, *S* et *T* représentent les rotations de l'étoile de mer de zéro, un, deux, trois, quatre et cinq sixièmes de tour respectivement.

	I	*X*	*Y*	*R*	*S*	*T*
I	*I*	*X*	*Y*	*R*	*S*	*T*
X	*X*	*Y*	*R*	*S*	*T*	*I*
Y	*Y*	*R*	*S*	*T*	*I*	*X*
R	*R*	*S*	*T*	*I*	*X*	*Y*
S	*S*	*T*	*I*	*X*	*Y*	*R*
T	*T*	*I*	*X*	*Y*	*R*	*S*

Tableau 2

Grâce à Cayley, il était désormais possible de dire que le groupe de symétries d'un tétraèdre ou les redistributions de quatre cartes ou la permutation des quatre solutions d'une équation quartique étaient tous des manifestations d'un même groupe de symétries. De même, les redistributions paires de cinq cartes sont le même groupe de symétries que les rotations d'un dodécaèdre, qui sont les mêmes que les permutations de six droites dans la géométrie de Galois basée sur le nombre premier 5.

Fig. 63. L'étoile de mer à six branches a six axes de symétrie.

En fait, un groupe de symétries – ou simplement un « groupe » – n'était qu'une série de noms, *A*, *B*, *C*…, et un tableau indiquant comment ils interagissaient. Le tableau définit une sorte de multiplication entre les symétries. Cayley comprit qu'un tableau des interactions devait satisfaire certaines règles avant de pouvoir définir la loi de la multiplication d'un groupe de symétries. Il y avait des limites aux façons d'agencer *A*, *B*, *C*…, dans le tableau : par exemple, un peu comme un sudoku, chaque lettre devait apparaître une fois et une seule dans chaque rangée et chaque colonne. Ces règles, ou axiomes, qui, d'après Cayley, étaient nécessaires pour qu'un tableau définisse un groupe étaient d'une remarquable simplicité. Mais elles n'en traduisaient pas moins dans un nouveau langage l'essence de la symétrie. Ainsi, les tableaux 1 et 2 sont les seuls tableaux qui satisfont ces axiomes quand il y a six symétries. Donc il n'y a que deux groupes ayant six symétries.

C'était là un moyen d'expliquer, disons, pourquoi deux décors complètement différents sur les murs de l'Alhambra étaient en réalité deux expressions différentes du même groupe de symétries. Si vous donnez des noms à chacune des symétries de chaque mur et que vous entrez leurs interactions dans un tableau, vous obtiendrez le même tableau pour les deux murs. Tout comme les axiomes de Cayley nous disent qu'il ne peut y avoir que deux tableaux différents avec six symétries, le langage de la théorie des groupes nous donne la possibilité d'expliquer que 17 groupes de symétries différents sont envisageables sur un mur en deux dimensions, et pas un de plus. La vision de Cayley était en fait tellement en avance sur son temps qu'il faudrait attendre la fin du XIXe siècle pour que les mathématiciens maîtrisent ce nouveau langage au point de pouvoir démontrer ce résultat.

Presque simultanément, mais indépendamment, trois mathématiciens – l'Allemand Arthur Schoenflies, le Russe Evgraf Fedorov et l'Anglais William Barlow – confirmèrent que les Maures du sud de l'Espagne n'étaient pas passés à côté d'une 18e façon de décorer leur superbe palais. Ils montrèrent ensuite que si l'on passe de deux à trois dimensions, alors il y a 320 façons de combler l'espace avec des briques plutôt qu'avec des carreaux, les briques formant des unités tridimensionnelles qui se répètent. C'est d'une extrême importance en cristallographie, car cela signifie que n'importe cristal doit avoir une structure qui correspond à une de ces 320 symétries différentes.

Les articles de Cayley furent publiés en 1854, alors qu'il était encore au sommet de sa carrière juridique. En 1863, on lui offrit la chaire sadleirienne* à Cambridge. Il était alors suffisamment aisé pour que la baisse de salaire qu'impliquait ce poste ne lui soit pas trop dommageable ; et la possibilité de consacrer tout son temps à sa première passion, les mathématiques, valait tous les paiements. À la fin de sa carrière, il avait publié plus de 900 articles. Il était tenu en haute estime par ses partisans à Cambridge « avec une révérence

* Chaire de mathématiques pures (NdT).

qui frisait la vénération », comme on put le lire dans une rubrique nécrologique. Un contemporain, George Salmon, résuma la contribution de Cayley aux mathématiques :

> La connaissance qu'ont désormais les mathématiciens de la structure des formes algébriques est aussi différente de ce qu'elle était avant l'époque de Cayley que celle du corps humain, chez quelqu'un qui l'a disséqué et connaît sa structure interne, est différente de celle de celui qui n'en a vu que l'extérieur.

Cayley avait réveillé les forces mathématiques qui s'étaient assoupies en Grande-Bretagne. Un de ses étudiants, William Burnside, reprit le flambeau. Galois avait découvert qu'outre les formes ayant un nombre premier de côtés, il y avait de nouveaux groupes indivisibles, comme les groupes alternés et les groupes de Lie. Malgré l'irruption de ces nouveaux groupes indivisibles, les travaux de Burnside révélèrent que, de façon remarquablement fréquente, un groupe de symétries ne se compose que des briques constitutives ayant un nombre premier de côtés.

Burnside était entré à St John's College, à Cambridge, pour y faire des mathématiques. Il avait pour autre passion l'aviron, et il tenait vraiment à faire partie de l'équipage phare de son université. Mais St John's ne manquait pas de rameurs de talent, et Burnside savait qu'il n'était pas assez lourd pour postuler. Il décida alors de changer d'établissement, et entra à Pembroke. Là, il eut plus de succès, et, ramant en septième position, il devint le capitaine de l'équipe de Pembroke.

Sur place, il rencontra un groupe de spécialistes des mathématiques appliquées qui étudiaient les problèmes liés à l'hydrodynamisme, ce qui influença ses premières recherches. Il ne s'intéressa aux groupes de symétries que quand il eut dépassé la quarantaine et qu'il devint professeur au Royal Naval College de Greenwich. En 1893, une de ses premières réussites fut de montrer que le groupe alterné de degré 5 avec 60 symétries était la seule brique constitutive, ou groupe simple, à 60 symétries. Quand on essayait de créer une table de multiplication pour un autre groupe à 60 symétries, distinct des rotations d'un dodécaèdre, on s'apercevait toujours qu'il pouvait se décomposer en symétries plus petites. Il y a en fait exactement 12 autres groupes de symétries avec 60 symétries, en dehors du groupe alterné.

Burnside s'aperçut qu'il était tout à fait doué pour démontrer ce qui était possible en sachant simplement combien il y avait de symétries dans un groupe. Il se concentra principalement sur les groupes d'ordre fini, des groupes qui n'ont qu'un nombre fini de symétries. Il réalisa sa plus grande percée en 1904, en démontrant que, chaque fois que le nombre de symétries était divisible par deux nombres premiers tout au plus, alors ce groupe devait se composer des formes simples ayant un nombre premier de côtés. Par exemple, un groupe avec 1 000 symétries ne peut pas être indivisible, parce que $1\ 000 = 2^3 \times 5^3$, et qu'il est donc constitué des rotations de trois pentagones et trois renversements. Même un groupe avec un nombre gogol de symétries (un gogol est un nombre qui s'écrit 1 suivi de 100 zéros) peut être décomposé en rotations de 100 pentagones et 100 renversements.

Burnside comprit qu'il restait encore beaucoup à accomplir avant de rattraper les progrès accomplis en Europe et aux États-Unis. Dans son discours présidentiel à la London Mathematical Society, il déclara :

> Il est absolument incontestable que la théorie des groupes d'ordre fini n'a jusque-là su susciter l'intérêt que d'un très petit nombre de mathématiciens anglais ; et cette absence d'intérêt en Angleterre, comparée à toute l'attention consacrée au sujet tant sur le Continent qu'en Amérique, me paraît vraiment remarquable.

Pour aiguillonner ses contemporains, Burnside écrivit un livre sur la théorie des groupes qui incita de nombreux mathématiciens, et pas seulement en Angleterre, à s'attaquer à ces nouvelles mathématiques. Beaucoup admirent qu'il avait atteint l'objectif qu'il s'était fixé dans l'introduction : « Je serai grandement satisfait si, au moyen de ce livre, je réussis à susciter l'intérêt parmi les mathématiciens anglais pour une branche des mathématiques pures qui s'avère de plus en plus fascinante plus on l'étudie. »

Le théorème de Burnside sur la divisibilité des groupes dont l'ordre est $p^a q^b$ était juste ce qu'il fallait pour identifier les groupes simples avec un petit nombre de symétries. Par exemple, outre les formes ayant un nombre premier de côtés, les seuls groupes simples avec au maximum 200 symétries sont les rotations d'un dodécaèdre (avec 60 symétries) et les permutations de Galois des droites PSL (2, 7) (avec 168 symétries).

Dans la deuxième édition de son livre, publiée en 1911, Burnside se servit de son théorème pour identifier tous les groupes simples avec moins de 1 092 symétries. Mais il sentait que son théorème allait bien au-delà des groupes dont le nombre d'éléments était divisible par deux nombres premiers. Il pensait que si le nombre de symétries était impair, alors les symétries pouvaient toujours être décomposées en formes simples ayant un nombre premier de côtés. Si cela s'avérait, ce serait un formidable progrès sur la voie d'une classification complète des briques constitutives de la symétrie, car cela éliminerait sur-le-champ la moitié des groupes qu'il faudrait prendre en compte. Et le fait de savoir qu'une brique constitutive doit avoir un nombre de symétries divisible par 2 signifie qu'une des symétries doit ressembler à une réflexion, première étape avant une analyse complète de ces briques.

Dans les décennies qui suivirent, les mathématiciens se montrèrent de plus en plus optimistes. Si le théorème de Burnside parvenait à être démontré, cela aiderait à boucler le projet de classification des groupes simples. Les briques constitutives de la symétrie se composeraient alors des formes ayant un nombre premier de côtés, des redistributions paires de Galois (les groupes alternés) et de toutes ces magnifiques familles géométriques, 13 en tout, que les travaux de Lie avaient mis au jour, mais dont on peut retracer la genèse aux mémoires de Galois.

Il n'y avait qu'une seule ombre au tableau de cette somptueuse classification. En 1860, le mathématicien français Émile Mathieu avait découvert cinq redistributions plutôt bizarres qui aboutissaient à des symétries indivisibles. Ces cinq groupes simples ne correspondaient apparemment à aucune des familles connues, pas plus qu'ils ne semblaient créer leur propre famille infinie. C'était juste cinq groupes assez étranges de symétries, indivisibles, mais ne répondant pas à une logique manifeste. On découvrirait plus tard que ces groupes n'étaient que la partie émergée de l'iceberg, lequel ne serait identifié qu'un siècle plus tard, après un détour par l'application de la symétrie à l'industrie des télécommunications.

28 mars, Stoke Newington

Ce n'est pas l'idéal, mais je me dis qu'il faudra faire avec. Burnside avait montré comment décomposer des groupes en formes ayant un nombre premier de côtés ; je viens de passer le mois à écrire un article sur la façon de rassembler ces morceaux. C'est une première étape avant de montrer comment le nombre de groupes que l'on peut construire à partir de formes ayant un nombre premier de côtés varie en fonction du nombre premier. Par exemple, on ne peut jamais construire que deux objets symétriques avec p^2 symétries, où p est un nombre premier. Le nombre d'objets symétriques ne dépend pas du nombre premier p.

Quand on considère le nombre de groupes avec p^3 symétries, alors on peut toujours construire cinq objets symétriques. Pour les groupes avec p^4 symétries, si le nombre premier est impair, on obtient 15 objets, et s'il est pair, soit $p = 2$, on n'obtient que 14. Mais quand on passe à p^5 symétries, les choses deviennent intéressantes. Le nombre d'objets symétriques avec p^5 symétries dépend désormais du nombre premier : plus le nombre premier est grand, plus le nombre d'objets symétriques que l'on peut construire sera élevé. On l'obtient essentiellement en multipliant le nombre premier par deux. Ajoutez un nombre premier, et le nombre d'objets symétriques avec p^6 symétries sera donné par un polynôme quadratique dans le nombre premier p.

La grande question à laquelle j'aimerais pouvoir répondre, la conjecture PORC, est de savoir si, quand on augmente le nombre de formes que l'on utilise, il y a toujours une équation simple qui vous donnera le nombre d'objets symétriques. Il n'est pas certain que ce soit toujours le cas. Peut-être que le nombre de groupes avec p^{10} symétries sera contrôlé par une fonction mathématique d'une autre sorte. L'exemple de la courbe elliptique que j'ai découverte à Bonn suggère qu'il est possible qu'à un moment donné, la réponse implique de connaître le nombre de pairs de nombre (x, y) qui rendent $y^2 - x^3 + x$ divisible par p. Ce nombre n'est pas donné par une simple formule.

Je dois admettre qu'à ce stade, j'ai l'esprit totalement ouvert quant à la direction que pourrait prendre ce problème. Il est très enthousiasmant de ne pas le savoir. L'article que j'ai rédigé tend à montrer que si l'on ajoute certaines conditions supplémentaires à la correspondance entre les formes ayant un nombre premier de côtés, alors il suffit d'une équation simple pour trouver le nombre de formes symétriques que l'on peut construire de cette façon particulière. L'objectif ultime sera de voir ce qui se passe si l'on n'oblige pas les formes à être assemblées ainsi.

Les grands théorèmes sont comme des puzzles. On ne peut espérer terminer le puzzle en une seule fois – c'est un effort progressif, cumulé, qui implique parfois plusieurs personnes. Mais qui n'aimerait pas être la personne à poser la dernière pièce ? C'est pourquoi je rechigne un peu à envoyer mon article tel qu'il est. Mais dans l'univers de la recherche, les pressions en faveur d'un flot constant de publications sont terribles – « publier ou périr » –, et il va bien falloir que je soumette mon article à un journal avant de savoir si je peux venir à bout du puzzle.

J'ai reçu un courriel qui rompt agréablement avec mon dur labeur. Dorothy Ker, une de mes amies qui est compositrice, me propose un rendez-vous la semaine prochaine. Depuis quelques années, nous nous retrouvons pour discuter des relations entre les mathématiques et la musique. Tandis que les mathématiciens commençaient à maîtriser les idées abstraites de la symétrie, des musiciens du début du XXe siècle, eux, se tournaient vers les structures formelles et les mathématiques pour remplacer l'héritage tonal dont ils s'étaient débarrassés. Même la musique classique ancienne joue à toutes sortes de jeux mathématiques pour produire des variations intéressantes sur des thèmes. En fait, la quantité de symétrie que j'ai découverte dissimulée dans les œuvres musicales m'amène à me demander si ce n'est pour cette raison que j'aime tant créer en musique. Je mets du Bach, pour voir si cela va m'inspirer.

9

Avril : le son de la symétrie

Cascades en musique, formes les plus douces de tous les temps.
Jorge Luis Borges, *Matthieu XXV, 30*

5 avril, London Bridge

Une fois que les mathématiciens du XIXe siècle eurent libéré la symétrie des objets physiques, les gens commencèrent à la trouver dans les endroits les plus inattendus. Pour moi, une des expressions abstraites les plus intéressantes de la symétrie est la musique. Il y a toujours eu des liens étroits entre les deux disciplines. Leibniz dit un jour que « la musique n'est que de l'arithmétique inconsciente ». Mais cette connexion va au-delà du simple fait de compter les pulsations et le rythme.

Les structures que les musiciens aiment tisser dans leur musique ont un parfum distinctement mathématique. Et bien des musiciens en sont conscients. Le compositeur baroque français Jean-Philippe Rameau était de ceux-là. En 1722, il écrivit que, « sans tenir compte de toute l'expérience que j'ai pu acquérir dans la musique de par ma si longue association avec elle, je dois avouer que mes idées ne se sont clarifiées qu'avec l'aide des mathématiques ». Depuis des siècles, les compositeurs jouaient avec le concept de la symétrie, mais il ne devint possible de comprendre pleinement ce qu'ils faisaient qu'avec le nouveau langage mathématique développé par Galois.

Parfois, je fantasme sur ce que j'aurais pu faire si je n'étais pas devenu mathématicien : je me serais enfui à Paris pour m'inscrire à l'école de théâtre Lecoq, j'aurais ouvert mon propre restaurant. Ou je serais devenu compositeur, rêve qui rejoint sur le podium mes aspirations théâtrales et gastronomiques. D'où la joie irrépressible que je ressens toujours quand je rencontre Dorothy. Elle utilise beaucoup de structures naturelles ou mathématiques comme cadre ou tremplin pour ses compositions. Je suis intrigué par le fonctionnement de ce mélange entre mathématiques et musique. Dorothy, quant à elle, ne demande qu'à explorer d'autres structures, moins évidentes, et à comprendre ma vision mathématique du monde.

Nous avons prévu de nous retrouver au London Bridge cet après-midi. C'est une magnifique journée, et la Tamise est basse, nous nous dirigeons donc vers une petite langue de sable sur la rive, où, autrefois, les chiffonniers partaient à la chasse au trésor. Nos conversations sont rarement fluides. Nous avons tous deux tendance à nous exprimer sans forcément verbaliser. Quand je suis nerveux, j'ai la déplorable habitude de combler le silence avec la moindre idée qui me passe par la tête. Quand je suis avec Dorothy, j'essaie de me taire et de ne pas bafouiller sans rime ni raison.

Nous avons constaté que nos façons de travailler se ressemblaient beaucoup. J'ai passé ces dernières semaines à tenter de rédiger méticuleusement la démonstration du théorème que j'ai démontré avec Fritz il y a quelques mois. Dorothy a consacré sa matinée à quelque chose de très semblable. Pour un musicien, le plus dur est de coucher par écrit une partition détaillée. Les idées musicales ont pu surgir pendant une balade dans les collines ou lors d'un voyage en train, mais l'essentiel du travail de Dorothy consiste à traduire ces idées en notes sur la page pour tous les instruments de musique différents. Curieusement, pour elle comme pour moi, le fait d'être en mouvement est un ingrédient important dans la stimulation de ces moments d'inspiration.

Nous commençons par considérer un solo de violoncelle que Dorothy a écrit en utilisant comme ossature la séquence de Fibonacci, 1, 1, 2, 3, 5, 8, 13, 21… Cette séquence est appréciée des artistes à cause de son lien très fort avec l'idée de croissance. La façon qu'elle a de commencer par quelque chose de minuscule, qui évolue avec une complexité de plus en plus grande, trouve un écho dans le développement d'une œuvre musicale. Dorothy a apporté un enregistrement du morceau de violoncelle, et un exemplaire de la partition. Nous l'écoutons sur son lecteur de CD portable. Si je n'avais pas été prévenu, je ne pense pas que j'aurais repéré la séquence de Fibonacci. Mais, le sachant, je n'en apprécie que plus le morceau.

Je vois que le bloc-notes de Dorothy est couvert de nombres organisés comme une matrice. C'est l'objet mathématique que Galois a utilisé pour intervertir ses lignes dans ses géométries finies. Dans le lexique du mathématicien, une matrice représente une symétrie. Dorothy parle elle aussi de matrice, mais quand je lui demande si son système intervertit les choses, elle a l'air perplexe. En fait, la matrice musicale n'est qu'un tableau de 48 rangées qui tiennent le compte des thèmes musicaux.

On dirait un énorme sudoku. Dans chaque rangée, les nombres 1 à 12 n'apparaissent qu'une seule fois. Chaque nombre représente une des douze notes de la gamme chromatique. La première rangée indique un choix de thèmes. Il y a un total de

$$12 \times 11 \times 10 \times 9 \times 8 \times 7 \times 6 \times 5 \times 4 \times 3 \times 2 \times 1 = 479\,001\,600$$

thèmes différents que l'on peut choisir. Chaque rangée inférieure correspond à une variation sur le premier thème. La première rangée est la semence qui permet ensuite au jardin des sons de Dorothy de pousser.

Ce qui est particulièrement intéressant, c'est que les règles de cette croissance sont des tours de passe-passe symétriques que l'on peut jouer à partir du thème originel. Le premier n'est qu'une inversion de l'ordre des notes – ce que les musiciens appellent une rétrograde. On peut voir cette variation géométriquement en regardant le schéma des notes sur la partition : les notes sur la portée sont réfléchies en une ligne verticale qui passe par le milieu de la partition. La deuxième symétrie est pour l'essentiel une réflexion par rapport à la droite horizontale. Si le thème de départ monte de trois notes, par exemple, la variation descend de trois notes. La troisième symétrie est une combinaison des deux premières. Dorothy prend ces quatre premières rangées – le thème et ses trois variations – et traduit le ton systématiquement à chacun des douze tons de la gamme chromatique.

Il existe un objet symétrique précis qui, selon moi, incarnerait les 48 phrases musicales possibles que Dorothy a créées. Les inversions verticale et horizontale sont en fait les mêmes que celles d'un rectangle, tandis que les 12 modulations des notes correspondent aux axes de symétries d'une pièce à 12 côtés. Le nom que je donnerais à ce groupe de symétries est $C_2 \times D_{12}$, ou, en clair, « le produit direct du groupe cyclique d'ordre 2 avec le 12e groupe dièdre ». Dorothy m'explique que les musiciens sont particulièrement attirés par les éléments du thème originel qui restent inchangés malgré les tours et détours, un peu comme ces symétries sur les murs de l'Alhambra où même les couleurs correspondent. L'objet symétrique derrière les transformations offre une palette de sons à partir de laquelle Dorothy attaque sa composition, l'artiste prenant alors le relais du mathématicien.

Le système dont elle se sert a été mis au point par Arnold Schoenberg, père de l'obsession moderne pour la symétrie dans la musique. L'intérêt pour les mathématiques, et surtout la symétrie, en tant que cadre pour la composition musicale a commencé à se confirmer au début du XXe siècle, quand les compositeurs, rejetant l'héritage tonal, ont cherché d'autres moyens de structurer leurs œuvres. Plus que tout autre, Schoenberg a repoussé les limites de cette application des transformations mathématiques aux thèmes musicaux. Beaucoup de gens qui écoutent du Schoenberg pour la première fois n'entendent que le chaos, alors qu'en fait, son œuvre est très structurée.

Les méthodes de Schoenberg ont influencé nombre de ses élèves. Dans la *Suite lyrique* d'Alban Berg, les 46 mesures qui ouvrent le troisième mouvement sont, après 23 autres mesures, reflétées par les 46 mesures de la fin. Les nombres 23 et 46 = 2 × 23 ne sont d'ailleurs pas dus au hasard. Berg considérait 23 comme son nombre fétiche. Comme un footballeur identifié par le numéro de son maillot. Si vous entendez 23 en musique, vous saurez que c'est du Berg. Anton Webern, Olivier Messiaen et Pierre Boulez sont d'autres compositeurs qui ont utilisé les méthodes symétriques de Schoenberg.

Dorothy m'a parlé un jour des risques que court le compositeur qui s'appuierait trop lourdement sur de telles structures génératives :

> La symétrie parfaite obtenue sans intervention humaine peut être morne et dépourvue de tension. Un processus trop évident sera en retard sur la capacité de l'auditeur à prédire son aboutissement. Ce

genre de musique, pour reprendre les termes de Harrison Birtwistle, « s'arrête avant d'être terminée ». Apparemment, la musique que nous préférons est celle qui parvient à une intégration « parfaite » entre l'image et la forme.

Je me livre à des jugements comparables au sujet de ce que j'aime dans les mathématiques. Les mathématiques difficiles à prédire sont celles qui m'intéressent le plus. Les meilleures mathématiques, selon moi, sont celles qui, en dépit des contraintes rigides de la logique formelle, accouchent encore de moments riches en surprises.

Symétrie en 32 mouvements

L'utilisation moderne de la symétrie dans la musique remonte à loin. Un des premiers à exploiter ces idées fut le maître de l'exploitation des mathématiques dans la musique, Jean-Sébastien Bach. Ses *Variations Goldberg,* publiées en 1741, sont peut-être un des meilleurs exemples du son de la symétrie. Je me fraye un chemin dans ses 32 mouvements chaque fois que je fais une pause, tout en explorant les trucs mathématiques dont Bach s'est servi pour créer ses variations.

Chaque mouvement consiste en 32 mesures répétées deux fois. Le morceau commence et se termine par un air simple mais élégant qui pose le motif que Bach entreprend ensuite de modeler et de tordre au cours des 30 variations. En répétant l'air à la fin, il évoque la forme de l'un des objets les plus symétriques : le cercle. La répétition de l'air rattache les deux extrémités de ce fil musical. Avec 32 mouvements dans un cercle, la 16e variation se trouve diamétralement opposée à la première version de l'air. Curieusement, Bach parle de la 16e variation comme de l'ouverture, terme d'ordinaire réservé au début d'un morceau. Ce qui nous pousse à nous demander où commence le cercle, et où il prend vraiment fin.

Les 30 variations sont organisées en dix groupes de trois, et le troisième mouvement dans chaque groupe est un canon. C'est dans les basses, qui se composent de quatre phrases de huit notes, que Bach pratique le plus de jeux symétriques – on peut voir et entendre la musique être étirée, comprimée, réfléchie, puis partir en spirale au fil des 30 variations.

C'est dans le cycle des canons que Bach exploite vraiment le potentiel de la symétrie en tant que source de variations. Par définition, un canon est un exemple de symétrie de translation. C'est le genre de symétrie que l'on obtient quand on fait glisser une copie d'une forme par rapport à l'original, comme un motif décoratif reproduit en « frise » sur le col d'une poterie. Mais la version musicale est une translation temporelle plutôt que spatiale – un glissement dans le temps. Une voix commence à chanter une phrase, puis après quelques notes, une deuxième voix intervient et reprend la même voix sur la première. *Frère Jacques* et *London's Burning* en sont deux exemples bien connus. Dorothy m'en a un jour montré un exemple moderne : n'importe qui a écouté une émission de radio simultanément en ligne et sur une radio analogique aura en fait créé un canon. Le temps que met l'ordinateur à traiter le signal numérique fait que la musique est jouée quelques secondes après l'émission diffusée par la radio analogique. Quand on regarde la partition des *Variations Goldberg*, on voit la translation temporelle transformée en translation spatiale : la même série de notes est répétée quelques pulsations après sa première apparition, comme une frise sur le col d'une poterie.

Mais Bach ne se contente pas d'une simple translation dans la dimension temporelle. Il commence à user du même truc dans la dimension du ton. Dans le deuxième canon (variation n° 6), la deuxième voix démarre une note plus haut que la première. L'effet ressemble maintenant à un motif en spirale qui remonterait sur le côté de la poterie. Chaque canon consécutif déplace la deuxième voix d'une note de plus vers le haut. Chaque fois que l'on entend une nouvelle variation, il y a une plus grande différence de ton entre les deux voix. Et c'est alors que se produit quelque chose de frappant.

Le temps que l'on arrive au huitième canon, on a soudain l'impression que les deux voix sont de nouveau à l'unisson. Pourtant, il y a une différence d'une octave entre les deux voix. Ce qu'il y a de merveilleux, dans l'octave, c'est que notre cerveau perçoit l'identité entre ces deux notes, une chose que Pythagore avait découverte deux mille ans avant que Bach ne s'en serve pour boucler son cercle. On se croirait face à un des dessins paradoxaux d'Escher, où un moine monte des escaliers pour se retrouver de nouveau à son point de départ.

Bach commence alors à remonter avec un neuvième canon qui étire un peu plus notre ouïe, la deuxième voie repartant une octave et une note plus haut. Comme un tire-bouchon, les canons donnent l'impression de vouloir monter infiniment en spirale, chaque huitième canon s'alignant sur le premier alors que nous entendons une nouvelle octave. L'idée de thèmes qui montent en spirale tout au long d'un morceau a été utilisée par de nombreux compositeurs. Dans son opéra *Le Tour d'écrou,* Benjamin Britten se sert de la progression tonale en spirale pour donner le sentiment de l'écrou qui se resserre tandis que le spectre prend le contrôle du jeune Miles, jusqu'au paroxysme du morceau et à la mort du jeune garçon.

Les *Variations Goldberg* sont comme la version musicale d'un tore. Le tore est un objet mathématique engendré par un cercle qui en balaie un autre (Figure 64). On a donc des cercles qui se déplacent horizontalement, mais aussi verticalement. La forme est une sorte de cercle de cercles. Dans les *Variations Goldberg*, on entend des cercles dans le temps et des cercles dans le ton.

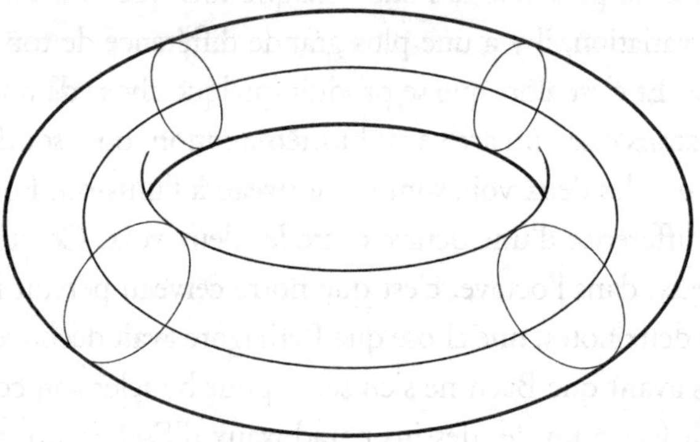

Fig. 64. Le tore – un cercle de cercles.

Ce qui devrait être en réalité le dixième canon rompt la structure. C'est ce que l'on appelle un quodlibet – une sorte de plaisanterie musicale –, une pièce en contrepoint basée sur deux chansons populaires de l'époque. Pour beaucoup d'artistes, la symétrie parfaite a quelque chose de dérangeant. Par sa nature même, elle est normative, vous savez ce qui va venir ensuite. Bach semble avoir éprouvé le besoin de briser la symétrie et d'inclure une variation différente en guise d'apogée. Mais la rupture de la symétrie ne fait que mettre l'accent sur toute la logique précédente.

La rupture de la symétrie dans l'art a une longue tradition. Les tisserands de Perse et d'Arabie inséraient délibérément un défaut dans une infime portion de leurs tapis par ailleurs magnifiquement symétriques pour détruire l'équilibre parfait. Ils pensaient que leurs âmes étaient tissées dans le tapis, et qu'en incluant une imperfection, ils laissaient un chemin par lequel leur âme s'échapperait. Pour certains musulmans, la symétrie parfaite revenait à imiter Dieu – un terrible blasphème. En incluant un défaut dans le motif, ils ne défiaient pas Dieu, maître tisserand par excellence.

Encore aujourd'hui, en Afrique de l'Ouest, la symétrie du tissage est considérée comme un élément clé pour emprisonner des pouvoirs surnaturels dans un tissu. Des losanges de plus en plus petits se répètent en direction du centre et servent de motifs aux couvertures nuptiales des Fulani du Mali. Ils croient que chaque répétition du motif scelle un peu plus d'énergie spirituelle dans le tissu. D'ailleurs, l'énergie accumulée dans la couverture est considérée comme étant potentiellement si dangereuse que les futurs mariés doivent veiller à ce que le tisserand reste éveillé toute la nuit, de peur qu'il ne s'endorme et ne libère ainsi la force retenue dans les fils.

Dans ses variations, Bach n'utilise pas que la symétrie du cercle. La symétrie du triangle joue un rôle dans son choix des structures rythmiques des neuf canons. Dans chaque canon, il fait un choix parmi les trois possibilités de pulsations qu'il peut placer dans une mesure : deux, trois ou quatre. L'autre décision rythmique qu'il prend est de déterminer comment la pulsation est répartie au long du canon. Elle peut être divisée en croches (deux notes par pulsation), en triolets (trois notes par pulsation) ou en doubles croches (quatre notes par pulsation). Par exemple, dans le huitième canon, il y a trois pulsations dans la mesure et elle est divisée en triolets.

Dès que je le comprends, je vois à l'œuvre les symétries de deux triangles qui déterminent la structure rythmique du morceau. La structure de chaque canon peut être interprétée comme la symétrie d'une serrure à combinaison avec deux triangles pivotants (Figure 65). Dans la serrure, chaque symétrie correspond à une façon de faire tourner les deux triangles pour qu'une combinaison différente de nombres apparaisse sur le côté. Mais au lieu de nombres sur les côtés des triangles, je peux indiquer des idées rythmiques. Le premier triangle contrôle le nombre de pulsations dans la mesure, si bien que le bord extérieur indiquera deux, trois ou quatre pulsations. Le second triangle tient le compte de la division de la pulsation, et indiquera donc des croches, des triolets ou des doubles croches.

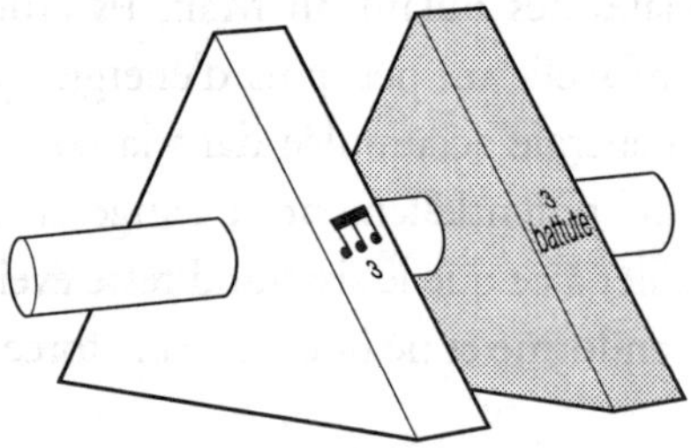

Fig. 65. Les choix rythmiques pour chaque canon correspondent aux symétries de deux triangles pivotants.

Puis on fait tourner les triangles pour obtenir les différentes combinaisons, et quelle que soit l'idée rythmique qui apparaît sur les côtés de chaque triangle, c'est elle qui sera utilisée dans le canon suivant. Les triangles musicaux pivotent comme si Bach déchiffrait la combinaison d'une serrure à deux mollettes. En tout, la serrure à combinaison présente neuf symétries. Bach parvient à utiliser systématiquement chacune des neuf symétries, ou combinaisons, et à attribuer chacune d'entre elles aux neuf canons. En faisant tourner les triangles au fur et à mesure de sa composition, il ne rate aucune des combinaisons possibles.

Non seulement Bach jouait à des jeux symétriques avec le rythme, le ton et le temps, mais il avait encore d'autres atouts dans sa manche. Dans le quatrième canon, la deuxième voix n'est pas que la réplique de la première, elle est inversée – quand une voix monte d'un ton, l'autre descend d'autant. Sur la partition, les notes sont simplement inversées ou réfléchies le long de la ligne horizontale qui parcourt la musique. On retrouve cette réflexion dans le cinquième canon.

Il est frappant de constater que la notation musicale conventionnelle en Occident transforme la musique en quelque chose de géométrique où l'on peut effectivement voir toutes ces symétries abstraites. La symétrie contenue dans le son se traduit par une symétrie visuelle. Des jeux symétriques dans la direction verticale se traduisent par des transformations dans le ton. Le recours à la symétrie dans la direction horizontale affecte la structure temporelle de la musique. Il y a d'autres variables avec lesquelles le compositeur peut jouer, comme l'intensité. La symétrie d'un crescendo suivi d'un diminuendo dans un morceau se traduit par les symboles $<$ et $>$. Un morceau de musique peut donc saisir la symétrie qui se produit dans plusieurs dimensions – le temps, le ton, le rythme, le volume.

Une des symétries géométriques évidentes qui ne fut pas exploitée avant le xxe siècle est l'idée de rotation des thèmes. Paul Hindemith s'y essaie dans *Ludus Tonalis*, ou « Jeu de tons », une pièce pour piano. Prenez les notes qui ouvrent le morceau. Retournez la partition de façon à ce que les notes sur la page pivotent d'un demi-tour, et vous obtiendrez les notes qui concluent le dernier mouvement. Certes, il y a une heure de musique entre les deux, et Hindemith n'attend évidemment pas de vous que vous entendiez cette symétrie. Pourtant, elle est bien là, et ce n'est pas dû au hasard. Elle agit comme ce que l'on appelle en littérature un chiasme, où la symétrie sert à indiquer le début et la fin d'un texte, comme une paire de serre-livres.

Il y a quelques années, la BBC a organisé un concours où il fallait écouter trois enregistrements et reconnaître lequel était un pastiche écrit par un compositeur moderne, lequel était un morceau authentique de Bach et lequel avait été produit sur ordinateur. Le fait qu'un tel concours soit possible en dit long sur le haut niveau de structuration des compositions de Bach. Les *Variations Goldberg* sont un voyage musical dans le monde de la symétrie. Les écouter, c'est comme se promener dans une galerie des glaces, où chaque nouvelle variation déforme et étend le thème originel. Lorenz Mizler, étudiant de Bach, disait de la musique qu'elle revenait à exprimer « le son des mathématiques ». Les *Variations Goldberg* montrent bien que la symétrie n'est pas qu'une propriété physique, mais qu'elle est présente dans de nombreuses structures abstraites.

Compte tenu de toute la symétrie que recèlent les *Variations Goldberg*, on pourrait croire que Bach est mon compositeur préféré. Mais peut-être l'omniprésence de la symétrie dans les *Variations Goldberg* explique-t-elle pourquoi ce morceau ne m'a jamais enthousiasmé comme il le devrait. Sans doute est-ce un sacrilège de l'admettre, mais même quand Glenn Gould les interprète, mon cœur ne s'emballe pas comme lorsque j'écoute une œuvre de Richard Strauss. Est-ce le caractère prévisible de la symétrie qui annule la sensation de surprise que je recherche ? Quand je l'avoue à Dorothy, elle me rappelle que Bach avait composé les *Variations Goldberg* pour aider le comte Hermann Karl von Keyserling à s'endormir. Dan, mon ancien directeur de thèse à Oxford, dit que je suis simplement trop jeune pour apprécier les *Variations Goldberg*. Peut-être ne suis-je pas encore assez âgé pour apprécier la symétrie ultime que recèle le morceau – réflexion de la condition humaine. Pour mon quarantième anniversaire, il m'a offert un enregistrement du *Clavecin bien tempéré* de Bach en me disant : « Peut-être qu'à quarante ans, tu es assez âgé pour l'apprécier. » J'y travaille encore.

En quête de motifs

Bach utilisait souvent la symétrie comme un raccourci pour ne pas avoir à écrire une partition en entier. Par exemple, dans le quatrième et le cinquième canon des *Variations Goldberg,* la deuxième voix est une réflexion horizontale de la phrase d'ouverture. Pour indiquer que la deuxième voix doit être jouée à l'envers, Bach a inséré une deuxième clef au début du morceau, mais il l'a inversée (Figure 66).

Cette pratique, qui consiste à ajouter des instructions sur le thème pour créer des variations, était courante dans la musique polyphonique composée par les prédécesseurs de Bach, comme Josquin des Prez. Chaque musicien avait la même partition, chacune comportant des annotations différentes sur comment traduire le ton, le temps qu'il fallait attendre avant de jouer, et la dilatation ou la contraction du tempo. Pour produire sa part de la composition, chaque interprète devait appliquer ces instructions à la ligne musique de base, comme quelqu'un effectuant des mouvements symétriques avec un objet physique.

Fig. 66. La clé de sol inversée indique que le thème est inversé quand on l'entend pour la deuxième fois.

Une des façons les plus évidentes qu'avait Bach d'incorporer la symétrie était le recours à une forme que l'on appelle un crabe, ou canon rétrograde, que l'on retrouve dans une autre série de morceaux, les *Offrandes musicales.* Dans un canon en crabe, une voix interprète la partition de la façon habituelle, du début jusqu'à la fin, tandis que, dans le même temps, la deuxième voix démarre par la dernière note du morceau et le joue à l'envers. Tout l'art du compositeur réside bien sûr dans la capacité à écrire une unique partition qu'il est possible d'interpréter de cette façon. Le crabe est une sorte de palindrome musical. Certains musiciens ont composé de véritables pièces palindromiques où, arrivé au milieu du morceau, on joue ce que l'on vient de faire, mais à l'envers. Le menuet de la *Sonate pour piano* n° 41 de Haydn est un palindrome parfait. Dans les interludes de son opéra *Lulu*, Berg s'est servi de structures musicales palindromiques, tout comme Béla Bartók dans son *Quatuor à cordes* n° 5. Wolfgang Amadeus Mozart ne répugnait pas non plus à explorer la musique palindromique.

La nature très structurelle de la musique ancienne est à l'origine d'une célèbre anecdote au sujet des capacités musicales précoces de Mozart. Durant la Semaine sainte, les matines à la chapelle Sixtine se terminaient par le *Miserere* de Gregorio Allegri. Écrit à l'origine pour le pape Urbain VIII, le morceau était chanté tandis que l'on éteignait progressivement 27 cierges, pour n'en laisser qu'un seul allumé. Alors que les voix des castrats montaient vers les cintres, le pape s'agenouillait devant l'autel, signalant ainsi théâtralement la fin de la messe. Le pape aimait tant ce morceau qu'il décida de le réserver au Vatican. Un décret papal interdit donc que le *Miserere* soit joué ailleurs que dans la chapelle Sixtine pendant la Semaine sainte. Aucune partition ne pouvait quitter le Vatican, tout contrevenant risquant d'être excommunié.

En décembre 1769, Mozart, alors âgé de quatorze ans, suivit son père dans une tournée européenne. Un des points forts en fut la célèbre messe des matines de la Semaine sainte au Vatican pour écouter le *Miserere*, unique chance d'apprécier ce morceau magnifique dans l'année. Le jeune garçon fut si enthousiasmé que, de retour dans sa chambre ce soir-là, il transcrivit de mémoire par écrit l'ensemble des douze minutes de la pièce. Courant le risque d'une excommunication, il revint en catimini à la chapelle Sixtine le Vendredi saint pour vérifier l'exactitude de son manuscrit. Inutile de le dire, il ne dut y apporter que d'infimes corrections.

Sa retranscription du morceau ne fut pas tant un exploit mémoriel que la preuve de son extraordinaire capacité à saisir la logique interne de la composition. Grâce aux motifs et à la symétrie sous-jacente de l'œuvre, Mozart, peut-être inconsciemment, se trouva doté d'un algorithme qui lui permit de reconstituer cette pièce chorale en neuf parties. Il est presque impossible de se souvenir d'une suite aléatoire de chiffres comme 99375105820974944592, mais il est moins difficile de garder en mémoire une suite comme 12345543211234554321. La deuxième suite contient une symétrie, qui permet à votre cerveau de stocker les 20 chiffres en utilisant un programme, ce qui est moins gourmand en puissance cérébrale que de devoir se souvenir d'une série aléatoire de 20 chiffres. Le même principe est au cœur de l'impressionnante mémoire musicale de Mozart. Il était extrêmement sensible non à des séquences numériques, mais aux motifs musicaux.

Le talent exceptionnel du jeune Mozart lui donna la possibilité de déconstruire l'œuvre d'Allegri en se servant de sa symétrie interne. De même, quelqu'un qui est doué d'un grand talent mathématique s'apercevra peut-être du fait que les 20 chiffres aléatoires du paragraphe précédent sont les chiffres du développement décimal de π, de la 44e à la 63e position. Comme la capacité de John Conway à se souvenir de π à des milliers de décimales, la reconstruction du *Miserere* par Mozart n'est pas le signe d'une mémoire formidable, mais plutôt d'un esprit sensible à la symétrie et à la logique qui sous-tendent le morceau. La mémoire, tant dans le cerveau humain que dans les ordinateurs, est très souvent liée à la capacité d'identifier la structure ou les connexions qui permettent au matériel de stocker l'information sous forme comprimée.

Ce qu'a fait Mozart avec le *Miserere* d'Allegri est lié à ce que je m'efforce de faire avec ma séquence de nombres qui décrit les objets symétriques que l'on peut construire à partir des symétries du triangle. En comprenant la logique et le motif au cœur du *Miserere,* Mozart a pu reconstituer l'intégralité de la pièce à partir de simples fragments de sa mémoire. Dans ma composition mathématique, j'ai la première phrase, 1, 2, 5, 15, 67, 504, 9 310…, mais je ne sais pas comment elle continue. Je n'ai pas encore percé le secret de la mélodie.

Tandis que Mozart jouait devant les cours d'Europe, un physicien allemand les impressionnait avec une autre façon de percevoir la symétrie dans la musique. Né la même année que Mozart, Ernst

Chladni découvrit comment on peut *voir* le son d'un tambour. En plaçant du sable sur la surface du tambour et en faisant vibrer la membrane, il put produire une incroyable série de motifs dans le sable, riche en symétrie.

Ces formes rappellent les ondes des diverses harmoniques d'une corde de violon. Quand une corde de violon vibre, elle combine en fait toutes les ondes sinusoïdales qui passent par la longueur de la corde. En plaçant un doigt légèrement à différents points de la corde, il est possible d'isoler les harmoniques qui composent le son du violon. Par exemple, un doigt placé au milieu de la corde donne la première harmonique, une note plus haute d'une octave que la note fondamentale de la corde. La deuxième harmonique, une quinte parfaite plus haut, est obtenue en plaçant le doigt à un tiers de la corde. Ce que Chladni avait découvert, c'était qu'un tambour présentait lui aussi des versions de ces harmoniques, mais au lieu d'ondes sur une corde en une dimension, on voit apparaître d'étonnantes formes en deux dimensions sur la membrane du tambour (Figure 67). Chaque forme est obtenue par un processus comparable au fait de placer un doigt à différents endroits d'une corde de violon. C'est la combinaison de ces motifs différents et de leurs fréquences correspondantes qui donne le son caractéristique de chaque tambour.

Chladni eut tant de succès avec ses démonstrations qu'il fit la tournée des cours d'Europe pour exposer la symétrie que recelaient les sons de divers instruments de musique. Napoléon apprécia particulièrement sa présentation et le récompensa de la coquette somme de 6 000 francs. Nous savons aujourd'hui que ces symétries sont à la source de la différence de qualité tonale entre un violon bon marché et un Stradivarius. Les facteurs de violons allemands étaient spécialisés dans la fabrication d'instruments capables de produire autant de symétrie que possible dans leurs ondes sonores.

Fig. 67. Ernst Chladni découvrit que les vibrations d'un tambour sont riches en motifs symétriques.

Les musiciens des périodes baroque et classique prenaient en fait progressivement conscience de la nature abstraite de la symétrie, bien avant que les mathématiciens n'aient, eux, compris le concept. Pour ces compositeurs, la symétrie était déjà plus que des réflexions et des rotations géométriques. Un groupe de musiciens démontra même sans le vouloir quelques-uns des premiers théorèmes mathématiques au sujet de la symétrie.

Le carillon du changement

Quelques siècles avant Galois, Cauchy et leurs mathématiques des permutations, les carillonneurs de l'Angleterre du XVIIe siècle avaient commencé, sans le savoir, à démontrer des théorèmes tout à fait complexes sur la théorie des permutations. Ils avaient découvert qu'en répétant une séquence de permutations simples, ils pouvaient produire toutes les permutations possibles. Mais, ne disposant pas du langage sophistiqué des groupes de permutations, développé au XIXe siècle, ils n'étaient pas conscients des théorèmes mathématiques intéressants qu'ils mettaient en pratique tous les dimanches.

Étudiant à Oxford, j'en étais venu à apprécier le son glorieux des carillons. C'est un des sons caractéristiques de la vie en Angleterre, que les étudiants entendent dans les rues d'Oxford depuis près de quatre siècles. On recense plus de 5 200 carillons dans les églises de toute l'Angleterre, la plupart composés de cinq ou six cloches différentes, mais certains en contenant jusqu'à une dizaine.

Quand j'allais assister à des cours sur les permutations, j'entendais sonner les dix cloches de l'église de Marie-Madeleine, mais je ne me doutais pas que les carillonneurs mettaient en pratique la théorie sur laquelle je travaillais. À l'intérieur, dix carillonneurs se suspendaient aux dix cordes qui descendaient du clocher. C'est un exploit, en termes de coordination, de faire sonner les dix cloches l'une après l'autre, de la plus aiguë à la plus grave. Mais une fois cette étape maîtrisée, les choses peuvent devenir assez ennuyeuses. Comme des générations de carillonneurs avant eux, ils ont donc commencé à modifier le motif.

Les carillonneurs du XVIIe siècle se mirent à jouer, à varier l'ordre des cloches. Par exemple, supposons qu'il n'y ait que quatre cloches, appelées A, B, C, et D. Les carillonneurs commencent à les faire sonner dans l'ordre ABCD. Quand le chef crie : « Changez ! », l'ordre dans lequel la première et la deuxième cloche sonnent est interverti, ainsi que la troisième et la quatrième. Donc, après un changement, l'ordre dans lequel sonnent les cloches est maintenant BADC.

Si, au changement suivant, on intervertit les mêmes paires, B avec A et C avec D, la séquence BADC revient à ABCD, l'ordre d'origine. Les carillonneurs du XVIIe siècle expérimentèrent donc une nouvelle façon d'intervertir les cloches quand le chef s'écriait : « Changez ! » pour la deuxième fois. Les changements, dans un carillon, ne sont possibles que si deux carillonneurs qui jouent l'un après l'autre intervertissent leurs places dans la séquence suivante. Le deuxième changement pouvait donc par exemple intervertir la deuxième et la troisième cloche. Au deuxième appel, les carillonneurs des cloches A et D, la deuxième et la troisième dans la séquence, changeaient de place, et BADC devenait BDAC.

Quand le chef lance son troisième ordre, les carillonneurs reproduisent leur premier changement : le premier et le deuxième intervertissent, ainsi que le troisième et le quatrième. Donc, BDAC se transforme en DBCA. Nous avons déjà quatre séquences différentes de cloches. Si nous continuons, nous obtiendrons huit séquences différentes avant de revenir au début. Avec quatre cloches, on peut avoir 24 séquences différentes : il y a quatre possibilités pour la première cloche, puis trois pour la deuxième, deux pour la troisième et une pour la quatrième. Donc, cela fait 4 × 3 × 2 × 1 = 24 séquences différentes.

Nous avons réussi à trouver huit des 24 séquences possibles en utilisant les deux changements décrits ci-dessus, une interversion entre la première et la deuxième cloche, et entre la troisième et la quatrième, puis une interversion entre la seconde et la troisième. La séquence de cloches engendrée par ces deux changements correspond au début d'une séquence baptisée *Plain Bob Minimus*. Les carillonneurs relevèrent le défi et s'efforcèrent d'obtenir chacune des 24 séquences possibles. Cela est réalisable si, au bout de huit séquences, le chef ajoute un troisième changement, au cours duquel seuls le troisième et le quatrième carillonneur intervertissent leurs places.

Pour visualiser la symétrie qui se dissimule dans ce jeu de cloches, imaginez que les carillonneurs sont installés aux quatre sommets d'un carré. Tracez un contour autour du carré, et numérotez les sommets 1, 2, 3 et 4, comme dans la figure 68. Chaque fois que le chef ordonne un changement, les carillonneurs réagissent en exploitant une symétrie du carré. Une fois que les lettres ont changé de place, c'est toujours la cloche dans le coin 1 qui sonne la première, celle du coin 2 qui sonne la deuxième, et ainsi de suite. Le premier changement correspond à une réflexion dans l'axe horizontal et le deuxième à une réflexion le long de la diagonale de 1 à 4. La combinaison de ces réflexions suffit à produire les huit symétries différentes du carré. Le langage de Galois nous permet de dire que si quatre carillonneurs jouant les huit premières mesures de *Plain Bob Minimus* et la géométrie d'un carré ont l'air d'être deux choses très différentes, en réalité, la symétrie qui les sous-tend est identique.

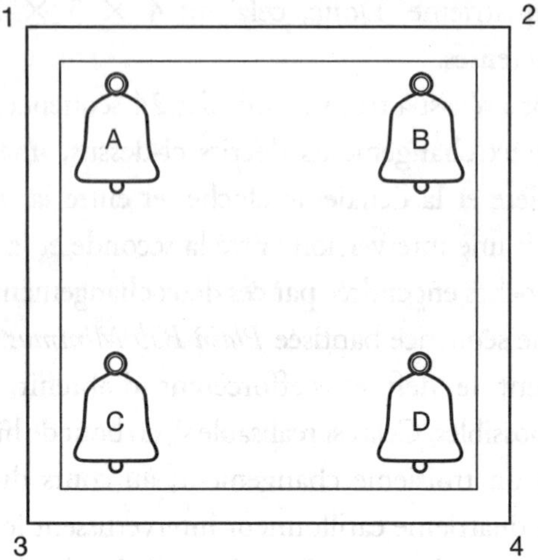

Fig. 68. Comment utiliser les symétries du carré pour jouer *Plain Bob Minimus.*

La première analyse systématique des moyens de produire toutes les séquences possibles de cloches à l'aide de ces simples changements fut publiée en 1668. Richard Duckworth et Fabian Stedman, dans leur *Tintinnalogia : or the art of ringing*, expliquent comment se servir de changements de base pour obtenir chacune des 120 permutations différentes de cinq cloches. On pourrait le considérer comme l'un des premiers ouvrages sur les groupes de symétries.

Si les carillonneurs exploraient la symétrie, d'autres défis liés à la campanologie restèrent insurmontables tant que le langage mathématique complet de la symétrie ne fut pas développé. Par exemple, peut-on obtenir chacune des 5 040 = 7 × 6 × 5 × 4 × 3 × 2 × 1 permutations de sept cloches en combinant ce que l'on appelle les changements triples ? Un changement triple est un échange entre trois paires. Il fallut attendre 1886 pour que William Henry

Thompson, du Gonville and Caius College de Cambridge, démontre que, à la lueur des mathématiques des permutations et de la symétrie, c'était impossible.

5 AVRIL, UN BANC DE BOUE SUR LA TAMISE

Les cloches de la cathédrale de Southwark sonnent pour nous rappeler que le temps presse. Dorothy a apporté un autre morceau de violoncelle qu'elle tient particulièrement à me montrer et à me faire écouter. Il est l'œuvre d'un compositeur qui, peut-être plus que tout autre, a compris la puissance des mathématiques en tant que matériau pour la composition.

Iannis Xenakis était un compositeur grec moderne dont les talents géométriques auraient suscité le respect de n'importe lequel des mathématiciens grecs de l'Antiquité qui ont influencé ses idées. Il combina la musique à une carrière d'ingénieur, et collabora même avec Le Corbusier sur le Pavillon Philips à l'Exposition universelle de Bruxelles en 1958. « En entrant en contact avec Le Corbusier, disait-il, j'ai découvert que les problèmes d'architecture, comme il les formulait, étaient les mêmes que ceux que je rencontrais en musique. » La conception du pavillon ressemble à un exercice de géométrie riemannienne. Xenakis pensait que la musique était une sorte d'architecture du son, et quand on considère la partition de certaines de ses œuvres, comme celle de *Metastasis*, on voit que les amas de notes sont étonnamment proches des diagrammes que Xenakis dessina pour le pavillon (Figure 69).

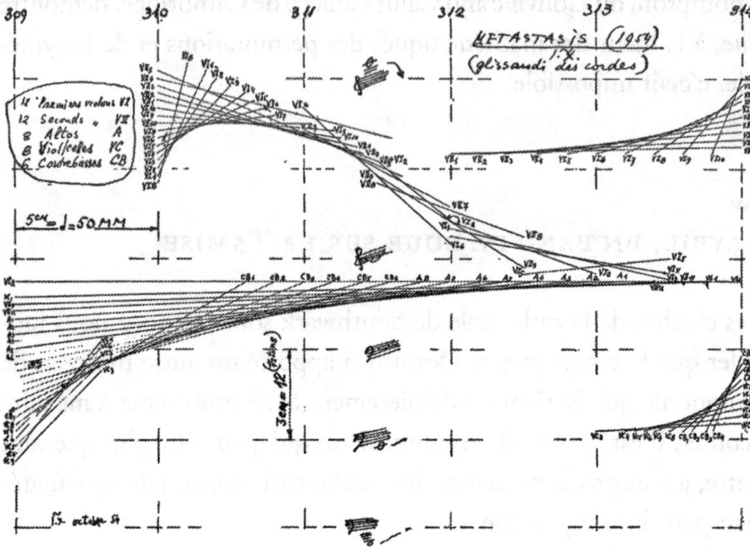

Fig. 69. Un fragment de la partition de *Metastasis*, de Xenakis.

C'était sa pièce pour violoncelle intitulée *Nomos Alpha* qui, estimait Dorothy, ferait le plus appel à ma sensibilité symétrique. Xenakis s'était emparé de la géométrie du cube et avait utilisé les symétries de cet objet comme cadre de sa composition. C'est une extension naturelle de ce que Bach fait dans les *Variations Goldberg*, Xenakis ayant plutôt recours aux symétries du cube. Les huit sommets du cube servent de marqueurs pour différents éléments sonores. Par exemple, certains sommets correspondent à des dynamiques, d'autres à des textures sonores comme le *pizzicato* et le *glissando*. Ces éléments sont ensuite joués dans un ordre particulier selon la position du cube sur la table. En effectuant des symétries du cube, Xenakis modifie l'ordre dans lequel ces éléments sonores sont appliqués à la musique. Le cube est utilisé comme l'ont été les symétries du carré par les campanologistes du XVIIe siècle.

Le cube limite les permutations possibles : du fait de sa rigidité, les huit sommets ne peuvent pas être agencés dans n'importe quel ordre. Et c'est pourquoi la structure du morceau reflétera, d'une façon mystérieuse, la rigidité du cube. Si n'importe quelle combinaison de ces huit points était autorisée, comme le placement des huit éléments sonores sur un paquet de cartes, alors, il y aurait $8 \times 7 \times 6 \times 5 \times 4 \times 3 \times 2 \times 1 = 40\,320$ variations différentes. Mais en contraignant les cartes à respecter les sommets du cube, les symétries de ce dernier limitent les possibilités à seulement 48 redistributions.

Curieusement, le cube présente le même nombre de symétries que le groupe de symétries utilisé par Schoenberg et Dorothy pour créer leurs matrices de notes. Mais les groupes de symétries sous-jacents sont d'une structure complètement différente. Le groupe de symétries qu'exploite Xenakis est baptisé $C_2 \times S_4$, ou le produit direct du groupe cyclique d'ordre 2 avec le groupe symétrique de degré 4. Xenakis développe son idée des symétries dans sa composition pour 98 instruments, *Nomos Gamma*, où la pyramide et d'autres formes rejoignent le cube pour déterminer la structure du morceau.

Pour l'artiste, est-il essentiel que les gens puissent entendre le cube qui se cache derrière la musique ? Un des éléments intéressants, dans ma discussion avec Dorothy, est la tendance d'un musicien à délibérément masquer ce qui a inspiré son œuvre. La musique n'est pas dirigiste : l'artiste crée une pièce qui catalyse alors une multitude de réactions. Une œuvre qui suscite une réaction uniforme est pauvre. Pour Dorothy, l'ambiguïté est une facette importante de l'art.

Ce qui m'intrigue, c'est que j'ai passé la matinée à tenter de débarrasser ma création de toute ambiguïté. Quand les gens liront mon article, je ne veux pas qu'ils arrivent à une conclusion complètement différente de la mienne. L'ambiguïté est un anathème pour le mathématicien. Ma découverte est comme une montagne dans le lointain, et la démonstration est le chemin qui mène au sommet. Je ne tiens pas à ce que les lecteurs se retrouvent sur un autre sommet. Eh bien, à vrai dire, ça ne me dérange pas qu'ils aillent *aussi* ailleurs, pourvu qu'ils aient d'abord visité ma montagne.

Si l'ambiguïté est une chose que les mathématiciens feront tout leur possible pour éviter dans leur travail, ils se montrent souvent aussi réticents que les artistes quand il s'agit de dévoiler la source de leur inspiration. Si j'en comprends l'importance dans les arts, dans les mathématiques, cela peut parfois friser la malhonnêteté. J'ai souvent lu des démonstrations où, brutalement, l'argumentation prend un tour surprenant. Si tout cela reste logique, la raison pour laquelle l'auteur a emprunté ce chemin particulier reste un mystère. Souvent, le mathématicien garde par-devers lui un raisonnement ou une représentation utile – comme une carte secrète menant à la démonstration.

Quand il était question de présenter des démonstrations, Gauss était un des plus grands magiciens. Plusieurs de ses démonstrations recèlent une superbe idée géométrique qu'il avait à l'esprit quand il avait effectué sa découverte, mais il la gardait secrète au moment de rédiger cette dernière. Confronté à la question, il répliquait qu'un « architecte ne laisse pas l'échafaudage une fois l'édifice achevé ».

Le fait que les structures mathématiques soient un terrain si fertile pour ceux qui créent de la musique explique entre autres pourquoi les deux disciplines ont toujours été considérées comme proches. Certains remettent en doute le fait que l'on puisse effectivement percevoir la symétrie utilisée par les compositeurs, puisqu'un morceau est linéaire dans le temps. Contrairement à la symétrie d'un bâtiment, où le regard peut d'un seul coup embrasser l'équilibre architectural, la musique vous entraînant dans un voyage linéaire au fil de la composition vous prive de la possibilité d'entendre la symétrie. Le musicologue Jean-Claude Risset, du Laboratoire de mécanique et d'acoustique de Marseille, a écrit que, « tandis que la symétrie est une propriété de l'espace, le temps est irréversible. Le temps déforme toujours la symétrie ».

Ce n'est pas faux. La flèche du temps fait qu'un morceau doit être joué dans une certaine direction, et l'on n'entend jamais une pièce jouée à l'envers. Une démonstration mathématique est elle aussi une œuvre très linéaire, qui suit sa propre flèche logique du temps. Pourtant, la beauté d'un morceau de musique ne se dévoile bien souvent que quand on le réécoute. Il me faut souvent écouter un morceau plusieurs fois avant qu'il n'ait un sens pour moi. Je commence à apprécier comment, plus loin dans l'œuvre, les thèmes se font l'écho et le reflet d'idées que j'ai entendues auparavant.

Je lis des démonstrations mathématiques exactement de la même façon. Ma première lecture me permet rarement de comprendre vraiment la démonstration, même si j'ai suivi en cours de route chacune des étapes logiques. La véritable compréhension ne vient que quand je la relis, encore et encore. Alors, je commence à voir comment l'auteur a intelligemment manipulé le thème d'ouverture – peut-être une équation qui me satisfait et que je comprends –, comment, en la déformant et la retournant, en y insérant de nouveaux thèmes et en les entrelaçant, il a transformé la démonstration en quelque chose de surprenant, qui me laisse le sentiment d'avoir parcouru des territoires qui ne m'étaient pas familiers.

Il est peut-être plus difficile de susciter en mathématiques la réaction que la musique peut provoquer dans l'organisme d'un auditeur. Les poils de ma nuque se hérissent toujours au même moment à l'écoute des *Quatre Derniers Lieder* de Richard Strauss, quand, dans *Frühling*, la voix de Lucia Popp descend puis remonte. Les mathématiques suscitent elles aussi en moi une réaction émotionnelle, mais peut-être pas au même niveau que la musique. Cet afflux d'émotions est un indicateur clé des moments où j'ai accompli une percée mathématique. Quand le cerveau reconnaît une nouvelle logique, l'organisme libère de la dopamine pour être sûr que je ne passe pas à côté.

La Tamise remonte alors que nous avons fini d'explorer Xenakis et les symétries du cube. Si nous ne bougeons pas, nous risquons d'être emportés. Dorothy va lire un livre que je lui recommande, qui explique le langage mathématique de la symétrie : *Une introduction à la théorie des groupes*. Quant à moi, je vais écouter de la musique, ce qui est bien plus facile.

10

Mai : exploitation

À quoi sert la symétrie ? Mao Tsé-toung

4 mai, Oxford

Un de mes étudiants vient de quitter mon bureau. Il a magnifiquement travaillé ces trois dernières années, et il commence à rédiger sa thèse de doctorat, mais il m'a avoué qu'il n'était pas sûr de vouloir devenir mathématicien. Une nouvelle qui a eu sur moi l'effet d'une douche froide. Mes étudiants sont comme mes enfants. Ils sont l'avenir de la discipline. Qui lira tous les détails de mes articles, sinon mes rejetons mathématiques ? Notre domaine a un côté puissamment tribal, si bien que, quand quelqu'un annonce qu'il a l'intention de s'en aller, c'est comme une menace pour tout ce qu'incarne la tribu.

Anton travaillait sur un projet très proche de mon problème actuel. Soyons franc, il peut être très démoralisant de ne pas trouver un moyen de pénétrer un problème. L'an dernier, un de mes post-docs est parti pour la City après avoir tenté l'ascension de cette montagne avec moi. Je l'avais déjà sauvé une fois des sirènes de la City. Mais après avoir affronté notre problème, après l'avoir vu devenir sans cesse plus complexe, il a eu le sentiment de ne pas être à la hauteur.

Ce qui me perturbe, c'est que tous deux ont remis en question l'importance de ce que nous faisons. Ils se sont dit : « À quoi bon ? », et pensent avoir vu l'empereur nu. Anton se demande si les problèmes sur lesquels nous nous escrimons sont vraiment importants. Je lui explique pourquoi ils représentent selon moi des questions fondamentales sur des objets vitaux de la nature, mais je vois bien qu'il n'est pas convaincu. J'ai l'impression de devoir défendre mon existence même. J'ai prévu qu'il me rejoigne à l'occasion d'une conférence en Israël plus tard dans le mois, et j'espère que le spectacle de toute la tribu, enthousiasmée et passionnée par ces problèmes, lui insufflera un regain d'inspiration. Et cela lui montrera que des gens s'intéressent à ce à quoi il consacre son temps.

Parfois, la nature très abstraite et irréelle du sujet a quelque chose d'usant. On sacrifie des années de sa vie à la résolution d'une conjecture, et quand on y parvient, il n'y a que quelques personnes dans le monde qui seront à même de le comprendre. Votre famille et vos amis ne savent pas vraiment ce que vous trafiquez. Vous pouvez toujours essayer de leur faire entrevoir le frisson de la découverte, mais de temps en temps, vous vous demandez simplement à quoi bon, quand le public est si restreint. J'envie souvent les scientifiques d'autres domaines, pour le respect qu'ils suscitent chez les profanes.

Il y a quelques années, j'ai visité un laboratoire. L'assistant a placé une boîte de Petri sous le microscope et m'a dit de regarder le contenu. C'était un ovule humain fécondé, qui s'était divisé en quatre cellules, en route pour devenir un être humain. C'était époustouflant. Comprendre ce qui se passait dans cette boîte, c'étaient des sciences, des vraies. C'était essentiel, important, ça se sentait. Que mes conjectures sur la symétrie soient avérées ou non, tout cela paraissait insignifiant à côté de ce que je voyais dans le microscope.

Mais c'était aussi l'avenir de notre famille que je contemplais, ce qui ne faisait qu'accentuer l'importance de cet exemple particulier de la science.

Malheureusement, la science en question n'a pas fonctionné pour nous. Les quatre cellules ne sont pas allées jusqu'au bout, jusqu'aux 26 milliards de cellules qui constituent un bébé nouveau-né. J'ai choisi les maths plutôt que d'autres domaines scientifiques parce que si une démonstration fonctionne une fois, elle fonctionnera toujours, chaque fois qu'on la reproduira. Alors que les expériences physiques, elles, peuvent souvent mal tourner. Je ne suis pas en mesure de faire face à l'incertitude et à l'absence de contrôle du monde physique, et c'est pourquoi je suis attiré par la logique nette et implacable du laboratoire du mathématicien.

Quand j'étais plus jeune, je me complaisais dans la nature irréelle de ma discipline. J'étais hypnotisé par *L'Apologie d'un mathématicien*, de G.H. Hardy, manifeste où il explique pourquoi il faudrait célébrer les mathématiques pour elles-mêmes et pourquoi nous ne devrions pas être mus par le désir que nos travaux aient une application pratique. En vieillissant, j'ai mis un peu d'eau dans mon vin. J'étudie toujours des problèmes très abstraits, mais j'adorerais qu'une de mes découvertes ait soudain une application pratique. Et il n'est pas insensé d'y croire.

Les mathématiques servent en grande partie à comprendre la science que je voyais sous mes yeux au microscope. Chaque fois que les cellules se dédoublent, la symétrie joue un rôle crucial dans la détermination des configurations possibles pour les nouvelles cellules, et en fin de compte sur la forme de nos organismes. Si je ne m'efforce pas directement d'appliquer les mathématiques que je découvre dans mon laboratoire mathématique de Stoke Newington, il n'en reste pas moins que ces percées font partie d'une chaîne de connexions inattendues qui aboutissent aux utilisations extraordinaires des mathématiques dans notre quotidien. Et à cause de cette chaîne, une chose qui, à première vue, a l'air terriblement abstraite pourrait justement être la pièce manquante d'un puzzle, quelque chose qui peut expliquer le mystère de la vie. C'est d'ailleurs le pouvoir du microscope qui, au XXe siècle, a révélé la symétrie qui soustend tant des grands mystères de la science.

Délicieux tétraèdres et pyramides empoisonnées

Avec le développement de microscopes plus sophistiqués vers la fin du XIXe siècle, les scientifiques ont soudain eu accès à la structure de la matière à petite échelle, et ils ont découvert un domaine de symétrie entièrement nouveau à l'œuvre dans le monde naturel. Les briques constitutives des cristaux et des gemmes, des tissus et des os, des cellules et des virus exploitent toutes un éventail des symétries possibles dans l'espace en trois dimensions.

Une des formes qui, se sont aperçus les chimistes, est omniprésente dans le monde moléculaire est le tétraèdre – la pyramide à base triangulaire composée de quatre triangles équilatéraux symétriques parfaits. Le fait que le carbone, ce produit chimique de base de la vie, se rattache souvent à quatre autres atomes signifie que les molécules à base de carbone sont souvent de forme tétraédrique. L'atome de carbone est au centre de la forme, et les quatre autres sont situés aux sommets de la pyramide.

L'exemple le plus commun de ce genre de molécules est le méthane, qui se compose d'un atome de carbone et de quatre atomes d'hydrogènes agencés autour de l'atome central de carbone (Figure 70). Chaque atome d'hydrogène se positionne de façon à être aussi éloigné que possible des trois autres atomes d'hydrogène. Comme une pierre qui roule en bas d'une colline jusqu'à l'endroit où elle perd toute énergie, les quatre atomes d'hydrogène recherchent les sommets du tétraèdre comme points où l'énergie est la moindre. Le tétraèdre est au méthane ce que la sphère est à la bulle. La symétrie fournit à la nature une organisation qui minimise l'énergie.

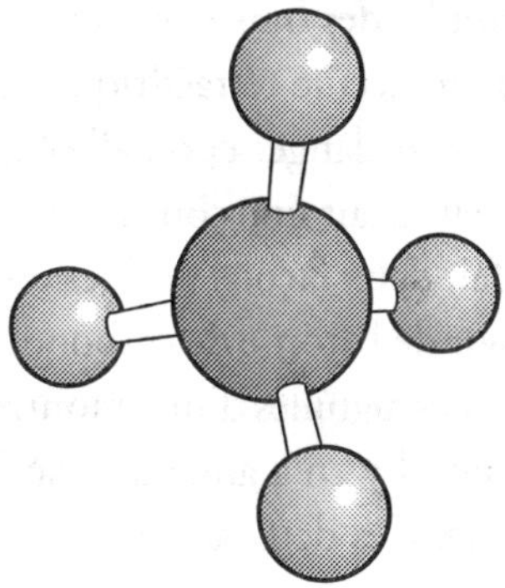

Fig. 70. La configuration en tétraèdre des quatre atomes d'hydrogène dans une molécule de méthane.

Les chimistes aiment bien représenter les molécules sous forme de maquettes composées de balles de ping-pong de couleurs différentes et de baguettes. Dans la molécule de méthane, les atomes d'hydrogène sont représentés par quatre balles de la même couleur placées autour d'une balle plus grosse, l'atome de carbone. Si d'autres molécules à base de carbone peuvent être d'une structure beaucoup plus complexe, on peut souvent les considérer comme étant essentiellement tétraédriques. Les chimistes aiment d'ailleurs toujours autant les représenter par des maquettes où quatre balles de couleur différente, chacune incarnant une structure moléculaire complexe, sont agencées en tétraèdre autour de la base centrale du carbone. Dans les années cinquante, la société pharmaceutique Grünenthal a découvert qu'une de ces molécules tétraédriques produisait un médicament qui empêchait les nausées matinales chez la femme enceinte. Ils la commercialisèrent sous le nom de thalidomide. Elle connut un franc succès – jusqu'à ce que l'on s'aperçoive avec horreur que les mères qui en avaient pris donnaient naissance à des enfants difformes, avec, par exemple, des bras trop courts.

Il s'avéra que si la molécule tétraédrique produite par Grünenthal était parfaitement sans danger et qu'elle éliminait effectivement les nausées matinales, elle avait une cousine symétrique qui était très dangereuse. Il y a en fait deux façons différentes d'agencer les quatre balles de couleur autour de l'atome de carbone. La rouge est en haut et ensuite, dans le sens des aiguilles d'une montre, on trouve la bleue, la jaune et la verte. Mais il y en a aussi une où la bleue est suivie de la verte puis de la jaune. Ces deux agencements sont des molécules distinctes. Il n'y a aucun moyen d'en faire pivoter une pour qu'elle ressemble à l'autre. Pour que l'une soit semblable à l'autre, il faut la regarder dans un miroir. L'une est le reflet de l'autre.

C'est l'asymétrie dans l'agencement des sommets du tétraèdre qui produit deux molécules différentes de la thalidomide. D'autres paires de molécules sinon identiques présentent la même relation. On dit d'une molécule qu'elle est chirale si son reflet est authentiquement différent de la molécule de l'autre côté du miroir. Nos mains sont chirales : on ne peut pas superposer la gauche à la droite – elles ne se correspondent qu'en reflet. Le médicament contre la nausée du matin était instable, si bien que même si Grünenthal avait synthétisé un des agencements moléculaires, la moitié d'entre eux se dégradait et se transformait en leur reflet, engendrant l'autre agencement, néfaste. Par conséquent, selon la façon dont on construit son tétraèdre, on peut se retrouver avec une pyramide empoisonnée plutôt qu'avec un tétraèdre thérapeutique.

Notre organisme est tout à fait apte à détecter la différence entre des versions miroirs de ces minuscules pyramides. L'odeur d'un agencement peut être totalement différente de celle de son reflet. Par exemple, une version du carbone chimique (le carvone) sent le cumin, tandis que son reflet sent la menthe, et c'est cela que l'on utilise dans les chewing-gums. Il est vraiment extraordinaire que nos sens puissent sentir et goûter la symétrie. Dans *À travers le miroir*, publié en 1871, Alice suggère que le lait que l'on voit dans le miroir n'est peut-être pas aussi bon pour son chaton que le lait ordinaire. Lewis Carroll était très en avance sur son temps.

Si nos organismes réagissent différemment à des cousines symétriques des mêmes molécules, c'est parce que les acides aminés trouvés dans les protéines de l'organisme sont apparemment toujours des pyramides présentant une chiralité particulière – on ne voit jamais leur reflet. Les scientifiques les appellent des pyramides gauchères. La version droitière d'un médicament aura une réaction thérapeutique avec les protéines de notre organisme, tandis que sa cousine, son reflet, peut se combiner dangereusement avec les mêmes protéines, version plus dramatique de la curieuse sensation que l'on éprouve quand on serre la main gauche de quelqu'un.

Il semble que les organismes vivants soient toujours constitués de pyramides gauchères. Pourquoi, cela reste un mystère. Cette propension aux pyramides gauchères vaut-elle pour toute la matière organique dans l'univers ? Ou n'est-ce que notre petit coin de la galaxie qui préfère une version du tétraèdre plutôt qu'une autre ? Les scientifiques parlent de l'univers gaucher, mais personne ne sait vraiment quel vent souffle au point de faire tourner nos acides aminés de cette façon.

Les liens entre la symétrie et la structure moléculaire ont abouti, dans le courant du XXe siècle, à un nouveau dialogue entre les chimistes, les biologistes et les mathématiciens. Les autres sciences ont commencé à tirer parti de la capacité des mathématiques à révéler les formes différentes qui étaient possibles pour ces configurations moléculaires. Et les microbiologistes ont en fait découvert que certaines des autres formes symétriques platoniciennes étaient au cœur de l'une des forces les plus dangereuses de la nature : le virus.

Les virus : pourquoi la symétrie vous fait éternuer

À la fin du XIXe siècle, en Crimée, les plants de tabac étaient détruits par une cause inconnue. Dmitri Ivanovski, jeune biologiste russe de l'université de Saint-Pétersbourg, fut dépêché pour tenter d'identifier ce qui provoquait ces ravages. On supposait que c'était un agent bactérien, mais quand le biologiste analysa l'agent qui était apparemment à l'origine de la maladie, il constata qu'il était très différent des bactéries. Ces dernières ne peuvent pas passer à travers un filtre de porcelaine, alors que ces entités minuscules qu'il soupçonnait de détruire les plants de tabac se faufilaient sans difficulté. C'est un microbiologiste néerlandais, Martinus Beijerinck, qui baptisa ces nouvelles particules infectieuses des « virus », et qui devina qu'elles étaient en un certain sens des organismes vivants qui se servaient des cellules de végétaux ou d'animaux pour se reproduire.

Mais c'est la grippe espagnole qui attira l'attention des sciences sur les virus. En 1918, la pandémie de grippe espagnole tua environ 50 millions de personnes, plus que la Première Guerre mondiale. Brutalement, les scientifiques eurent un besoin urgent de comprendre les mécanismes de cette redoutable maladie. La structure des bactéries était visible à l'aide d'un microscope conventionnel, mais le virus de la grippe était trop petit. Il faudrait les techniques plus subtiles de la cristallographie aux rayons X et l'invention du microscope électronique pour que l'on puisse pénétrer les mystères de ce minuscule organisme. Francis Crick et James Watson, après avoir percé le secret de la structure de l'ADN, furent deux des scientifiques qui s'intéressèrent à la nature des virus.

Plutôt qu'un fouillis inextricable, les scientifiques se retrouvèrent face à un objet plein de symétrie, certes mortelle. D'ailleurs, au début du xxe siècle, de nombreux artistes avaient commencé à associer la symétrie à la mort. Dans *La Montagne magique*, le héros de Thomas Mann contemple la symétrie d'un flocon de neige et « frissonna face à sa précision parfaite, qu'il trouva mortelle, la moelle même de la mort ». Or, désormais, la symétrie était un symbole de mort non seulement pour l'artiste, mais aussi en biologie.

Depuis les années trente, on savait que ces virus consistaient en élément de matériau génétique appelé ARN, entouré d'une enveloppe de protéines. Grâce aux images du virus que fournissait la cristallographie aux rayons X, Watson vit que l'enveloppe du virus qui attaquait et détruisait les plants de tabac ressemblait à une spirale, tandis que les images d'autres virus, comme le virus du rabougrissement buissonneux de la tomate (*Tomato Bushy Stunt Virus*, ou TBSV), semblaient présenter une forme plus sphérique. Watson discuta de ses idées avec un jeune étudiant, Donald Caspar, lors d'une rencontre à Cold Spring Harbor, pendant l'été 1954. Caspar se rendit en Angleterre, où il s'associa à un jeune post-doctorant, Aaron Klug. Caspar travaillait sur le TBSV, et Klug sur le *Turnip Yellow Mosaic Virus*, ou TYMV. Pour étudier la forme de si petits virus, ils faisaient passer les rayons X à travers une version cristallisée du virus, puis analysait la diffraction qui en résultait. D'après ces images, les deux virus avaient une forme plus sphérique, mais Caspar et Klug tenaient à identifier la forme précise de ces agents infectieux.

Le processus de reconstitution de la forme d'un cristal à partir des images obtenues par cristallographie aux rayons X ressemble un peu à un puzzle géométrique complexe en trois dimensions. Imaginez que quelqu'un ait placé beaucoup de balles dans une certaine configuration. À vous de découvrir comment ces balles sont agencées. Toutefois, la seule information dont vous disposiez, c'est une poignée d'ombres en deux dimensions de la configuration. En gros, le motif des ombres donne l'impression que quelqu'un a piétiné la structure en trois dimensions et l'a écrasée sur la page en deux dimensions. Il vous faut donner vie aux points dans l'image et décrire l'agencement tridimensionnel tel qu'il était avant.

Les schémas de diffraction obtenus par Caspar et Klug indiquaient apparemment qu'il y avait quatre axes sur lesquels le cristal avait une symétrie par rotation d'ordre 3. Quand ils cherchèrent des formes mathématiques présentant ces symétries, ils s'aperçurent que tous les solides de Platon avaient ces quatre axes. Les axes d'un tétraèdre, par exemple, sont faciles à identifier : faites passer un bâton par un sommet et ressortez-le par le centre de la face triangulaire opposée. Vous pouvez faire tourner le tétraèdre d'un tiers de tour sur cet axe, et la forme, vue sous ce nouvel angle, aura l'air d'être la même.

Curieusement, le cube présente lui aussi une symétrie par rotation d'ordre 3, comme un triangle. Comment cela se peut-il? En effet, il se compose de carrés, où sont donc les triangles ? Si vous prenez un bâton, l'enfoncez dans un des sommets du cube et le faites ressortir par le sommet le plus éloigné du premier, vous pouvez faire pivoter le cube sur cet axe. Faites-le tourner d'un tiers de tour, et il aura l'air inchangé. Vous pouvez voir le triangle si vous regardez les arêtes qui partent du sommet : trois arêtes se rencontrent à chaque sommet, et elles se réalignent après chaque tiers de tour. Un autre moyen de voir un triangle dans un cube est d'en trancher un coin – vous serez alors devant une face triangulaire.

L'existence de ces quatre axes de symétrie d'ordre 3 semblait indiquer à Caspar et Klug que ces virus avaient potentiellement comme forme l'un des cinq solides de Platon. Mais lequel ? Plus on obtient d'images et de perspectives différentes de l'agencement grâce à la technique de la cristallographie aux rayons X, plus on a de possibilités de déterminer à quoi ressemble la forme. Caspar eut de la chance et obtint une image du TBSV qui montrait cinq points dans une configuration pentagonale. Cette représentation en deux dimensions indiquait que les protéines dans l'enveloppe du virus étaient agencées de telle façon qu'il y avait un axe avec cinq rotations, comme celles d'un pentagone. Ce qui réduisait le nombre de solides platoniciens auxquels le virus ressemblait. Sur les cinq solides de Platon, seuls l'icosaèdre à 20 faces et le dodécaèdre à 12 faces ont des rotations comme celles d'un pentagone. Caspar montra ces images à Crick, qui travaillait dans le même laboratoire à Cambridge.

Crick et Watson commencèrent à élaborer une théorie sur la mécanique de l'agencement des protéines dans l'enveloppe du virus. Pour se reproduire, le virus injecte son ARN dans une cellule hôte, puis utilise sournoisement la machinerie de la cellule pour se répliquer. L'ARN contient l'information nécessaire à la fabrication et à l'assemblage de protéines qui entoureraient les virus répliqués créés par la cellule hôte. Une fois assemblée et emballée dans la nouvelle enveloppe de protéines, la cellule libère alors de nouvelles particules virales qui sèment le chaos dans d'autres cellules hôtes. Ce qui rend un virus si néfaste, c'est l'effet qu'il a sur la cellule hôte qu'il laisse derrière lui dans son processus de réplication.

À en juger par la preuve expérimentale, le brin d'ARN libéré par ces virus était très court et devait par conséquent comporter une quantité d'information limitée. Certains génomes viraux sont si petits qu'ils contiennent moins de cinq gènes. Il faut, en gros, envisager le brin d'ARN libéré comme un petit programme informatique qui sert à construire un élément de protéine, puis à assembler les éléments dans une configuration particulière. L'ADN humain, lui, contient des programmes extrêmement complexes qui servent à fabriquer le cœur ou d'autres organes dans un fœtus humain. Le même mécanisme est responsable de la division cellulaire que j'avais admirée au microscope dans le laboratoire de fécondation in vitro. Crick comprit que le minuscule programme à l'intérieur d'un virus signifiait qu'une nouvelle structure ne pouvait être construite que de façon très simple. Et c'est là qu'est le pouvoir de la symétrie.

La symétrie d'un objet fournit essentiellement un programme très simple pour construire l'ensemble d'un objet à partir d'une brique constitutive sans complexité. La forme hélicoïdale du virus de la mosaïque du tabac (*Tobacco Mosaic Virus*), par exemple, est d'une composition très simple : l'hélice ressemble à un escalier en colimaçon où chaque marche est une protéine identique (Figure 71). Chaque tour complet de l'escalier représente $16^{1/2}$ marches. La même règle est appliquée à chaque marche :

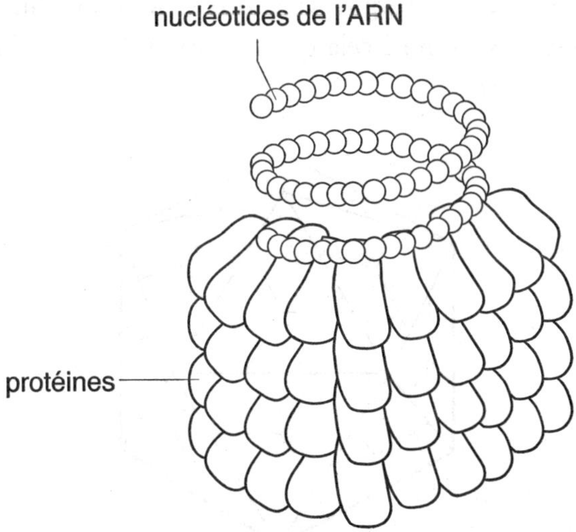

Fig. 71. La forme hélicoïdale du *Tobacco Mosaic Virus.*

il suffit d'orienter comme il convient l'escalier et d'ajouter la protéine identique suivante. Et les virus ayant quatre axes de rotation – quelles règles s'appliquent à eux ? La beauté des solides de Platon réside dans le fait que deux de leurs faces se correspondent toujours exactement. Ce sont des formes que l'on peut construire sans règle supplémentaire. Par conséquent, la règle pour assembler ces formes est aussi simple que celle de l'escalier.

Crick pensait que la forme sous-jacente de certains des virus plus sphériques était un icosaèdre à 20 faces dont chaque face triangulaire était composée de trois protéines, ce qui faisait un total de 60 protéines pour l'ensemble de l'enveloppe (Figure 72). La symétrie sous-jacente permet immédiatement de réduire la taille du programme nécessaire pour reproduire la structure. C'est une des raisons pour lesquelles la nature est attirée par la symétrie, parce que c'est un système qui épargne les efforts et les informations nécessaires. C'est aussi comme cela que Mozart avait pu se souvenir du *Miserere* d'Allegri.

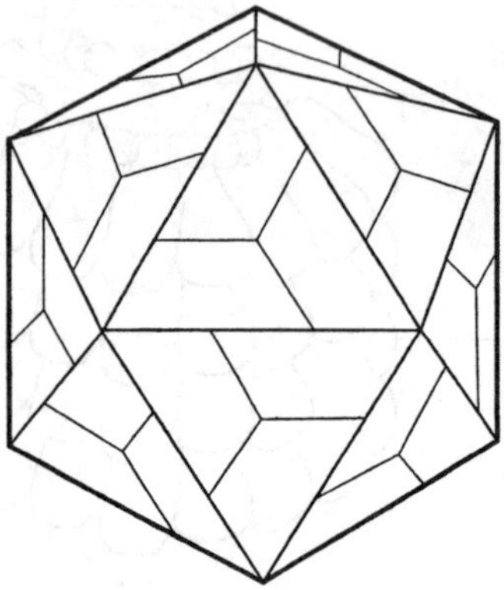

Fig. 72. Certains virus sont de forme icosaédrique et se composent de 60 protéines identiques.

L'idée d'évaluer la complexité d'une structure en utilisant la longueur d'un programme pour la produire a été utilisée récemment en théorie des nombres. Le programme requis pour reproduire, disons, le développement décimal infini de 1/3 est très court : il suffit de répéter 3. Le programme pour produire le développement décimal de π, lui, est beaucoup plus complexe. C'est pourquoi vous aurez une place dans le livre des records si vous vous souvenez de l'expansion de π, mais pas pour celle de 1/3. Toute une branche des mathématiques se consacre au calcul de la longueur des programmes nécessaires pour reproduire certains nombres. Plus un objet ou un nombre a de symétrie, plus le programme nécessaire pour le reproduire est court. Inversement, Crick se disait que le programme concis encodé dans le petit brin d'ARN au cœur du virus ne pouvait que donner une structure symétrique.

Il présenta ses idées sur la forme des virus sphériques lors d'une conférence de virologie, mais se heurta au scepticisme de ses pairs. Cependant, Caspar était venu équipé de maquettes à base de baguettes et de balles de ping-pong pour montrer les configurations possibles. Quand la structure prit forme sous leurs yeux, les virologistes finirent par être convaincus par le point de vue de Crick. Mais ils ne comprenaient pas comme la maquette expliquait les virus plus complexes qui faisaient leur apparition. Le problème était que si un virus était si symétrique, alors la géométrie n'autorisait qu'un maximum de 60 protéines. Or, certains contenaient parfois beaucoup plus que 60 éléments dans les enveloppes de leur ARN. Klug et ses collègues avaient entrepris d'étudier des virus qui s'attaquaient aux animaux, outre ceux qui s'en prenaient aux végétaux, et eux aussi semblaient présenter les mêmes axes de symétrie que ceux de l'icosaèdre. Mais l'enveloppe du virus de la polio, par exemple, était apparemment composée de 180 protéines.

À ce stade de la recherche, c'est une étrange rencontre entre l'art et la science qui montra la voie. Robert Marks, un protégé de Buckminster Fuller, tomba sur les travaux portant sur la structure du virus de la polio, constitué, semblait-il, de 180 éléments. Buckminster Fuller avait construit des dômes à partir de triangles, lesquels étaient beaucoup plus nombreux que les 60 auxquels les mathématiciens semblaient être limités. Mais dans ces dômes, tous les triangles n'étaient pas identiques – ils l'étaient presque, mais pas tout à fait. Prenez par exemple un ballon de football, composé de 20 hexagones et 12 pentagones. Subdivisez maintenant chaque hexagone et chaque pentagone en triangles. Les triangles de l'hexagone sont tous équilatéraux et parfaitement symétriques. Mais ceux du pentagone ne sont pas tout à fait équilatéraux. Me voici maintenant avec une structure à 180 faces, construite à partir de deux briques constitutives distinctes (Figure 73). Par conséquent, peut-être les structures plus complexes comme le virus de la polio ressemblaient-elles à un ballon de football triangulé, ou à l'un des dômes de Buckminster Fuller.

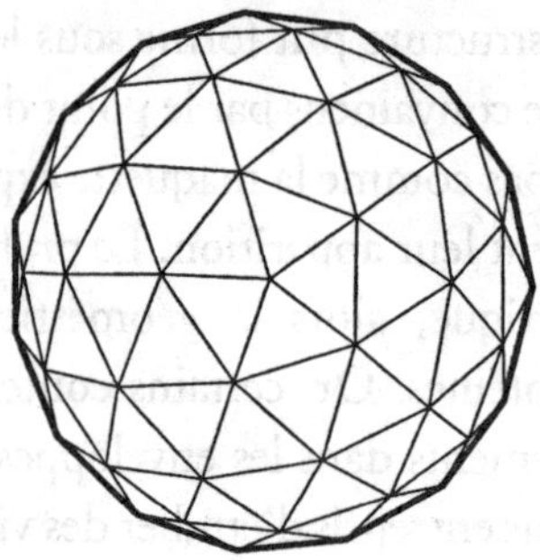

Fig. 73. Un polyèdre composé de 120 triangles équilatéraux et 60 triangles isocèles.

Klug rencontra Buckminster Fuller durant l'été 1959, mais c'est la lecture du livre de Marks, publié en 1960, sur la vie et l'œuvre de l'architecte, qui poussa Caspar et Klug à reformuler la structure du virus. Si leur nouvelle structure était toujours riche en symétrie, ils intégrèrent l'idée de la quasi-équivalence – un discret aménagement des contraintes sur la relation entre les éléments de l'enveloppe. Tout comme le dôme géodésique est obtenu en assemblant deux triangles de forme légèrement différente, il était donc possible que deux protéines de forme légèrement différente s'associent pour former le virus de la polio. Le nombre d'éléments restait limité, et Caspar et Klug mirent au point une formule pour calculer les possibilités, allant jusqu'à emprunter à Buckminster Fuller une partie de sa terminologie architecturale. La Géode, que Tomer et moi avons visitée à Paris, est un exemple qui montre comment tous ces triangles différents peuvent être assemblés pour parvenir à une approximation de la sphère, forme à la symétrie ultime.

Klug et Caspar développèrent également un modèle différent pour la formation de l'enveloppe du virus de la polio. Là encore, la symétrie vint à leur rescousse, leur permettant d'assembler les 180 protéines. La sphère symétrique parfaite est la surface consommant le moins d'énergie que recherche la bulle de savon, et il en allait de même de l'enveloppe du virus. La façon la plus symétrique d'assembler les 180 pièces représente la plus faible consommation d'énergie, et donc l'état de repos pour l'enveloppe du virus. La symétrie contribue au processus de développement viral.

Des études récentes ont révélé que certains des virus les plus meurtriers et les plus virulents ont choisi la forme de l'icosaèdre : l'herpès, la rubéole, même le VIH, qui cause le sida – tous dissimulent leurs secrets mortels sous une enveloppe très symétrique. Mais la science moderne a montré que la symétrie était la clé non seulement des organismes les plus minuscules de la nature, mais aussi de l'un des plus grands mystères de la biologie, le fonctionnement de l'esprit lui-même.

Les miroirs de l'esprit

L'évolution nous a programmés pour être hypersensibles à la symétrie. Ceux qui peuvent repérer un motif de symétrie par réflexion dans le fouillis chaotique de la jungle ont de meilleures chances de survie. Dans les broussailles, la symétrie est soit quelque chose qui va vous manger, soit quelque chose que vous pouvez manger. Notre cerveau est apparemment équipé pour donner du sens à la symétrie. C'est pourquoi, au début du xxe siècle, Hermann Rorschach développa ses taches d'encre symétriques pour pouvoir pénétrer dans l'inconscient de ses patients. Il était persuadé que l'homme est tellement obnubilé par le besoin de trouver un sens ou un message quand on lui montre quelque chose de symétrique que la réaction des patients à ces taches pouvait donner des informations sur leur état d'esprit psychologique. Carl Jung pensait lui aussi que la symétrie était importante pour comprendre l'inconscient. Mais au lieu des taches d'encre en forme de papillon de Rorschach, Jung était attiré par le symbolisme des mandalas hindous et bouddhistes.

Dans le bouddhisme, le mandala est un diagramme sacré fait de sciure séchée ou de sable. *Mandala*, en sanskrit, signifie cercle, et le diagramme est un réseau sophistiqué de cercles entrelacés qui représentent un univers à plusieurs niveaux. Les complexités du dessin ont pour but de traduire le trouble de la condition humaine sur la voie du nirvana, au centre du mandala. Dans le mandala, chaque symbole revêt un sens particulier. Un losange représente l'esprit, la roue à huit rayons correspond au chemin en huit étapes qui mène au nirvana, et le lotus à 16 pétales incarne le Bouddha, ou le nirvana lui-même. Ce réseau de formes fonctionne comme un récit, un guide pour le fidèle en méditation.

Au Tibet, les prêtres travaillent pendant des jours à l'élaboration de mandalas, dans un acte de recueillement et de concentration profonde. La symétrie de la forme est censée aider le fidèle à atteindre un état méditatif, mais dès qu'ils sont terminés, ils sont détruits, étape importante du rituel des mandalas. Les mains qui ont si méticuleusement œuvré à la conception de cette symétrie parfaite brouillent le sable, et la symétrie disparaît. C'est une leçon sur l'impermanence du monde et la fragilité de l'existence humaine. Il est difficile de parvenir à la symétrie, comme s'en aperçoivent à leurs dépens les représentants du monde animal porteurs de mauvais gènes. La destruction du mandala renforce également la conviction bouddhiste quant à l'importance du détachement. Le nirvana n'est accessible qu'à ceux qui sont prêts à se défaire des choses auxquelles ils sont les plus attachés. Un moine bouddhiste qui a passé des jours à concevoir une image magnifique vous dira qu'il est beaucoup plus difficile de détruire sa création, pleine d'une délicate symétrie, que de consacrer des heures à son élaboration. Après que la création est détruite, le sable coloré est jeté dans l'eau vive.

Pour Jung, le mandala était l'expression du soi :

> Tous les matins, je traçais dans le carnet un petit dessin circulaire, un mandala, qui semblait correspondre à ma situation intérieure du moment. Avec l'aide de ces dessins, je pouvais observer mes transformations psychiques au jour le jour.

Jung se servait aussi des mandalas dessinés par ses patients pour accéder à leur subconscient. Il pensait que l'acte de création de ces images symétriques avait en outre un effet thérapeutique à part entière, et qu'il aidait les patients à exprimer les différentes facettes de leurs personnalités :

> La plupart des mandalas ont un caractère intuitif, irrationnel et, par leur contenu symbolique, ils exercent une influence rétroactive sur l'inconscient. Ils possèdent donc une signification « magique », comme des icônes, dont l'efficacité possible n'a jamais été ressentie consciemment par le patient.

Jung fut extrêmement frappé quand il constata que, si on leur demandait d'exprimer par le dessin leur trouble intérieur, des patients différents esquissaient souvent les mêmes formes basiques. Le fait que tant de patients différents, issus de cultures si diverses, aient accouché des mêmes images le convainquit de l'existence d'un subconscient collectif :

> Il doit y avoir une disposition à la transconscience en chaque individu qui est capable de produire les mêmes symboles, ou des symboles très semblables, à tout moment et en tout lieu. Puisque cette disposition n'est d'ordinaire pas une possession consciente de l'individu, je l'ai appelée l'inconscient collectif, et je postule qu'à la base de ses produits symboliques existent des images primordiales, les archétypes.

Pour Jung, le triangle, le cercle et l'hexagone étaient tous des symboles universels qui trouvent un écho dans la condition humaine quel que soit l'arrière-plan culturel.

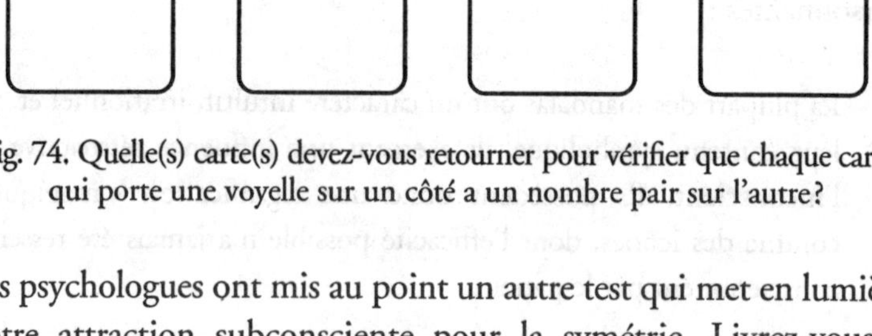

Fig. 74. Quelle(s) carte(s) devez-vous retourner pour vérifier que chaque carte qui porte une voyelle sur un côté a un nombre pair sur l'autre?

Les psychologues ont mis au point un autre test qui met en lumière notre attraction subconsciente pour la symétrie. Livrez-vous à l'cxercice suivant. On vous montre les quatre cartes de la figure 74, et on vous dit que chaque carte portant une voyelle sur un côté est ornée de l'autre d'un nombre pair. Quelle(s) carte(s) vous faut-il retourner pour vérifier la véracité de cette affirmation ?

Les psychologues parlent de deux modes de raisonnement et de mémoire : le vieux mode et le nouveau mode. Le vieux mode correspond à notre cerveau animal le plus primitif, et il semble que ce soit lui qui soit en permanence en quête de symétrie. Nous avons tendance à nous en servir dans notre réaction intuitive aux problèmes. Dans les expériences, 4 % seulement des sujets étaient capables de passer outre à leur cerveau primitif et d'adopter une approche plus analytique. La plupart des gens pensent qu'il faut vérifier les cartes A et C. Mais en réalité, ce sont les cartes A et D qu'il faut vérifier. Pourquoi ? Il faut vérifier que chaque carte ornée d'une voyelle porte un nombre pair de l'autre. Notre cerveau désire tellement la symétrie qu'il veut aussi vérifier que toute carte ornée d'un nombre pair est porteuse d'une voyelle. Donc, il nous ordonne de retourner la carte C. Mais quelle importance si cette carte a en réalité une consonne de l'autre côté ? C'est la carte D qui pourrait détruire la théorie. S'il y a une voyelle de l'autre côté de la carte D, alors la théorie est fausse.

Il semble que notre subconscient fonctionne en suivant une sorte de logique symétrique. Il pense que si l'affirmation « si A, alors B » est vraie, alors il en va de même de l'inverse, la réflexion « si B, alors A ». Ce qui, en général, est loin d'être le cas. La déduction logique est d'ordinaire fort peu symétrique. Il existe une école de psychologie qui tente d'expliquer le mécanisme du subconscient en termes de ce désir de logique symétrique. Le père de ce mouvement est Ignacio Matte Blanco, un psychologue chilien. Son modèle de subconscient ressemble un peu à l'édifice que Borges décrit dans sa nouvelle *La Bibliothèque de Babel.* D'après le narrateur, la bibliothèque est censée receler tous les livres possibles. Par conséquent, on y trouve des livres de géographie où Paris est la capitale de la France, mais aussi un où la France est la capitale de Paris. La description physique de la bibliothèque par Borges, semblable à une résille de cellules hexagonales interconnectées, fait penser à la description d'un immense cerveau. Matte Blanco pense que le cerveau humain, comme la bibliothèque, procède à ces curieuses identifications qui viennent du désir d'équilibrer les choses.

La tendance du cerveau à se focaliser sur la symétrie peut avoir des effets dévastateurs sur un patient psychotique. Matte Blanco a décrit une patiente schizophrène qui a sombré dans la terreur après une prise de sang. Parfois, elle disait qu'on lui avait pris du sang dans le bras, mais d'autres fois, elle inversait complètement sa déclaration et affirmait qu'on lui avait pris son bras, mais qu'on avait laissé le sang.

Matte Blanco estime que, comme les livres dans la bibliothèque de Borges, le cerveau de la patiente se servait de la symétrie pour envisager toutes les permutations d'une phrase. Il a développé les idées de Sigmund Freud, dont les théories suggèrent aussi que notre cerveau tente de voir de la symétrie où il n'y en a aucune. « Mon père est un homme », déclare notre cerveau conscient, ce qui, dans notre subconscient, devient « tous les hommes sont mon père ». Ces jeux symétriques sont particulièrement puissants dans le monde de nos rêves, gouvernés par notre subconscient. L'univers déformé que produit cette logique symétrique intérieure explique les tours bizarres que prennent parfois nos rêves. Subconsciemment peut-être, je pense qu'un de mes amis est plutôt dangereux. Consciemment, je suis d'accord avec l'idée que « les monstres sont dangereux ». Par le biais de la logique symétrique à l'œuvre dans le monde onirique, mon ami peut brutalement se transformer en monstre.

Il s'avère peu à peu que la symétrie joue un rôle fondamental dans le fonctionnement du cerveau. La découverte de neurones spéciaux, dits neurones miroirs, est considérée comme l'une des grandes percées réalisées en neurophysiologie. Comme nombre de succès scientifiques, elle a été le résultat du hasard. Trois scientifiques de l'université de Parme, Giacomo Rizzolatti, Leonardo Fogassi et Vittorio Gallese, étudiaient quels neurones entrent en action quand des singes bougent leurs mains d'une certaine façon. Ces neurones sont dits moteurs parce qu'ils gèrent la motricité. Les scientifiques avaient raccordé des électrodes au cortex frontal des singes. Ils purent ainsi identifier les neurones qui s'activaient en fonction de chaque mouvement précis. Quand les électrodes étaient reliées à une région particulière du cerveau, chaque fois que le singe tendait la main vers une cacahuète, la machine émettait un chuintement pour indiquer que les neurones étaient actifs.

Leonardo Fogassi avait passé la journée à observer les gestes des singes et à enregistrer les chuintements correspondants. Satisfait des résultats du jour, il commença à ranger le laboratoire. Mais alors qu'il se préparait à ramasser les cacahuètes qui traînaient çà et là, la machine se mit soudain à chuinter. « Bizarre », se dit-il. Quand il tendit la main vers une autre cacahuète, il vit le singe suivre son geste des yeux, et il y eut un autre chuintement. Sauf que le singe, lui, n'avait pas du tout bougé la main. Peut-être l'équipement était-il défectueux. Risquait-il de devoir mettre au panier le travail de toute une journée ? Fogassi vérifia donc l'équipement qui, manifestement, fonctionnait très bien.

Bien que le singe n'ait pas véritablement pris une cacahuète, il semble que ses neurones se soient activés comme pour créer une version virtuelle de l'action. Ce n'étaient pas les neurones moteurs qui intervenaient, mais autre chose, que les chercheurs baptisèrent les neurones miroirs. L'idée que des neurones agissent pour imiter ou refléter le geste d'un autre animal pouvait permettre de mieux comprendre le développement de l'esprit humain. D'ailleurs, le neuroscientifique Vilayanur Ramachandran a prédit que les neurones miroirs auraient sur la psychologie l'impact de l'ADN sur la biologie.

Voir quelqu'un faire quelque chose est très différent de l'image que l'on a de soi en train de faire la chose en question, mais l'activité cérébrale est presque identique. Quelque chose dans le cerveau l'empêche apparemment d'émettre un signal pour accomplir physiquement l'action. Mais parfois, cela ne marche pas, un neurone s'active et votre organisme copie l'action que vous avez vue. Combien de fois vous êtes-vous surpris en train d'imiter les gestes de la personne à qui vous parlez ? Ça me fait toujours rire quand je m'aperçois que je viens de poser mes mains derrière ma tête exactement comme mon interlocuteur vient de le faire. Les neurones miroirs interviennent et produisent dans mon organisme ce désir de copier en une symétrie parfaite l'action de la personne en face de moi. Si quelqu'un bâille bruyamment devant vous, vous ne tarderez pas à vous mettre à bâiller à votre tour, même si vous n'êtes pas du tout fatigué.

Les neurones miroirs aident à expliquer l'étonnante capacité des bébés à reproduire si parfaitement les expressions faciales de leurs parents, bien qu'ils ne sachent absolument pas à quoi ressemble leur propre visage. Quand ses parents tirent la langue, un bébé est capable de répéter ce geste. Il n'a pas besoin de s'entraîner pendant des heures devant une glace pour copier cette grimace ; au lieu de cela, les neurones miroirs entrent en action, produisant une copie de l'action dans le cerveau du bébé. Ces neurones miroirs ont peut-être permis à l'homme de développer ses compétences sophistiquées dans le domaine du langage. L'acquisition du langage dépend de la capacité à reproduire les sons émis par d'autres. Comme une frise autour d'une poterie, l'enfant entend un son émis par le parent et tente d'en produire une copie parfaite. Les chercheurs ont en fait trouvé que la partie du cerveau où sont situés les neurones miroirs est la même, en termes d'emplacement, de structure et d'origine évolutive, que la région dite de Broca, qui gère le langage.

Certains scientifiques ont suggéré que quelque chose a déclenché une explosion de neurones miroirs dans le cerveau humain il y a environ 40 000 ans, époque d'un véritable Big Bang dans le développement culturel humain. Soudain, les outils deviennent plus raffinés. On taille des cailloux pour en faire des pointes de flèches symétriques, on couvre les outils de motifs intéressants, non pour des raisons utilitaires, mais parce que le cerveau est de plus en plus attiré par les formes symétriques pendant cette période.

La capacité de ces neurones miroirs à nous aider à entrer dans la tête des autres est considérée comme un élément clé de la formation de groupes humains ayant des identités culturelles définies. L'homme a été décrit comme « le primate machiavélien » du fait de sa capacité à comprendre les actions des autres. Les neurones miroirs détiennent peut-être la solution à la compréhension de l'autisme. Une incapacité à l'empathie pourrait s'expliquer par le fait que ces neurones ne réagiraient pas au moment de l'observation d'autrui. L'empathie a besoin que cette machine de réalité virtuelle dans nos têtes simule ce que l'on ressent quand on fait ce que l'on voit les autres faire.

Les neurones miroirs pourraient fort bien être derrière nos moyens très sophistiqués de communication, le langage et la parole.

Et au XXe siècle, la symétrie a été exploitée pour faciliter l'explosion de la communication électronique, qui s'est emparée de la planète.

Allô, Houston ?

La symétrie est aujourd'hui essentielle à la survie des informations qui filent le long des ondes surchargées. L'intégrité d'un message dépend de codes mathématiques qui exploitent le principe de la symétrie. Le mot « code » évoque généralement des images d'espions et de messages secrets. Mais le terme technique, pour définir le brouillage d'un message comme le faisait la machine allemande Enigma pendant la Seconde Guerre mondiale, est plutôt « cryptage ». On parle également du Chiffre, mot qui vient du terme arabe pour zéro : *sifr.* Dans l'Europe médiévale, les nouveaux nombres venus d'Orient, zéro compris, donnèrent aux gens simples accès à la computation. Pour pouvoir préserver leur position de supériorité, les classes dirigeantes en interdirent l'usage, contraignant les gens à s'en servir clandestinement. Voilà comme le mot pour zéro en est venu à définir l'activité du cryptage et du décryptage des messages secrets.

Le sens technique du mot « code » est en fait celui d'un système qui protège un message et contribue à sa communication – soit presque le contraire du cryptage. La vie elle-même se transmet et se reconstruit par un code. L'ADN n'est qu'une longue séquence de quatre composants moléculaires : l'adénine, la guanine, la cytosine et la thymine. On les représente généralement par les lettres A, G, C et T. La molécule d'ADN peut être décrite par un long code comprenant ces quatre lettres. La série de symboles encode des informations sur les gènes des parents et pour reproduire un autre être humain. Dans un virus, l'ARN encode comment reconstruire une autre copie du virus à partir du matériau hôte.

Des recherches exhaustives ont été consacrées au besoin de savoir dans quelle mesure ce code est capable de corriger les erreurs, qui produiraient une mutation – un changement dans la composition génétique d'un organisme. L'individualité de chaque être humain dépend de certaines de ces mutations : personne n'est le clone exact d'un parent. Toutefois, il faut qu'il y ait un mécanisme pour corriger les erreurs graves dans la transmission de l'ADN du parent à l'enfant, pour empêcher que le programme de reconstruction de la vie ne plante.

Un code est plus particulièrement efficace quand il s'agit de préserver le sens face au risque d'erreurs multiples : le mot écrit. Nu tetxe dnot sle eltters tons mnélgaées uo chnayése conderve mélagr tuot essza d'infwrtmations poru premekre de reoncsrtuer al prahse d'oirgine. Le mot écrit est très efficace quand il s'agit de se corriger de lui-même parce qu'il comporte une grande redondance. Chaque terme dans un dictionnaire est comme un nom de code. Par exemple, au moment où j'écris ces lignes, on recense 48 504 mots de sept lettres dans l'*Oxford English Dictionary Online*, mais il y a plus de quatre milliards de combinaisons possibles à partir de sept lettres. Il est extrêmement peu probable qu'une série aléatoire de sept lettres compose un mot du dictionnaire, et c'est pourquoi le langage écrit est si apte à se corriger lui-même. Un mot de sept lettres légèrement mélangées ne donnera que peu de solutions possibles.

Contrairement au texte écrit, le mot parlé est loin d'être aussi efficace, d'où le côté si amusant du jeu du téléphone arabe. On raconte que, pendant la Première Guerre mondiale, des unités au front auraient transmis à l'arrière le message : « Envoyez des renforts.

Nous avançons. » Ce qui, à cause du bouche-à-oreille, serait arrivé au quartier général sous la forme : « On voyait des ronds phares. Nous avons ça. »

En un sens, le sudoku, ce casse-tête à base de chiffres qui a envahi la planète, est un jeu sophistiqué de correction d'erreur. Un sudoku classique se compose d'une grille de neuf cases sur neuf, dont quelques-unes seulement comportent des chiffres. On sait que les chiffres 1 à 9 ne peuvent apparaître qu'une fois par rangée, une fois par colonne et une fois par bloc de trois cases sur trois. Du fait de la structure interne du tableau, il est possible de déduire tous les chiffres manquants à partir de ceux qui sont indiqués. Un sudoku est donc comme un message dont une grande partie de l'information se serait perdue à la transmission mais qui, grâce à sa structure, peut être reconstituée à partir du signal partiel.

L'explosion des communications au XXe siècle a suscité un besoin inextinguible de façons plus intelligentes, plus rapides et plus efficaces de préserver les messages. Les ondes regorgent de conversations sur téléphones portables, de signaux radios numériques et de transmissions satellitaires. Les CD, les DVD et les fichiers MP3 stockent tous de l'information en format numérique qui peut être reconstituée sous forme de musique ou de vidéo. Modems et fibre optique transmettent courriels et pages Web d'un ordinateur à un autre. Nous dépendons de satellites en orbite pour récolter et envoyer des données sur le temps, et les vaisseaux spatiaux lancés jusqu'aux marches les plus éloignées du Système solaire nous renvoient des images de mondes lointains.

Avec tant de fluctuation électronique et les puissants champs magnétiques qui interfèrent avec les données numériques, qu'elles voyagent dans l'atmosphère, le long de câbles ou dans le vide de l'espace, les scientifiques ont dû développer de nouvelles façons de déterminer si les informations ont été ou non corrompues. Existe-t-il un moyen d'envoyer des données afin que, si le message a été endommagé pendant le transfert, on puisse trouver une solution pour le reconstituer ? Sur un CD, il est courant de trouver plus d'un demi-million d'erreurs dans les données numériques qui y sont encodées à sa sortie de la chaîne de production. Quand on a usé et abusé du CD, et que l'on y ajoute les traces de doigt et les rayures, ces erreurs peuvent passer à plus d'un million. C'est un faible pourcentage du nombre de données présentes sur le disque, mais cela peut malgré tout perturber potentiellement la restitution de la musique. Le pouvoir des mathématiques a fait en sorte que la façon dont la musique est encodée permette non seulement de détecter la majorité des erreurs, mais aussi de les corriger. Le voyage mathématique vers des codes d'une telle puissance commence par la nécessité de traduire une image, une voix ou un texte en une simple succession de chiffres.

Les ordinateurs étant essentiellement des systèmes d'interrupteurs qui sont soit allumés, soit éteints, les chiffres qu'ils préfèrent sont les 0 et les 1 : un 0 place l'interruption en position éteinte, et un 1 l'allume. Une des premières traductions de lettres en chiffres a été réalisée par un ingénieur français, Émile Baudot, en 1874, pour transmettre des messages par la télégraphie. Chaque lettre de l'alphabet se transforma en suites de cinq 0 et 1. Ce qui permit à Baudot de représenter un total de $2 \times 2 \times 2 \times 2 \times 2 = 32$ caractères différents. La lettre X, par exemple, était représentée par la suite 10111, 10101 correspondant à Y.

Bien souvent, un texte nécessitait plus de 32 symboles, par exemple pour la ponctuation et les chiffres. Baudot trouva une solution habile pour accroître la gamme des signes possibles. Tout comme un clavier utilise la touche majuscule pour donner accès à toute une nouvelle série de symboles en utilisant les mêmes touches,

Baudot se servit d'une des suites de cinq 0 et 1 pour indiquer le recours à la touche majuscule. Donc, si vous voyez la suite 11011, vous savez que celle qui suit puise dans l'autre gamme de caractères.

Bien que dépassé depuis par des codes plus efficaces, comme l'ASCII, le code de Baudot a récemment eu les honneurs d'une couverture de CD. Un journal m'a téléphoné l'an dernier pour me demander si je pouvais écrire un article sur le mystérieux casse-tête inclus par Coldplay dans leur dernier album. Il était midi quand la rédaction m'a appelé. Il leur fallait l'article à 15 heures, pour l'édition du lendemain. J'ai quelque peu paniqué au téléphone, je me serais cru revenu aux sinistres heures des examens de fin d'année à la fac. « Et si je n'arrive pas à trouver la réponse à trois heures ? » ai-je demandé. « Oh, ça sera intéressant aussi, a répondu le journaliste. Un professeur d'Oxford ne réussit pas à percer l'énigme de la couverture de Coldplay. » À l'idée d'un tel titre, je ne tardai pas à me concentrer.

Sur la couverture de l'album, on peut voir des blocs de couleur qui forment une grille. Je compris rapidement que les couleurs étaient sans importance, et qu'il faut lire un bloc coloré comme un 1, et un espace entre les couleurs comme 0. Je n'avais donc qu'à faire une copie en noir et blanc de la couverture, où le noir représente une couleur (Figure 75). En lisant la première colonne de haut en bas, on trouve noir, blanc, noir, noir, noir, soit 10111, X dans le code de Baudot. La dernière colonne se traduit de même par Y. Et les deux colonnes centrales ? La deuxième donne 11011, la touche majuscule de Baudot. Pour interpréter la troisième colonne, 00011, il fallait donc que je consulte l'autre série de caractères mise au point par Baudot. Or, je savais que ce que je recherchais était le symbole pour &, car l'album de Coldplay était intitulé *X & Y*, ce qui n'était pas un secret. Sauf qu'en étudiant le code de Baudot, je m'aperçus que 00011 correspondait à 9, et non à &. En troisième colonne, il aurait fallu 01011. D'après la couverture, l'album de Coldplay était intitulé *X9Y,* et pas *X&Y.*

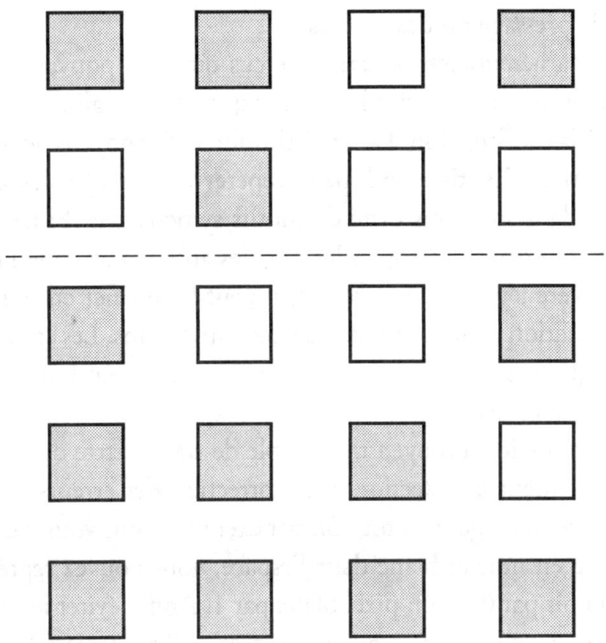

Fig. 75. Une version en noir et blanc du code sur la couverture de l'album de Coldplay.

La couverture démontre l'un des problèmes liés au code de Baudot. La moindre interférence, et on se retrouve avec un autre message, tout à fait acceptable. Manifestement, il y avait eu de la friture sur la ligne le jour où le groupe avec discuté avec le graphiste, qui avait transformé 01011 en 00011. Du fait de la nature du code, il était impossible de détecter l'erreur à moins de savoir quel était le titre de l'album. La couverture n'en est pas moins superbe. Mais il n'y a pas que le titre de l'album à avoir été converti en série de 0 et de 1. Sur le CD qu'il contient, la musique se trouve elle aussi en format numérique. Et là, il est beaucoup plus important de pouvoir rectifier des erreurs de pressage ou des rayures.

Les mathématiciens se sont aperçus que l'on pouvait se servir de la symétrie pour détecter les erreurs qui s'étaient glissées dans un message à la transmission. La symétrie fournit les moyens de détecter la corruption. Le tisserand peut repérer et corriger les erreurs mineures dans son tapis orné de motifs symétriques. Si les quatre coins du tapis sont des copies les uns des autres, mais que l'un des quatre s'avère légèrement différent, il peut le rectifier en se servant de l'information contenue dans les trois autres coins. Les connexions internes que la symétrie établit au sein d'un objet en font un outil idéal pour la correction.

Il y a en fait un moyen très simple de transmettre des données tout en facilitant la détection et la correction des erreurs : il suffit d'envoyer le message trois fois. Si, par exemple, vous voulez envoyer une image en noir et blanc dans l'espace, vous pouvez représenter un pixel noir par 0, et un pixel blanc par 1. Afin d'éviter les erreurs, au lieu d'un seul chiffre, vous pouvez en utiliser trois : 111 pour blanc, 000 pour noir. Ainsi, il est beaucoup plus clair quand une erreur se produit et qu'un seul chiffre a été interverti par accident. Par exemple, 010, dans le message, a toutes les chances de correspondre à 000. Ce n'est évidemment pas garanti puisqu'il est possible qu'il y ait plus d'une erreur dans la suite de chiffres, mais c'est l'interprétation la plus plausible.

Pour commencer à voir où la géométrie et la symétrie jouent un rôle dans l'élaboration de codes efficaces, nous pouvons visualiser les codes 000 et 111 comme les coordonnées de deux sommets opposés d'un cube (Figure 76). La moindre erreur fait passer le code sur un autre sommet. Pour la corriger, il suffit de ramener les coordonnées sur le sommet le plus proche. Par exemple, si nous recevons 110, le sommet le plus proche du cube est 111.

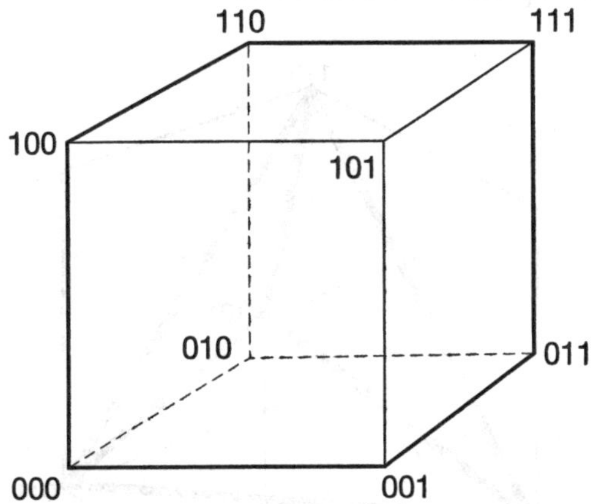

Fig. 76. Les codes peuvent être interprétés comme les coordonnées des sommets d'un cube.

Mais c'est un code plutôt inefficace. Tout d'abord, il nous oblige à transmettre trois fois la quantité de données que l'on tente de communiquer, ce qui prend du temps et de l'énergie. Les premiers vaisseaux lancés dans l'espace emportaient à leur bord des machines encombrantes et des batteries peu puissantes. Il était donc essentiel de trouver des moyens efficaces de stocker et de transmettre des données, si l'on voulait réaliser des économies colossales. Le premier vaisseau à prendre des clichés de la surface de Mars fut *Mariner 4*, qui renvoya des images floues en noir et blanc sur Terre en 1965.

Chaque image se composait de 4 000 pixels, dont chacun pouvait adopter un ton de gris sur 64 possibles. Les réserves d'énergie embarquées ne permettaient de transmettre que huit données par seconde. Il fallait donc près d'une heure pour envoyer un unique cliché. Un code de correction des erreurs qui nécessite un temps de transmission trois fois supérieur n'est pas l'idéal.

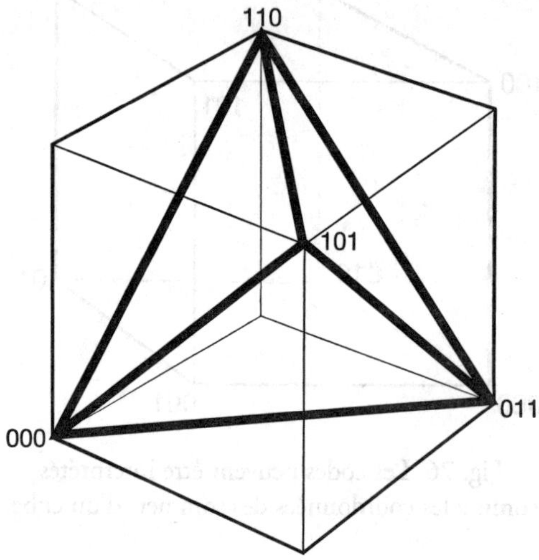

Fig. 77. Les codes correspondant aux sommets du tétraèdre peuvent détecter les erreurs.

Mais le cube contient un code un peu plus efficace. Si on y insère un tétraèdre, les coins du tétraèdre correspondent à quatre noms de code : 000, 011, 110 et 101 (Figure 77). Ces codes sont tous ceux qui, dans le cube, ont un nombre impair de 0. Maintenant, si une erreur se produit avec un des chiffres, nous pouvons la détecter parce que les trois chiffres transmis compteront un nombre pair de 0. Une erreur, et le code échappe au tétraèdre. Nous n'avons pas besoin d'une image du tétraèdre pour comprendre le mécanisme du code, mais elle illustre pourquoi les codes efficaces peuvent être associés à des formes symétriques. Ce code associé au tétraèdre est beaucoup plus efficace parce que la moitié des messages possibles sont des codes, mais que nous pouvons quand même détecter une erreur. Le seul inconvénient, c'est que le code ne corrige pas l'erreur. Le message 010 présente une erreur parce qu'il ne se trouve pas sur le tétraèdre, mais il aurait pu venir de trois sommets.

Les concepteurs des systèmes de communication des vaisseaux spatiaux ne tiennent pas à perdre du temps et de l'énergie pour renvoyer une image depuis une planète lointaine à cause d'interférence pendant la transmission. Les mathématiciens ont compris qu'il y avait plus de structures sophistiquées qu'ils pouvaient exploiter pour disposer d'un moyen d'identifier et de corriger une erreur dans le code sans avoir à renvoyer le message.

De la détection à la correction

C'est un salarié exaspéré des Bell Telephone Laboratories, en Amérique en 1947, qui est à l'origine de la première utilisation habile des mathématiques pour corriger les codes. Richard Hamming commençait à en avoir assez des ordinateurs du labo. Plusieurs week-ends de suite, il avait laissé tourner un programme sur l'ordinateur, tout cela pour s'apercevoir le lundi suivant que la machine avait tout abandonné après avoir repéré des défauts dans le programme. « Alors je me suis dit, bon sang, si la machine peut détecter une erreur, pourquoi ne peut-elle pas repérer la position de l'erreur et la corriger ? »

Pour comprendre comment il s'est attaqué au problème, considérez ce petit tableau :

0	**1**	1
1	**1**	0
1	0	

Le message se compose de quatre 0 ou 1. Ce sont les chiffres en gras. Les quatre autres, en fin de rangée et de colonne, aident à identifier les erreurs – on les appelle des chiffres de contrôle. La force de ce code réside dans le fait que non seulement il contrôle la présence d'erreurs, mais qu'en outre, il signale où elles se trouvent. Les chiffres à la fin d'une rangée signifient la parité – s'il y a un nombre pair ou impair de 1 dans la rangée : 1 pour impair, 0 pour pair. Il en va de même des colonnes. Si une erreur survient dans le corps central du message, alors le nombre de 1 modifie la parité dans une rangée et une colonne. En regardant les chiffres de contrôle, on peut identifier où se situe l'erreur, et donc la corriger. On peut également identifier si l'erreur se glisse dans les chiffres de contrôle plutôt que dans le corps central du message. Deux chiffres de contrôle seront faux si une erreur se produit dans le texte principal. Si un seul chiffre de contrôle est faux, c'est lui qui doit être corrigé.

Par exemple, où se trouve l'erreur dans le message suivant ?

1	**0**	1
1	**0**	0
1	0	

Les chiffres de contrôle indiquent qu'il devrait y avoir un nombre pair de 1 dans la deuxième rangée du message principal, or, nous voyons qu'il y en a un nombre impair. Donc, l'erreur se situe dans la deuxième rangée. Pour trouver quelle entrée est fausse, il suffit maintenant de considérer les colonnes. D'après les chiffres de contrôle, il devrait y avoir un nombre impair de 1 dans la première colonne du message principal. L'erreur est donc le 1 de la deuxième rangée, première colonne. Le code peut désormais le corriger et le remplacer par un 0.

Pour envoyer un message comme 0111, il faut agencer les quatre chiffres dans une grille de 2 × 2, puis ajouter les chiffres de contrôle. Ensuite, la grille serait retraduite sous forme d'une suite de huit chiffres, en l'occurrence 01111010. En ajoutant quatre chiffres à un message de longueur 4 et en exploitant les mathématiques de la parité, nous pouvons alors corriger une erreur qui pourrait se produire pendant la transmission. Les messages plus longs pouvaient être décomposés en séquences de quatre chiffres, auxquelles on ajoutait des chiffres de contrôle. Ainsi, le code doublait effectivement la longueur du message, mais corrigeait en échange une erreur par suite de quatre chiffres. Mais les chiffres supplémentaires coûtent du temps et de l'argent, et l'on se mit donc à chercher des codes mathématiques encore plus intelligents pour en accroître l'efficacité.

C'était le lien entre les codes et la géométrie qui avait donné à Hamming la clé de la découverte de ses codes plus efficaces. Une série de trois 0 et 1 peut être interprétée comme le sommet d'un cube en trois dimensions. Un code consiste alors en un choix de sommets qui constitueront des mots codés acceptables. Différents codes repèrent différentes formes à l'intérieur de ce cube. Par exemple, le code basé sur le tétraèdre installé à l'intérieur du cube était capable de détecter les erreurs, mais pas de les corriger. Les nouveaux codes correcteurs, avec leurs chiffres de contrôle, identifient les formes qui se cachent dans des cubes de plus de dimensions. Par exemple, le code correcteur décrit ci-dessus, avec huit 0 et 1 dans une grille en 3 × 3, définit une forme à l'intérieur d'un cube en huit dimensions.

Grâce à cette perspective géométrique, Hamming découvrit un moyen encore plus habile de réduire le nombre de chiffres de contrôle. Un des nouveaux codes d'Hamming faisait passer les chiffres de contrôle de l'exemple précédent de quatre à trois, si bien que, dans une série de sept 0 et 1, quatre chiffres contiennent le message, et les trois autres peuvent servir à corriger toute erreur qui se glisserait pendant la transmission. Il étendit également son principe à des messages plus longs.

Fondamentalement, ces codes exploitent les géométries que Galois avait découvertes dans son exploration de la symétrie. Galois les avait exploitées pour produire une des nouvelles familles de groupes simples de symétries. Hamming, lui, se servit des symétries de Galois pour repérer des configurations de sommets particuliers dans des cubes de dimension supérieure, et les utilisa comme mots codés acceptables dans son nouveau code. Ce qui, s'aperçut-il, donnait beaucoup de mots codés, mais même si une erreur survenait et qu'un mot codé dévissait de l'un des sommets, il était toujours possible d'identifier d'où il venait.

Hamming voulait publier sa découverte. Or, comme il travaillait pour une société commerciale et que les codes avaient clairement des implications d'une grande importance sur le plan commercial, Bell Labs était nettement moins pressé de rendre ces nouveaux codes publics. Ils n'autorisèrent pas Hamming à en communiquer les détails avant d'avoir fait breveter les codes. Hamming doutait qu'il soit possible de breveter des mathématiques pures : « Je ne croyais pas que l'on pouvait breveter un tas de formules mathématiques. Je leur ai dit qu'ils n'y arriveraient pas. Ils m'ont répondu : "Vous allez voir." Ils avaient raison. C'est scandaleux, mais il est possible de faire breveter des choses que l'on ne devrait pas pouvoir faire breveter. »

Dès qu'il le put, Hamming rassembla tous les feuillets épars sur lesquels il avait griffonné ses idées, et les envoya au Bureau des brevets. Mais pour enregistrer le brevet, l'administration avait besoin de circuits de commutation pour montrer comment la correction des erreurs fonctionnait dans la pratique. Cela dépassait largement ses compétences, lui qui était essentiellement un mathématicien pur. Au labo, il était devenu ami avec un ingénieur du nom de Bernard Holbrook. Il avait coutume de descendre dans le bureau d'Holbrook pour se plaindre de ce qu'il ne se sentait pas à sa place dans un environnement commercial. Holbrook comprit immédiatement le potentiel des codes d'Hamming et dessina les diagrammes des circuits nécessaires, paraphant chaque phrase avec les mots « vu et compris ». Il ne s'arrêta pas là. En bon ingénieur, il voulait voir les codes fonctionner sur un modèle réel.

« Puisque j'avais les circuits, se souvient-il, j'ai transmis le tout à un assistant technicien et lui ai dit : "Fabriquons quelque chose pour qu'on puisse en faire la démonstration." » La première raison en était qu'il fallait rendre la demande de dépôt de brevet plus convaincante. « La seconde, c'était que je voulais voir comment fonctionnait ce foutu machin. » Le dépôt de brevet fut accepté et enregistré le 15 mai 1951. Il fut mis en accès libre cinq ans plus tard, à l'issue d'un procès intenté contre Bell dans le cadre des lois antitrust.

Mais le brevet retarda l'annonce de la découverte, effectuée par Hamming en 1948. À cause de considérations commerciales, il n'avait pas pu en parler en dehors de la société, mais il avait discuté des nouveaux codes avec un de ses collègues, Claude Shannon. Shannon fut un des premiers scientifiques à suggérer un recours systématique aux 0 et aux 1 pour encoder des données. On peut le considérer comme le père de l'ère du numérique. Avant Shannon, durant ce que l'on appelle l'ère analogique, les ingénieurs étaient persuadés que les ondes électromagnétiques étaient la solution pour communiquer des données. Shannon comprit le potentiel d'un remplacement des ondes par des nombres.

Tous les témoignages concordent à son sujet, c'était un personnage étrange. Quand les autres mathématiciens prenaient une pause pour déjeuner et jouaient à des jeux mathématiques sur les tableaux noirs, lui restait enfermé dans son bureau. Il n'en sortait que le soir, et on le voyait alors parcourir les couloirs du labo sur son monocycle. Il adorait inventer des choses, dont un bâton sauteur motorisé et un monocycle dont le moyeu était excentré, ce qui le faisait osciller de haut en bas comme un canard quand il s'en servait. Il fabriqua même un monocycle à deux places, mais ne trouva jamais de volontaires pour s'en servir. C'est son article fondateur sur le pouvoir des 0 et des 1 qui annonça l'entrée dans l'ère de l'information moderne. Au cœur de ce papier, Shannon glissa une description plus simple des codes d'Hamming, ceux qui se servaient de trois chiffres pour corriger les erreurs dans les messages de longueur 4.

Le retard dû au dépôt de brevet et la fuite dans l'article de Shannon permirent à un autre mathématicien d'exploiter la faille et de publier sa propre découverte de ces codes avant Hamming. Né en 1902, Marcel Golay avait suivi des études en Suisse avant de partir pour les États-Unis en 1924. Son intérêt pour les mathématiques avait été stimulé par un club qu'il avait rejoint à quinze ans dans sa ville natale. « La plupart des autres étaient plus grands que moi, et quelques-uns étaient des mathématiciens. Je me souviens d'un en particulier à qui il était amusant de poser des questions. Ils aimaient bien donner des leçons. » Mais il n'avait pas reçu d'éducation formelle en mathématiques.

Il avait pour autre passion les bolides. Propriétaire de plusieurs Mercedes, il était exaspéré par la conduite soporifique imposée dans la plupart des villes américaines. Un de ses collègues raconte qu'il avait coutume de se rendre au travail dans la voiture de Golay. Un jour, le Suisse se dégagea d'une longue file de véhicules et se mit à foncer sur la voie qui venait dans l'autre sens sur une centaine de mètres jusqu'au feu avant de rétrograder brutalement pour tourner en direction du bureau. Ayant eu son content de quasi-collisions, il décida que, désormais, il irait au travail à pied.

Golay se trouvait aux Signal Corps Engineering Laboratories de Fort Monmouth, dans le New Jersey, quand il lut la description des codes les plus simples d'Hamming dans l'article de Shannon. Il ne tarda pas à comprendre que ce principe pouvait être généralisé à toute une famille de codes : « Cela faisait un moment que je réfléchissais à la théorie de l'information, quand je travaillais dans les radars. Mais quand j'ai lu l'article de Shannon, ç'a été la clé, parce que j'étais mûr pour ces progrès. » Golay publia ses découvertes dans un article paru en 1949, où il décrivait ces nouveaux codes correcteurs.

Cela déclencha une querelle sans merci quant à la paternité de la découverte des codes. Si Hamming avait été le premier à les identifier grâce aux géométries de Galois, l'article de Golay présentait plusieurs codes qu'Hamming n'avait pas trouvés. L'un d'entre eux en particulier allait être à l'origine de la découverte de quelques-uns des objets les plus étranges mis au jour par les mathématiciens au fil de leur exploration de la jungle de la symétrie. C'était une série de mots codés décrits par des suites de 24 0 et 1. C'était un code extrêmement puissant, avec de nombreux mots codés acceptables. D'ordinaire, une telle augmentation de mots codés admissibles limite sérieusement les possibilités de correction des erreurs. Mais en dépit du grand nombre de mots codés, il était possible de corriger jusqu'à trois erreurs survenues pendant la transmission, et même de détecter (sans les corriger) quatre erreurs de plus. En interprétant les mots codés comme les sommets d'un cube dans un espace en 24 dimensions, Golay avait découvert un extraordinaire agencement de sommets, présentant de formidables capacités de correction. Ce qu'il y avait d'étrange, c'est que ce code n'existait apparemment que quand on entrait dans la 24e dimension.

Ce code s'avéra si efficace qu'il fut utilisé pour transmettre les superbes images de Jupiter et de Saturne prises par les sondes Voyager en 1979 et 1980. Mais ce code ne permit pas seulement aux scientifiques d'explorer les confins de notre Système solaire. En analysant les symétries des mots codés, les mathématiciens découvrirent certains des objets les plus étranges qui se dissimulaient, eux, dans les confins du monde de la symétrie. Les mots codés identifiaient des sommets spéciaux sur un cube en 24 dimensions. Le groupe de rotations du cube en 24 dimensions allait s'avérer aussi sensationnel que les images de l'espace que ce code avait contribué à transmettre.

16 mai, Jérusalem

C'était une bonne idée d'emmener Anton avec moi à la conférence. Il a posé beaucoup de questions pendant les discussions. Dans le hall de réception de l'hôtel, je l'ai vu en grande conversation avec un autre participant, en train de gribouiller dans un bloc-notes, comme ceux auxquels je suis accro depuis mon premier voyage en Israël. En assistant aux discussions, il a pu replacer ses propres travaux dans le contexte de tout ce qui nous passionne, nous autres mathématiciens, ce qui l'a rassuré quant à l'utilité de se dévouer à la cause. Pour le moment du moins. La conférence a vraiment été formidable, rassemblement de tous mes amis et de ma famille mathématiques. Plusieurs de mes anciens étudiants en doctorat sont là aussi. Mark a fait le voyage depuis l'Afrique du Sud. Pirita, mon étudiante finlandaise, poursuit ses recherches ici, à Jérusalem, après avoir fini son doctorat avec moi l'an dernier.

Tous les amis que j'ai rencontrés lors de ma première visite, jeune post-doctorant de vingt-six ans au début des années quatre-vingt-dix, sont venus. À l'époque, moi aussi, j'étais désespéré par notre discipline. Je redoutais en particulier de ne pouvoir me montrer à la hauteur de tout ce que l'on attendait de moi, me semblait-il, depuis la publication de ma thèse. Je me disais que tout le monde attendait de voir ce que j'allais faire ensuite. Après l'anonymat des travaux de thèse, quand personne ne savait qui j'étais, j'avais soudain le sentiment que tous les regards étaient tournés vers moi. Mais je ne pouvais rien démontrer qui soit à la hauteur de mon premier exploit épique. Étais-je déjà fini ? N'avais-je été que le prodige d'une seule idée ?

C'est en Israël qu'un de mes collègues m'expliqua que la créativité et la découverte fonctionnent par cycles. Parfois, tout va bien et les idées affluent. Pour être un mathématicien à succès, il faut apprendre à faire face aux moments où les idées n'aboutissent pas, où tout mène à une impasse. Une fois que l'on a appris que c'est un cycle, et que les choses repartent après avoir atteint le creux de la vague, on peut résister à la baisse de forme suivante. Un conseil précieux. Mon séjour en Israël me fit connaître une autre apothéose. Car c'est aussi durant l'année que j'ai passée en Israël que j'ai rencontré Shani. Je suis revenu de ce séjour avec un théorème et une épouse. Certains, dans mon entourage, plaisantent : laquelle de ces deux découvertes tiendra le plus longtemps ?

À mon départ, après la conférence, la sécurité à l'aéroport est maximale, comme toujours. Les deux agents de sécurité veulent savoir pourquoi j'étais là. Apparemment, ils n'arrivent pas à me croire quand je leur réponds : « Pour les mathématiques. » « Mais vous ne ressemblez pas à un mathématicien ? » Je crois que ça veut dire que je ne porte pas de barbe, de lorgnons, et que je ne donne pas l'impression d'être sorti tout droit du XIXe siècle. « Prouvez-nous quelque chose. C'est quoi, votre théorème ? »

Beaucoup de ceux qui passent par la sécurité d'El Al détestent cette intrusion dans leur vie privée et toutes ces questions. Moi, j'adore ça. Il est rare que deux personnes exigent que je leur parle d'un de mes théorèmes, et je me lance dans une explication sur l'utilisation des groupes PSL (2, *p*) de Galois à partir de lignes de permutations, mélangés à des fonctions zêta pour tenter de démontrer qu'il y a un nombre infini de nombres premiers de Mersenne, un des grands problèmes de la théorie des nombres. Je me sens un peu comme Sophus Lie quand il avait été arrêté par la police française alors qu'il voulait se rendre de Paris en Italie. Lie s'était retrouvé en prison, mais je m'en tire mieux avec mes mathématiques, et ils finissent par me laisser monter dans l'avion.

J'ai l'habitude que les gens fouillent dans notre vie. Quand nos tentatives de fécondation in vitro ont échoué, nous avons décidé d'adopter. C'est une voie plus sûre pour accroître notre famille que la loterie de la biologie. Mais au lieu d'être à la merci d'assistants de laboratoire et de leurs boîtes de Petri, nous avons eu droit à des assistants sociaux qui sont venus ausculter les moindres coins et recoins de nos existences. Sauf qu'ils ne savaient pas ce qu'ils faisaient en franchissant le seuil de notre maison. Pour moi, c'était une chance de plus d'expliquer à un public attentif ce que je passais ma vie à faire.

Il y a trois ans au mois de mai, nous avons enfin été considérés comme aptes à adopter. Lors de la dernière rencontre avec notre assistante sociale, elle nous a demandé si nous serions prêts à adopter des frères et sœurs. Si cela pouvait nous éviter d'avoir à tout recommencer, pourquoi pas ? Alors, l'attente a commencé.

11

JUIN : SPORADIQUE

Cuisez-le dans la sciure, salez à la glu,
Liez au ruban et criquet d'Afrique,
Sans jamais perdre de vue le principal but
Préserver sa forme symétrique.
Lewis Carroll, *La Chasse au Snark*

AU DÉBUT DE 1900, la classification des groupes simples, les briques constitutives de la symétrie, suivait plaisamment son cours. La liste des groupes simples connus était la suivante : le groupe de rotations d'un polygone ayant un nombre premier de côtés pour différents nombres premiers p ; les groupes alternés de degré n, définis par des redistributions paires d'un paquet de n cartes ; et les groupes simples de type Lie – des groupes à la saveur plus géométrique, développés par Sophus Lie et d'autres. Dans les années cinquante, ces groupes de type Lie représentaient 13 familles différentes, toutes fidèles à une agréable logique de groupe.

Il n'y avait qu'un infime grain de sable dans cette ébauche de table périodique des groupes simples : les cinq groupes de symétries découverts par le mathématicien français du XIXe siècle Émile Mathieu. Même parmi toutes les stars qui avaient défilé à l'École polytechnique, Mathieu était considéré comme un étudiant hors pair. Ses professeurs avaient été époustouflés par la rapidité avec laquelle il apprenait. Dix-huit mois après être entré à Polytechnique, il avait déjà terminé le cursus de mathématiques et s'était lancé dans son doctorat.

C'est en 1860, alors qu'il analysait les symétries dans une géométrie un peu particulière pour sa thèse, que Mathieu découvrit cinq nouveaux groupes de symétries qui étaient indivisibles. Ce n'était pas ce qu'il cherchait, mais les mathématiques sur lesquelles il travaillait lui avaient permis de se trouver au bon endroit et au bon moment pour mettre au jour ces joyaux. Sachant que les autres groupes simples découverts par Galois étaient en fait le sommet émergé d'une famille infinie de groupes de ce genre, Mathieu dut se dire qu'il s'agissait du début d'une autre famille infinie. Mais plus il explora ces cinq petites îles, plus il s'aperçut qu'elles étaient seules. C'étaient apparemment des exemples isolés dans certaines géométries qui produisaient des groupes indivisibles. Elles ne correspondaient à aucune logique de groupe, comme ceux que l'on retrouvait dans le développement par Lie des géométries de Galois.

Il est curieux que les incroyables talents de Mathieu en tant que jeune mathématicien n'aient pas débouché sur une carrière spectaculaire dans le domaine. Il ne comprit pas vraiment à quel point les groupes qu'il avait découverts allaient s'avérer spéciaux. Il s'orienta vers la physique mathématique, et ne revint jamais aux cinq étranges îles qu'il avait découvertes. Peut-être le fait que ce petit archipel n'ait pas été le début d'un nouveau continent de groupes a-t-il été déconcertant pour quelqu'un qui était à la recherche de logique. Mathieu était considéré par ses collègues comme un personnage timide, en retrait, ce qui, pour certains, pourrait expliquer son absence de réussite académique. Peut-être aussi est-il tombé sur ces groupes presque un siècle avant que les mathématiciens ne soient à même de leur donner un contexte qui dévoilerait leur spécificité.

Au fil du XXe siècle, les mathématiciens en vinrent à se dire qu'ils avaient mis au jour toute la gamme des briques constitutives de la symétrie. Leonard Dickson, mathématicien américain auteur d'un des textes fondateurs sur les 13 familles des groupes Lie, déclara dans les années vingt que la théorie des groupes de Galois était morte. On pensait avoir identifié tout ce qui était intéressant, et que les problèmes les plus éminents étaient simplement hors de notre portée. En dehors des cinq îles solitaires de Mathieu, il n'y avait peut-être rien d'autre que les 13 familles géométriques, les redistributions paires et les figures ayant un nombre premier de côtés.

Un avis qui fut encore renforcé par William Burnside, convaincu que si un groupe a un nombre impair de symétries, il peut être divisé en briques simples avec un nombre premier de côtés, et ne peut donc donner de nouveau groupe simple. Si cela était vrai, c'était un énorme progrès, et l'on était près de savoir s'il manquait des briques à la liste. Tous les groupes simples de cette liste, découverts par Galois, Mathieu, Lie et d'autres, présentaient un nombre pair de symétries. Si Burnside avait raison, cela voulait dire que tous les autres groupes simples devaient eux aussi en avoir un nombre pair. Mais il semblait impossible de démontrer l'idée de Burnside. Les problèmes mathématiques faciles à énoncer sont parfois incroyablement difficiles à résoudre.

Avec le théorème de Burnside, comme il fut dès lors connu, on se concentra sur la recherche de nouveaux groupes avec un nombre pair de symétries. Burnside pensait que les groupes de Mathieu détenaient la clé pour comprendre si d'autres groupes indivisibles attendaient encore d'être trouvés. Après tout, il s'agissait de cinq anomalies, donc, pourquoi ne pas en envisager plus ? Il les baptisa les « groupes sporadiques » pour décrire leur nature plutôt étrange. Malgré ses suggestions, le calme revint pendant quelques décennies. Puis, en 1954, lors du Congrès international des mathématiciens à Amsterdam, le signal fut donné d'une nouvelle ruée afin de savoir, une fois pour toutes, s'il y avait encore d'autres groupes simples de symétries.

LA MÈCHE EST ALLUMÉE

Richard Brauer enseignait les mathématiques à l'université de Königsberg, mais à cause de ses origines juives, il avait été chassé de son poste par les lois antijuives imposées par Hitler en 1933. Divers pays s'efforcèrent de faire de la place aux universitaires juifs victimes de cette nouvelle politique et, en 1934, Brauer commença à travailler en Amérique, à l'université du Kentucky. Il dut attendre d'avoir dépassé la cinquantaine pour accomplir sa percée sur les groupes de symétries que beaucoup considèrent comme le point de départ de l'assaut final sur la compréhension des briques constitutives de la symétrie.

Au Congrès international des mathématiciens de 1954, Brauer déclara :

> La théorie des groupes d'ordre fini était plutôt dans un état de stagnation ces dernières années. Cela n'est certes pas dû au manque de problèmes à résoudre. Comme dans la théorie des nombres, il est plus facile de poser des questions dans la théorie des groupes que d'y répondre. Si je présente ici certaines recherches sur les groupes d'ordre fini, c'est dans l'espoir de susciter un nouvel intérêt pour le domaine.

Puis il entreprit d'évoquer comment on pouvait limiter les possibilités de construction d'un groupe simple avec un nombre pair de symétries. Associé à la conjecture de Burnside sur le fait qu'il n'y avait pas de nouveaux groupes simples d'ordre impair, une offensive commença à prendre forme, qui avait pour but de boucler la classification. Mais les sceptiques étaient nombreux, car les problèmes semblaient trop difficiles à appréhender. Personne ne croyait qu'il serait possible de confirmer l'idée de Burnside selon laquelle les seuls groupes indivisibles ayant un nombre impair de symétries étaient les formes avec un nombre premier de côtés.

Mais Brauer disposait d'une arme secrète. Il avait favorisé le développement d'un jeune talent, un étudiant suffisamment déterminé et possédant la technique nécessaire pour s'attaquer à la conjecture d'ordre impair de Burnside. Né en Autriche, Walter Feit avait dû fuir l'Europe quelques années après Brauer. En 1939, ses parents réussirent à le faire monter dans le dernier *Kindertransport*, un train emportant des enfants juifs loin d'Autriche, juste avant que les nazis ne rassemblent tous les Juifs. Ses parents périrent dans l'Holocauste.

Feit avait une tante qui était partie un peu plus tôt et qui avait trouvé du travail comme femme de ménage à Londres. Tante Frieda accepta de s'occuper de lui, mais les terribles bombardements, au paroxysme de la guerre, obligèrent les autorités à évacuer les enfants de la capitale. Après être passé d'une famille à l'autre, Feit se retrouva finalement dans un foyer pour garçons réfugiés à Oxford. C'est au cours de son séjour dans la ville universitaire que l'adolescent se prit de passion pour les mathématiques. Quand la guerre prit fin, sa tante l'embarqua sur un navire en partance pour New York, où l'attendait une autre branche de la famille.

Dans une lettre à sa tante, Feit décrit l'excitation de la traversée – en particulier parce qu'il n'y avait pas de rationnement à bord. « J'ai mangé du poulet plusieurs fois », dit-il, ravi. Il y avait largement de quoi manger pour l'adolescent affamé, entre autres parce que la plupart des passagers passèrent leur temps, pendant la traversée agitée, à vomir au lieu de se nourrir. Quand le bateau accosta à New York, par un brumeux matin d'hiver, Feit put à peine distinguer la statue de la Liberté. En revanche, il fut soulagé d'apercevoir sa tante Regina, qui l'attendait en bas de la passerelle.

Sa nouvelle famille américaine eut tôt fait de le prendre sous son aile et le prépara à sa nouvelle vie aux États-Unis :

> Je possède maintenant cinq nouvelles paires de pantalons, deux vestes, ainsi que des chaussures neuves et beaucoup de sous-vêtements. Et j'ai également une montre en ma possession… Je me suis renseigné sur le système éducatif ici, et l'on m'a dit que j'avais un niveau de maths supérieur à ce qui est nécessaire pour entrer à l'université.

En 1947, Feit entra à l'université de Chicago pour y étudier les mathématiques. C'est là qu'il découvrit le fabuleux ouvrage de Burnside sur la théorie des groupes, et qu'il tomba amoureux des idées qu'il contenait. Il le décrivait comme une « corne d'abondance » de résultats intéressants. Mais c'est l'élégance de la démonstration par Burnside du théorème des deux nombres premiers qui le séduisit le plus : le simple fait de savoir que le nombre de symétries n'était divisible que par deux nombres premiers permettait à Burnside de déduire que le groupe de symétries pouvait être décomposé en formes ayant un nombre premier de côtés. Burnside devint le héros de Feit. Sur le mur de son bureau, il accrocha un portrait du grand mathématicien anglais, qui supervisait ainsi ses travaux. Répondant à l'appel lancé par Brauer, Feit entreprit de résoudre la conjecture de l'ordre impair de Burnside, ce qui accroîtrait considérablement le théorème des deux nombres premiers.

Sa rencontre avec John Thompson, un mathématicien qui pensait comme lui, fut pour Feit le début d'un voyage long et semé d'embûches pour démontrer la conjecture de l'ordre impair. Thompson, lui, était tombé amoureux de la théorie des groupes après un séjour à Paris pendant ses études. L'histoire romantique de Galois et des idées qu'il avait découvertes eut un effet magique sur le jeune étudiant alors qu'il parcourait les rues de la ville sur les traces du Français. À son retour aux États-Unis, il décida de se consacrer à la cause de la théorie des groupes.

En 1959, alors qu'il travaillait sur son doctorat à l'université de Chicago, Thompson accomplit l'exploit de résoudre un problème vieux de soixante ans dans la théorie des groupes. Tout le monde comprit qu'un talent extraordinaire venait d'entrer dans l'arène. L'année suivante, l'université organisa un atelier d'un an sur la théorie des groupes, auquel Feit fut invité. La rencontre entre Feit et Thompson fut comme celle entre le potassium et l'eau : l'éruption d'idées qui en résulta aboutit à un point de vue entièrement nouveau sur la théorie de la symétrie.

Les deux jeunes étudiants s'aperçurent qu'ils avaient un héros en commun, Burnside. Ensemble, ils commencèrent à se frayer un chemin sur la voie de la démonstration de la conjecture de l'ordre impair. Ils estimèrent qu'il faudrait peut-être vingt-cinq pages de journal pour détailler leurs idées tandis qu'ils accouchaient d'une démonstration. Mais en se plongeant plus profondément dans le problème, ils virent qu'ils s'étaient montrés plutôt optimistes dans leur première estimation. Thompson déclare comment, même aujourd'hui, le problème semble aussi impénétrable que du granit. Et pourtant, l'un et l'autre eurent la force de ne pas renoncer, alors même que leur démonstration ne cessait de gagner en taille et en complexité. « C'était un problème difficile, et il était sans doute imprudent de seulement s'y risquer, mais qu'attendre d'autre de la jeunesse ? » D'après Thompson, c'est cette année-là que leurs processus de pensée devinrent inextricablement mêlés.

Les autres spécialistes de la théorie des groupes qui faisaient partie de l'atelier de 1959 à Chicago aimaient se retrouver pour le thé et prendre la mesure de leur progression. Beaucoup pensaient que le défi était insurmontable. Même Brauer, à l'origine de l'offensive, n'était pas vraiment convaincu que le seul fait de savoir qu'il y avait un nombre impair de symétries pouvait suffire à démanteler le groupe de symétries : « Personne ne savait par où commencer. Il n'était même pas certain que l'ensemble du problème ait eu un sens. » Qu'avait à voir le fait d'être divisible ou non par 2 avec la structure interne des symétries ?

Peu à peu, Feit et Thompson vinrent à bout du problème, le résolvant étape par étape en gardant à l'esprit leur objectif final. Grâce à ces succès plus modestes, ils se firent des muscles mathématiques, au point de se sentir assez forts pour lancer leur assaut final. Enfin, ils pensaient maîtriser tous les détails. Ils étaient prêts à annoncer leur démonstration épique de la conjecture de l'ordre impair de Burnside :

> C'était technique – il n'y avait aucun moyen de l'éviter. Mais c'était merveilleux. Nous avions réussi. Puis, juste au moment où nous allions soumettre l'article, Walter a repéré une erreur. S'il ne s'en était pas aperçu, je suis sûr que je serais passé à côté ; nous aurions soumis un manuscrit avec un défaut, et quelqu'un aurait fini par s'en apercevoir. Si cela avait été le cas, on peut se demander si nous aurions retrouvé assez d'énergie pour surmonter la difficulté, ce qui, du reste, nous coûta encore des mois de réflexion et d'ongles rongés.

Au bout du compte, ils corrigèrent l'erreur. Quand ils eurent achevé la rédaction de la démonstration complète, elle couvrait plus de deux cent cinquante pages. Jamais les mathématiques n'avaient connu une démonstration d'une telle complexité et d'une telle longueur. Les premières publications auxquelles ils l'envoyèrent ne surent qu'en faire. D'habitude, les articles ne dépassaient pas les trente pages. Il fut rejeté plusieurs fois avant que le *Pacific Journal of Mathematics* ait le courage de consacrer un numéro entier à la publication de la démonstration, en 1963.

L'événement bouleversa la discipline. Certains l'ont comparé au moment où, dans l'évolution, un poisson sortit de l'eau et marcha sur la terre ferme. Leur texte inspira toute une génération de jeunes mathématiciens qui brûlaient de sortir du marécage à la suite de Feit et Thompson et d'arpenter le nouveau monde passionnant que leur démonstration avait dévoilé. Le défi était lancé : étions-nous capables de comprendre enfin toute la gamme des groupes indivisibles de symétries que Galois avait commencé à dépeindre ? Mais les étudiants s'aperçurent qu'il leur fallait une année entière de recherche pour seulement venir à bout de la lecture des deux cent cinquante-cinq pages de la démonstration dans le *Pacific Journal.* Même plus de quarante ans plus tard, Thompson doute encore que tous aient vraiment apprécié la précision et la subtilité qu'avait nécessitées la composition d'une démonstration aussi ardue.

Beaucoup des jeunes chercheurs qui s'engagèrent dans cette lecture pensaient qu'il recelait des idées qui pouvaient servir à compléter la table périodique de la symétrie. Ils étaient nombreux à croire qu'il n'y avait désormais plus qu'à démontrer que les formes ayant un nombre premier de côtés, les groupes alternants, les 13 familles de Lie et les cinq étranges groupes sporadiques de Mathieu suffisaient pour le composer. Mais à peu près au moment où Feit et Thompson résolvaient la conjecture de l'ordre impair de

Burnside, un coup de semonce tonna : la table périodique était peut-être plus insaisissable qu'il n'y paraissait.

Michio Suzuki, un mathématicien japonais, avait découvert une famille infinie de groupes indivisibles entièrement nouvelle. Puis un mathématicien coréen, Rimhak Ree, en trouva deux autres. La révélation de l'existence de ces nouvelles familles fut un choc terrible pour les mathématiciens qui pensaient connaître les terres qu'ils exploraient. Mais il fut bien vite montré que ces trois nouvelles familles étaient des versions particulières de groupes de Lie, et que l'on pouvait donc tranquillement regrouper sous cette étiquette. Simplement, au lieu de 13, les groupes de Lie étaient maintenant 16. Quoi qu'il en soit, sur le plan psychologique, cela avait ébranlé la foi des mathématiciens dans les cartes routières censées leur indiquer ce qui les attendait.

Quelques années plus tard, il s'avéra qu'ils avaient eu de bonnes raisons de douter d'eux-mêmes. Thompson reçut une lettre inquiétante d'un mathématicien croate travaillant en Australie. La révélation que contenait cette lettre ne se laisserait pas aussi facilement intégrer au statu quo.

LE PREMIER SERRE-LIVRES DE JANKO

Zvonimir Janko s'était servi des mathématiques pour fuir le régime de plus en plus répressif de sa Yougoslavie natale, et s'était retrouvé à Canberra après un détour par l'Allemagne. Comme beaucoup d'autres de sa génération, il s'était rallié à la cause de la théorie des groupes après avoir lu l'œuvre épique de Feit et Thompson. Grâce à leur démonstration du théorème de l'ordre impair, tout nouveau groupe simple indivisible devait se composer d'un nombre pair de symétries. Janko commença à explorer les implications que cela pouvait avoir sur la structure du groupe de symétries. On supposait qu'il serait toujours possible de montrer que le groupe disposait soit d'un groupe de redistributions, soit des symétries de l'une des géométries de Lie. Mais Janko était tombé sur un cas curieux qui ne rentrait pas dans le cadre de Lie, et il ne voyait pas comment expliquer cet exemple.

Thompson avait développé une formule qui suggérait l'existence de tailles possibles pour des groupes indivisibles avec un nombre pair de symétries. Janko s'en était servi et avait découvert qu'il y avait peut-être un groupe indivisible de 175 560 symétries différentes. Ce qui l'ennuyait, c'était qu'aucun des groupes indivisibles existants n'avait présenté ce nombre particulier de symétries. À ce stade, la stratégie consistait à montrer pourquoi ce nombre de symétries était impossible. Mais aucun des trucs qui avaient éliminé d'autres possibilités ne fonctionnait. De plus en plus, il en vint à se dire qu'il y avait peut-être bel et bien un groupe simple avec ce nombre de symétries. Et s'il existait, ce serait un objet entièrement nouveau.

Janko savait que Thompson apprécierait ce qu'il pensait avoir découvert. La première impression de Thompson, quand il reçut cette lettre d'un mathématicien inconnu, fut qu'il devait y avoir un moyen simple de montrer que ce groupe simple n'existait pas. Après avoir envoyé en Australie une lettre où il expliquait pourquoi, selon lui, cela ne pouvait pas exister, Thompson s'aperçut qu'il avait commis une erreur. Le lendemain matin, en arrivant au département de mathématiques de l'université de Chicago, il arborait une mine grave. Il ne parvenait pas à oublier cette histoire – ce groupe existait-il vraiment ? Si c'était le cas, Janko savait combien de symétries il aurait, mais c'était une tout autre affaire de construire un objet géométrique avec un groupe indivisible de 175 560 symétries différentes.

Janko et Thompson entamèrent une correspondance. Thompson continuait de croire que ce groupe n'existait pas mais, se souvient-il, « Janko n'en démordait pas ». Le Croate se rendit aux États-Unis et commença à donner des conférences sur l'existence éventuelle de ce nouveau groupe. Dans le milieu, le scepticisme était de mise. Lors des conférences, beaucoup lui demandaient s'il avait eu recours à toutes les techniques qui démontraient généralement pourquoi un tel groupe ne pouvait pas exister. Janko était sûr qu'il y avait là quelque chose de nouveau. Il décrivait la beauté qu'aurait ce groupe hypothétique de symétries si seulement il pouvait lui offrir un environnement géométrique où le concrétiser. Et quand son pouvoir de persuasion mathématique ne suffisait plus, il réduisait ses contradicteurs au silence en déclarant simplement : « Mon groupe est sûr… parce que Walter Feit a cessé de chercher des contradictions. »

Janko réussit enfin à accomplir la percée qui fit taire à jamais ses adversaires et sonna l'aube d'une nouvelle ère dans la théorie de la symétrie. Les mathématiques avaient fonctionné comme un radar, et lui avaient dit où devait se trouver cette nouvelle île. En 1965, il découvrit finalement l'arrière-plan géométrique qu'il cherchait : un environnement dont le groupe de symétries était précisément ce qu'il avait prédit. Galois avait découvert le premier groupe simple de Lie en développant une géométrie des droites en deux dimensions basée sur le système de nombres finis 0, 1…, 6. À l'aide d'une forme dans l'espace à sept dimensions bâtie à partir d'un système de nombres à 11 éléments, 0, 1, 2…, 10, Janko disposait enfin d'un nouveau groupe simple à 175 560 symétries qui ne pouvait être divisé en symétries plus petites. « Je suis désormais l'expert mondial sur l'espace en sept dimensions avec 11 éléments », déclara-t-il à Thompson. Fier, non sans raison, de sa découverte, il n'hésita pas à baptiser le groupe *J*.

Il publia sa découverte en 1966. Contrairement aux deux cent cinquante pages dont Thompson et Feit avaient eu besoin pour leur démonstration, l'article de Janko n'occupait qu'une page, mais les implications étaient potentiellement énormes. Un siècle plus tôt, Mathieu avait construit ses cinq anomalies, ces groupes que Burnside avait définis comme sporadiques. Tranquillement, les mathématiciens avaient préféré enfouir leur tête dans le sable en espérant que ces groupes ne viendraient pas gâcher la superbe classification des briques constitutives qu'avaient élaborée Galois et Lie. Mais brutalement, voilà qu'une sixième anomalie surgissait de nulle part. Les implications étaient claires : s'il y en avait une sixième, pourquoi pas une septième, une huitième… où cela s'arrêterait-il ?

D'ailleurs, Janko y avait pris goût, et il utilisa sa stratégie pour découvrir deux autres groupes indivisibles. Le premier groupe, *J*, devint J_1. Et maintenant, il avait J_2, avec 604 800 symétries, et J_3, avec 50 232 960 symétries. Une fois encore, les nombres apparurent avant la construction des groupes à proprement parler. Mais cette fois, ce ne fut pas Janko qui les construisit. Le deuxième fut bâti explicitement par Marshall Hall Jr, qui trouva un groupe de redistributions spéciales de 100 cartes qui était indivisible et comptait exactement 604 800 redistributions. Le troisième groupe de Janko fut obtenu par Graham Higman et John McKay à Oxford.

L'affaire est à l'origine d'un face-à-face tendu qui fit du bruit dans toute la communauté de la théorie des groupes. À qui devait revenir l'honneur d'avoir découvert le groupe, à celui qui en avait prédit l'existence, ou à celui qui s'était lancé dans sa construction ? Avec sa première découverte, Janko avait fait les deux, et il était donc normal que le groupe soit baptisé *J*. Mais dans le cas des deux autres, les choses étaient un peu moins limpides. Hall serait furieux si le groupe qu'il avait construit était simplement défini comme le deuxième groupe de Janko. Qu'en était-il des travaux qu'il avait effectués pour donner corps à ce groupe ?

Janko ne tarda pas à s'apercevoir qu'il n'était pas le seul à jouer au jeu des prédictions de ces nouveaux groupes sporadiques. De plus en plus de jeunes chercheurs téméraires y voyaient une occasion de se faire un nom et de passer à la postérité. Les découvertes s'enchaînèrent à un rythme effréné. Donald Higman et Charles Sims construisirent leur groupe pendant un dîner – l'inspiration leur vint entre le plat et le dessert. Ils étaient à Oxford pour une conférence sur la théorie des groupes, et le dîner avait lieu dans un des Colleges. Les serveurs débarrassaient avant le dessert, tandis que les convives déambulaient dans la cour carrée. Le temps d'arriver au quatrième coin de la place, Higman et Sims savaient qu'ils avaient trouvé le moyen de construire un nouveau groupe simple indivisible avec 44 352 000 symétries. C'était un autre groupe de redistribution de 100 cartes qui, comme le deuxième groupe de Janko, était indivisible.

Jack McLaughlin en dénicha un autre, avec 898 128 000 symétries. Dieter Held, un collègue de Janko en Australie, identifia un groupe simple possible de plus de quatre milliards de symétries, qui fut ensuite construit à l'autre bout de la planète par Graham Higman et John McKay à Oxford. En 1968, Michio Suzuki, qui avait choqué le monde avec cette nouvelle famille infinie de groupes de Lie, avait fabriqué un 11e groupe de près de 500 milliards de symétries.

L'ordinateur avait joué un rôle important dans la concrétisation de ces groupes. Beaucoup des calculs nécessaires à la confirmation de l'existence de ces groupes s'avéraient trop longs pour être résolus par d'autres moyens. Comme un télescope, l'ordinateur permettait aux mathématiciens de voir de plus en plus loin dans l'espace intersidéral de la symétrie, et de temps à autre, il repérait une nouvelle planète isolée. Mais on avait toujours besoin de la puissante intuition du mathématicien pour savoir dans quelle direction braquer le télescope.

Avec l'apparition de tant de nouveaux groupes sporadiques, tout cela commençait à ressembler à un pêle-mêle infernal d'exceptions. D'aucuns commencèrent à se demander si cela prendrait fin un jour. Une chanson écrite à l'époque traduit la panique croissante qui s'empara des spécialistes de la théorie des groupes :

> Les digues ont cédé ! les nouveaux groupes font fureur !
> (et douze ou plus apparurent, selon goûts et couleurs.)
> Par Janko et Conway et Fischer et Held
> McLaughlin, Suzuki, et Higman et Sims.
>
> Vous avez bien sûr vu que la rime était en plan,
> Eh bien, voyez-y donc un signe des temps.
> Car dans les groupes simples, il n'y a que chaos,
> Au point qu'on pourrait bien un jour vous dire ciao.

C'est là qu'un nouveau groupe entra à son tour dans l'arène, et il donna un sentiment d'unité à beaucoup de ces groupes qui avaient surgi depuis le premier découvert par Janko en 1965. La découverte de ce groupe est liée à l'un des personnages les plus pittoresques du monde de la symétrie.

« QUAND JE SERAI GRAND... JE SERAI MATHÉMATICIEN »

On pose souvent la question de savoir si, en mathématiques, le génie est inné ou acquis. Dans l'ensemble, l'acquis compte plus que la nature, mais de temps à autre survient quelqu'un qui semble avoir été doué de naissance pour les mathématiques. On a ainsi l'impression que le cerveau de John Conway est fait pour les maths.

Il est né le 26 décembre 1937, et il a très tôt fait preuve de ses capacités mathématiques. À l'âge de quatre ans, il fut surpris par sa mère en train de réciter tout seul des puissances de 2. À l'école primaire, il était brillant en tout. À onze ans, quand on lui demanda ce qu'il voulait faire quand il serait grand, il prouva qu'il savait déjà quel était son destin : « Je veux être mathématicien à Cambridge. »

Conway fut inscrit dans un lycée de Liverpool, où son père Cyril travaillait comme laborantin. Pendant la guerre, d'autres professeurs ayant été mobilisés, Cyril Conway eut la possibilité d'enseigner la chimie à plein temps. (Plus tard, il aurait deux membres des Beatles comme élèves.) Il communiqua sa passion pour les sciences à son fils. Un jour, afin de l'impressionner en lui démontrant la magie des ondes radio, il fixa des fils de soie à l'arrière d'un poste. Puis, tandis que la radio fonctionnait, il coupa cérémonieusement les fils pour montrer au jeune garçon que l'appareil n'en avait pas besoin. John fut étonné de pouvoir continuer à entendre la musique. Il était également fasciné par le réseau téléphonique que son père avait installé entre des abris antiaériens pendant la guerre, et construisit son propre réseau, qu'il utilisa pour communiquer avec ses amis.

Six mois avant de partir à Cambridge pour ses études, Conway décréta qu'il lui fallait maîtriser les secrets des nombres. Il se donna pour mission de pouvoir factoriser en nombres premiers tout nombre inférieur à 1 000. Il eut un choc en arrivant à Cambridge. « J'ai eu du mal, parce que tous les étudiants venaient de familles plutôt aisées, alors que j'étais pauvre. » Il finit par se faire des amis qui, quelles qu'aient pu être leurs origines sociales, admiraient la vitesse à laquelle il pouvait factoriser 999 en $3 \times 3 \times 3 \times 37$.

Pendant les congés d'été, alors qu'il travaillait pour gagner de l'argent dans une usine de biscuits, il ajouta un nouveau tour à son répertoire. Il devait nettoyer la suie dans le grand four où l'on faisait cuire les biscuits. Il avait beau frotter pendant des heures, les parois restaient noires. En dépit de la nature futile de son travail, Conway avait besoin de cet argent. Aussi, pour échapper à l'ennui, il décida d'apprendre le développement décimal de π. À la fin des années cinquante, π était connu à 808 décimales. À la fin de ses vacances, il était capable de toutes les réciter. Il a depuis continué à apprendre les nouvelles décimales qui se sont ajoutées au fil du temps. Il savait bien sûr qu'il était tout à fait futile, sur le plan mathématique, d'apprendre le développement décimal de π, tout autant que d'essayer de nettoyer la suie dans le four d'une biscuiterie. Il ne tarda pas à s'attaquer à des questions plus fondamentales.

Au début des années soixante, il était sur le point de terminer son doctorat et de réaliser son rêve de devenir mathématicien à Cambridge. Il avait pour directeur de thèse Harold Davenport, un spécialiste de la théorie des nombres qui lui avait assigné un problème particulièrement difficile : il devait démontrer que chaque entier peut être écrit comme la somme de 37 nombres, tous des puissances de cinq. Cette conjecture avait été énoncée près de deux siècles plus tôt par un autre mathématicien de Cambridge, Edward Waring.

Tous les mercredis à 11 heures, Conway et Davenport se réunissaient. Mais Conway, quelque peu désorganisé, était toujours en retard. Davenport, incarnation du gentleman de Cambridge, disait alors : « Pas de problème, moi-même, je ne suis là que depuis quelques minutes. » Un jour, Conway rata complètement leur rendez-vous. Il adressa à son directeur de thèse une lettre d'excuses, et eut droit en retour à la réponse suivante : « Aucun problème. Il faisait si beau que j'ai emmené mon épouse et mes enfants au bord de la mer et que j'ai moi-même oublié. »

Un mercredi, Conway annonça qu'il avait résolu le problème de Waring. Incrédule, Davenport vérifia sa solution, et n'y trouva aucune erreur. « Monsieur Conway, ce que nous avons là est une piètre thèse de doctorat. » Conway en fut démoralisé. Puis il comprit qu'en réalité, Davenport lui donnait le feu vert pour s'attaquer aux problèmes qui l'intéressaient vraiment, et il se tourna vers la logique et la théorie des ensembles.

Si, au début des années soixante, les étudiants de Cambridge avaient encore l'air tirés à quatre épingles et civilisés, Conway donnait l'impression d'être arrivé avec cinq ans d'avance sur le mouvement hippie qui balaierait l'université en 1968. Il avait les cheveux longs et portait des sandales depuis l'âge de quatorze ans, et avait agrémenté le tout d'une épaisse barbe rousse. Il s'intéressait plus aux maths qu'à sa propre apparence.

Quelques années plus tard, alors qu'il se rendait à une conférence en Amérique au plus fort du mouvement hippie, il fut arrêté par les douaniers, convaincus qu'avec une telle tignasse, il ne pouvait être que suspect de trafic de drogues. Ils le prirent à part, fouillèrent ses bagages jusqu'à ce qu'ils en extirpent triomphalement ce qu'ils cherchaient : une boîte métallique au couvercle fermé par du scotch, avec une étiquette portant la mention « Merveille ». Ils en étaient sûrs, c'était là que ce hippie à cheveux longs avait caché sa drogue. On lui demanda donc d'ouvrir la boîte, ce qu'il fit, avant de vider le contenu sur la table – il en sortit cinq magnifiques solides de Platon. Il les avait fabriqués en carton, et les avait mis à l'abri dans sa boîte métallique pour le voyage. Conway fut enfin autorisé à entrer aux États-Unis après avoir persuadé les douaniers que le dodécaèdre et l'icosaèdre ne contenaient pas de drogue.

Pendant ses études, même sa vie amoureuse tourna autour des mathématiques. Il rencontra sa première épouse, elle aussi mathématicienne, alors qu'il travaillait à sa thèse de doctorat. Les maths étaient toujours présentes dans leur relation. Au lieu de se susurrer des douceurs idiotes, ils partaient se promener sur les rives de la rivière de Cambridge et se récitaient le développement de π, chacun prenant le tour de l'autre au bout de vingt décimales.

Au bout de trois ans de recherche, Conway termina sa thèse, et vint le moment de sa soutenance. D'ordinaire, cet examen oral est une affaire très officielle, qui se déroule dans une salle de conférence ornée de tableaux noirs. Mais la thèse de Conway était d'une telle qualité que les examinateurs n'éprouvèrent pas le besoin de l'interroger dans un décor aussi austère. Au lieu de cela, il soutint sa thèse dans les Fellows Gardens. Aucun des examinateurs n'ayant la clé du portail, Conway se chargea de forcer la serrure avec un trombone.

Ayant décroché son diplôme et son doctorat au Gonville and Caius College, Conway obtint une bourse pour le Sydney Sussex College. Il avait réalisé son rêve d'enfance, mais il se sentait plutôt déprimé. Nerveux, il pensait n'avoir encore rien accompli d'important. « J'ai sombré dans la dépression. J'avais le sentiment de ne pas vraiment faire des mathématiques ; je n'avais pas publié, et je me sentais coupable à cause de ça. »

Il passait beaucoup de temps dans le département à jouer au backgammon, ce qui n'arrangeait en rien son humeur. « À Cambridge, je me sentais coupable de passer mes journées à jouer à des jeux, alors que j'étais censé faire des mathématiques. » Puis l'économie piqua du nez, et d'autres mathématiciens, plus doués, estimait-il, commencèrent à avoir du mal à trouver un emploi. Ce qui ne fit qu'accroître encore son sentiment de culpabilité. Lui occupait un poste bien tranquille tandis que des mathématiciens au chômage produisaient des travaux qu'il jugeait nettement supérieurs aux siens. Mais il savait qu'il n'avait pas usurpé son poste, et qu'il était capable de faire des mathématiques de niveau mondial. Il lui fallait faire ses preuves et démontrer quelque chose de vraiment important.

C'est à Moscou, en 1966, qu'il en eut l'occasion. C'était l'été du Congrès international des mathématiciens, ce jamboree de la discipline qui a lieu tous les quatre ans et au cours duquel sont décernés les prix les plus recherchés du secteur, les médailles Fields. Cette année-là, le prix devait être remis à un personnage énigmatique du nom d'Alexandre Grothendieck, qui avait refusé de venir chercher sa récompense pour protester contre l'escalade militaire en Union soviétique. Conway, lui, goûtait simplement aux joies de son premier grand congrès. Il passait la journée au centre de la symétrie de Moscou, lieu des plus adaptés, quand il rencontra John McKay. Conway tenait un stand où il distribuait des petits pains fourrés à la viande, et McKay l'approcha. En échange d'un pâté, il offrit à Conway le cadeau qui bouleverserait son existence.

« Il y a un objet symétrique assez intéressant qui, je pense, vous intéresserait », fit McKay. Et, la bouche pleine, il se lança dans la description de ce que l'on appelle le réseau de Leech qui, selon lui, avait peut-être un groupe de symétries intrigant. Deux ans à peine avant le Congrès de Moscou, John Leech, un mathématicien anglais, avait découvert un agencement géométrique spectaculaire de sphères en 24 dimensions.

Épiciers en 24 dimensions

Si un épicier entasse des boîtes de soupe sur une étagère, elles sont généralement ordonnées en rangs et en colonnes, si bien que, vues de dessus, elles sont organisées en un réseau carré. Mais si l'épicier veut en placer autant que possible sur l'étagère, ce n'est pas la façon la plus efficace d'y parvenir. Prenez un sac de billes et videz-le au fond d'un wok. Vous les verrez se disposer en un motif hexagonal parfait, l'agencement le plus efficace.

Les mathématiques qui expliquent pourquoi le réseau hexagonal est la façon la plus efficace d'arranger des cercles furent découvertes par Joseph-Louis Lagrange, l'homme qui inspira Ruffini, Abel et Galois. Ses mathématiques prouvaient que si vous vouliez que l'agencement soit régulier (qu'il se répète vers la gauche et vers la droite, vers le haut et vers le bas), alors, il n'y avait pas mieux que l'hexagone. Si vous utilisez ce réseau, les cercles recouvriront un peu plus de 90 % de l'étagère. La fraction exacte est π divisée par la racine carrée de 12. Alors que le réseau carré, lui, ne recouvre que 78 % (1/4π) de la surface.

Lagrange n'avait en fait aucune idée que c'était ce qu'il avait démontré. Ce résultat était la conséquence de travaux regroupés dans un traité qu'il avait rédigé sur l'arithmétique et les équations, et ce fut Gauss, armé de son intuition géométrique, qui comprit que les mathématiques de Lagrange pouvaient avoir cette interprétation physique. Dans une analyse de l'œuvre de Lagrange, Gauss expliqua pourquoi les calculs du Français impliquaient que le réseau hexagonal était la façon la plus efficace de recouvrir une surface en deux dimensions avec des cercles en adoptant un motif régulier.

Mais pouvait-on améliorer le réseau hexagonal en acceptant que le motif soit irrégulier ? Pendant un siècle de plus, les mathématiciens tentèrent de voir si l'on pouvait trouver un moyen d'arranger les cercles de façon plus compacte en les assemblant de manière plus chaotique. Après plusieurs faux départs, en 1940, László Fejes Tóth, un mathématicien hongrois, démontra que la symétrie reste la meilleure solution : aucun agencement irrégulier de cercles ne dépasse les 90 %.

Quand l'épicier a rangé ses boîtes de soupe et qu'il passe aux oranges, le problème prend une dimension supplémentaire. Au lieu de cercles en deux dimensions, la question est maintenant de trouver le moyen le plus efficace d'empiler des sphères en trois dimensions. Là, l'épicier opte généralement pour ce qui est connu comme la façon la plus efficace d'entasser des oranges. Il commence par une couche d'oranges dans une configuration hexagonale. Puis, sur cette couche, il en dispose une autre, également hexagonale, de sorte que chaque orange de la deuxième couche repose entre trois des oranges de la première couche. Et il répète l'opération tandis que la pile d'oranges monte. Chaque orange est en contact avec douze autres : six dans sa propre couche, et trois dans chacune des couches adjacentes.

Les oranges finissent par occuper à peu près 74 % de l'espace (π divisé par la racine carrée de 18). En 1661, Kepler avait conjecturé que c'était le mieux que pouvait faire notre épicier. En 1831, Gauss démontra qu'aucun agencement régulier des oranges n'était supérieur à cette fraction (ce que l'on appelle un empilement en grille). Cela peut paraître incroyable, mais il fallut attendre 1998 pour qu'un mathématicien et un ordinateur soient à même de prouver qu'aucun agencement irrégulier ne dépassait les 74 % conjecturés par Kepler.

Thomas Hales, de l'université de Pittsburgh, démontra comment réduire le problème à un nombre énorme, mais fini, de calculs qui confirmeraient que l'empilement symétrique des oranges de l'épicier était le plus efficace. Les calculs dont Hales eut besoin furent effectués et vérifiés par ordinateur. Le fait qu'un ordinateur ait servi à démontrer la conjecture de Kepler en perturba certains dans la communauté mathématique. Mais la plupart admettent que le génie de la démonstration de Hales réside dans le fait qu'il prouve qu'il y a un nombre fini de configurations à vérifier pour confirmer l'intuition de Kepler – après tout, on pourrait croire qu'un agencement irrégulier aboutit à un nombre infini d'options. Or, Hales démontra que, là encore, c'était la symétrie qui l'emportait.

Pour notre épicier au coin de la rue, le problème ne va pas plus loin. Les maths l'ont aidé à empiler ses boîtes de soupe à l'aide de cercles en deux dimensions, et ses oranges grâce à des sphères en trois dimensions. Mais l'épicier mathématique, lui, ne peut pas s'empêcher de se demander : « Et mes oranges en quatre dimensions ? »

Pour étudier le cas de l'orange quadridimensionnelle, nous ne pouvons plus nous appuyer sur une image géométrique : au lieu de cela, nous devons la décrire par des nombres. Tracez un cercle de rayon unité sur une feuille de papier (Figure 78). Chaque point sur le cercle peut être identifié par deux nombres, les coordonnées de ce point sur la carte. Nous pouvons écrire une équation qui décrit tous les points (x, y) sur le cercle : les coordonnées doivent satisfaire l'équation $x^2 + y^2 = 1$. Cette équation est donc un autre langage pour décrire la géométrie du cercle.

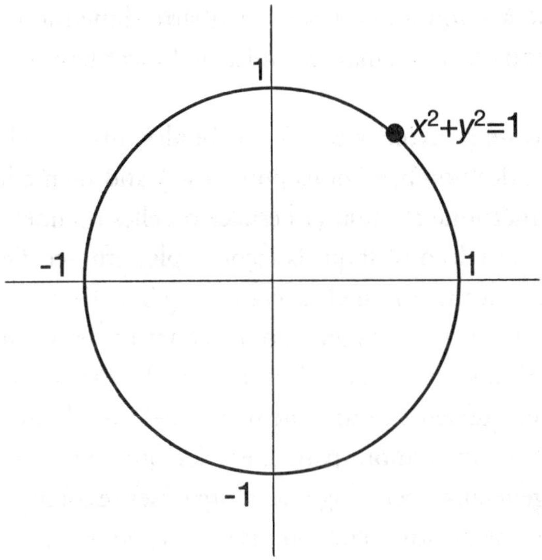

Fig. 78. Le cercle se compose de tous les points dont les coordonnées (x, y) satisfont l'équation $x^2 + y^2 = 1$.

Pour être identifiés, les points de la surface d'une sphère ont, eux, besoin de trois coordonnées. Là encore, nous pouvons traduire la géométrie par une équation. Un point (x, y, z) se tiendra sur une sphère de rayon 1 si ses coordonnées satisfont l'équation $x^2 + y^2 + z^2 = 1$. Bien que nous soyons à court d'images quand nous passons à une hypersphère en quatre dimensions, le langage des équations est tout à fait capable de s'y substituer. Donc, bien qu'une hypersphère en quatre dimensions ne puisse être dessinée ou construite dans notre monde en trois dimensions, elle peut être décrite. Chaque point sur l'hypersphère en quatre dimensions est déterminé par une série de quatre nombres (x, y, z, w) qui satisfont l'équation $x^2 + y^2 + z^2 + w^2 = 1$. Les équations et les nombres nous aident donc à « voir » une boule en quatre dimensions, alors que nous ne serons en fait jamais capables de lui conférer une existence physique.

Si nous ne pouvons pas voir ces boules, grâce au langage des équations et des nombres, nous pouvons quand même les disposer de façon symétrique et mesurer l'espace qu'elles occupent. L'épicier mathématique a découvert que la façon la plus efficace d'empiler des oranges quadridimensionnelles était de généraliser l'empilement hexagonal en trois dimensions. Pour décrire cet empilement hexagonal en trois dimensions, on peut dire que les oranges sont placées de façon à ce que leurs centres aient tous des coordonnées (x, y, z), $x + y + z$ étant un nombre pair. L'épicier quadridimensionnel n'a donc qu'à généraliser cette logique et organiser ses oranges pour que leurs centres soient situés à des points (x, y, z, w), $x + y + z + w$ étant un nombre pair. Il s'avère que cette configuration est tout aussi imbattable en quatre dimensions.

Dans les années soixante, le mathématicien britannique John Leech a réalisé une découverte formidable quand il s'est aperçu qu'il existait une géométrie très particulière qui offrait à l'épicier en 24 dimensions un moyen encore plus efficace pour stocker ses oranges en 24 dimensions que les simples hexagones. Cette géométrie est particulière aux 24 dimensions ; en 23 dimensions ou en 25, apparemment, les oranges ne se rangent pas aussi bien. L'existence de cet empilement étonnant et n'existant que chez l'épicier en 24 dimensions est liée à la découverte par Golay de son code correcteur.

Golay avait prouvé qu'il y a un moyen très efficace d'encoder des données à l'aide de suites de 24 0 et 1. En choisissant soigneusement lesquelles de ces 2^{24} suites sont des codes, Golay a mis au point un code capable de détecter sept erreurs dans la transmission et d'en corriger trois. Mais ces suites de 24 0 et 1 pouvaient également avoir une interprétation géométrique. Chaque mot codé identifie un point dans l'espace en 24 dimensions. En fait, chaque mot codé correspond à un sommet de l'hypercube en 24 dimensions. Leech découvrit que ces mots codés recelaient le secret permettant d'organiser les oranges en 24 dimensions de la façon la plus efficace possible.

On peut en voir le principe à l'œuvre en trois dimensions. Prenons le code à quatre mots codés admissibles : (0, 0, 0), (1, 1, 0), (1, 0, 1) et (0, 1, 1). Ce sont les suites de trois 0 et 1 dont la propriété est qu'il y a toujours un nombre pair de 1. Si nous obtenons un message avec un nombre impair de 1, nous savons qu'une erreur a dû se glisser. Ce code peut donc détecter une erreur, mais il ne peut pas la corriger. Comme on l'a vu, ces mots codés correspondent à des sommets sur un cube. Si nous plaçons des oranges dont le centre se situe sur ces points et que nous répétons ce motif, nous obtenons en fait l'empilement hexagonal que l'épicier utilise pour ranger ses oranges. Les mots codés vous indiquent donc quel est le meilleur endroit pour placer vos oranges.

C'est pourquoi la découverte du code de Golay a joué un rôle essentiel dans l'empilement efficace des oranges en 24 dimensions de Leech. Le secret de l'efficacité de l'empilement hexagonal en trois dimensions réside dans sa symétrie. Leech comprit que la symétrie de son extraordinaire agencement en 24 dimensions méritait elle aussi une attention plus soutenue. Comme il n'était pas assez versé dans le langage de la théorie des groupes pour pouvoir explorer les symétries, il se mit en quête de quelqu'un qui serait capable de les analyser. Il agita ses oranges en 24 dimensions sous le nez de divers spécialistes de la question à Oxford, mais aucun ne mordit à l'hameçon. John McKay, comme Leech, sentait bien que les symétries de l'empilement avaient le potentiel de révéler quelque chose d'intéressant. Il se mit donc lui aussi à harceler les experts de la théorie des groupes dans l'espoir de les intéresser au problème.

Le défi était redoutable. Pour comprendre le groupe de symétries en question, il fallait comprendre les façons différentes dont on pouvait déplacer l'agencement des oranges en 24 dimensions pour qu'elles puissent se réaligner comme par magie. Il était facile de repérer les symétries de l'entassement hexagonal en trois dimensions – par exemple, en faisant pivoter une des oranges d'un sixième de tour. Cela ferait pivoter la pile de telle façon que les oranges se réaligneraient toutes comme par magie. Mais pour faire pivoter des oranges en 24 dimensions, il faudrait accomplir un véritable exploit en termes de gymnastique mentale. Quand McKay vit Conway, il se demanda s'il serait le magicien mathématique capable de jongler avec ce tas de boules symétriques pour voir ce qui allait se passer.

Le groupe de symétrie du coffre au trésor

Intrigué, Conway le fut assurément. De retour à Cambridge, il se lança dans l'exploration de l'empilement de Leech et entrevit où était le problème : la géométrie regorgeait de symétrie. C'était comme de contempler un fabuleux motif mauresque dans une Alhambra en 24 dimensions, pour savoir s'il s'agissait ou non d'une nouvelle symétrie authentique. La tâche paraissait monumentale.

À l'époque, Cambridge venait tout juste de réussir à convaincre un des grands spécialistes de la théorie des groupes d'accepter une chaire. C'était John Thompson, qui avait travaillé avec Walter Feit sur cet article épique qui, en ce qui concernait la théorie des groupes, avait tout changé. Conway se dit naturellement que Thompson serait la personne idéale pour comprendre à quoi ressemblaient les symétries de la grille de Leech. Il insista pour que Thompson y jette un coup d'œil, mais manifestement, le nouveau professeur ne tenait pas à relever le défi. L'ennui, c'est qu'ayant assis sa réputation en tant que l'un des plus grands spécialistes mondiaux de la théorie des groupes, il était désormais approché par quiconque avait une idée délirante sur un nouveau groupe de symétries, comptant sur lui pour résoudre la difficulté. Conway le reconnaît, « la plupart de ces idées étaient bonnes à jeter. Elles ne valaient pas la peine qu'il y consacre du temps, tout ça pour voir qu'en fin de compte, elles ne fonctionnaient pas ». Mais Conway était sûr que le réseau de Leech, lui, méritait que l'on s'y attarde.

Il ne lâcha pas Thompson : « Régulièrement, je lui demandais s'il y avait réfléchi, et il n'y avait jamais réfléchi. Mais il vous donnait l'impression que c'était simplement parce qu'il n'en avait pas encore eu le temps. » Enfin, après avoir une fois de plus harcelé Thompson dans la salle des professeurs, Conway lui demanda froidement : « Vous n'allez pas y réfléchir, hein ? » « Non », répliqua Thompson. Face à la déception de Conway, il ajouta : « Écoutez, trouvez la taille de ce groupe, et là, ça m'intéressera. Sinon, c'est non. » Et il s'éloigna.

Contrairement à ce qui s'était passé avec les groupes sporadiques découverts récemment, Conway disposait déjà de l'environnement géométrique avant de savoir combien de symétries il y avait ou si le groupe de symétries serait seulement indivisible. Thompson avait l'habitude de voir les choses dans l'ordre inverse : quelqu'un se servait d'abord de sa formule pour proposer le nombre de symétries d'un nouveau groupe sporadique potentiel, avant que l'on ait tenté de trouver une géométrie pour ce nombre de symétries.

Quand Conway rentra chez lui ce soir-là, il se sentit investi d'une mission. La vie était dure. Il avait une femme et trois enfants de moins de quatre ans à nourrir, et il donnait des cours supplémentaires pour joindre les deux bouts :

> Je bossais comme un dingue pour gagner assez d'argent parce que je n'avais pas encore un vrai boulot. Alors, je travaillais comme un malade. Mais j'ai décidé que les symétries de cette chose étaient importantes, et que j'avais intérêt à trouver du temps pour ça.

Il mit donc au point un plan d'action : il passerait douze heures chaque samedi de midi à minuit à y travailler. Puis, le mercredi soir, il y consacrerait six heures de plus, de 18 heures à minuit. L'idée ne plut guère à son épouse, car cela l'éloignerait des enfants pendant le week-end. « J'ai dit à ma femme que si j'y arrivais, ça ferait ma réputation. C'était vraiment énorme. » Comprenant l'importance de la situation, elle céda, à contrecœur.

Le premier samedi arriva. À midi pile, Conway embrassa cérémonieusement sa femme et ses enfants comme s'il partait pour une expédition en Antarctique, et s'enferma dans le salon de leur maison. Laquelle avait été une ruine délabrée avant qu'un promoteur la rachète, la retape et la vende aux Conway. Il restait un peu partout des vestiges de ces travaux. Dans un coin du salon, Conway ramassa un rouleau de papier peint et décréta que c'était la toile idéale pour coucher le journal de son exploration de ce nouvel objet étrange. Installant le rouleau sur ses genoux, il y écrivit tout ce qu'il savait de cette géométrie en 24 dimensions.

Au bout de trois heures, il comprit qu'il s'était livré à beaucoup trop de conjectures sur la structure. L'une d'entre elles ne pouvait qu'être erronée, puisqu'elles commençaient à se contredire les unes les autres. Il décida donc de tout reprendre à zéro. Il ne s'autorisa qu'une seule conjecture : qu'il devait y avoir une symétrie cachée qui n'était pas immédiatement identifiable. À partir de cette unique conjecture, il entreprit de reconstituer par la logique combien d'autres symétries il devait y avoir dans cette géométrie. Il fallait que le tout soit absolument sans faille. À 18 heures, il avait trouvé combien de symétries cette configuration devait présenter en se fondant sur son unique conjecture.

Conway n'oubliait pas la promesse de Thompson, qui lui avait dit qu'il l'écouterait quand il saurait combien il y avait de symétries. Mais le résultat était étourdissant : 4 157 771 806 543 630 000 symétries.

> Ou le double, je n'en étais pas encore complètement sûr. Mais je me suis dit que ça devait être assez proche de la vérité, et j'ai appelé Thompson. Je lui ai juste dit la taille, et là, il a vraiment été intéressé. Environ vingt minutes plus tard, il m'a rappelé.

Thompson lui dit que s'il ne se trompait pas quant à la taille du groupe, alors il s'agirait effectivement d'un groupe simple sporadique à ajouter à la liste. Les symétries de cette configuration devaient être si inextricablement liées que, comme dans le cas des symétries de l'icosaèdre, il n'y avait aucun moyen de la construire en assemblant des symétries plus petites. Le groupe était aussi indivisible qu'un nombre premier. Mais ce n'était pas tout.

Pendant ces vingt minutes, Thompson avait conclu que ce groupe devait contenir, en tant que sous-symétries, presque tous les autres groupes simples sporadiques qui avaient été découverts. Un groupe peut être indivisible et malgré tout contenir des sous-groupes de symétries. Simplement, quand on tente de diviser le groupe indivisible par le sous-groupe, le résultat n'est pas le groupe de symétries d'un autre objet. Par exemple, bien que les 60 axes de symétrie de l'icosaèdre soient indivisibles, les axes de symétrie d'une face triangulaire forment un sous-groupe de symétries au sein de cette symétrie indivisible.

De même, l'énorme groupe indivisible de symétries de la grille de Leech recelait plusieurs sous-symétries. Thompson avait compris qu'il devait contenir les cinq groupes de Mathieu, le deuxième groupe de Janko, le groupe de Higman-Sims, le groupe de McLaughlin, le groupe de Suzuki et deux autres groupes qui n'avaient pas encore été identifiés. La découverte des symétries de réseau de Leech ressemblait à l'ouverture d'une gigantesque boîte pleine de trésors. Conway était sur le point de mettre au jour trois nouveaux groupes sporadiques indivisibles. De plus, puisque les symétries du réseau de Leech abritaient tous ces autres groupes sporadiques, elle donnait une sorte de logique d'ensemble expliquant ce qui, jusqu'alors, avait ressemblé à un salmigondis de groupes hétéroclites. Mais il n'en était pas encore là. La taille du groupe avait été calculée en postulant l'existence d'une symétrie cachée. Conway était convaincu qu'elle devait être là, quelque part, mais pour revendiquer la paternité de ses groupes, il lui fallait d'abord la trouver.

Il lui restait encore cinq heures sur sa première exploration du samedi. Après trois heures d'efforts supplémentaires, il élabora une symétrie qui pouvait fournir le chaînon manquant. Il rappela Thompson. Il lui fallait encore vérifier que l'effet de la symétrie qu'il proposait alignerait toutes les boules de la géométrie aussi parfaitement qu'il l'espérait. Mais, dit-il à Thompson, il était épuisé, et maintenant, il allait se coucher. Il effectuerait les vérifications le dimanche matin. Il sentait qu'il était près d'aboutir, et qu'il pourrait sans doute extorquer un peu plus de temps à sa famille.

Mais à peine eut-il raccroché qu'il ne put s'empêcher de pousser un peu plus avant. Il avait déjà noirci son rouleau de papier peint de ses calculs. Au bout d'un moment, il identifia 40 calculs additionnels qu'il lui faudrait réaliser pour confirmer la symétrie cachée. Il appela Thompson une fois de plus, un peu avant 23 heures, et lui dit que, finalement, il n'était pas allé se coucher. Il avait réduit ce qu'il lui fallait faire aux 40 calculs censés vérifier son intuition – mais cette fois, assura-t-il, il allait vraiment se mettre au lit. Il était harassé.

Quand on a attrapé le virus, les mathématiques exercent un formidable pouvoir. Conway décida de voir combien il faudrait de temps pour résoudre un des 40 calculs, et il se chronométra. Quand il reposa son crayon, deux minutes s'étaient écoulées. Pas mal – il lui faudrait à peine une heure vingt pour tout vérifier. À minuit vingt, le téléphone de Thompson sonna pour la quatrième fois. Il n'eut guère de mal à deviner qui l'appelait si tard. Conway, surexcité, déclara : « J'ai effectué les 40 calculs. Ça colle. J'ai trouvé ma symétrie manquante. Cette fois, je vais vraiment me coucher. » Ils convinrent d'un rendez-vous le lendemain pour analyser le voyage épique de Conway.

Il avait dépassé de vingt minutes le temps qu'il s'était alloué pour sa première exploration du samedi. Mais il n'aurait pas besoin des six heures du mercredi, ni de tous les autres samedis et mercredis qu'il avait prévu de consacrer au projet. Il avait trouvé son groupe ! Il monta se coucher, mais la fièvre des douze dernières heures l'empêcha de dormir. Il redescendit donc au salon pour jeter un dernier regard à son rouleau de papier peint.

La découverte de ce nouveau groupe eut un formidable impact sur la psyché de Conway :

> Je savais que j'étais un bon mathématicien, mais je n'avais rien fait pour le prouver. Depuis des années j'étais au plus bas. Je me sentais vraiment coupable du temps que je passais à jouer au backgammon au département. Les gens sérieux passaient et me jetaient des regards réprobateurs. La découverte de ce groupe a effacé cette culpabilité, elle a fait disparaître cette noirceur.

Et elle le propulsa au firmament des mathématiques. Il fut invité dans le monde entier pour expliquer la découverte de son coffre au trésor qui contenait tant de merveilles. « J'ai même pris l'avion pour New York pour y faire une conférence de vingt minutes avant de rentrer l'après-midi même. » Trois nouveaux groupes portaient son nom : Conway 1, 2 et 3, comme on les appelle. En fait, s'il s'était mis au travail à son retour de Moscou, il aurait pu en dénicher sept.

Ce qu'avait fait McKay, c'était offrir à Conway un dodécaèdre du XXe siècle. Quand les Romains avaient montré à Pythagore les cristaux de pyrite qui inspirèrent sa découverte de la sphère des 12 pentagones, le mathématicien grec dut comprendre qu'il tenait là un joyau mathématique, même s'il fallut attendre le XIXe siècle et le génie de Galois pour révéler l'importance de ses symétries. Le cadeau de McKay serait tout aussi riche en récompenses pour Conway. Grâce à lui, il graverait son nom dans le monument des découvreurs de la symétrie.

Conway évoqua pour la première fois sa découverte à Oxford, lors d'un séminaire organisé par Graham Higman, le gourou du département pour la théorie des groupes. McKay, qui travaillait à l'Atlas Computing Laboratory de Chilton, à la sortie d'Oxford, assistait régulièrement aux séminaires d'Higman. Tous deux avaient réussi à reconstituer quelques-uns des groupes sporadiques de plus en plus nombreux à l'aide des capacités de calculs dont disposait

McKay. Ce dernier fut enthousiaste à l'idée de savoir si la grainc qu'il avait semée dans l'esprit de Conway à Moscou avait porté ses fruits. Le résultat dépassait toutes ses espérances. Il fut fasciné quand il vit les symétries de ce vaste réseau d'oranges en 24 dimensions qui rassemblait douze des étranges groupes sporadiques de symétries.

Conway dormit chez McKay. En pleine nuit, McKay fit irruption dans sa chambre, en proie à une grande agitation. « Ce que vous avez découvert est un des secrets les plus profonds de l'univers ! » Il se lança dans une description ahurissante de l'importance de la découverte de Conway. L'épouse de McKay les rejoignit et tenta de calmer son mari, mais rien n'y fit. Pour finir, remarqua Conway, elle lui fit prendre un sédatif. Et elle expliqua à son hôte que les mathématiques avaient souvent cet effet-là sur son époux.

Les phénix de Fischer

Le réseau de Leech que McKay avait montré ce jour-là à Moscou était un moyen extrêmement efficace d'empiler des boules qui ne fonctionnaient qu'en 24 dimensions. L'analyse par Conway du groupe de symétries de cet agencement était donc quelque chose d'assez particulier. Puisque cet empilement était cantonné à l'espace en 24 dimensions, ce groupe ne pouvait pas gentiment s'intégrer dans une nouvelle famille infinie de groupes comme les groupes de Lie ou les redistributions d'un paquet de cartes. Il était ce que Burnside appelait un groupe sporadique. Et il était gigantesque, plus de quatre milliards de milliards de symétries différentes. Et ces groupes sporadiques titanesques ne s'arrêtaient pas là.

Un an après sa découverte, Conway apprit qu'un mathématicien allemand l'avait coiffé sur le poteau en découvrant trois autres groupes sporadiques étranges, plus grands que ceux de Conway, par un facteur de 30 000. Bernd Fischer se souvient d'avoir rencontré Conway pour la première fois lors d'une conférence à Oberwolfach, le centre de recherche perdu dans la Forêt-Noire où j'ai fait connaissance avec Fritz. Fischer était assis, l'après-midi du premier jour de la conférence, quand il avait vu surgir des bois une sorte de sauvage hirsute qui brandissait un rouleau de papier peint. Un des autres mathématiciens présents reconnut Conway et rassura Fischer : « Ne vous inquiétez pas, c'est un universitaire. » Quand on lui présenta Conway, celui-ci, au lieu de lui serrer la main, agita son poing sous son nez : « Vous avez battu mon groupe ! »

Fischer avait d'ailleurs failli passer complètement à côté de ses groupes. Leur genèse remonte à la bibliothèque de Francfort, où il étudiait. Son directeur de thèse se méfiait des bibliothécaires – « Ils mélangent toujours tous les livres » –, et avait donc préféré confier la gestion de la bibliothèque aux étudiants, qui se relayaient toutes les heures. C'est au cours d'une de ses gardes que Fischer se dit qu'il avait intérêt à en profiter pour faire quelque chose d'utile, et qu'il commença à feuilleter des publications mathématiques. Il trouva un environnement géométrique intéressant dont les symétries produisaient des groupes connus. Puis il eut un de ces réflexes qui font partie de l'arsenal classique du chercheur : « Je me suis demandé ce qui se passerait si je changeais l'une des conditions de la géométrie et que je considérais les symétries de ce nouveau système. »

Fischer eut la joie de s'apercevoir que ce changement lui offrait une nouvelle façon de considérer les symétries des redistributions. Mais pendant une discussion à l'université de Warwick, alors qu'il expliquait que les symétries de ces nouvelles géométries devaient être un des groupes de redistribution, quelqu'un a levé la main et fait remarquer que cette démonstration ne pouvait pas être juste. Certains des groupes de Lie pouvaient aussi apparaître comme des symétries de telles géométries. Se faire descendre son théorème en plein séminaire est un moment abominable, mais Fischer comprit que cette personne avait raison – il avait dû rater quelque chose dans sa démonstration. Et donc, retour au tableau noir.

Un phénix naquit des cendres de son théorème défectueux – en fait, trois phénix en tout. Fischer s'installa face au bataillon de gobelets de café et de mégots qui s'accumulaient sur son bureau et commença à analyser de nouveau quelles symétries sortaient de sa nouvelle géométrie. Il y avait les symétries de redistribution que Fischer avait découvertes. Et, comme le membre de l'assistance le lui avait si douloureusement fait remarquer, il y avait aussi des géométries qui donnaient naissance à certains des exemples de Lie. En outre, Fischer trouva trois nouveaux exemples qui n'avaient apparemment rien à voir avec les autres. Et ils n'appartenaient pas non plus à l'un ou l'autre des groupes sporadiques identifiés par d'autres. En revanche, ils avaient un lien avec les groupes de Mathieu, les premiers groupes sporadiques découverts un siècle plus tôt. Les nouveaux groupes de Fischer contenaient les trois plus grands groupes de Mathieu, M_{22}, M_{23} et M_{24}. Les groupes de Fischer devinrent donc rapidement connus en tant que Fischer 22, 23 et 24. Et le plus grand de tous, Fi_{24}, était énorme : il se composait de 1 255 205 709 190 661 721 292 800 symétries.

Fischer n'en resta pas là. Quelques années après sa première découverte, il déforma un peu plus ses géométries et aperçut quelque chose qui lui fit dire qu'il existait peut-être trois exemples encore plus grands qui avaient toutes les chances de réduire au rang de nains tant les groupes de Conway que ceux de Fischer. S'ils existaient effectivement, ils seraient beaucoup plus difficiles à identifier et à maîtriser.

Après sa première rencontre avec Conway à Oberwolfach, Fischer se rendit souvent à Cambridge pour discuter de ses idées avec lui. Lors de l'une de ses sessions à Cambridge, Conway décida que ces trois groupes de symétries hypothétiques de Fischer devaient avoir des noms, parce qu'ils passaient leur temps à les confondre quand ils en parlaient. « Appelons le plus petit des trois le Bébé Monstre, le deuxième le Monstre Moyen, et le plus grand le Super Monstre. » L'idée d'un Bébé Monstre plut à Fischer. En Allemagne, il y avait un personnage de dessin animé qui avait ce nom. Compte tenu de la taille supposée de ces objets symétriques, « Monstre » semblait une définition appropriée. Quelques tours de passe-passe mathématiques montreraient par la suite que le Super Monstre serait impossible à construire : certaines de ses caractéristiques étaient contradictoires. Ce n'était qu'un mirage, qui se dissipait quand on s'en approchait. Mais les deux autres avaient toujours l'air bien vivant. Le Monstre Moyen devint simplement le Monstre.

Leur première tâche fut de calculer le nombre exact de symétries de ces objets hypothétiques. Peu après la réunion annuelle en Forêt-Noire, Fischer établit la taille du Bébé Monstre (s'il existait). Il aurait un nombre ahurissant de symétries :

4 154 781 481 226 426 191 177 580 544 000 000

La nouvelle fit grand bruit parmi les participants de la conférence. Un des membres éminents, que la découverte aurait vraiment intéressé, se trouvait cette année-là en Australie. Graham Higman était le mathématicien qui avait organisé le séminaire au cours duquel Conway avait révélé l'existence de Conway 1, 2 et 3. « Envoyons-lui une lettre pour lui parler des calculs de Fischer », suggéra quelqu'un. Puis, un des mathématiciens d'Oxford, qui connaissait bien Higman, intervint : « Si vous voulez qu'il la lise, envoyez-lui simplement une carte postale avec la taille du groupe, et rien d'autre. » Une carte postale partit donc de la Forêt-Noire pour l'Australie, avec un seul nombre inscrit au dos : le nombre de symétries du Bébé Monstre.

Peu après la conférence, Fischer rendit de nouveau visite à Conway à Cambridge. Après en avoir débattu, ils estimèrent être à même de calculer les symétries du plus grand groupe, le Monstre, qui semblait rôder au loin dans les brumes mathématiques. Ils savaient que, du fait de sa taille, il allait leur falloir un calculateur quelconque pour se charger de la computation. On était au début des calculateurs, mais Conway assura avoir chez lui une machine capable de s'en charger.

L'ennui, c'était que les filles de Conway – qui étaient désormais quatre – avaient démonté la machine en question, dont les pièces gisaient éparpillées dans la maison. Les deux hommes passèrent la soirée à les rassembler afin de remonter la machine et de lancer leurs calculs. Mais leurs estomacs les rattrapèrent et, oubliant leur appétit pour les grands nombres, ils sortirent dîner. Quelques jours après son retour dans sa nouvelle université, à Bielefeld, Fischer reçut une lettre de Conway. Le Britannique avait reconstruit sa machine à calculer et avait confié à ses filles la tâche de calculer la taille du Monstre. Si ce dernier existait, il avait un nombre colossal de symétries :

808 017 424 794 512 875 886 459 904 961 710 757 005 754 368 000 000 000

Restait à savoir s'il existait.

Conway et Fischer n'avaient parcouru que la moitié du chemin. Leur radar avait repéré le Monstre et ils avaient identifié le nombre de ses symétries. La quête était maintenant de savoir s'il y avait vraiment quelque chose, ou s'il disparaîtrait comme un spectre, ainsi que l'avait fait le Super Monstre. La mission n'avait rien de facile, parce que les calculs nécessaires pour établir l'existence du Monstre dépassaient de loin la puissance des ordinateurs disponibles au début des années soixante-dix.

Fischer avait cependant de plus en plus de mal à se concentrer sur les mathématiques. La nouvelle université de Bielefeld était submergée par la politique radicale des étudiants, importée de Berlin. Le mouvement maoïste décréta que la théorie des groupes était un sujet réactionnaire imposé par le régime et commença à protester face au nombre grandissant d'enseignants sur le sujet. Des manifestations éclatèrent devant le département des mathématiques, les contestataires agitant des calicots où ils réclamaient : « Plus de théorie des groupes. » Un nouveau membre du département prit peur et accepta un poste ailleurs. Pendant une manifestation, des étudiants grimpèrent sur la façade du bâtiment et badigeonnèrent l'inscription : « Département de la théorie des groupes. » Un des membres du groupe maoïste n'était autre que Fritz, mon collaborateur de Bonn. Il finit par être expulsé du mouvement, accusé de collaborer avec les spécialistes de la théorie des groupes du département. Malgré ses idées politiques, il ne pouvait résister au désir de discuter de mathématiques avec ses professeurs.

Avec le bruit des manifestations sous ses fenêtres, Fischer peinait à se concentrer sur la construction d'un objet symétrique ayant plus de symétries qu'il n'y a d'atomes dans le soleil. Mais même dans la paix et la quiétude de Cambridge, Conway ne progressait pas vraiment non plus. Tous deux se disaient que, quelque part aux confins de l'univers obscur des mathématiques, le Monstre attendait que quelqu'un ait le courage de venir l'observer.

14 juin, Stoke Newington

Je me demande parfois si c'est l'importance croissante que prend la vie administrative et politique de l'université, sans parler des préoccupations d'ordre familial, qui, après quarante ans, étouffe la créativité chez le mathématicien. Comme le crescendo du bruit sous les fenêtres qui empêche de plus en plus d'atteindre l'état méditatif nécessaire à l'inspiration mathématique. Je dis souvent à mes étudiants de profiter au maximum du calme qu'ils connaissent avant que l'orage de la vie ne s'abatte sur eux une fois leur doctorat en poche. Car ce mois-ci, j'ai le sentiment d'avoir fait tout, sauf des mathématiques.

Cela n'a été qu'une longue succession de rencontres : rencontres pour discuter de la construction d'un nouveau magnifique département des mathématiques à Oxford; rencontres pour trouver des moyens d'encourager plus de jeunes à nous rejoindre dans nos croisades mathématiques; rencontres avec des hommes politiques pour expliquer pourquoi les mathématiques sont fondamentales pour le bien-être technologique et économique du pays; rencontres sur la gestion de mon université à Oxford; rencontre en Allemagne pour un séminaire sur mes travaux.

J'ai des rapports à rédiger : rapports pour des publications sur la qualité et l'exactitude des recherches de mes pairs, un processus qui peut prendre beaucoup de temps; rapports sur des demandes de bourses pour financer des conférences et de jeunes post-doctorants;

lettres de référence pour mes étudiants afin de les soutenir dans la suite de leur parcours.

Sans compter une succession de sollicitations bizarres auxquelles je ne peux m'empêcher de répondre : participer à des ateliers de théâtre mathématiques pour ma compagnie théâtrale préférée, Complicite, qui travaille à une pièce sur les mathématiques et Ramanujan ; enregistrer la voix-off d'une émission de radio sur le mathématicien français Martin Mersenne ; trouver des équations pour Talk Sport Radio afin d'expliquer pourquoi Wayne Rooney est un si bon footballeur.

Ou peut-être ne sont-ce que des excuses pour dissimuler mon manque de productivité ce mois-ci, et je devrais juste accepter le fait que mon autodiscipline n'a pas tenu longtemps face à des empoignades entre des adversaires comme le Togo et la Corée pendant la Coupe du monde de cette année.

Et juin est aussi l'anniversaire d'un coup de téléphone qui a été source d'une distraction considérable, mais bienvenue. Deux enfants étaient arrivés dans un orphelinat du Guatemala. Dans leurs registres, nous étions la seule famille qui était admise pour plus d'un enfant, mais nous devions prendre la décision sur-le-champ. Étions-nous prêts à adopter ces deux enfants ?

12

Juillet : réflexions

La symétrie est un trait de l'esprit humain. Alexandre Pouchkine, lettre au prince Viazemsky, 25 juin 1825

Alors que de plus en plus de groupes sporadiques de symétries surgissaient au début des années soixante-dix, les mathématiciens commencèrent à se demander où tout cela prendrait fin… si fin il y avait. Conway et Thompson étaient partagés. L'un pensait qu'il y avait une infinité de ces groupes exceptionnels ; l'autre se disait que leur nombre était important, mais fini. Comme les philosophes grecs de l'Antiquité débattant pour savoir si la matière était divisible ou atomique, ils discutaient pour savoir si ces groupes continueraient pour toujours, ou finiraient par se tarir. Six mois plus tard, ils discutaient toujours, mais avaient changé d'avis. Or, ils avaient tort tous les deux.

Tandis que le nombre de groupes sporadiques intéressants et divers augmentait, Conway décida de se lancer dans une mission pour établir les contours de ces étranges symétries. Il avait à ses côtés un étudiant chercheur, Rob Curtis, qui avait fait ses preuves en dressant la cartographie des groupes de Conway. Ensemble, ils demandèrent une bourse pour composer un atlas, comme ils l'appelaient, qui contiendrait tout ce qu'ils savaient de ces groupes sporadiques étranges, ainsi que les groupes de redistribution et les groupes de Lie.

Les briques constitutives de la symétrie qui avaient été découvertes depuis les percées de Galois étaient comme l'hydrogène et l'oxygène du monde de la symétrie. Des groupes comme le Monstre, s'il existait, étaient comme les atomes lourds d'uranium ou de plutonium. Mais le plan de Conway et Curtis prévoyait d'aller au-delà d'une simple table périodique de la symétrie. Leur document enregistrerait tous les creux et crevasses, les bras de mer et les montagnes de ces objets symétriques. Ce serait un atlas dont les pages décriraient des contours précis, pour permettre à d'autres de trouver leur chemin dans le monde de la symétrie.

Pour Conway et Curtis, les 16 types de groupes de Lie et les symétries des redistributions d'un paquet de cartes étaient comme les continents de ce monde. Chaque continent abritait un nombre infini de groupes de symétries possibles. Par exemple, pour les redistributions d'un paquet de cartes, il fallait être en mesure de dire combien de cartes se trouvaient dans le paquet. Le fait de donner ce nombre serait comme de se concentrer sur un pays particulier sur le continent. Le plus petit pays était le groupe de redistributions paires de cinq cartes. Ce groupe de symétries, découvert par Galois, serait la première entrée de leur atlas. Mais ce qui intéressait plus particulièrement Conway et Curtis, c'étaient les îles solitaires et étranges, les groupes de symétries sporadiques. Ils se demandaient combien de ces îles perdues dans l'océan attendaient les chercheurs, indépendantes de tout continent. Conway en avait trouvé trois. Curtis, un jeune mathématicien, brûlait de pouvoir associer son nom à quelque chose. Mais dans l'intervalle, il aidait Conway à préparer l'Atlas du monde connu de la symétrie.

Conway et Curtis obtinrent leur bourse et se rendirent chez Heffers, une librairie de Cambridge, où ils achetèrent un énorme classeur qui coûtait 80 livres, une somme considérable dans le milieu des années soixante-dix. Le classeur était censé s'agrandir au fil des pages qu'ils y ajouteraient. À ce stade, personne ne savait vraiment quelle serait la taille de l'ouvrage. S'il y avait un nombre infini d'îles sporadiques, le livre serait lui aussi infini, ce qui n'aurait sans doute pas déplu à Borges.

La bourse finança également l'acquisition d'un bureau qui devint le quartier général de l'Atlas dans le département. Conway et Curtis épluchaient les publications, rassemblant autant d'informations que possible sur ces groupes. Quand toutes leurs notes portant sur un groupe particulier étaient prêtes, ils « atlantisaient » le groupe de symétries. Il fallait pour cela transférer les informations sur de grandes feuilles de papier bleu Atlantique. C'était comme s'ils dessinaient la carte de cette île de symétrie au milieu de l'océan de la page.

Au fil de l'élaboration de l'Atlas, le bureau se mua en capharnaüm, et Conway commença à en parler comme de l'Atlantide : « Les choses sombraient sans laisser de traces dans le désordre. » Outre ce dernier, ils devaient aussi se débattre avec un étudiant du département, qui passait les voir sans y être invité. C'était Simon Norton, le mathématicien bizarre que j'étais venu rencontrer lors de ma première visite à Cambridge, au début de ma propre carrière dans la recherche.

Dès le plus jeune âge, Norton avait excellé en mathématiques. Son talent précoce lui avait valu une bourse à Eton. Il avait obtenu des résultats si impressionnants en mathématiques que ses professeurs l'avaient inscrit à la London University avant qu'il ait terminé sa scolarité. Arrivé à Cambridge, il entra directement en dernière année de maîtrise, dont il sortit premier. Mais ses compétences supérieures dans le domaine des mathématiques s'accompagnaient d'un réel handicap dans le domaine relationnel. Il semble que le Norton que j'ai rencontré la première fois était beaucoup plus sociable que celui qui était arrivé à Cambridge en tant qu'étudiant.

À Eton, les autres élèves ne tardèrent pas à trouver son point faible, et ils l'exploitèrent sans pitié. Il détestait qu'on le touche. Ses camarades de classe adoraient donc poser la main sur lui, puis s'enfuir en courant tandis qu'il les poursuivait dans le vain espoir de se purifier de ce contact physique. À Cambridge, les étudiants se montrèrent à peine plus tolérants. Les départements de mathématiques sont des havres de paix pour nombre de personnalités étranges et merveilleuses. Mais les autres le surnommaient quand même méchamment « l'enfant ». D'ailleurs, certains furent déçus d'apprendre qu'il était né un 28 février d'une année bissextile. Un jour plus tard, et il serait à jamais resté effectivement un enfant. Il avait la curieuse habitude d'errer dans le département en marmonnant « suinte » jusqu'à ce qu'il ait résolu un problème particulier.

Conway commençait à être prodigieusement agacé par ce jeune homme qui entrait dans leur bureau et s'asseyait là tandis qu'ils travaillaient, se livrant de temps à autre à des commentaires sur leurs progrès. Invariablement, un peu d'écume s'accumulait à la commissure de ses lèvres, et visiblement, il ne se changeait jamais, au point que des trous apparaissaient dans ses vêtements. Il n'était pourtant pas pauvre – ses parents tenaient une bijouterie sur New Bond Street, à Londres –, mais il ne se souciait pas de son apparence. Quand il parlait, il était agité de tremblements incontrôlables. Au bout de quelques visites de Norton, Conway prit Curtis à part : « Je n'en peux plus. Si ce type continue de venir dans le bureau, je vais tout laisser tomber. » Mais quelques semaines plus tard, il avait changé d'avis. Il comprit que Norton pouvait leur être d'une grande aide dans leurs efforts pour cartographier le paysage de la symétrie. Il avait un don exceptionnel pour les détails, et se mit rapidement à parler de la mécanique complexe de ces groupes sporadiques comme s'il s'était agi de vieux amis. L'immensité des calculs qu'ils devaient effectuer pour évaluer les caractéristiques de chaque groupe ne lui faisait pas peur, et il fut donc embarqué dans l'aventure.

L'équipe se composait d'un incroyable éventail de personnalités. Conway était comme un fabuleux magicien, il inventait des jeux et des tours pour distraire les étudiants dans la salle commune du département. Le football du Philosophe, ou Phutball, se jouait avec des pièces de go, et a été inventé là. Mais chacun de ces jeux avait un côté mathématique sérieux. L'analyse du véritable jeu de go par Conway aboutit à une toute nouvelle catégorie de nombres, les nombres surréels. Curtis, lui, était plutôt élégant, grand et beau ; on aurait dit un officier de l'armée tout droit sorti d'un roman de Jane Austen. À en croire certains, il avait la réputation à Cambridge d'être un coureur de jupons. Norton n'avait pas grand succès auprès des dames. Ses parents tentèrent désespérément de le marier, et lui trouvèrent une cavalière pour le Trinity May Ball. L'affaire dut se terminer en désastre, sachant que le sujet de conversation préféré de Norton était les horaires de bus.

En dépit de leurs caractères différents, ils constituaient une équipe formidable. L'Atlas ne cessait de se développer. Conway le trimballait sur une épaule dans tout le département, comme une hotte pleine de briques. Il finit par être si gros qu'il leur explosa au visage un jour qu'ils essayaient d'y glisser une page de plus : « Nous avons cherché à le refermer, et… boum !… il a éclaté. Nous avions finalement ajouté la goutte d'eau qui avait fait déborder le vase. » Conway ayant toujours adoré les défis, il trouva rapidement une solution. En fait, elle se trouvait juste devant leur bureau. La salle commune était meublée de vieux fauteuils décrépits dont le faux revêtement de cuir avait lui aussi éclaté, dévoilant le rembourrage.

Conway y tailla une longue lanière et, avec l'aide d'une aiguille de cordonnier, il consolida l'Atlas.

Non seulement l'équipe établissait les contours de groupes existants, mais elle en découvrait de nouveaux. Conway se souvient de 1974 comme d'une des périodes les plus passionnantes de sa vie mathématique. Pendant un an, Koichiro Harada, un mathématicien japonais, se joignit à l'équipe de Cambridge. Fischer passait souvent. Conway revoit une table dans la salle commune, occupée 24 heures sur 24 par des mathématiciens, pendant des semaines. Harada, à la japonaise, ôtait ses chaussures et s'asseyait en tailleur à la table basse, tandis que les autres, affalés dans les antiques fauteuils, travaillaient avec acharnement. Le matin, le grand Thompson passait pour suivre l'évolution des recherches.

C'est à peu près à cette époque que les mathématiciens commencèrent à comprendre qu'une issue était peut-être étonnamment en vue. Cela eut pour origine des travaux qui avaient lieu sur l'autre rive de l'Atlantique. Daniel Gorenstein avait entrepris de mobiliser des forces afin d'établir les limites de ce monde de la symétrie. En 1972, lors d'une opération d'une précision presque militaire, il avait rédigé un plan en 16 points pour expliquer comment dresser la liste complète de toutes les briques constitutives de la symétrie. Au début, il eut du mal à trouver des volontaires : « Le programme suscita un scepticisme considérable. Je ne crois pas avoir converti quiconque à l'époque. Les pessimistes avaient encore le vent en poupe. »

Toutefois, en l'espace de quelques années, les gens se montrèrent beaucoup plus positifs au sujet du programme de Gorenstein, et ils s'engagèrent pour participer à ce qu'il appelait la guerre de Trente Ans. Son bureau se mit à ressembler à un état-major, où des ordres retentissaient pendant que les téléphones sonnaient. Les participants se voyaient assigner différentes composantes de l'opération, puis étaient envoyés en mission. Un des grands capitaines à mener l'offensive pour Gorenstein était Michael Aschbacher, dont la détermination et les compétences mathématiques permirent de mener l'assaut à un rythme beaucoup plus soutenu que ce qui avait été prévu. Les Américains ne tardèrent pas à rattraper l'équipe de Cambridge qui, elle, écumait le monde de la symétrie en quête de nouveaux groupes avant qu'il n'y en ait plus.

Vers le milieu des années soixante-dix, un total de 25 groupes sporadiques différents avaient été découverts ou conjecturés. Les mathématiciens sentaient que le vent était en train de tourner, que ce chiffre de 25 représentait peut-être la limite de ce qui était possible. Alors, l'homme par qui tout avait commencé en 1965, avec le premier groupe sporadique depuis les cinq de Mathieu, annonça l'existence éventuelle d'un 26e groupe. C'est le quatrième que découvrait Zvonimir Janko. Comme deux serre-livres, Janko 1 et Janko 4 incarnaient apparemment le début et la fin de l'exploration de cet étrange archipel.

Clair de lune

En 1978, 24 de ces 26 groupes de symétrie avaient été construits. Il n'en restait que deux à rôder dans la brume : le Monstre et le quatrième groupe de Janko. La preuve de l'existence de ce tandem était très convaincante, mais il restait encore aux mathématiciens à construire quelque chose dont les symétries correspondaient aux nombres estimés.

L'Atlas de Conway contenait des informations détaillées sur le Monstre, bien que l'équipe de Cambridge n'ait pas été vraiment sûre qu'il existait bel et bien. Un élément clé fut la découverte que le plus petit nombre de dimensions où il était possible de construire un objet ayant les symétries du Monstre était 196 883. C'était pour cela qu'il méritait son appellation de Monstre. Il y a des groupes de Lie qui ont plus de symétries que le Monstre, mais ils étaient les symétries d'une géométrie qui pouvait être construite en huit dimensions. Alors qu'il fallait voyager jusqu'à l'espace en 196 883 dimensions pour que le Monstre surgisse. Et si les gens se disaient que le Monstre était inaccessible, c'était parce que la manipulation d'un objet en 196 883 dimensions dépassait totalement les capacités même des plus puissants ordinateurs disponibles à la fin des années soixante-dix.

Comme Conway allait s'en apercevoir, le nombre 196 883 révélerait que le Monstre n'était pas qu'une entité étrange à la lisière même des mathématiques, mais un objet lié à certains des éléments les plus importants et les plus frappants de la discipline. Et une fois de plus, c'est son vieil ami John McKay qui l'y aida. Il avait envoyé à Thompson une lettre annonçant la découverte de l'équation suivante :

$$1 + 196\,883 = 196\,884$$

Il y avait de quoi penser que McKay avait perdu l'esprit. N'importe qui pouvait écrire des opérations d'une aussi apparente banalité. Mais pour McKay, cette équation n'avait rien d'aléatoire.

Assis dans son bureau de l'université Concordia, à Montréal, McKay était occupé à étudier paisiblement un article sur un sujet qui n'avait absolument aucun rapport avec la théorie des groupes. Il traitait de l'un des objets les plus importants et les plus mystérieux de la théorie des nombres, la fonction modulaire. Dans les années quatre-vingt-dix, des variantes de la fonction modulaire seraient la clé de la résolution du dernier théorème de Fermat. Et en 1978, la fonction modulaire jouissait déjà d'un riche héritage remontant au XIXe siècle. Felix Klein, qui avait travaillé avec Lie pour explorer les liens entre géométrie et symétrie, avait analysé cet objet, et s'en était même servi pour montrer comment résoudre l'équation quintique, à l'aide d'outils plus compliqués que les simples racines de nombres.

La construction de cet objet dépend d'une suite de nombres qui commence comme suit : 1 744, 196 884, 21 493 760, 864 229 970… Il s'agit essentiellement d'un polynôme infini :

$$x^{-1} + 744 + 196\,884x + 21\,493\,760x^2 + 864\,229\,970x^3 + \ldots$$

La suite des nombres vous donne les multiples de x, x^2, x^3… tandis que le polynôme part en spirale vers l'infini. McKay considéra cette suite de nombres et se dit que l'un d'entre eux avait un air extrêmement familier. Il ressortit quelques articles sur la forme de ce Monstre dont tout le monde pensait qu'il existait. Et c'était là. Enfin, presque. 196 883, la plus petite dimension où l'on pouvait espérer croiser le Monstre, c'était 1 de moins que le troisième nombre dans la suite pour la fonction modulaire. Ce qui n'aurait pu être qu'une pure coïncidence, mais McKay pensait justement que les mathématiques regorgeaient de ces liens particuliers. Il décida donc de consigner sa « découverte » dans une lettre à Thompson.

L'équation simple de la lettre soulevait une question intéressante : n'était-ce effectivement qu'une coïncidence si ces nombres étaient si proches, où existait-il une connexion profonde et secrète entre le Monstre et la théorie des nombres ? Au début, Thompson ne voulut pas y croire, disant que cela revenait à lire dans le marc de café. Après tout, il faut se montrer très prudent avec la numérologie.

Par exemple, au XVIe siècle, Kepler s'était servi de quelques coïncidences très surprenantes dans la logique des nombres pour expliquer pourquoi les six planètes connues à l'époque étaient inextricablement liées aux cinq solides de Platon. La découverte d'une septième planète fit voler en éclats la coïncidence numérologique de Kepler, même si lui-même avait depuis renoncé à cette théorie pour d'autres raisons. Mais quand Thompson commença à jouer avec certains des autres nombres de la séquence modulaire, il s'aperçut que le Monstre était encore plus lié à cet objet de la théorie des nombres.

Il s'intéressa alors à la dimension suivante où l'on pouvait s'attendre à voir surgir le Monstre. Elle était loin, puisqu'elle se situait à 21 296 876. À première vue, ça ne correspondait pas. Puis Thompson comprit comment faire entrer ce nombre dans une logique liée aux nombres de la fonction modulaire :

$$21\,493\,760 = 1 + 196\,883 + 21\,296\,876$$

L'affaire prenait un tour vertigineux. Il s'attaqua au nombre suivant. Théoriquement, la dimension prochaine, pour voir le Monstre, est 842 609 326. Là encore, la logique ne fonctionnait apparemment pas : Thompson ne pouvait pas obtenir le nombre suivant dans la suite modulaire, 864 229 970, en additionnant les dimensions du Monstre. Mais il trouva alors un truc pour que tous les nombres correspondent. Il avait un côté un peu forcé, mais le fait qu'il fonctionne prouvait qu'il s'agissait de plus qu'une simple coïncidence. Il pouvait obtenir 864 229 970 en additionnant les nombres suivants, tous liés au Monstre :

$$1 + 196\,883 + 1 + 196\,883 + 21\,296\,876 + 842\,609\,326$$

McKay aussi s'était lancé à la poursuite de ces nouvelles équations, mais c'est Thompson qui les publia le premier. McKay admet : « J'étais franchement vexé. Je crois que Thompson n'avait pas idée de tout ce que je savais. » Thompson n'était pas convaincu que les équations avaient un sens plus profond, et continuait de n'y voir que de la numérologie, terme qui, dans les mathématiques, est généralement associé au charlatanisme. Il avait reçu la lettre de McKay alors qu'il était en visite à Princeton. Dès qu'il revint à Cambridge, il montra l'équation de McKay à Conway.

Ce dernier, cependant, détenait des informations secrètes sur le Monstre, des informations que personne d'autre n'avait en dehors du bureau de l'Atlas. En fait, Conway pensait que l'Atlas était en train de se transformer en un ouvrage contenant toutes les réponses. Il n'était même plus certain qu'il fallait le publier, car cela aurait voulu dire que son équipe renonçait à l'avantage qui était le sien. Les pages bleu Atlantique de l'Atlas recelaient maintenant des détails complets sur les contours possibles du Monstre (si on parvenait un jour à le localiser).

Dès que Thompson lui montra la « numérologie » de McKay, il se précipita à la bibliothèque pour consulter un livre sur la théorie des nombres où l'on trouvait une description exhaustive de la fonction modulaire. Son complice, Norton, était parti pour deux semaines sur les voies ferrées d'Angleterre. Quand il rentra à Cambridge, Conway avait déjà accompli de sérieux progrès. Et dès que Norton eut planté ses crocs dans ces nombres, il trouva une série d'équations qui montraient comment passer des nombres du Monstre à la séquence de la fonction modulaire. « Grâce à Dieu, j'avais ces deux semaines d'avance sur Simon, raconte Conway, sinon, je n'aurais même pas eu le temps de savoir de quoi il retournait ! »

Conway surnomma cette numérologie extraordinaire qu'ils avaient concoctée à partir des simples équations de McKay le « clair de lune ». Mais même s'ils avaient inextricablement rattaché ces deux choses, personne n'en comprenait le sens. Et restait un problème : personne n'avait réussi à construire le Monstre. Alors, d'au-delà des mers leur arriva une nouvelle information saisissante. Le Monstre n'était pas que le produit de l'imagination mathématique – quelqu'un avait enfin donné de la consistance à l'ébauche qui se trouvait dans l'Atlas de Conway.

Frankenstein mathématique

Bob Griess s'était lancé sur les traces du Monstre depuis le début des années soixante-dix. En 1973, il avait effectué les mêmes calculs que Fischer, qui avaient abouti à la prédiction de l'existence de ce gigantesque objet symétrique. Mais malheureusement pour lui, c'était Fischer qui avait récolté les honneurs. Un an plus tôt, Griess avait pourchassé la construction d'un autre groupe, prédit par Arunas Rudvalis, mais il avait été coiffé sur le poteau par Conway et un collègue, David Wales. Conway était si conscient de la course à la construction de ce groupe qu'il avait consigné l'heure et la date de sa découverte : 16 heures, le 3 juin. Quelques instants plus tôt, le téléphone avait sonné dans son appartement de Caltech, où il se trouvait en déplacement. Il savait que ce devait être le labo de calcul, avec les résultats de leur construction. Il attendit 16 heures précises… 4 secondes, 3 secondes, 2 secondes, 1 seconde… puis il décrocha. « Vous êtes l'heureux père d'un nouveau groupe de dimension 145 926 144 000 », proclama son interlocuteur. L'existence de ce groupe avait été prédite par Rudvalis un mois plutôt, à 15 heures, le 4 mai.

Griess, on peut le comprendre, tenait à associer son nom à au moins un groupe sporadique. Le problème, c'est qu'il y en avait manifestement de moins en moins. Le programme de classification de Gorenstein se rapprochait de plus en plus, et il ne restait, semblait-il, que deux des 26 îles à découvrir. Mais se lancer à la chasse au Monstre était plus facile à dire qu'à faire. Personne n'avait les outils nécessaires à la réalisation d'une tâche aussi énorme. Comme Griess le dit aujourd'hui : « Comment pouvez-vous croire que vous allez grimper l'Everest seulement armé d'un cure-dents ? » Mais il fut stimulé par la nouvelle qu'il y avait un lien entre le Monstre et la fonction modulaire. Cela prouvait que le Monstre n'était pas qu'une curieuse anomalie de la nature. S'il existait, il serait rattaché à certains des fondements mêmes des mathématiques.

En 1979, il se sentit suffisamment fort pour s'attaquer à cet objet dissimulé dans l'espace en 196 883 dimensions. Il prit une année sabbatique à l'Institut d'études avancées de Princeton – un environnement idéal pour son expédition. Il commença à travailler 24 heures sur 24 à sa construction. Les indices sur les endroits où chercher ce groupe de symétries manquant étaient nombreux. « On se serait cru dans un roman policier. L'ennui, c'est qu'on ne savait pas si on allait tomber sur un trésor, ou s'apercevoir qu'on avait perdu son temps pour aboutir à une impasse. »

Griess s'aperçut qu'il était particulièrement productif pendant la nuit, au point de connaître par cœur les horaires des rondes du garde de la sécurité. Il croisait d'étranges individus qui préféraient camper dans leurs bureaux que payer un logement. Et, peu à peu, il vit le Monstre émerger de la brume.

Quand décembre 1979 arriva, Griess redoubla d'efforts. « J'étais décidé à réussir avant le changement de décennie. » Il échoua, mais de quatorze jours à peine. N'ayant pris qu'un jour de repos, pour Noël, le 14 janvier 1980, il découvrit un objet dont les symétries correspondaient aux prédictions auxquelles tout le monde se livrait au sujet du Monstre. C'était un incroyable tour de force. À mains nues, sans avoir eu recours à un ordinateur, Griess avait construit cet objet qui avait plus de symétries que le soleil ne compte d'atomes.

Il était maintenant confronté à la tâche redoutable de devoir rédiger sa découverte, mais, échaudé par ses expériences précédentes, il émit une déclaration au préalable, pour veiller à ce que son nom soit rattaché à l'événement. Il était d'ailleurs furieux que le groupe ait déjà été surnommé le Monstre, alors que tous les autres groupes, à l'exception du Bébé Monstre, portaient les noms de leurs découvreurs ou de leurs bâtisseurs : « Le fait qu'il ait été appelé le Monstre me blessait. Cela me déplaisait fortement. » Dans son communiqué, il tenta donc de lui donner un autre nom. Il savait qu'il ne parviendrait pas à convaincre la communauté des mathématiques d'abandonner ce surnom pittoresque en faveur du groupe de Fischer-Griess. Il proposa donc le « *Friendly Giant* » (le Gentil Géant). Le F et le G suffiraient à indiquer son implication et celle de Fischer :

> Pour moi, qui dit Monstre dit dictateurs sinistres, alors que j'avais apprivoisé cet objet. Donc, pour moi, le nom que j'avais trouvé était une façon sérieuse de dire qu'il s'agissait d'un objet gentil, accessible. Le mot Monstre dissuadera tout le monde sauf les plus courageux d'y jeter un coup d'œil. Je pense que les choses devraient être plus ouvertes. Domestiquons la nature et rendons-la plus compréhensible. C'est ce que je crois.

Son nouveau nom n'eut aucun succès.

Après l'enthousiasme initial suscité par la découverte du Monstre au début de 1980, les mathématiciens furent de plus en plus mécontents de l'absence totale de détails sur sa construction. Surtout l'équipe de Cambridge, et Thompson, qui avait été le directeur de thèse de Griess au début des années soixante-dix, fit spécialement le voyage de l'autre côté de l'Atlantique pour en savoir plus.

Une semaine plus tard, il était de retour à Cambridge. Impatient, Conway le coinça dans la salle commune. « Alors, c'est quoi, cette construction ? » Thompson eut l'air un peu gêné. « Ah, euh, je crois qu'en fait, il n'en a pas parlé. » C'était extraordinaire. Le plus grand expert mondial de la théorie des groupes avait traversé l'océan pour en apprendre davantage sur l'une des plus grandes découvertes du secteur au XXe siècle – et son étudiant ne lui en avait pas parlé? Conway dévisagea Thompson, incrédule. « Mais, vous lui avez demandé? » « Eh bien, euh, je me suis dit que ce n'était pas à moi de le faire. » Griess était apparemment décidé à ne rien lâcher avant d'avoir couché par écrit tous les détails nécessaires à la publication.

Un mois après la proclamation de Griess, Conway et son équipe réussirent à construire le 26e groupe sporadique, le dernier, selon les mathématiciens. Contrairement à la reconstitution à mains nues du Monstre par Griess, le quatrième groupe de Janko eut besoin d'heures de calculs assistés par ordinateur pour faire son entrée sur la scène mathématique. Entre-temps, Conway avait recruté un quatrième membre dans son équipe, un génie de l'informatique.

Par rapport au milieu universitaire, Richard Parker avait quelque chose d'un excentrique, mais il adorait les maths. Après avoir décroché une note excellente en mathématiques à Cambridge, il était parti gagner sa vie en travaillant sur les logiciels de caisses enregistreuses. En 1978, il avait rencontré Conway à Cambridge. Conway recherchait désespérément un moyen d'automatiser les tableaux qu'ils produisaient pour l'Atlas. Parker, quant à lui, était ravi d'agrémenter son emploi lucratif en se livrant à une activité un peu plus profonde. Ils étaient faits pour s'entendre.

N'étant pas homme à se laisser intimider par les curieux personnages qui peuplaient le bureau de l'Atlas, Parker afficha bien vite ses propres particularités. Le fait d'être un formidable programmeur l'avait rendu extrêmement logique dans l'analyse de son travail. Mais cela avait parfois tendance à déborder sur d'autres aspects de sa vie. « À quoi sert un organisme ? » se demandait-il. « À propager ses gènes » était, semblait-il, une réponse sensée. Avec son impitoyable logique, il fit donc passer des annonces dans les revues lesbiennes où il proposait son sperme aux couples désirant des enfants. Ses collègues de l'Atlas estiment qu'il a dû transmettre son patrimoine à plus d'une dizaine d'enfants.

L'équipe de l'Atlas ne cessait d'inventer de nouveaux délires. Un jour, ils publièrent une annonce dans le *Times* de Londres : « Gentleman, envisage lancer nouvelle religion, cherche fidèles. » Quiconque aurait répondu l'aurait fait sans savoir, bien sûr, que la nouvelle religion impliquait que l'on voue un culte au Monstre en scandant des nombres interminables au clair de lune.

Parker se retrouva bientôt happé par son travail sur l'Atlas, et il décida de s'établir à son compte pour avoir plus de temps à consacrer au projet de Conway. Le plus difficile fut de trouver l'ordinateur capable de construire le quatrième groupe de Janko. Cela nécessitait de travailler en 112 dimensions, certes beaucoup moins que le Monstre, mais c'était encore à la limite des capacités des ordinateurs de Parker. En février 1980, ils avaient trouvé un moyen de vérifier si les symétries de cette géométrie en 112 dimensions aboutissaient effectivement à ce dernier groupe sporadique. Tandis que l'ordinateur digérait des chiffres et répondait « oui » aux millions de questions qu'on lui posait, l'équipe sombra dans la morosité. Ils savaient que c'était probablement l'ultime groupe sporadique. Ils sentaient approcher le moment du « oui » final, et quand il vint, Conway en consigna l'instant à la seconde près, sur un grand carton, avec les mots « J_4 construit ». Et il afficha ce message sibyllin sur les murs du bureau de l'Atlas. C'était sans doute terminé.

L'été venu, Griess se sentit enfin prêt à rendre publics les détails de sa construction du Monstre. Il commença à donner des conférences. Elles attiraient des foules de mathématiciens impatients de comprendre comment il avait procédé. La bande de Cambridge finit par mettre la main sur un exemplaire de l'article de cent pages que Griess avait préparé, et se pencha sur les détails qui lui avaient échappé, et que Thompson n'avait pu arracher à son ancien étudiant. La nouvelle se répandit que l'équipe de Gorenstein arrivait elle aussi en vue de son objectif, et qu'elle était sur le point de démontrer que les 26 groupes, les polygones avec un nombre premier de côtés, les groupes de redistribution et les groupes de Lie étaient tout ce que l'on trouverait dans l'Atlas.

Personne ne peut dire avec exactitude quand prit fin cette épopée. En 1980, *The Mathematical Intelligencer* se disposait à publier sa quatrième édition du volume 2 avec en couverture le titre : « Les 26 groupes sporadiques connus ». À la relecture, le mot « connus » fut supprimé, et on ajouta une note signalant que « la classification des groupes simples finis est terminée. Il n'y a plus d'autres groupes sporadiques ». Gorenstein déclara lui aussi en 1980 que tout était fini, mais il modifia par la suite la date de ses conclusions, la reportant à février 1981, quand un article de Norton démontra qu'il ne pouvait y avoir deux groupes différents ressemblant au Monstre. Sans cette contribution de Norton, il restait la possibilité théorique qu'existent plusieurs groupes sporadiques présentant le même nombre de symétries que le Monstre. D'autres disent que la course prit fin en 1983, quand certaines pièces essentielles du puzzle furent enfin en place.

En 1985, Conway, Curtis, Norton et Parker, ainsi qu'un cinquième auteur, Rob Wilson, qui s'était joint à eux, étaient prêts à soumettre *L'Atlas des groupes finis* aux éditeurs. Le voyage était terminé, la démonstration complète. Quand je suis arrivé à Cambridge, l'Atlas – témoignage record d'un voyage de deux mille ans à travers la symétrie – était sous presse.

5 juillet, Édimbourg

Il y a deux ans jour pour jour, j'ai assisté à une conférence à Édimbourg pour célébrer le 25e anniversaire de la découverte du clair de lune sur le Monstre. Y participaient nombre de ceux qui avaient été impliqués dans l'aventure. Même pour des mathématiciens, c'était une sacrée collection de personnages étranges : Simon Norton, avec ses sacs en plastique pleins à craquer d'horaires et sa chemise trouée; John McKay, portrait craché du colonel Sanders, le visage des Kentucky Fried Chicken, avec ses joues rouges et sa moustache blanche; John Conway, un peu moins hirsute que du temps de Cambridge, mais avec un éclair de folie dans le regard et un large sourire. La secrétaire qui distribuait les livrets sur la conférence à la réception était sous le choc. « Ils ont vraiment l'air bizarre », commenta-t-elle.

Le premier jour de la conférence, John McKay, le premier à avoir vu le clair de lune se refléter sur le Monstre, se leva pour présenter Conway : « John va vous expliquer comment j'ai construit le

Monstre. » « Non, rétorqua Conway sur un ton plutôt hargneux, je vais vous expliquer comment *j'ai* construit le Monstre. » Depuis le premier article de Griess, d'autres ont tenté de trouver des moyens plus efficaces de construire le Monstre, espérant que chaque nouvelle construction en dirait plus sur le clair de lune et le lien entre le Monstre et la théorie des nombres.

« Vous feriez mieux d'applaudir maintenant, avant que je parle, parce que ça ne va pas marcher. » Conway commença à taper dans ses mains et l'assistance, perplexe, l'imita. « J'ai fait cette présentation à Princeton il n'y a pas longtemps, et ça n'a pas marché. Ça n'a pas marché non plus à Rutgers. Mais je pense qu'il faut essayer et essayer encore. » Il se lança dans sa description de la construction du Monstre, une création qu'il n'a cessé de peaufiner depuis le jour où il a reçu le long article de Griess. Pour Conway, le Monstre est « étonnamment simple » et il ne demande qu'à communiquer la vision qu'il en a.

Mais comme il l'avait prédit, au bout d'une dizaine de minutes, la plupart des membres de l'assistance avaient l'air perdu. Plusieurs personnes, dont McKay et mon voisin immédiat, s'étaient endormies. Les ronflements de McKay devenant de plus en plus gênants, quelqu'un lui donna un coup de coude dans les côtes pour le faire taire. Arrivé au milieu de sa présentation, Conway savait que le public ne le suivait plus. « Je vous avais dit que ça ne marcherait pas. Mais vous avez déjà applaudi. » Il était profondément désolé, c'était visible. « Le groupe est grand, mais en réalité, il est assez simple. » Quand on a passé près de trente ans avec lui, c'est plus un ami qu'un Monstre.

À l'issue de sa présentation, Conway était démoralisé. Nous nous sommes assis avec lui pour essayer de comprendre ce qui s'était passé. « Dans *Henri IV*, de Shakespeare, il y a cette magnifique citation que je m'efforce d'appliquer, dit-il. Owen Glendower déclare : “Je peux appeler les esprits des vastes profondeurs.” Et Hotspur lui réplique : “Eh bien, je le peux aussi, comme tout un chacun, mais viendront-ils lorsque vous les appellerez ?” Je rêve d’être comme Hotspur. » Ce matin-là, les esprits ne s’étaient pas montrés. Le Monstre était resté dans les grandes profondeurs.

Conway avait ce besoin insatiable d’invoquer la connaissance depuis les méandres de son esprit. C’était pour cela qu’il avait appris tant de décimales de π quand il était plus jeune. Il avait aussi appris à pouvoir trouver le jour de la semaine de n’importe quelle date que vous lui donniez. C’est en général un talent que l’on associe aux autistes, mais Conway, lui, s’était enseigné les mathématiques qu’il y a derrière. Pour garder son esprit en éveil, il a programmé son ordinateur pour que, au lieu d’entrer un mot de passe pour y avoir accès, il soit obligé d’identifier le jour de la semaine pour dix dates différentes en douze secondes. Il estime être aujourd’hui le plus rapide au monde, et que personne ne peut donc pirater son ordinateur. Il est aussi persuadé qu’il peut apprendre ce truc à n’importe qui – mais peut-être pas à la vitesse à laquelle il y parvient.

Lors du dîner de la conférence, le soir même, Conway expliqua la technique à une des jeunes diplômées. Alors que nous rentrions tous à pied à l’université depuis le centre-ville, nous avons longé un vieux cimetière. C’était l’occasion idéale pour mettre la jeune femme à l’épreuve. Conway s’arrêta devant une pierre tombale et lut : « Alors, Alexander Maclean, parfumeur d’Édimbourg. Mort le 5 octobre 1834. Quel jour connut-il sa triste fin ? » Elle ne marqua qu’un bref temps d’arrêt avant de répondre que Maclean était mort un dimanche.

Mais Conway était déjà passé à un autre sujet. Le ciel était constellé d’étoiles, et seuls quelques nuages occultaient le firmament. « Je peux nommer chacune des étoiles dans le ciel, se vanta-t-il. Vous voyez ce nuage, là ? Je peux même vous dire le nom des étoiles qui sont derrière. » Et il entama la liste : « Bételgeuse, Bellatrix, Alnitak… » Un jeune diplômé se joignit à lui pour exhiber ses connaissances. Tout cela était très étrange. À mes yeux, c'est un exercice inutile. Comme de collectionner des papillons. Ça n'a pas de sens. C'était précisément le genre de choses que j'avais voulu fuir en m'intéressant aux mathématiques.

En 1982, Thompson avait de même décrit la classification des briques constitutives de la symétrie comme « un exercice de taxinomie. Certes, l'exercice est d'une longueur colossale, mais la longueur est concomitante de la taxinomie ». Depuis que la classification est terminée, les mathématiciens se demandent s'il n'y aurait pas une explication plus conceptuelle à la présence de ces briques constitutives dans l'Atlas. Pour les amoureux de la chasse à la logique, ces 26 groupes sporadiques n'ont tout simplement pas de sens. Ils sont là, comme une constellation aléatoire dans le ciel nocturne. Thompson ajoute :

> Je me demande, ce qui n'a rien d'étonnant, si un Darwin futur parviendra à conceptualiser et à unifier ces théorèmes que nous avons eu tant de mal à conquérir. Le grand hic, même s'il y en a plusieurs, concerne les groupes sporadiques. Pour moi, il est esthétiquement répugnant de devoir accepter ces groupes comme de simples anomalies… Peut-être… Il reste à écrire *L'Origine des groupes.*

La longueur de la démonstration de la classification est un souci en elle-même, puisqu'elle s'étend sur quelque dix mille pages dans les publications spécialisées. Sommes-nous sûrs de n'avoir rien laissé échapper ? Il est garanti à 100 % qu'une démonstration d'un tel volume ne peut que contenir des erreurs – mais certaines seraient-elles fatales ? Quand ils démontrent un théorème, à l'aide de la classification de ces briques constitutives, certains mathématiciens prennent la précaution de le souligner. Elle est presque citée comme une hypothèse de travail plutôt que comme un théorème démontré, simplement au cas où surgirait un 27e groupe sporadique qui aurait échappé à la liste, et où il faudrait alors réévaluer la démonstration.

D'ailleurs, à la fin des années quatre-vingt, la nouvelle se répandit qu'une pièce du puzzle était manquante. Geoffrey Mason avait écrit un papier couvrant l'une des étapes difficiles du plan en 16 points de Gorenstein pour boucler la classification. À l'origine, Gorenstein avait confié la mission à Janko, mais le Croate était parti en 1975, au bout de cinq ans de recherches, en déclarant que c'était trop difficile. Un membre du régiment de Gorenstein a écrit que la démission de Janko fut le seul moment où il vit la résolution de Gorenstein flancher. Mason avait relevé le défi, et avait produit un projet de démonstration de l'étape manquante, projet de huit cents pages. Mais il n'avait jamais été publié. Quand ceux qui avaient participé à la rédaction de la démonstration complète de la classification s'intéressèrent au document de Mason en 1989, ils comprirent pourquoi. Il était criblé de lacunes.

Il avait été quelque peu prématuré de fêter la fin de la classification. Comme le dit un mathématicien qui y a pris part :

> Rétrospectivement, et avec la tête froide, c'était peut-être un peu précipité de proclamer que tout était terminé avant que les manuscrits n'aient été soigneusement vérifiés, mais c'était parfaitement compréhensible. Les mathématiques sont faites par des êtres humains, dont les personnalités ont un aspect émotionnel, et pas seulement rationnel.

Les critiques commencèrent à pleuvoir. Comment pouvait-on parler de théorème, s'il y avait un trou de huit cents pages en plein milieu ?

Un des grands mathématiciens du XXe siècle, Jean-Pierre Serre, se montra particulièrement critique :

> Des années durant, j'ai débattu avec les spécialistes de la théorie des groupes qui affirmaient que le « théorème de la classification » était un « théorème », autrement dit, qu'il avait été démontré. Il a effectivement été annoncé comme tel par Gorenstein en 1980, mais il s'est avéré par la suite qu'il y avait une lacune. Chaque fois que j'en faisais état aux spécialistes, ils répondaient quelque chose du genre : « Oh, non, ce n'est pas une lacune; c'est juste quelque chose qui n'a pas été écrit, mais il y a un manuscrit incomplet de 800 pages qui y correspond. » Pour moi, c'est la même chose qu'une « lacune », et je ne peux pas comprendre pourquoi cela n'a pas été admis comme tel.

Gorenstein est mort en 1992, alors que la controverse faisait toujours rage. Trois ans plus tard, le grand capitaine de Gorenstein, Aschbacher, en collaboration avec Stephen Smith, a entrepris de combler cette lacune. En 2004, l'année de la conférence sur le clair de lune à Édimbourg, leurs efforts ont été publiés. Si les mathématiciens avaient trouvé que les 255 pages de l'article de Thompson et Feit, au début des années soixante, étaient phénoménales, celui d'Aschbacher et Smith le réduisait au rang de nain : le leur faisait 1 221 pages. Tout le monde s'accorde à reconnaître que s'il reste des erreurs ou des lacunes, elles ne peuvent être trop graves. Smith pense que « la base de la fiabilité de la démonstration, c'est que nombre de ses éléments sont extrêmement parallèles. Il est très peu probable qu'il y ait un trou assez gros pour y faire passer un camion ». En d'autres termes, cette démonstration se compose de tant de fils que le fait d'en tirer n'entraînera pas la chute de tout l'édifice.

Avec la mort de Gorenstein, la communauté mathématique se rendit compte que ceux qui comprenaient pleinement toutes les subtilités de la démonstration de la classification ne rajeunissaient pas. Maintenant que la démonstration était terminée, le domaine attirait peu de jeunes aspirants mathématiciens. La classification impliquait des techniques très spécifiques dont on se dit aujourd'hui qu'elles pourraient disparaître avec la fin de cette génération de praticiens, presque comme les talents et le savoir des maçons du Moyen Âge, qui n'ont jamais été retrouvés. Raison de plus pour que ceux qui avaient participé à cette démonstration soient sûrs de ne pas être passés à côté d'un 27e groupe.

Conway et son équipe reconnaissent sans hésiter la possibilité d'erreurs dans leur Atlas. Dans leur introduction, ils écrivent que :

> en ce qui concerne les erreurs en général, qu'elles soient mentales, typographiques ou accidentelles, nous sommes conscients de pouvoir nous-mêmes en désigner plus que n'importe quel critique. Ceux qui sont familiers des innombrables difficultés liées à l'exécution d'un travail d'une nature aussi étendue sauront en tenir compte. C'est à eux que nous faisons appel, et nous nous satisferons du verdict qu'ils rendront.

Ce ne sont pas vraiment les mots de Conway, puisqu'ils sont tirés de la préface de la première édition de l'*Encyclopædia Britannica,* publiée en 1771.

En fait, la première erreur de l'Atlas est une coquille criante au début de l'introduction, où le premier titre est « Prélimaires ». Les erreurs de ce genre sont évidemment sans conséquence. Mais est-il possible que l'Atlas ait raté un 27e groupe sporadique qui serait perdu quelque part dans l'océan de la symétrie ? Peut-être quelqu'un a-t-il regardé dans une direction et a-t-il cru que les maths lui disaient qu'il n'y avait rien par là. Cela a bien failli arriver avec plusieurs des groupes que nous avons découverts.

Conway se souvient que le groupe de Rudvalis, qu'il avait construit à 16 heures le 3 juin, avait à un moment donné accouché d'une contradiction qui aurait dû leur faire faire demi-tour :

> Cette contradiction refusait de s'en aller, même après que nous l'avions condensée sur une feuille de papier, et étudiée pendant des jours. Heureusement, nous étions tellement convaincus de l'existence du groupe que, pour finir, nous avons simplement mis cette feuille de papier de côté, et que nous avons construit le groupe par une autre méthode qui évitait soigneusement cette contradiction ! Ce qui m'inquiète, c'est cette idée entêtante qu'un autre groupe comme celui de Rudvalis aurait pu être rejeté quelque part dans la classification par quelqu'un qui n'était pas assez convaincu de son existence.

Il tomba sur quelque chose que presque personne n'avait vu : « Je me souviens de notre enthousiasme, une nuit, quand nous avons cru que nous avions trouvé un 27ᵉ groupe. » À cette seule pensée, son regard se mit à pétiller. Mais en fait, il ne s'agissait que d'un des groupes de Lie sous un autre aspect. Il faut préciser que les gens comme Conway et Fischer adoreraient qu'il y ait un 27ᵉ groupe qui nous aurait échappé à tous. Pour ces mathématiciens, les groupes sont comme des joyaux : plus il y en a, mieux ça vaut.

Après la publication de l'Atlas et la fin du voyage, la théorie des groupes sombra dans la morosité. Le milieu avait connu quelques décennies de passion, et rien n'égalait la sensation de construire un groupe entièrement nouveau. Conway se vit offrir un poste prestigieux à Princeton. Il adorait Cambridge. Il aimait à se promener dans les jardins, à passer d'un College à l'autre tout en réfléchissant aux mathématiques. Mais la fête était finie. Des forces plus sérieuses se mobilisaient dans le département, et Conway sentit poindre la menace d'un dégraissage du secteur de la théorie des groupes. « Nous étions considérés comme des oisifs qui restaient toute la journée dans le département à jouer au backgammon et au go. »

Le président de Princeton invita Conway et sa famille à venir passer une année sur place, mais Conway savait que ce n'était qu'un moyen de retarder sa décision. Pour finir, il proposa une cérémonie de pile ou face pour sortir du dilemme : face, il restait à Cambridge, pile, il partait à Princeton. Nombre de ses décisions sont prises de cette façon. Mais sa deuxième épouse déclara que cela manquait de respect. Finalement, il se rendit à Princeton car c'était pour lui un nouveau défi. « À Princeton, tout le monde est tellement sérieux. Tout le monde travaille tellement dur. À Cambridge, les gens débarquaient simplement avec des idées délirantes et essayaient de voir où elles allaient. Pour faire du bon travail, il faut être un peu irresponsable. »

Le déménagement s'accompagna de son lot de difficultés. Peu après son arrivée à Princeton, Conway se sépara de son épouse. Leur rupture le plongea dans une grave dépression qui le poussa au suicide. Il se réveilla à l'hôpital, soulagé de voir qu'il s'était raté, mais redoutant de devoir retourner à une vie normale où les gens parleraient dans son dos. « Je me dis : "Que ferait Conway dans ce cas-là?" Il montrerait clairement qu'il est au courant. » Il emprunta donc un tee-shirt à un ami orné du mot SUICIDE en grosses lettres. Il se trouve que c'est le nom de la deuxième montagne la plus difficile à escalader aux États-Unis, dont son ami avait fait l'ascension quelques années plus tôt.

Conway déteste vieillir. Pour un mathématicien, c'est parfois plus dur que pour les autres. Malgré notre désir désespéré de ne pas y croire, pour la grande majorité d'entre nous, c'est quand nous sommes jeunes que nous connaissons notre pic de créativité. La ménopause mathématique est une dure réalité. G.H. Hardy, autre membre célèbre de Cambridge, tenta lui aussi de se suicider à l'approche de la vieillesse. Conway contemple l'avenir et n'aime guère ce qu'il voit : « Qu'y a-t-il au bout du chemin ? La mort, et ça ne me plaît pas beaucoup. Je ne veux pas vieillir. Dans ma tête, je ne me sens pas vieux. » C'est pour cela qu'il a recommencé à apprendre à son esprit à effectuer des calculs à la vitesse de l'éclair.

La vieillesse a aussi fait ressortir chez lui un côté un peu vain. Ses cheveux ne sont plus la crinière sauvage qu'il portait à Cambridge. « Après m'être fait couper les cheveux, je suis passé chez le glacier d'à côté, et la fille m'a dit : "Oh, vous faites beaucoup plus jeune." J'ai toujours cru que je me moquais de mon apparence, et c'était encore vrai il y a peu. » Il est maintenant marié à sa troisième femme, qui sera sa dernière. « Eh bien, j'ai eu quatre enfants avec la première, deux avec la deuxième, un avec la troisième... Avec une quatrième, il faudrait que je n'aie qu'un demi-enfant », dit-il, toujours obsédé par la logique. Et entretenir une famille aussi étendue coûte cher.

Après le départ de Conway à Princeton, beaucoup ont suivi d'autres voies. « Une fois Conway parti, il n'y avait pas vraiment de raison de traîner à Cambridge », admet Wilson, le cinquième auteur de l'Atlas. Le quatrième auteur, Parker, a continué à associer mathématiques et programmes de caisses enregistreuses : « À partir de l'automne, j'ai touché une bourse de recherche à Cambridge, donc, j'ai eu plus de temps pour les mathématiques. Mais ça n'a pas vraiment compensé la perte de John Conway. » Norton, lui, dépourvu des compétences politiques et sociales pour survivre dans la jungle universitaire, a été plus ou moins abandonné par tout le monde. Il a continué à explorer le Monstre, et beaucoup de mathématiciens prétendent que ces sacs en plastique qu'il transporte avec lui ne contiennent pas que des horaires de bus, mais aussi plus de secrets sur le Monstre que l'on peut en imaginer. Mais il sera difficile de les lui arracher.

En quête du clair de lune

Un grand mystère subsistait : qu'est-ce qui éclairait ainsi tant le Monstre que la fonction modulaire ? Conway avait laissé derrière lui le mystère du clair de lune, mais un de ses étudiants en doctorat qui était resté à Cambridge en avait attrapé le virus. Quand Richard Borcherds s'était inscrit en doctorat dans le département, sa demande avait failli être rejetée parce que des amis avaient trafiqué son formulaire. À la rubrique « sexe », ils avaient écrit : « avec plaisir ». Ce qui n'avait que fort peu amusé le chef du département, mais Conway avait repéré que Borcherds était un étudiant brillant et il convainquit le directeur de fermer les yeux sur ce commentaire égrillard.

Pendant près de six semaines, Conway tenta de prouver quelque chose à propos du réseau de Leech, mais il était complètement enlisé. Il fit part du problème à Borcherds. Deux semaines plus tard, Conway était toujours enlisé. Borcherds eut l'air surpris : « Oh, vous ne l'avez pas encore démontré ? Je l'ai fait la semaine dernière. » Conway reconnaît qu'il n'a pas enseigné grand-chose à Borcherds – il n'en avait pas besoin. Il s'est simplement mis au travail. Borcherds a un petit côté Néandertal, avec des poils partout, de longs bras qu'il donne l'impression de traîner derrière lui tandis qu'il court d'un endroit à l'autre. Et la communication de ses idées n'était pas un de ses points forts. « Son premier séminaire a été un désastre, se souvient Conway. Au bout d'une vingtaine de minutes, il a vu qu'il n'arriverait jamais à présenter son matériel dans les temps. Il a arrêté et il s'est barré. »

Borcherds ne s'est pas inquiété de la fuite des spécialistes de la théorie des groupes de Cambridge. Il avait toujours été plus heureux tout seul. Il aimait partir faire de longues randonnées à vélo. Son autre passion, c'était la spéléologie. Pour se changer des mathématiques, il n'aimait rien tant que se retrouver coincé dans l'obscurité presque sans pouvoir bouger, sans savoir s'il pouvait avancer ou s'il allait repartir en se tortillant en marche arrière.

Sur le plan mathématique aussi, Borcherds se retrouva de plus en plus engoncé dans un tunnel – au bout duquel brillait une lueur. Il commençait à croire que c'était la lumière du clair de lune qui ricochait sur le Monstre. Il s'était pris de passion pour une nouvelle structure algébrique ésotérique, dite algèbre vertex. Tout comme il avait fallu des décennies avant que l'idée abstraite de groupe de Galois ne soit admise, cette structure n'était pas encore entrée dans les mathématiques courantes :

> J'ai fini par perdre mes illusions, parce qu'il était évident que cela n'intéressait personne d'autre. À quoi bon avoir une idée si elle est tellement compliquée que personne ne peut la comprendre. Je me souviens que je donnais des conférences sur les algèbres vertex, et que personne ne venait. Un jour, il y a vraiment eu beaucoup de monde. En fait, il y avait eu une faute de frappe, et le titre disait « Algèbres vortex », au lieu d'« Algèbres vertex ». L'assistance se composait de physiciens des fluides, et quand ils ont compris que c'était une faute de frappe, ce que j'avais à dire ne les a pas intéressés eux non plus.

Si cela ne les intéressait pas à l'époque, aujourd'hui, ils sont tout ouïe. Il s'avère que ces structures algébriques permettent de comprendre certaines des idées les plus fondamentales de la théorie des cordes, cette théorie qui, de nos jours, espère unir la relativité et la physique quantique. Comme les physiciens s'en sont aperçus, la théorie des cordes contient beaucoup d'éléments étranges de la théorie des nombres, y compris la fonction modulaire, qui se trouve d'un des côtés du miroir du clair de lune. Borcherds a compris que ces structures algébriques étaient aussi inextricablement liées aux symétries du Monstre. Quand l'idée lui est venue, il n'était pas coincé dans un siphon, mais à bord d'un bus :

> J'étais au Cachemire. Je parcourais le nord de l'Inde, et il y avait un long trajet en bus, très ennuyeux, d'environ 24 heures. Puis le bus a dû s'arrêter à cause d'un glissement de terrain, et nous n'avons pas pu aller plus loin. Tout cela était fichtrement déplaisant. Quoi qu'il en soit, je m'amusais à effectuer des calculs pendant ce voyage, et finalement, j'ai eu une idée grâce à laquelle tout marchait.

Ses calculs ont révélé pourquoi les nombres qui, dans l'Atlas, correspondent au Monstre, et les nombres modulaires de la théorie des nombres étaient tous éclairés par les algèbres vertex. Ce lien avec l'algèbre de la théorie des cordes et la théorie physique de l'univers rendait le clair de lune encore plus exotique qu'on ne l'aurait imaginé. Dès que cela se sut, les gens commencèrent à évoquer avec mysticisme le Monstre, « groupe de symétries de l'univers ». À tout le moins, cet étrange flocon de neige symétrique de l'espace en 196 883 dimensions révélait des logiques qui trouvaient un écho en physique théorique.

Pour Borcherds, cette révélation fut un des plus grands moments de sa vie : « Je me demande parfois si c'est ce genre de sentiment que l'on connaît quand on prend certaines drogues. Je ne sais pas vraiment, puisque je n'ai pas testé cette théorie. » La découverte catapulta ses idées sous les feux de la rampe. Ses conférences faisaient désormais salle comble, mathématiciens et physiciens y jouant des coudes, sans que cela soit dû à une faute de frappe. En 1998, ses travaux sur le clair de lune furent reconnus comme une des plus grandes percées des mathématiques. Il fut récompensé par une médaille Fields lors du Congrès international des mathématiciens qui eut lieu cette année-là à Berlin. Il explique que le prix ne l'enthousiasma pas autant que sa découverte à bord d'un bus au Cachemire : « Avant la récompense, je me disais qu'il n'y avait rien de plus important, mais aujourd'hui, je comprends que ça ne l'est pas du tout. »

La conférence organisée à Édimbourg pour célébrer les vingt-cinq ans de la découverte du clair de lune avait aussi pour but de comprendre les nouvelles perspectives qu'offraient les travaux de Borcherds. Il est curieux que, bien que ses travaux démontrent le lien entre la théorie des nombres et cette immense symétrie, le sentiment que l'on ne maîtrise pas pleinement cette connexion persiste. Lors d'une récente réunion où tout le monde félicitait Borcherds pour sa réussite, John Conway, son directeur de thèse, s'est levé et a déclaré : « Je ne suis pas là pour tresser des louanges, mais pour dénoncer… », et il s'est lancé dans une critique du travail de son élève. Conway pense toujours que Borcherds n'a pas vraiment mis en lumière ce qui relie la symétrie du Monstre aux fonctions modulaires de la théorie des nombres.

Le mathématicien Andrew Ogg avait trouvé les premiers indices du clair de lune dans les années soixante-dix, et il avait offert une bouteille de Jack Daniels à qui expliquerait le phénomène. Il y a peu, il a demandé s'il devait offrir la bouteille à Borcherds. « Non, a répliqué Conway, il a démontré la connexion, mais il ne l'a pas expliquée… » Conway estime qu'une explication plus profonde attend d'être découverte, et qu'il ne faut pas laisser la question en suspens :

> Je pense que dans deux cents ans quelqu'un va considérer un phénomène géométrique naturel et va comprendre qu'il présente beaucoup de symétries. Et plus on l'étudiera, plus on verra que ce sont les symétries du Monstre. Alors, ils ressortiront tous nos vieux articles écrits des siècles plus tôt sur le Monstre.

Pendant la conférence d'Édimbourg, un rapport circulait sur des recherches qui avaient démontré que les départements de mathématiques comptaient une plus forte proportion de gens atteints du syndrome d'Asperger que les autres départements universitaires. Ce que nia fermement l'assistance, mais quand Borcherds fut interviewé pour sa médaille Fields, il reconnut qu'il pensait en souffrir : « Je présente un paquet des symptômes. Un jour, j'ai lu quelque chose dans un journal où ils disaient qu'il existait six signes du syndrome d'Asperger, et je me suis dit : "Eh, j'en ai cinq !" »

Hans Asperger, pédiatre viennois, identifia le syndrome dans sa thèse de doctorat en 1944 comme une variante hautement fonctionnelle de l'autisme. Parmi les critères que Borcherds avait lus, on trouve une grave incapacité à l'interaction sociale ; des intérêts réduits et prioritaires ; l'imposition de gestes répétitifs ; la communication non verbale ; et, dans certains cas, la maladresse. Il est également associé à un profond désir de systématiser. Le monde mathématique semble adapté à ceux qui présentent de telles caractéristiques, et Asperger montra que beaucoup de gens atteints du syndrome étaient attirés par des professions où ils pouvaient exploiter leurs compétences mathématiques.

Ses amis savent que Borcherds a tendance à s'éclipser pendant le dîner, et qu'on le retrouve des heures plus tard plongé dans un texte mathématique. Il ne voit pas pourquoi bavarder. Il n'aime pas faire la conversation, ne comprend pas à quoi sert une discussion au téléphone, si ce n'est pour transmettre des informations, et évitera à tout prix de vous regarder dans les yeux, les rares et douloureuses fois où il est contraint de vous parler. Mais ce sont des caractéristiques que l'on rencontre si souvent dans les départements de mathématiques qu'ils sont acceptés sans difficulté.

Simon Baron-Cohen, un des plus grands spécialistes d'Asperger et de l'autisme de Cambridge, ayant entendu parler de l'autodiagnostic de Borcherds, était curieux de pouvoir s'entretenir avec lui en personne. Après tout, c'est aujourd'hui très à la mode que de prétendre être atteint d'un léger soupçon d'autisme ou d'Asperger. Comme Asperger l'écrivit : « Il semble que, pour réussir dans les sciences ou les arts, une pincée d'autisme soit essentielle. »

Asperger est fortement héréditaire, et Baron-Cohen ne fut pas surpris d'apprendre que le grand-père de Borcherds, qui vivait en Afrique du Sud, était le genre d'homme qui préférait passer des semaines à chasser dans le bush sans se soucier de sa famille et sans regretter la compagnie des hommes. Borcherds, lui, se réfugiait dans les mathématiques, où il traquait les mystères du Monstre. L'analyse de Baron-Cohen a confirmé l'autodiagnostic de Borcherds. Il présente des indices de « très faible capacité à l'empathie, de très forte tendance à la systématisation et un grand nombre de caractéristiques autistes. Ses compétences en mathématiques lui ont permis de trouver une niche où il peut exceller (c'est le moins que l'on puisse dire), et où son étrangeté sociale est tolérée ».

Face, on passe

Alors que nous sommes assis après la discussion du jour sur les liens entre les maths et Asperger, Norton se dandine dans notre direction, ses sacs s'écrasant contre quiconque se dresse sur son chemin. Personne ne nierait que Norton présente plusieurs des traits que Borcherds pensait retrouver en lui-même. Il a changé de chemise une fois depuis le début de la conférence, mais la nouvelle est aussi trouée que la précédente. C'est vrai qu'il est obsédé par les nombres et les horaires de trains. Mais quand on creuse un peu plus en profondeur, on découvre qu'il est très actif sur le plan politique, qu'il travaille pour le parti travailliste et qu'il est un des principaux avocats de Transport 2000, mouvement politique qui fait campagne en faveur des transports publics. Durant notre séjour à Édimbourg, il a été interviewé sur BBC Radio Cambridge à propos d'une campagne pour empêcher la fermeture d'une desserte locale. Pendant la conférence, il m'a expliqué qu'il avait parcouru chaque ligne du réseau ferroviaire britannique. « Sauf une », a-t-il ajouté, un peu d'écume apparaissant à la commissure de ses lèvres à l'idée de cette ligne encore vierge de sa présence. Il existe une desserte qui part de Newquay et qu'il se réserve pour une grande occasion.

Il brandit une carte détaillée de la région qui entoure le campus. « On peut aller manger un curry à Currie ? » Son sens de la symétrie ne peut résister à la découverte du nom de ce petit village du coin. Conway hésite. « Laissons la pièce décider, fait-il en sortant une pièce de 50 pence. Face, on passe, pile, on y va. » Elle retombe sur face. Donc, dîner à la cafétéria du campus.

Conway est d'humeur joviale. Son échec, quand il a voulu invoquer le Monstre au début de la semaine, l'avait abattu. Depuis, il a passé son temps à trouver un meilleur moyen d'expliquer quelque chose qui lui semble si naturel, si évident. Son idée dépend d'une série d'images qu'il a concoctées et qui, selon lui, montre beaucoup plus clairement ce qui se perd dans les notations et les équations dont il avait couvert le tableau noir le premier jour. Il a demandé aux organisateurs s'il pouvait refaire sa présentation. Ce matin, les regards étaient beaucoup plus enthousiastes, et Conway a eu le sentiment qu'il avait accompli son souhait d'invoquer, tel Hotspur, les esprits des profondeurs.

Il nous a éblouis par sa présentation divertissante. Il nous a montré de superbes tours de cartes. Des grenouilles en origami ont jailli de ses mains. Il nous a même démontré comment lancer une pièce pour qu'elle retombe vingt fois sur face. Puis vingt fois sur pile. Nous commencions tous à nous demander si notre décision de rester ce soir-là était vraiment due à la chance. Nous avons tous juré de ne jamais révéler le secret du tour des pièces (permettez-moi seulement de vous dire que l'on trouve une curieuse asymétrie dans beaucoup de pièces de monnaie, une asymétrie que Conway a réussi à exploiter).

Puis nous avons eu droit à une démonstration de sa gymnastique de la langue. Étudiant, il avait lu que 1 personne sur 4 était capable d'enrouler sa langue. Et il tire la langue, avec une petite vallée en son milieu. 1 sur 40 peut former un trèfle. Et revoilà sa langue, avec trois vallées, cette fois. 1 sur 400 peut retourner sa langue. Et donc, la langue de Conway apparaît, à l'envers. 1 sur 4 000 peut la faire enfler ou désenfler à volonté. Et sa propre langue de faire de même. Il nous a expliqué qu'il avait été pris en photo par le *Reader's Digest* après avoir répondu à un appel à des volontaires capables de faire les quatre. Il n'avait rencontré qu'une autre personne capable d'égaler ses acrobaties linguales, une femme, lors d'une soirée. Après avoir comparé leurs langues, Conway avait suggéré qu'ils étaient faits l'un pour l'autre. Ne partageant pas son avis, elle s'était rapidement éclipsée. « De toute façon, je ne crois pas qu'elle savait faire ça... » Il tire de nouveau la langue, qui semble agitée d'une onde sur toute sa longueur.

Avant de dîner, il sort un énorme sac de pilules. « J'ai eu une crise cardiaque il y a quelques années. Maintenant, il faut que je prenne tout ça pendant le repas. » Indécrottable, il a détecté une logique dans les couleurs et les formes des comprimés, ce qui lui permet de se souvenir de ceux qu'il doit prendre le matin et le soir, et en quelle quantité.

Conway est un excellent communicateur, un merveilleux animateur, maître dans l'art de trouver le langage et la notation susceptibles de faire passer des idées mathématiques, et l'on peine à l'imaginer atteint du syndrome d'Asperger. Mais c'est un spectacle à sens unique – il est seul sur scène. Il ne s'intéresse absolument pas à ce que les autres ont à dire, sauf quand il s'agit de mathématiques pures et dures. C'est presque comme s'il était obligé d'émettre un flot constant d'histoires, d'anecdotes et d'idées pour empêcher toute possibilité d'interaction humaine dans les deux sens. Il l'a reconnu un jour dans une interview :

> J'ai une mémoire très particulière. Je peux me souvenir de la plupart des détails inutiles et obscurs, mais dès qu'il est question de choses importantes pour les autres, elles m'échappent totalement. À Cambridge, il y a des collègues dont je n'ai jamais retenu le nom – et j'ai travaillé avec eux pendant vingt ans !

McKay nous rejoint, curieux de voir ce que nous complotons. « Vous savez comment on traduit clair de lune en chinois ? » La notion est très difficile à traduire dans d'autres langues, sous peine de perdre les nuances qu'elle revêt en anglais. « Apparemment, ils utilisent le nom d'un homme qui vend une parcelle de terre où il fait pousser son riz, ce dont sa famille ne peut se passer. » Il repère Harada, le mathématicien japonais, à l'autre bout de la salle. « Harada, Harada… Comment vous traduisez clair de lune ? » Il s'avère que les mathématiciens japonais utilisent simplement le mot pour la lumière qui se reflète sur la lune. McKay est un peu déçu par la chute de son histoire. « De toute façon, je trouve que clair de lune, ce n'est pas un bon nom. Ça dissuade les poids lourds qui, sinon, auraient pu s'attaquer au sujet. »

Avec fierté, Norton déverse le contenu de son portefeuille sur la table pour nous montrer les tickets de bus et de train qu'il a récoltés ces derniers mois. Il exhibe une carte qui lui plaît plus particulièrement : celle de membre de la Harwich, Felixstowe & Shotley Foot Ferry Society. Il tient aussi à nous raconter en détail son voyage pour venir assister à la conférence. Alors que nous avons presque tous emprunté le trajet le plus direct depuis chez nous jusqu'à Édimbourg, son incroyable itinéraire a inclus plusieurs changements dans des petites gares de province qui prouvent sa connaissance du réseau ferroviaire du pays. « Vous allez repartir par le même chemin ? » demande quelqu'un innocemment. « Certainement pas ! » rétorque Norton, à deux doigts d'être scandalisé. Il a prévu, pour son retour, de profiter d'une traversée en bateau qui ne fonctionne que le mercredi.

La conférence doit durer encore une semaine, mais c'est ma dernière soirée sur place. J'ai faussé compagnie à ma vraie famille pour célébrer les vingt-cinq ans du clair de lune, mais je ne veux pas être parti trop longtemps. Nous avons passé les sept mois précédents au Guatemala. Notre désir d'adoption nous a entraînés jusqu'à un orphelinat à Antigua, où nous avons rencontré les jumelles identiques qui allaient faire partie de notre famille. Plus tôt dans l'année, Shani et moi avons décidé de les adopter, et cela n'a rien eu à voir avec la symétrie. Et nous venions tout juste de rentrer en Angleterre quand je suis parti en Écosse pour assister à la conférence.

Nous sommes maintenant en juillet, mais deux ans plus tard. Les jumelles, Magaly et Ina, ont trois ans, et elles apprennent à compter. Bien que génétiquement identiques, elles sont très différentes ; la vie n'est pas toujours aussi nette que les mathématiques. Le mois prochain, le cycle quadriennal du Congrès international des mathématiques va être l'occasion d'un nouveau rassemblement de mathématiciens. Les Borcherds du moment auront droit à leurs médailles Fields. Mais pas moi, car je suis trop vieux de quatre mois, et je devrai me contenter d'assister à l'événement depuis les tribunes. On va me décerner un prix de consolation. C'est un honneur que d'être invité à présenter ses travaux pour le Congrès, et je prépare donc ma conférence pour le mois prochain. L'an dernier, j'ai fêté mon anniversaire sur une plage du Sinaï. Cette année, il faudra que je donne une conférence à quatre heures de l'après-midi.

Quand je repense à l'année écoulée, je me dis que le problème sur lequel je travaille est sans doute plus compliqué aujourd'hui qu'il ne l'était il y a douze mois. Sa résolution finale, si elle advient un jour, n'en sera que plus satisfaisante. Où est l'intérêt de résoudre des problèmes faciles ? Je ne suis même pas sûr de savoir quelle sera la réponse finale.

Borcherds a raison. En mathématiques, la véritable récompense, ce n'est pas une médaille ou une invitation au CIM, mais la solution du problème auquel on a consacré sa vie. Et c'est une récompense que l'on peut recevoir n'importe où et n'importe quand : dans un bus délabré au Cachemire, un samedi à Cambridge à minuit vingt, ou en écoutant la tonalité d'une ligne occupée, à Bonn.

Lectures complémentaires

Artmann, B., « Roman dodecahedron », *The Mathematical Intelligencer*, vol. 15, n° 2, 1993.

Artmann, B., « A Roman icosahedron discovered », *The American Mathematical Monthly*, vol.103, n° 2 , février 1996.

Aschbacher, M. « The status of the classification of the finite simple groups », *Notices of the American Mathematical Society*, vol. 51, n° 7, août 2004.

Baas, N.A., « Sophus Lie », *The Mathematical Intelligencer*, vol. 16, n° 1, 1994.

Baron-Cohen, S., *The Essential Difference. Men, Women, and the Extreme Male Brain*, Allen Lane, Londres, 2003.

Borcherds, R.E., « What is… the Monster? », *Notices of the American Mathematical Society*, vol. 49, n° 9, octobre 2002.

Borges, Jorge Luis, *Labyrinths*, Penguin, Londres, 1970.

Boyer, Carl B., *A History of Mathematics*, Wiley (seconde édition révisée par Uta C. Merzbach), New York, 1989.

Cameron, P.J. et Van Lint, J.H., *Designs, Graphs, Codes, and their Links*, London Mathematical Society Student Texts, 22, Cambridge University Press, 1991.

Conway, J.H., « Monsters and moonshine », *The Mathematical Intelligencer*, vol. 2, n° 4, 1980.

Conway, J.H., Curtis, R.T., Norton, S.P., Parker, R.A. et Wilson, R.A., *Atlas of Finite Groups*, Clarendon Press, Oxford, 1985.

Conway, J.H. et Huson, D.H., « The orbifold notation for two-dimensional groups », *Structural chemistry*, vol. 13, n° 3/4, août 2002.

Conway, J.H. et Sloane, N.J.A., *Sphere Packings, Lattices and Groups*, Grundlehren der mathematicischen Wissenschaften, 290, Springer-Verlag (troisième édition), 1999.

Coxeter, H.S.M., *Regular Polytopes*, Dover, New York, 1973.

Cromwell, Peter R., *Polyhedra*, Cambridge University Press, 1997.

Davis, B., « Whither Mathematics ? », *Notices of the American Mathematical Society*, vol. 52, n° 11, décembre 2005.

Fauvel John, Flood Raymond, et Wilson Robin, *Music and Mathematics : From Pythagoras to Fractals*, Oxford University Press, 2003.

Fritzsche, B., « Sophus Lie. A sketch of his life and work », *Journal of Lie Theory*, vol. 9, 1999.

Gray, J., « Otto Hölder and the group theory », *The Mathematical Intelligencer*, vol. 16, n° 3, 1994.

Grünbaum, B., Grünbaum, Z. et Shepard, G.C., « Symmetry in Moorish and other ornaments », *Computers and Mathematics with Applications*, vol. 12B, n° 3/4, 1986.

Grünbaum, B. et Shepard, G. C., *Tilings and Patterns*, W.H. Freeman, San Francisco, 1987.

Guy, R.K., « John Horton Conway », *in* D.J. Albers et G.L. Alexanderson, *Mathematical People : Profiles and Interviews*, Birkhauser, Boston, 1985.

Hardy, G.H., *A Mathematician's Apology*, Cambridge University Press, 1940.

Hargittai, I., « John Conway – Mathematician of symmetry and everything else », *The Mathematical Intelligencer*, vol. 23, n° 2, 2001.

Hargittai, I. et Hargittai, M., *Symmetry, A Unifying Concept*, Shelter Publications, Bolinas CA, 1994.

Hargittai, I. et Laurent, T.C., *Symmetry 2000*, 1 et 2, Portland Press, Londres, 2002.

Hawkins, T., « The birth of Lie's theory of groups », *The Mathematical Intelligencer*, vol. 16, n° 2, 1994.

Humphreys, J.F. et Prest, M.Y., *Numbers, Groups and Codes*, Cambridge University Press, 2004.

James, Iaon, « Autism in mathematicians », *The Mathematical Intelligencer*, vol. 25, n° 4, 2003.

Joyner, David, *Aventures in Group Theory*, Johns Hopkins University Press, Baltimore, 2002.

Land, Frank, *The Language of Mathematics*, John Murray, Londres, 1960.

Martinez, Guillermo, *The Oxford Murders*, Abacus, Londres, 2005.

Matossian, Nouritza, *Xenakis*, Moufflon Publications, Nicosia, 2005.

Matte Blanco, Ignacio, *The Unconscious as Infinite Sets*, Karnac, Maresfield Library, Londres, 1998.

Neumann, P.M., « On the date of Cauchy's contribution to the founding of the theory of groups », *Bulletin of the Australian Mathematical Society*, vol. 40, 1989.

Neumann, P.M., « A hundred years of finite group theory », *The Mathematical Gazette*, vol. 80, n° 487, 1996.

Neumann, P.M., « What groups were : a study of the development of the axiomatics of group theory », *Bulletin of the Australian Mathematical Society*, vol. 60, 1999.

Pérez-Gomez, R., « The four regular mosaics missing in the Alhambra », *Computers and Mathematics with Applications*, vol. 14 n° 2, 1987.

Schattschneider, Doris, *M.C. Escher : Visions of Symmetry*, Thames and Hudson, Londres, 2004.

Schattschneider, D. et Emmer, M., *M.C. Escher's Legacy : A Centenial Celebration*, Springer, New York, 2003.

Seife, Charles, « Mathemagician (impressions of Conway) », *The Sciences*, mai/juin 1994.

Singh, Simon, « Interview with Richard Borcherds », *Guardian*, 28 août 1998.

Solomon, R., « On finite simple groups and their classification », *Notices of the American Mathematical Society* (new series), vol. 38, n° 3, 2001.

Solomon, R., « A brief history of the classification of the finite simple groups », *Bulletin of the American Mathematical Society* (new series), vol. 38, n° 3, 2001.

Stewart, Ian, *Galois Theory*, Chapman & Hall (troisième édition), Londres, 2004.

Struik, Dirk J.A., *A Concise History of Mathematics*, Dover (quatrième édition revue et corrigée), New York, 1987.

Stubhaug, Arild, *Niels Henrik Abel and His Times*, Springer-Verlag, Berlin, 2000.

Stubhaug, Arild, *The Mathematician Sophus Lie*, Springer-Verlag, Berlin, 2002.

Thompson, Thomas M., *From Error-Correcting Codes Through Sphere Packing to Simple Groups*, The Carus Mathematical Monographs n° 21, Mathematical Association of America, Washington, 1983.

Tignol, Jean-Pierre, *Galois' Theory of Algebraic Equations*, World Scientific, Singapour, 2001.

Toti Rigatelli, Laura, « Évariste Galois (1811-1832) », *Vita mathematica*, vol. 11, Birkhäuser, Boston, 1996.

Welsh, Dominic, *Codes and Cryptography*, Oxford University Press, 1988.

Xenakis, Iannis, *Formalized Music : Thought and Mathematics in Music*, Pendragon Press, New York, 1992.

Sources Internet

http://www.maths.ox.ac.uk/~dusautoy Mon site Internet contient une sélection d'archives, issues aussi bien de journaux scientifiques que de la presse généraliste.

http://www-groups.dcs.st-and.ac.uk/~history/ Une source inépuisable d'informations sur les biographies de mathématiciens, mise à jour par l'université de St Andrews.

http://mathworld.wolfram.com Un bon site pour obtenir des définitions et des explications plus techniques sur le monde mathématique.

Tous les articles de la liste ci-dessus tirés du *Notices of the American Mathematical Society* et du *Bulletin of the Mathematical Society* sont disponibles en ligne sur : http://www.ams.org/notices/et sur http://www.ams.org/bull/

Remerciements

Je tiens à remercier mes collègues mathématiciens, qui m'ont généreusement consacré du temps, et ont partagé avec moi leurs histoires durant la rédaction de ce livre. Fourth Estate et HarperCollins sont de merveilleuses maisons d'édition, pleines de gens qui se soucient vraiment des livres. Mon éditrice, Mitzi Angel, a été une inestimable partenaire quand il s'est agi de trouver le cap de ce récit complexe. John Woodruff, mon correcteur, a apporté une attention aux détails, tant mathématiques que linguistiques, dont je lui suis très reconnaissant. Antony Topping, de Greene et Heaton, est plus mon psychologue personnel que mon agent, et il a été à mes côtés tout au long de la rédaction. Wadham College et l'université d'Oxford ont fait beaucoup pour faciliter mes recherches et me soutenir dans ma volonté de donner vie aux mathématiques ailleurs que dans nos tours d'ivoire. Je remercie plus particulièrement mon conseil de recherches, l'ESPRC, d'avoir créé la Senior Media Fellowship, qui m'a donné la possibilité, ces dernières années, d'être un ambassadeur des mathématiques en même temps qu'un mathématicien. C'est à ma famille que j'adresse mes remerciements les plus fervents, à Shani, Tomer, Magaly et Ina, qui m'ont accompagné dans mon voyage à travers la symétrie.

Crédits photos

1. Spirale de Fibonacci © Raymond Turvey
2. Icosaèdre © Raymond Turvey
3. Étoile de mer à six branches © Raymond Turvey
4. Symétries miroirs © Raymond Turvey
5. Boîte M.C. Escher pour la compagnie Verblifa © 2007 The M.C. Escher Company-Holland
6. Changer la géométrie en nombres © Raymond Turvey
7. Symétries d'un triangle et d'un pentagone © Raymond Turvey
8. Icosaèdre © Raymond Turvey
9. Diamant, graphite et buckminsterfullerène © Raymond Turvey
10. Cube en quatre dimensions © Ramond Turvey
11. Groupes de spirales du tumulus de Newgrange dans le comté de Meath © Raymond Turvey
12. Cerf-volant © Raymond Turvey
13. Boules de pierre néolithiques © Ashmolean Museum
14. Boule de pierre gravée et symétrique mise à jour à Towie, en Écosse © The Trustees of the National Museums of Scotland
15. Dés tétraédriques © Raymond Turvey
16. Serrure à combinaison © Raymond Turvey
17. Grille du supermarché © Raymond Turvey
18. Pyramides © Raymond Turvey

19. Octaèdre © Raymond Turvey
20. Octogones © Raymond Turvey
21. Icosaèdre © Raymond Turvey
22. Icosaèdre et sphère de 12 pentagones © Raymond Turvey
23. Symétrie des dallages © Marcus du Sautoy
24. Étoile à huit branches © Marcus du Sautoy
25. Mur à l'entrée de l'Alhambra © Marcus du Sautoy
26. Plafond de la première salle de l'Alhambra © Marcus du Sautoy
27. Symétries correspondantes © Marcus du Sautoy
28. Flèches à trois pointes entremêlées © Marcus du Sautoy
29. Symétrie miracle © Marcus du Sautoy
30. Sol de l'Alhambra © Marcus du Sautoy
31. *Métamorphose*, M.C. Escher © 2007 The M.C. Escher Company-Holland
32. Dallage au double miracle © Raymond Turvey
33. Un double miracle © Raymond Turvey
34. Un mur de l'Alhambra © Raymond Turvey
35. Un mur du harem © Marcus du Sautoy
36. Un mur de l'Alhambra © Marcus du Sautoy
37. Ennéagone © Raymond Turvey
38. Serrure à combinaison © Raymond Turvey
39. Effet de la symétrie à répétition © Raymond Turvey
40. Rotation © Raymond Turvey
41. Diviser des cercles © Raymond Turvey
42. Équations du second degré © Raymond Turvey
43. Triangle © Raymond Turvey
44. Diagramme d'Argand des nombres complexes © Raymond Turvey
45. Racine quatrième de -1 dans le diagramme d'Argand © Raymond Turvey

46. Quatre solutions © Raymond Turvey
47. Grand dodécaèdre © Raymond Turvey
48. Pyramide du Louvre, Paris © Getty Images
49. Géode de la Villette, Paris © Corbis
50. Sphère d'Étienne-Louis Boullée © Corbis
51. Symétries des quatre solutions d'une équations quartique © Raymond Turvey
52. Symétries de l'équation quartique correspondant aux symétries du tétraèdre © Raymond Turvey
53. Arche de la Défense, Paris © Getty images
54. Ombre en deux dimensions d'un cube en trois dimensions © Raymond Turvey
55. Rotation suivie d'une réflexion horizontale © Raymond Turvey
56. Les symétries du triangle donnent les six permutations © Raymond Turvey
57. Symétrie rotationnelle du tétraèdre © Raymond Turvey
58. Sous-groupe du groupe de symétries du tétraèdre © Raymond Turvey
59. Arithmétique modulaire © Raymond Turvey
60. Droite composée de sept points dans la géométrie finie de Galois © Raymond Turvey
61. Petit pain à trois trous de Klein © Raymond Turvey
62. Triangle © Raymond Turvey
63. Étoile à six branches © Raymond Turvey
64. Tore © Raymond Turvey
65. Symétries de deux triangles pivotants © Raymond Turvey
66. Clé de sol inversée
67. Vibrations symétriques d'un tambour © Raymond Turvey
68. *Plain Bob Minimus* © Raymond Turvey
69. Metastasis © 1965/7 by Boosey & Hawkes Music Publishers Ltd

70. Méthane © Raymond Turvey
71. *Tobacco Mosaic Virus* © Raymond Turvey
72. Virus de forme icosaédrique © Raymond Turvey
73. Polyèdre © Raymond Turvey
74. Cartes © Raymond Turvey
75. Code de la couverture de l'album de Coldplay © Raymond Turvey
76. Coordonnées des sommets d'un cube © Raymond Turvey
77. Codes correspondant aux sommets d'un tétraèdre © Raymond Turvey
78. Cercle avec coordonnées © Raymond Turvey

Index

Achevé d'imprimer
sur Roto-Page
par l'Imprimerie Floch
à Mayenne, en janvier 2012.
Dépôt légal : février 2012.
Numéro d'imprimeur : 81330.

Imprimé en France